U0249358

普通高等学校网络工程专业规划教材

TCP/IP网络与协议（第2版）

兰少华　杨余旺　吕建勇　编著

清华大学出版社
北　京

内容简介

全书共分21章，以自底向上的方法，全面系统地介绍了TCP/IP的层次结构和基本原理，主要包括因特网的体系结构、IP地址、地址与解析、IP协议、差错与控制报文协议、IP路由、传输层协议、域名系统、引导协议与动态主机配置协议、IP组播、文件传输协议、邮件传输协议、远程登录协议、超文本传输协议、简单网络管理协议、移动IP、因特网服务质量、多协议标签交换、因特网安全以及新一代因特网协议等内容。

本书力求在介绍TCP/IP的基本理论、原理和方法的同时，反映该领域的一些最新的发展动态。

本书可以作为高等学校计算机科学与技术、软件工程、网络工程和通信工程等专业的本科生或研究生的教材，也可以作为相关领域工程技术人员的参考书。

图书在版编目(CIP)数据

TCP/IP网络与协议/兰少华，杨余旺，吕建勇编著. —2版. —北京：清华大学出版社，2017
(2022.6重印)
(普通高等学校网络工程专业规划教材)
ISBN 978-7-302-46870-7

Ⅰ. T… Ⅱ. ①兰… ②杨… ③吕… Ⅲ. 计算机网络－通信协议－高等学校－教材
Ⅳ. TN915.04

中国版本图书馆CIP数据核字(2017)第060640号

责任编辑：袁勤勇
封面设计：常雪影
责任校对：白 蕾
责任印制：宋 林

出版发行：清华大学出版社
网　　址：http://www.tup.com.cn，http://www.wqbook.com
地　　址：北京清华大学学研大厦A座　　**邮　　编**：100084
社 总 机：010-83470000　　**邮　　购**：010-62786544
投稿与读者服务：010-62776969，c-service@tup.tsinghua.edu.cn
质量反馈：010-62772015，zhiliang@tup.tsinghua.edu.cn
课件下载：http://www.tup.com.cn，010-83470236
印 装 者：三河市君旺印务有限公司
经　　销：全国新华书店
开　　本：185mm×260mm　　**印　　张**：23　　**字　　数**：556千字
版　　次：2006年1月第1版　2017年6月第2版　　**印　　次**：2022年6月第9次印刷
定　　价：59.80元

产品编号：044962-03

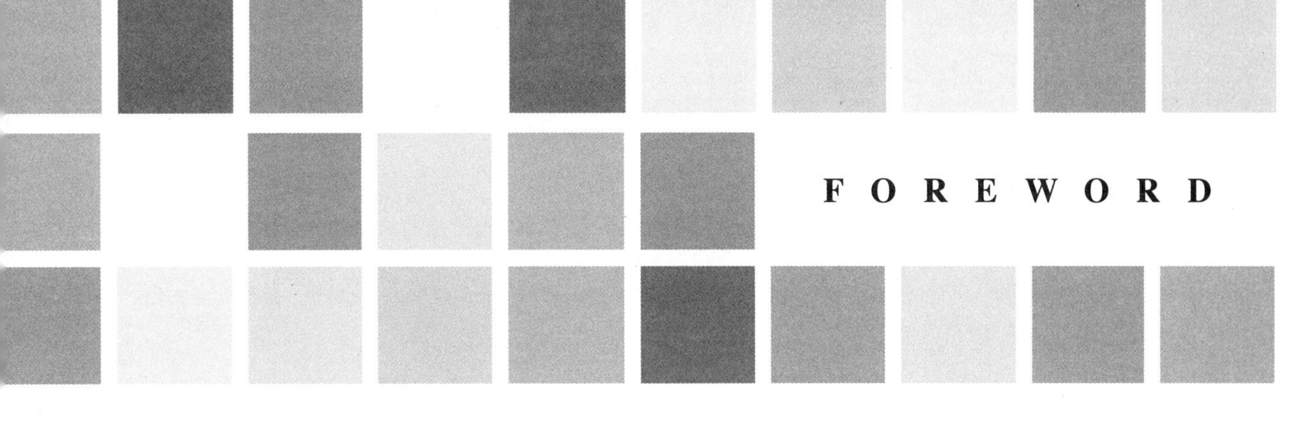

第 2 版前言

随着因特网技术的发展，TCP/IP 协议以其高效、可靠、实用的特点和得天独厚的因特网背景，逐渐确立了它在网络中的统治地位。一系列与因特网密切相关的新技术进一步推动了因特网的普及和应用。物联网将人与人联结的因特网延展到了所有智能物；移动互联网将因特网的固定联结拓展到了移动和无线联结；大数据将因特网的应用推进到了更深、更广和更有效的层次；云计算将因特网的服务提高到了完美的状态。而这些技术所基于的网络的核心就是 TCP/IP 协议。

TCP/IP 协议是一个比较庞大的协议族，协议层次清晰、功能强大、性能稳定。TC/IP 协议是网络研究工作者智慧的结晶，很多非常优秀的思想方法在该协议中得到了非常完美的体现。各种新型应用的技术需求推动着 TCP/IP 协议的不断发展和进步。

了解和掌握 TCP/IP 协议的体系结构、工作原理和实现方法是对每个网络应用程序开发人员和网络管理人员最基本的要求。

本书在介绍 TCP/IP 的基本概念、原理和方法的同时，注意从以下三个方面突出本书的特点：

① 内容上力求全面，涵盖 TCP/IP 的基本内容和各个主要方面；

② 改编中尽量反映互联网的最新发展；

③ 叙述方法上尽量做到深入浅出，理论联系实际，图文并茂，注意内容的联系、连贯及逻辑性。

第 2 版保持了第 1 版的结构、特点和风格；修订了原书中的文字错误；明确了原书中表述不够清晰的内容；增加了一些 TCP/IP 协议发展中涉及的新技术。

全书共分 21 章。第 1 章概述 TCP/IP 的形成和发展、相关的组织机构、标准文档的形成过程以及未来的发展方向。第 2 章在回顾计算机网络基本概念的基础上，介绍因特网的体系结构，并将 TCP/IP 的结构与 ISO/OSI 进行比较。第 3 章介绍 IP 地址的相关概念，对子网、子网掩码、超网和无类地址进行讨论。第 4 章介绍地址解析和反向地址解析的原理，给出地址解析的报文格式和处理过程，并对代理 ARP 技术进行介绍。第 5 章对 TCP/IP 网络层的 IP 协议进行介绍，主要围绕 IP 数据报的格式、IP 数据报首部的校验、数据的分片与重组、IP 数据报的选项以及 IP 模块的结构等问题进行讨论。第 6 章介绍 TCP/IP 网络层的另一个重要协议——因特网控制报文协议 ICMP，详细阐述 ICMP 协议原理、报文格式、差错报告、控制报文和请求应答报文对。第 7 章讨论 TCP/IP 的路由功能，给出路由表的基本结构和路由算法，介绍静态路由和动态路由的概念，重点介绍动态路由中的路由表的建立和刷新协议（RIP、OSPF、BGP）。第 8 章介绍 TCP/IP 传输层协议——面向连接的 TCP 协议、无连接的 UDP 协议和流控制传输协议 SCTP，重点讨论 TCP 连接、流量控制、拥塞控制和差错控制问题。第 9 章讨论因特网的域名系统，介绍名称的解析方法、DNS 报文格式、资源记录以及包含资源记录信息的数据库文件。第 10 章讨论 TCP/IP 应用层的 BOOTP 和 DHCP 协议，DHCP 是在 BOOTP 的基础上发展起来的实现主机参数自动配置的协议。第 11 章介绍 IP 组播的基本概念和模型，重点讨论因特网组管理协议 IGMP 和组播路由协议。第 12 章讨论 TCP/IP 应用层的文件传输协议，介绍 FTP 进程通信模型和命令，以及简单文件传输协议 TFTP，并给出 FTP 与 TFTP 的比较。第 13 章讨论 TCP/IP 应用层的电子邮件系统，介绍简单邮件传输协议 SMTP、邮件获取协议（POP3、IMAP）和通用因特网邮件扩充 MIME。第 14 章讨论 TCP/IP 应用层的远程登录协议，介绍 Telnet 概念、命令、选项协商及操作模式。第 15 章讨论 TCP/IP 应用层的超文本传输协议 HTTP，该协议是实现 WWW 全球信息服务系统的基本协议。第 16 章讨论 TCP/IP 应用层的简单网络管理协议 SNMP，对简单网络管理模型、简单网络管理协议及其报文格式、管理信息结构 SMI、管理信息库 MIB 进行介绍。第 17 章介绍移动 IP 的基本概念、工作原理以及相关的技术。第 18 章讨论当前广泛关注的因特网的服务质量问题，介绍服务质量的概念以及适应多媒体业务服务质量的实时传输协议 RTP 和实时传输控制协议 RTCP，并重点讨论与服务质量相关的两个关键技术——集成业务和区分业务。第 19 章讨论能够灵活地为不同类型的业务提供支持的多协议标签交换（MPLS）技术，介绍 MPLS 的组件、体系结构、工作原理和相关协议。第 20 章讨论因特网的安全问题，介绍当前存在的安全威胁和对抗这些安全威胁的安全

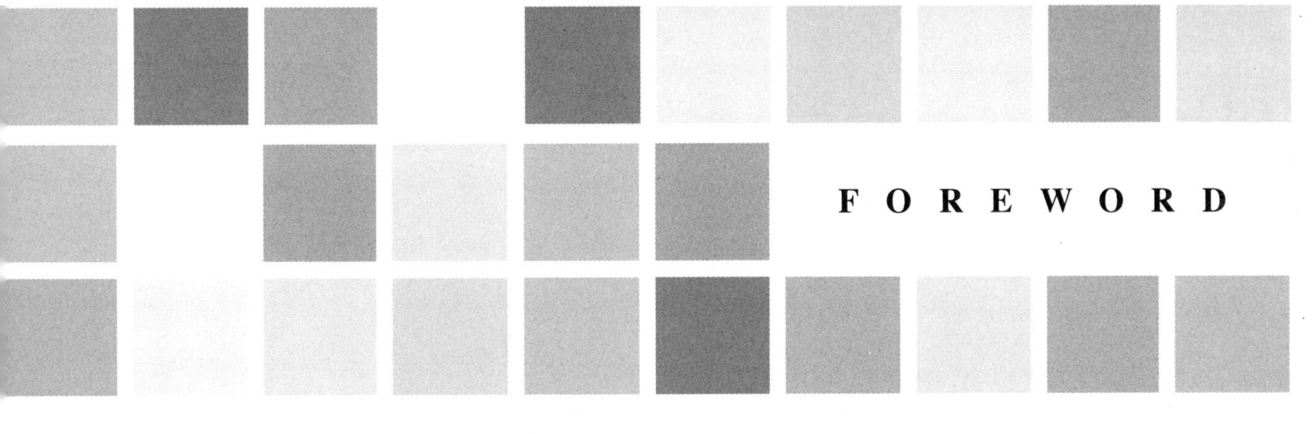

服务，讲述保证网络安全的基本技术，并对因特网的 IP 层安全、传输层安全和应用层安全进行深入的讨论。第 21 章讨论新一代因特网协议——IPv6 协议，介绍 IPv6 的数据报格式、扩展首部、IPv6 地址和 ICMPv6，并讨论从 IPv4 向 IPv6 过渡的技术。

本书第 1 版的第 1～9 章和第 20 章由兰少华编写，第 10～19 章由杨余旺编写，第 21 章由吕建勇编写。全书由兰少华统稿。第 2 版主要由兰少华在第 1 版的基础上编写修订完成。

在本书的编写过程中参阅了大量的 RFC 文档，参考了百度百科、百度文库、Wikipedia 以及网上的相关资料，由于这些资料大多没有原始的出处，所以无法在参考文献中一一列出，只能在此对这些资料的原始作者表示感谢，对他们所做的工作和贡献表示敬意。

由于编者水平有限，时间仓促，加之 TCP/IP 协议仍在不断地发展和完善之中，本书可能在某些点上仍未能反映最新的发展，甚至难免存在一些缺点和错误，殷切希望广大读者批评指正。

本书第 1 版曾荣获第八届全国高校出版社优秀畅销书二等奖，荣获 2007 年江苏省高等学校精品教材奖。

编者的电子邮件地址是：lansh@njust.edu.cn。

编　者

2017 年 2 月

目　录

第 1 章　概述 …………………………… 1
1.1　因特网及其相关技术催生新的时代………………………… 1
1.1.1　信息化时代 ………… 1
1.1.2　适应新时代的国家战略 ………………… 5
1.2　网络互联的动机和技术……… 7
1.2.1　网络互联的动机 …… 7
1.2.2　网络互联技术 ……… 8
1.3　因特网的形成和发展………… 9
1.3.1　因特网的发展轨迹 … 9
1.3.2　中国互联网的发展………………… 12
1.4　有关因特网的组织机构 …… 15
1.4.1　因特网体系结构委员会……………… 15
1.4.2　因特网协会………… 16
1.4.3　因特网网络信息中心………………… 16
1.4.4　因特网名称与数字地址分配机构……… 17
1.4.5　WWW 协会 ……… 17
1.5　请求注解 …………………… 17
1.5.1　因特网技术文档…… 17
1.5.2　因特网标准建立过程………………… 18
1.5.3　获取 RFC 文档 …… 20
1.6　下一代因特网 ……………… 21
1.6.1　迈向新一代网络…… 21
1.6.2　中国的下一代互联网络………………… 22
本章要点……………………………… 24
习题…………………………………… 24

第 2 章　计算机网络与因特网体系结构…………………………… 26
2.1　计算机网络概念 …………… 26
2.1.1　计算机网络的产生和发展……………… 26
2.1.2　计算机网络的分类………………… 27
2.1.3　网络协议与体系结构………………… 28
2.1.4　局域网技术………… 31
2.1.5　广域网技术………… 33
2.1.6　无线网络…………… 35
2.1.7　因特网接入方式…… 44
2.2　因特网体系结构 …………… 46
2.2.1　因特网的概念……… 46
2.2.2　因特网的特点……… 47
2.2.3　因特网协议分层…… 47
2.3　开放系统互连参考模型与 TCP/IP 的关系 …………… 48
2.4　TCP/IP 协议族 …………… 49

CONTENTS

本章要点 …… 50

习题 …… 51

第3章 IP地址 …… 52

3.1 IP地址概述 …… 52

3.2 分类IP地址 …… 53

3.3 特殊IP地址 …… 55

3.4 私有网络地址 …… 57

3.5 IP地址配置 …… 58

3.6 子网及子网掩码 …… 59

3.7 超网 …… 63

3.8 无类地址 …… 65

本章要点 …… 66

习题 …… 67

第4章 地址解析 …… 68

4.1 地址解析协议 …… 68

4.1.1 地址解析原理 …… 69

4.1.2 ARP高速缓存 …… 70

4.1.3 arp实用程序 …… 72

4.1.4 地址解析实例 …… 73

4.1.5 地址解析中的常见问题 …… 77

4.2 反向地址解析协议 …… 77

4.3 地址解析报文 …… 79

4.3.1 地址解析报文格式 …… 79

4.3.2 地址解析报文处理 …… 79

4.3.3 地址解析报文封装 …… 81

4.4 代理ARP …… 82

本章要点 …… 83

习题 …… 83

第5章 IP协议 …… 84

5.1 IP数据报格式 …… 84

5.2 无连接数据报传输 …… 88

5.2.1 首部校验 …… 88

5.2.2 数据分片与重组 …… 91

5.3 IP数据报选项 …… 93

5.3.1 选项格式 …… 93

5.3.2 选项类型 …… 93

5.4 IP模块的结构 …… 97

本章要点 …… 98

习题 …… 98

第6章 差错与控制报文协议 …… 99

6.1 因特网控制报文协议 …… 99

6.2 ICMP报文格式与类型 …… 100

6.2.1 ICMP报文格式 …… 100

6.2.2 ICMP报文类型 …… 100

6.3 ICMP差错报告 …… 101

6.3.1 信宿不可达报告 …… 101

6.3.2 数据报超时报告 …… 103

6.3.3 数据报参数错报告 …… 103

6.4 ICMP控制报文 …… 104

6.4.1 源抑制报文 …… 104

6.4.2 重定向报文 …… 105

6.5 ICMP请求与应答报文对 …… 106

6.5.1 回应请求与应答报文 …… 107

CONTENTS

6.5.2 时间戳请求与应答报文 …… 108
6.5.3 地址掩码请求与应答报文 …… 109
6.5.4 路由器请求与通告报文 …… 109
6.6 ICMP 报文封装 …… 110
本章要点 …… 111
习题 …… 112

第 7 章 IP 路由 …… 113
7.1 直接传递与间接传递 …… 113
7.2 IP 路由概述 …… 113
7.3 路由表 …… 115
7.3.1 路由表的构成 …… 115
7.3.2 路由算法 …… 117
7.4 静态路由 …… 117
7.5 动态路由 …… 119
7.5.1 路由信息协议 …… 121
7.5.2 开放最短路径优先 …… 126
7.5.3 增强型内部网关路由协议 EIGRP …… 128
7.5.4 边界网关协议 …… 130
本章要点 …… 134
习题 …… 135

第 8 章 传输层协议 …… 136
8.1 进程间通信 …… 136
8.2 TCP 段格式 …… 138
8.3 TCP 连接的建立和拆除 …… 142
8.3.1 TCP 连接的建立 …… 142
8.3.2 TCP 连接的拆除 …… 142
8.4 TCP 流量控制 …… 144
8.5 TCP 拥塞控制 …… 145
8.6 TCP 差错控制 …… 146
8.7 TCP 状态转换图 …… 147
8.8 用户数据报协议 …… 149
8.8.1 UDP 数据报格式 …… 149
8.8.2 UDP 伪首部 …… 150
8.9 流控制传输协议 SCTP …… 150
8.9.1 SCTP 相关概念 …… 151
8.9.2 SCTP 功能 …… 152
8.9.3 SCTP 分组 …… 153
8.9.4 SCTP 基本信令流程 …… 155
本章要点 …… 156
习题 …… 157

第 9 章 域名系统 …… 158
9.1 命名机制与名称管理 …… 158
9.2 因特网域名 …… 159
9.3 DNS 服务器 …… 162
9.4 域名解析 …… 162
9.4.1 递归解析 …… 163
9.4.2 反复解析 …… 163
9.4.3 反向解析 …… 163
9.4.4 解析效率 …… 164
9.5 DNS 报文格式 …… 164
9.6 DNS 资源记录 …… 168
9.7 DNS 配置及数据库文件 …… 170
9.7.1 DNS 配置文件 …… 170

C O N T E N T S

9.7.2 DNScache 文件 … 171

9.7.3 DNS 正向查询文件 ……………… 172

9.7.4 DNS 反向查询文件 ……………… 173

本章要点 …………………………… 174

习题 ……………………………… 174

第 10 章 引导协议与动态主机配置协议 ……………………… 176

10.1 BOOTP 原理 …………… 176

10.2 BOOTP 报文 …………… 177

10.2.1 BOOTP 报文格式 …………… 177

10.2.2 BOOTP 报文传输 …………… 178

10.3 启动配置文件 …………… 180

10.4 DHCP 基本概念 ………… 182

10.5 DHCP 运行方式 ………… 184

10.6 DHCP/BOOTP 中继代理 ……………………… 190

本章要点 …………………………… 191

习题 ……………………………… 191

第 11 章 IP 组播 …………………… 192

11.1 IP 组播概念 ……………… 192

11.2 IP 组播模型 ……………… 193

11.3 因特网组管理协议 ……… 194

11.4 组播路由 ………………… 198

11.5 组播路由协议 …………… 200

11.5.1 距离向量组播路由选择协议 …… 201

11.5.2 开放式组播最短路径优先协议 … 202

11.5.3 与协议无关的组播 …………… 203

11.5.4 基于核心的树 … 204

本章要点 …………………………… 205

习题 ……………………………… 206

第 12 章 文件传输协议……………… 207

12.1 TCP/IP 文件传输协议 … 207

12.2 FTP 进程模型 …………… 209

12.2.1 FTP 控制连接 … 210

12.2.2 FTP 数据连接 … 210

12.2.3 通信 …………… 211

12.3 FTP 命令与响应 ………… 212

12.4 匿名 FTP ………………… 214

12.5 简单文件传输协议 ……… 215

12.6 TFTP 报文 ……………… 216

12.7 TFTP 与 FTP 的比较…… 217

本章要点 …………………………… 218

习题 ……………………………… 219

第 13 章 邮件传输协议……………… 220

13.1 概述 ……………………… 220

13.2 电子邮件地址 …………… 221

13.3 邮件转发与网关 ………… 222

13.4 电子邮件信息格式 ……… 223

13.5 简单邮件传输协议 ……… 225

13.6 邮件获取协议 …………… 228

CONTENTS

13.6.1 POP3 邮局协议-版本 3 …… 228
13.6.2 因特网报文访问协议 …… 230
13.7 多用途因特网邮件扩充 …… 231
本章要点 …… 235
习题 …… 235

第 14 章 远程登录协议 …… 237
14.1 基本概念 …… 237
14.2 Telnet 命令 …… 239
14.3 Telnet 选项及协商 …… 240
14.4 Telnet 子选项协商 …… 242
14.5 Telnet 操作模式 …… 243
14.6 Rlogin …… 243
14.6.1 连接 …… 244
14.6.2 流量控制 …… 245
14.6.3 客户/服务器命令 …… 245
14.6.4 运行 …… 246
本章要点 …… 246
习题 …… 247

第 15 章 超文本传输协议 …… 248
15.1 统一资源定位符 …… 248
15.2 超文本传输协议 …… 249
15.3 一般格式 …… 253
15.4 HTTP 请求报文 …… 254
15.5 HTTP 响应报文 …… 256
本章要点 …… 256
习题 …… 257

第 16 章 简单网络管理协议 …… 258
16.1 简单网络管理模型 …… 258
16.2 简单网络管理协议概述 …… 259
16.3 报文格式 …… 262
16.3.1 SNMPv1 报文格式 …… 262
16.3.2 SNMPv3 报文格式 …… 265
16.4 管理信息结构 …… 266
16.5 管理信息库 …… 268
16.6 MIB 组 …… 270
本章要点 …… 274
习题 …… 275

第 17 章 移动 IP …… 276
17.1 移动 IP 的出现 …… 276
17.2 移动 IP 的基本术语 …… 276
17.3 移动 IP 的工作原理 …… 278
17.3.1 位置注册 …… 279
17.3.2 代理发现 …… 279
17.3.3 隧道技术 …… 282
17.4 移动 IP 的效率 …… 284
本章要点 …… 286
习题 …… 287

第 18 章 因特网服务质量 …… 288
18.1 服务质量 …… 288
18.2 实时传输协议 …… 289
18.3 实时传输控制协议 …… 291
18.4 集成业务 …… 292
18.4.1 IntServ 模型 …… 292

CONTENTS

18.4.2 资源预留协议 … 294
18.5 区分业务 ………………… 295
18.5.1 区分业务模型 … 295
18.5.2 DS 字段………… 296
本章要点 ……………………… 297
习题 ………………………… 297

第 19 章 多协议标签交换…………… 298
19.1 多协议标签交换概述 …… 298
19.2 MPLS 体系结构 ………… 299
19.3 MPLS 组件 …………… 302
19.4 标签分发协议 ………… 304
19.5 MPLS 服务 …………… 307
本章要点 ……………………… 310
习题 ………………………… 310

第 20 章 因特网安全………………… 312
20.1 安全威胁 ……………… 312
20.2 安全服务 ……………… 313
20.3 基本安全技术 ………… 315
20.3.1 密码技术 ……… 315
20.3.2 报文鉴别技术 … 316
20.3.3 身份认证技术 … 317
20.3.4 数字签名技术 … 318
20.3.5 虚拟专用网技术 …………… 319
20.3.6 防火墙技术 …… 319
20.3.7 防病毒技术 …… 320
20.4 IP 层安全 ……………… 321
20.4.1 IP 安全体系结构 …………… 321
20.4.2 鉴别首部 ……… 322
20.4.3 封装安全有效负载 …………… 323
20.5 传输层安全 …………… 324
20.6 应用层安全 …………… 326
20.6.1 安全超文本传输协议 ………… 326
20.6.2 电子邮件安全 … 327
本章要点 ……………………… 328
习题 ………………………… 329

第 21 章 新一代因特网协议………… 330
21.1 转向新一代因特网协议 … 330
21.1.1 IPv4 协议存在的问题 ………… 330
21.1.2 IPv6 协议 ……… 331
21.2 IPv6 数据报格式 ……… 331
21.2.1 路由选择首部 … 335
21.2.2 分片首部 ……… 336
21.2.3 目的站点选项首部 …………… 337
21.2.4 逐跳选项首部 … 337
21.2.5 鉴别首部与封装安全有效负载首部 …………… 338
21.2.6 扩展首部的顺序 …………… 338
21.2.7 上层协议校验和 …………… 339
21.3 IPv6 地址 ……………… 339

CONTENTS

21.3.1 IPv6 地址模式 … 340
21.3.2 IPv6 的地址表示方法 …………… 340
21.3.3 全球单播地址 … 341
21.3.4 IPv6 组播地址 … 341
21.3.5 特殊地址格式 … 342
21.3.6 联播地址 ……… 344
21.4 向 IPv6 过渡……………… 344
21.5 ICMPv6 ………………… 346
21.5.1 差错报文 ……… 347
21.5.2 信息报文 ……… 347
21.5.3 邻机发现报文 … 348
21.5.4 反向邻机发现报文 …………… 349
21.5.5 组成员报文 …… 349
本章要点 ……………………… 349
习题 ………………………… 350

参考文献 ………………………… 351

第1章 概　　述

人类社会正在大踏步地迈入信息社会，与这一社会相适应的信息基础设施对于社会发展和日常生活都是至关重要的，而因特网及其应用正是这一信息基础设施的代表。在进入因特网协议 TCP/IP 的学习之前，了解因特网的出现背景、发展过程、相关机构、技术标准以及未来趋势是十分必要的。

1.1 因特网及其相关技术催生新的时代

1.1.1 信息化时代

因特网给人类社会带来的影响是非常巨大的，是可以和蒸汽机相提并论的伟大发明，就像蒸汽机把人类带入到工业社会一样，因特网这一不同凡响的事物把人类带入到信息化的时代。人类从以物质为基础的社会，进入到以能源为基础的社会，现在又进入了一个以信息为基础的社会。因特网像蒸汽机一样，掀起了一场革命。与其说这是一场技术革命，不如说是一场社会革命。由因特网引起的工作、生活、交往、创造、观念以及财富的一轮激烈变革已经发生。

在传统工业社会里，大工厂生产什么，人们就只能买什么，大媒体发布什么，人们就只能看什么。而在因特网时代，人们都被赋予了参与生产的工具。所有的生产者和消费者，已经开始融合，你可以很容易地从一个消费者和观众转变为一个生产者，从而成为整个生产体系的一部分。

2001 年 12 月 21 日，联合国大会通过决议，决定举办信息社会世界峰会。峰会的目标是建设一个以人为本、具有包容性和面向发展的信息社会。在这样一个社会中，人人可以创造、获取、使用和分享信息和知识，使个人、社区和各国人民均能充分发挥各自的潜力，促进实现可持续发展并提高生活质量。信息社会峰会以两阶段举行的方式，于 2003 年 12 月在瑞士日内瓦举行了第一阶段峰会；于 2005 年 11 月在突尼斯突尼斯城举行了第二阶段峰会。

联合国举办信息社会世界峰会是联合国首次在峰会层面上就信息社会问题进行广泛讨论，并将信息通信技术提到了前所未有的高度，在政治层面上对建设信息社会基本问题达成了初步共识。

两个阶段峰会都将缩小数字鸿沟和改变互联网国际管理的现状作为重要的议题进行了讨论。

在 2003 年 12 月信息社会世界峰会第一阶段日内瓦会议上，由于分歧较大，与会代表未能在缩小数字鸿沟和改变互联网国际管理的现状两个问题上取得共识，只通过了《日内瓦原则宣言》和《日内瓦行动计划》。《日内瓦原则宣言》评价了信息通信技术对社会、经济和文化发展的巨大促进作用，提出了建设信息社会的十一条基本原则，给出了未来全球信息通信发展原则性指导意见。《日内瓦行动计划》为建设信息社会制定了若干基准指标和具体行动计划。

2005 年 11 月的第二阶段峰会通过了《突尼斯承诺》和《突尼斯议程》。《突尼斯承诺》重申了日内瓦阶段所确定的各项原则。《突尼斯议程》重点放在弥合数字鸿沟融资机制、互联网治理相关问题以及对峰会日内瓦阶段和突尼斯阶段所做各项决定的落实和跟进工作方面。

2006 年 3 月举行的第 60 届联合国大会通过第 252 号决议,确定自 2006 年开始,每年 5 月 17 日为"世界信息社会日",这标志着信息化对人类社会的影响进入了一个新的阶段。而 5 月 17 日这一天本就是"世界电信日",因此,同年 11 月,国际电信联盟决定把每年的"世界电信日"和"世界信息社会日"合并为"世界电信和信息社会日"(World Telecommunication and Information Society Day,WTISD)。

2015 年 12 月 14 日信息社会世界峰会成果落实十年审查进程高级别会议(WSIS+10 HLM)在纽约联合国总部召开。作为全面审查于十多年前召开的联合国信息社会世界高峰会议成果落实工作的最终里程碑,会议旨在明确国际信息通信技术最新趋势、重新确立相关优先工作和创新,以推进"信息通信技术促发展"议程,同时加强信息通信技术作为可持续发展驱动力所产生的影响。中国代表提出:推进信息社会建设,弥合数字鸿沟是首要任务;实现信息通信技术促进发展是重要手段;完善国际互联网治理体系是基本前提;有效应对网络安全挑战是有效保障。

我国对于信息化社会的建设也是紧跟国际社会的步伐,专家们认为:由于社会发展的不均衡性,从工业社会到信息社会的转型是一个长期的、动态的、循序渐进的过程。国家信息中心信息化研究部 2015 年发布了《中国信息社会发展报告 2015》。该报告采用信息社会指数来度量信息社会的发展水平,报告显示,2015 年全国信息社会指数达到 0.4351,表明中国仍处于从工业社会向信息社会转型的阶段。报告预计,2020 年前后中国将整体上进入信息社会初级阶段。

不同的社会有着与其相适应的基础设施。农业社会以土地、农具等生产资料构成其基础设施;工业社会以能源、引擎、交通等设施构成其基础设施;而信息社会也具有其相应的信息基础设施。信息基础设施是当今信息社会赖以存在和发展的基本保障。信息社会中信息的完整收集、迅速传递、正确处理和有效利用都离不开信息基础设施。

当今社会进行物质生产活动和精神生产活动的三大基本要素是材料、能源和信息,而在这三个要素中,只有信息才是人类取之不尽、用之不竭的资源。在信息社会中,信息是最重要的战略资源。对于材料和能源这两种战略资源,保证其流通的设施是交通网络、输油管道、电力网络等;对于信息资源,则采用通信网络来进行传输。

传统的通信网络主要包括三个独立运行的网络,即电信网、计算机网和广播电视网。与这三个网络对应的终端设备分别是电话、计算机和电视设备。

三大网络的并存带来的问题是基础设施重复建设、建网成本高、网络效率低、层次复杂、给用户的接入和使用带来不便等。因此,三网合一(三网融合)成为信息网络发展的必然趋势。

三网合一目前主要指高层业务应用的融合。它表现为技术上趋向一致,网络层上实现互联互通,业务层上互相渗透和交叉,应用上使用统一的 TCP/IP 通信协议。基于 TCP/IP 的下一代网络(NGN)将成为目前三大网络的终结者。

信息基础设施与应用在发展过程中是相互促进的。信息基础设施以及相关技术的进步与完善催生出大量新的应用,而各种新的应用需求又推动基础设施及技术的迅速发展和提高。近年来围绕着因特网,大量的新技术如雨后春笋般地出现,以物联网、移动互联网、大数据、云计算等为代表的新一代信息通信技术(ICT)创新活跃,发展迅猛,这些技术不仅引起学术界的高度重视,同时也引起了社会公众的普遍关注,并且正在全球范围内掀起新一轮科技革命和产业变革。

2005 年 11 月 27 日,在突尼斯举行的信息社会峰会上,国际电信联盟(ITU)发布了《ITU 互联网报告 2005:物联网》,正式提出了物联网的概念。物联网概念(Internet of Things)是在互联网概念的基础上,将其用户端延伸和扩展到任何物品与物品之间,进行信息交换和通信的一种网络概念。原来的人与人互联逐渐演变为人与人、人与物以及物与物的互联。

物联网是通信网和互联网的拓展应用和网络延伸,它利用感知技术与智能装置对物理世界进行感知识别,通过网络传输互联,进行计算和处理,实现人与物、物与物信息交互和无缝链接,达到对物理世界进行实时监控、精确管理和科学决策目的。物联网网络架构由感知层、网络层和应用层组成。而网络层主要包括低速近距离无线通信技术、低功耗路由、自组织通信、无线接入通信增强、IP 承载技术、网络传送技术、异构网络融合接入技术等。

目前,国际物联网产业生态的布局正全面展开,物联网产业生态正快速成长,芯片制造商、设备制造商、IT 厂商、电信运营商纷纷利用各自优势,积极进行物联网生态布局,芯片、云平台和操作系统成为布局的关键点,物联网企业数量近年来成倍增长。

物联网应用亦呈现重点突破和全面开花的态势。代表物联网行业应用风向标的机器对机器(Machine to Machine,M2M)物联网应用高速增长,智能交通、智能电网、智能家居、智能消防、智能可穿戴设备等应用也如火如荼展开。物联网作为我国战略性新兴产业的重要组成部分,正在进入深化应用的新阶段。物联网与传统产业以及其他信息技术不断融合渗透,催生出新兴业态和新的应用,在加快经济发展方式转变、促进传统产业转型升级、服务社会民生方面正发挥越来越重要的作用。

随着移动智能终端设备(智能手机、平板电脑等)的出现和迅速普及,移动互联网的发展也是突飞猛进。

移动互联网是以移动网络作为接入网络的互联网及服务。移动互联网包括移动终端、移动网络和应用服务这三个要素。移动互联网业务主要是将固定互联网的业务向移动终端复制,实现移动互联网与固定互联网相似的业务体验,同时也实现移动通信业务的互联网化,并进行有别于固定互联网业务的创新。

移动互联网主要涉及六大技术领域:移动互联网关键应用服务平台技术;面向移动互联网的网络平台技术;移动智能终端软件平台技术;移动智能终端硬件平台技术;移动智能终端原材料元器件技术和移动互联网安全控制技术。

移动互联网改变了人们生活、学习和工作的方式。由于移动终端在人与终端的交互方式(如多点触摸)、终端对环境的感知能力(如重力、位置、光线等)和机动性方面都超过个人计算机 PC,而且移动终端的普及率远高于 PC,因此移动互联网的发展将大大加快整个社会、特别是边远乡村的信息化进程。

目前,移动互联网正与物联网形成从芯片、终端到操作系统的全方位融合。

大数据技术和应用是在因特网快速发展中诞生的。2000 年前后,因特网网页爆发式增长,用户检索信息越来越不方便。谷歌等公司率先建立了覆盖数十亿网页的索引库,提供较为精确的搜索服务,提升了人们使用因特网的效率,这是大数据应用的起点。

大数据指的是所涉及的数据量规模巨大到无法通过目前主流工具软件,在合理时间内达到撷取、处理、管理、整理成帮助企业经营决策目的的数据。大数据的特征主要表现为 5 个方面(也称为 5V):数量(Volume)、多样性(Variety)、速度(Velocity)、价值(Value)以及真实性(Veracity)。

数量是指聚合在一起供分析的数据规模非常庞大。

多样性是指数据形态多样(生成类型多样;数据来源多样;数据格式多样;数据关系多样;数据拥有者多样)。

速度一方面是指数据的增长速度快,另一方面是要求数据访问、处理、交付速度快。

价值是指大数据背后潜藏的价值巨大。尽管我们拥有大量数据,但是发挥价值的仅是其中非常小的部分。

真实性是指一方面要保证虚拟网络环境下大量数据的真实性和客观性;另一方面,要保证通过大数据分析,真实地还原和预测事物的本来面目。

目前的大数据应用主要还是基于因特网的市场营销。企业投资大数据的主要目的还在于改善客户服务、流程优化、精准营销和削减成本等。大数据发展的最终目标还是挖掘其应用价值。

随着数据规模的快速增长和大数据应用的增多,在云端提供大数据服务(数据即服务 DaaS)已成为行业共识。谷歌、亚马逊、甲骨文、阿里巴巴、百度、Cloudera 等企业都在依托自身的云计算能力推动大数据发展。而不具备云服务能力的大数据企业,则往往通过租用云计算企业的平台资源来提供大数据应用服务。

2006 年 8 月,谷歌在搜索引擎大会上首次提出云计算的概念。云计算是一种基于因特网的计算模式,在该模式下,只需投入很少的管理工作,或与服务供应商进行很少的交互,就可以对可配置的计算资源共享池进行可用的、便捷的、按需的网络访问,这些资源包括网络、服务器、存储和应用软件。

云计算包括以下几种服务:基础设施即服务(IaaS)、平台即服务(PaaS)和软件即服务(SaaS)。

- IaaS(Infrastructure-as-a-Service):消费者通过因特网可以从完善的计算机基础设施获得服务,包括 CPU、存储、网络以及其他基本的计算资源,用户能够部署和运行任意软件。
- PaaS(Platform-as-a-Service):实际上是指将软件研发的平台作为一种服务,以 SaaS 的模式提交给用户。用户或者厂商基于 PaaS 平台可以快速开发自己所需要的应用和产品。同时,PaaS 平台开发的应用能更好地搭建基于面向服务的体系结构(SOA)的企业应用。
- SaaS(Software-as-a-Service):它是一种通过因特网提供软件服务的模式,用户无须购买软件,提供给客户的服务是运营商运行在云计算基础设施上的应用程序,用户可以在各种设备上通过客户端界面访问,如浏览器。

云计算已经成为我国互联网创新创业的基础平台。

以上这些新技术无一不与因特网密切相关。物联网将人与人联结的因特网延展到了所有智能物。移动互联网将因特网的固定联结拓展到了移动和无线联结。大数据将因特网的应用推进到了更深、更广和更有效的层次。云计算将因特网的服务提高到了完美的状态。物联网涉及的是因特网的接入对象问题;移动互联网涉及的是因特网的接入方式问题;大数据涉及的是因特网面临的信息化时代数据爆炸问题;云计算涉及的是因特网的便捷按需服务问题。而这个网络的核心就是TCP/IP协议。

1.1.2 适应新时代的国家战略

信息化时代所带来的既是机遇也是挑战。如果能够迅速适应和跟上当前快速变化的形势、市场和技术,那么就能抓住机遇,得到较好的发展,否则就会落伍。这就是数字鸿沟可能带来的影响。

数字鸿沟是指由于信息通信技术(ICT)的全球发展和应用,造成或拉大的国与国之间以及国家内部群体之间的差距。数字鸿沟最终将会表现为一种创造财富能力的差距。正因为如此,世界各国都对信息化时代下如何面对挑战,抓住机遇,实现发展给予了高度的重视。

1. 信息基础设施与智慧地球

为了适应信息社会的发展,保持在国际竞争中的优势地位,早在1991年美国国会就通过了高性能计算和通信计划(HPCC)。1993年11月15日,美国克林顿政府批准由当时的副总统戈尔在美国宣布:"美国将实施一项永久地改变美国公民的生活、工作和沟通方式的国家信息基础设施。"英文缩写是NII(National Information Infrastructure),该基础设施的核心是美国政府的信息高速公路。针对美国的信息高速公路计划,欧盟、加拿大、俄罗斯、日本等国家和组织纷纷效仿,相继提出各自的信息高速公路计划。根据各国对信息高速公路的反应,美国前副总统戈尔又代表美国政府不失时机地在国际电信联盟大会上提出了全球信息基础设施(Global Information Infrastructure),即把National变为Global,英文缩写为GII。

1994年4月13日美国前总统克林顿签署建立国家空间数据基础设施NSDI的总统令。美国政府进而提出了投巨资建设国家空间数据基础设施,并在此基础上实现数字地球的战略设想。1998年1月31日美国前副总统戈尔在加利福尼亚科学中心发表的"数字地球——认识21世纪我们这颗星球"的报告中,较详尽地阐述了数字地球的概念,实施数字地球的目的、意义以及关键技术。

2008年11月6日,美国IBM总裁兼首席执行官彭明盛在纽约市外交关系委员会发表演讲《智慧地球:下一代的领导议程》。明确地提出了"智慧地球"的理念,这一理念给人类构想了一个全新的空间——让社会更智慧地进步,让人类更智慧地生存,让地球更智慧地运转。IBM提出了六大智慧行动方案:智慧电力、智慧医疗、智慧城市、智慧交通、智慧供应链、智慧银行。"智慧地球"的概念一经提出,即得到美国政府和各界的高度关注。2009年1月28日,奥巴马就任美国总统后,与美国工商业领袖举行了一次"圆桌会议"。作为仅有的两名代表之一,IBM首席执行官彭明盛向奥巴马阐明了"智慧地球"概念及其短期和长期效益,建议政府投资新一代的智慧型基础设施。奥巴马对此给予了积极的回应,不久,奥巴马即签署了经济刺激计划,批准投资推进智慧电网、智慧医疗和宽带网络建设。

2013年8月1日,中华人民共和国国务院印发《"宽带中国"战略及实施方案》,指出宽带是我国经济社会发展的战略性公共基础设施。强调加强战略引导和系统部署,推动我国宽带基础设施快速健康发展，制定了 2015 年和 2020 年两阶段发展目标。

2. 物联网

2005 年 11 月国际电信联盟提出物联网概念后。2009 年 6 月 18 日，欧盟执委会发表了《物联网——欧洲行动计划》，在世界范围内首次系统地提出了物联网发展和管理设想，并提出了 12 项行动以保障物联网加速发展。美国国家情报委员会发表的《2025 年对美国利益潜在影响的关键技术报告》中，也将物联网列为六种关键技术之一。此间，美国国防部的“智能微尘”(SmartDust)和国家科学基金会的“全球网络研究环境”(GENI)等项目也把物联网作为提升美国创新能力的重要举措。

我国也在《2010 年政府工作报告》中提出了利用物联网技术推动经济发展方式的转变，物联网将成为国家经济技术发展的战略支柱之一。2012 年 2 月 14 日，国家工业和信息化部发布《物联网“十二五”发展规划》，提出到 2015 年，中国在核心技术研发与产业化、关键标准研究与制定、产业链条建立与完善、重大应用示范与推广等方面取得显著成效，初步形成创新驱动、应用牵引、协同发展、安全可控的物联网发展格局的目标。2013 年 2 月 17 日，国务院公布《关于推进物联网有序健康发展的指导意见》，提出到 2015 年，打造物联网产业链，形成物联网产业体系。按照《意见》要求，国家发展改革委等联合印发了《物联网发展专项行动计划(2013～2015)》，制定了 10 个物联网发展专项行动计划，对 2015 年物联网行业将要达到的总体目标做出了规定。

3. 大数据

2012 年 3 月 22 日，奥巴马政府宣布投资 2 亿美元拉动大数据相关产业发展，将大数据上升为国家战略。奥巴马政府甚至将大数据定义为“未来的新石油”。

日本政府也把大数据作为提升日本竞争力的关键。日本在新一轮 IT 振兴计划中把发展大数据作为国家战略的重要内容。2012 年 7 月日本总务省推出了新的综合战略“活力 ICT 日本”，重点关注大数据应用，并将其作为 2013 年六个主要任务之一。

2013 年 11 月 19 日，中国国家统计局与百度、阿里巴巴等 11 家企业签订了大数据战略合作框架协议。目的在于共同推进大数据在政府统计中的应用，增强政府统计的科学性和及时性。2015 年 9 月 5 日，我国国务院印发了《促进大数据发展行动纲要》，之后，各部门与各地区纷纷响应，多地成立大数据管理机构，制定相关政策与规划。

4. 云计算

2010 年，美国联邦政府白宫管理和预算办公室就已着手实施了一项“云优先”政策，要求政府机构在进行任何新投资之前先对安全可靠的云计算方案进行评估，从而了解云计算的价值，加快向云服务迁移的步伐。美国联邦政府 CIO 委员会于 2011 年 2 月 8 日颁布了联邦政府云计算战略(Federal Cloud Computing Strategy)。该战略旨在解决美国联邦政府电子政务基础设施使用率低、资源需求分散、系统重复建设严重、工程建设难于管理以及建设周期过长等问题，以提高政府的公信力。2014 年在全球 TOP 100 的云计算企业中，美国占了 80%以上。

英国在 2009 年 10 月发布了《数字英国报告》，提出政府要在英国境内建立统一的“政府云(G-Cloud)”。

日本总务省于 2009 年 5 月发布《数字日本创新计划》，尝试在 2015 年建立完成一个全国范围的“霞关云计算”系统，打造创新型电子政府。

2010 年 7 月，欧盟第七框架计划（FP7）发布了《2011—2012 年工作计划》，为云计算的研究方向制定了框架。

中国政府推动云计算产业发展的工作已经进入了实质性操作阶段。2010 年 10 月，发改委联合工信部下发了《关于做好云计算服务创新发展试点示范工作的通知》，决定在北京、上海、深圳、杭州、无锡 5 个城市先行开展云计算创新发展试点示范工作。2012 年 9 月 18 日，科技部公布《中国云科技发展“十二五”专项规划》，以加快推进云计算技术创新和产业发展。

5. 工业 4.0 与“互联网＋”

世界各国在加紧进行信息化的同时并未放弃传统产业，而是将信息通信技术与传统产业融合，推动传统产业向智能化的转型。国际上普遍认为 2010 年以后，社会进入了信息生产力时代。信息生产力在国际上有两种发展模式：一种以美国为代表，他们具备较大的信息技术领先优势，主张从互联网延伸到工业；另一种以德国为代表，在互联网领域不具备优势，但在工业基础领域优势明显，他们主张从工业领域向互联网、物联网领域延伸，因此提出工业 4.0。工业 4.0 指的是以信息物理融合系统（CPS）为基础，以生产高度数字化、网络化、机器自组织为标志的第四次工业革命。对中国而言，我们既没有德国那样精细加工能力的制造业优势，也没有美国互联网核心技术的沉淀，但我们可以发挥我国市场大、网民多，可在应用领域进行大众创新的明显优势，所以完全可以代表信息生产力发展第三种发展模式。

2015 年 3 月十二届全国人大三次会议在政府工作报告中首次提出“互联网＋”行动计划。报告提出：制定“互联网＋”行动计划，推动移动互联网、云计算、大数据、物联网等与现代制造业结合，促进电子商务、工业互联网和互联网金融（ITFIN）健康发展，引导互联网企业拓展国际市场。

2015 年 7 月 4 日，国务院印发《关于积极推进“互联网＋”行动的指导意见》，推动互联网由消费领域向生产领域拓展，加速提升产业发展水平，增强各行业创新能力，构筑经济社会发展新优势和新动能。指导意见明确了 11 项重点行动，分别是：互联网＋创业创新；互联网＋协同制造；互联网＋现代农业；互联网＋智慧能源；互联网＋普惠金融；互联网＋益民服务；互联网＋高效物流；互联网＋电子商务；互联网＋便捷交通；互联网＋绿色生态；互联网＋人工智能。

“互联网＋”就是“互联网＋各个传统行业”，就是利用信息通信技术以及互联网平台，让互联网的创新成果与经济社会各领域进行深度融合，创造新的发展生态。

2015 年 3 月 25 日，国务院常务会议审议通过了《中国制造 2025》。2015 年 5 月 8 日，国务院正式印发《中国制造 2025》。这一重大战略部署将使我国从制造业大国向制造业强国转变，途径就是用信息化和工业化两化深度融合来引领和带动整个制造业的发展，通过两化融合发展来最终实现制造业强国这一目标。

物联网、大数据、云计算等都受到各国的高度重视，纳入国家战略。这些都离不开因特网。

1.2　网络互联的动机和技术

1.2.1　网络互联的动机

广域网最初连网的需求主要出自两点：健壮的分布式系统需求和资源共享需求。

因特网的前身 ARPANET 就是美国国防部在 20 世纪 60 年代与前苏联进行核军备竞赛的产物,美国国防部为了保证在美国遭到核袭击时,仍然能够维持对国家的控制和对军队的指挥能力,研究构造了 ARPANET 这一分布式网络系统。该系统的分布式特征保证了在系统的局部遭到破坏时,不会造成全局瘫痪,即使系统的某些部分出现问题,系统的其他部分仍然能够运行。

人们担心的第三次世界大战并没有爆发,ARPANET 却在资源共享需求的驱动下逐渐发展成为今天的因特网。

20 世纪 80 年代个人计算机的迅速发展和普及使得一个单位和部门可以拥有多台个人计算机,出于信息传递和资源共享的需求,这些个人计算机按单位和部门构成了一个个局域网。这些局域网具有以下特点:

(1) 固有的独立性　局域网为一个单位所有,其构建和管理都有各自的策略;

(2) 特定的硬件技术　局域网在其发展过程中产生了多种不同的底层硬件技术,它们决定了局域网具有不同的性能,不同的单位在不同的时期选择了不同的局域网技术;

(3) 不同目的的应用　不同的应用系统要求相应的网络来满足,在构建应用系统时,各单位会根据应用的需要,从成本、实时性、保护投资等方面的因素进行考虑。

这些独立的、采用不同硬件技术的、用于不同应用的局域网却有着数据传递和资源共享的客观要求。这便是网络互联的动机。

1.2.2　网络互联技术

为了将许多不同的网络互联起来,使它们构成一个协调的整体,这便需要一种通用的网络互联技术。通过这种技术将局域网和局域网、局域网和广域网以及广域网和广域网互联起来,构成更大范围、甚至全球范围的网络。

这里需要注意区分网络互连(interconnecting)和网络互联(internetworking)两个不同的概念。

网络互连指的是网络的物理连接,是底层的连接;而网络互联不仅是物理上的连接,还包括逻辑上的连接,互联使多个网络形成一个有机的整体,实现跨网络的互操作。当然,这两个词在有些地方并未进行特别的区分。例如,在国际标准化组织的开放系统互连参考模型(ISO/OSI)中就是采用"互连"一词代替"互联"。

网络互联的根本问题是解决网络技术和应用所带来的网络异构性问题。国际标准化组织的开放系统互连参考模型将网络协议分为了 7 个层次。两个不同的网络在任何一个层次上都可能存在差异。

因特网所使用的互联网技术是开放系统互连(OSI)的一个实例,为了实现网络的互联,互联网技术必须保证以下 3 点:

(1) 使不同硬件结构的计算机能够进行通信;

(2) 适用于多种不同的操作系统;

(3) 能够使用多种分组交换网络硬件。

网络的功能主要由各层的协议来完成,互联网技术经过多年的发展逐步形成了现在的 TCP/IP 协议。

TCP/IP 是当前的因特网协议族的总称,TCP/IP 协议族较为庞大,传输控制协议 TCP

和因特网协议IP是其中的两个最重要的协议,因此,因特网协议族以TCP/IP命名。

值得注意的是,TCP/IP协议既可以用于网络之间的互联,又可以用于局域网内部的联网。

另一个需要注意区别的概念是"Internet"和"internet"。首字母大写的"Internet"特指的是当前覆盖全球的因特网,而首字母小写的"internet"指的是采用互联网技术互联起来的互联网。任何两个以上的网络通过互联网技术互联起来就形成了"internet"。从概念上看,因特网是互联网的一个特例。但由于历史和习惯上的原因,在许多专业书籍和资料中常常使用"互联网"一词来表示"Internet",或者直接采用"Internet"一词。根据全国科学技术名词审定委员会所给出的定义,因特网是指在全球范围,由采用TCP/IP协议族的众多计算机网相互连接而成的最大的开放式计算机网络。其前身是美国的阿帕网(ARPANET)。互联网是指由多个计算机网络相互连接而成,而不论采用何种协议与技术的网络。因为本书介绍的是TCP/IP协议,所以本书主要使用"因特网"一词,有时为照顾习惯也偶尔使用"互联网"一词。

1.3 因特网的形成和发展

1.3.1 因特网的发展轨迹

20世纪50、60年代,美国和前苏联两个超级大国的军备竞赛空前激烈,双方都竞相开展军事技术的研究,以争取战略优势。1957年,苏联成功地发射了第一颗人造卫星。为了在军事科学技术方面建立美国的领导地位,美国国防部成立了高级研究项目署ARPA(Advanced Research Projects Agency)。并开始研究"分时计算机的合作网络"。

1967年,Roberts提出了分组交换计算机网络"ARPANET"的方案,1969年美国国防部下达ARPANET网络的研制计划。ARPANET建网的初衷是帮助那些为美国军方工作的研究人员通过计算机交换信息,它要求网络能够经得住故障的考验,当网络的一部分因受攻击而失去作用时,网络的其他部分仍能维持正常通信。

1969年底,ARPANET第一期工程完成,它将加州大学洛杉矶分校、加州大学圣巴巴拉分校、斯坦福研究院、犹他大学的4台不同型号、不同操作系统、不同数据格式、不同终端的计算机以分组交换协议连接起来。

1972年,ARPANET主机开始使用网络控制协议(NCP);ARPANET在第一届国际计算机通信会议(ICCC)上进行了演示,ARPANET首次受到世人的广泛关注;国际网络工作组(International Network Working Group,INWG)宣告成立,其目的在于建立互联网通信协议,斯坦福大学的Vinton Cerf任主席。同年,BBN公司的Rey Tomlinson发明了电子邮件,并在网络上迅速流行起来。

1973年,ARPANET扩展成国际因特网,英国和挪威与ARPANET成功连接。

1974年,著名的TCP/IP协议研究成功,彻底解决了不同的计算机和系统之间的通信问题。Vinton Cerf和Bob Kahn发布了"分组交换网络通信协议",该协议具体规定了传输控制协议TCP的设计。

1975年,ARPANET的运行管理权由美国国防通信局(DCA)接管。

1978年,美国国防部决定以TCP/IP协议的第4版作为其数据通信网络的标准。通信协议标准化的实施极大地推动了因特网的发展。

1982年,美国国防通信局(DCA)与高级研究项目署(ARPA)确立TCP/IP通信协议,TCP/IP被加入到UNIX内核中,DCA将ARPANET各站点的通信协议全部更改为TCP/IP协议,这表明因特网开始从一个实验网络向一个实用网络转变,这是全球因特网正式诞生的标志。同年,ARPANET分解为ARPANET和MILNET,后者最终并入DDN(Defense Data Network)网络中。

1985年,ARPANET虽已获得了巨大成功,但不能满足日益增长的需要,为此,在美国政府的帮助下,美国国家科学基金会开始建立国家科学基金会网络NSFNET。

1986年,NSFNET建成,主干网速率为56 kbps,美国各大学纷纷入网。为提高计算能力,国家科学基金会(NSF)创建了5个超级计算机中心,使网络得到迅速发展。NSFNET建立后逐步取代ARPANET成为了因特网的主干。同年,出现了基于TCP/IP的网络新闻传输协议(network news transfer protocol,NNTP)。

面对不断增长的需求,NSFNET仍然太小,速度也并不比ARPANET快多少。1987年,由IBM、MCI和MERIT共同建设新网络,该广域网于1988年夏季成为因特网的主干网。此后,美国其他联邦部门的计算机网(如能源科学网Esnet等)相继并入因特网。

1989年,因特网主干网升级为T1速率(1.54 Mbps);最早的因特网服务提供商之一Compuserve成立。

1990年,ARPANET退出历史舞台,因特网取而代之。同年,美国联邦组网协会修改了政策,允许任何组织申请加入,开始了因特网高速发展的时代。随后,世界各地不同种类的网络与美国因特网相连,逐渐形成了全球因特网。

1991年,明尼苏达大学的Paul Lindner和Mark P. McCabill发明Gopher服务;欧洲粒子物理实验室(CERN)的Tim Berners Lee发明了万维网(world wide web,WWW)。1991年5月WWW在因特网上首次露面,立即引起轰动,并迅速得到推广和应用。

1992年,因特网协会(ISOC)成立;主干网升级为T3速率(45 Mbps);因特网开设第一个广播电视台;因特网体系结构委员会(Internet Architecture Board,IAB)进行了重组,成为ISOC的一部分。因特网真正的飞跃应当归功于从1992年开始的因特网商业化,商业机构的介入使因特网用户范围迅速扩展。

1993年,NSF建立InterNIC以提供特定的因特网服务;美国颁布国家信息基础设施法案(NII),在全世界掀起信息高速公路热;商业和媒体开始真正关注因特网;美国国家超级计算机应用中心NCSA推出UNIX版的浏览器MOSAIC,浏览器使万维网客户端得以显示图像,使用非常方便,WWW服务通信量一年激增了341 634%。

1994年,第一家花店直接在因特网上接受客户,开始在因特网上建立销售商店;各社区开始直接连接到因特网;WWW通信量超过Telnet成为网上第二大服务;第一家网上银行First Virtual开业;Netscape推出Nevigator浏览器,并占领主要市场。

1995年,新的NSFNET诞生,它由NSF在超级计算中心之间建立的甚高速干线网络服务(VBNS)构成;同年3月,WWW超过了FTP成为因特网上通信量最大的服务;大量与因特网有关的公司股票上市;域名注册不再免费,同年9月开始征收50美元的年费;SUN公司推出服务于网络编程的Java语言,并获得极大的成功。

1996年美国克林顿政府出台下一代因特网(NGI)计划,美国开始进行下一代高速互联网络及其关键技术的研究。1996年采用因特网技术的企业网成为一个热点。各大企业纷纷建设自己的Intranet。同年,W3C在标准通用标记语言SGML的基础上,提出了可扩展标记语言(extensible markup language,XML)草案。年底,W3C提出了层叠样式表CSS的建议标准。

1998年美国100多所大学联合成立UCAID(University Corporation for Advanced Internet Development),从事Internet2研究计划。UCAID建设了一个独立的高速网络试验床Abilene,并于1999年1月开始提供服务。1998年是电子商务大发展的一年,1998年美国全年在线购物总额为130亿美元。

1998年,日本、韩国和新加坡3国发起建立了“亚太地区先进网络APAN(Asia-Pacific Area Network)”,加入下一代互联网的国际性研究。

1999年,W3C制定出XSLT标准。目的是将XML信息转换为HTML等不同的信息展现形式。同年,W3C和相关的企业开始讨论设计基于XML的通信协议。

2000年,W3C发布简单对象访问协议(simple object access protocol,SOAP)的1.1版。人们把利用SOAP协议传递XML信息的分布式应用模型称为Web服务。2001年,W3C发布了Web服务描述语言(web services description language,WSDL)协议的1.1版。SOAP协议和WSDL协议共同构成了Web服务的基础。随后,J2EE和.NET这两大企业级开发平台先后实现了Web服务,并将其视为平台的一项核心功能。

2001年欧盟启动下一代互联网研究计划,建立了连接30多个国家学术网的主干网GEANT(Gigabit European Academic Network),并以此为基础全面进行下一代互联网各项核心技术的研究和开发。

2002年,美国Internet2联合欧洲、亚洲各国发起“全球高速互联网GTRN(Global Terabit Research Network)”计划,积极推动全球化的下一代互联网的研究和建设。

2003年6月,美国国防部发表了一份IPv6备忘录,提出了在美国军方“全球信息网格”中全面部署IPv6的重要决策,并提出了300多亿美元的预算。同年10月,美国军方宣布将采用IPv6逐步替换现在的IPv4。

2004年1月,包括美国Internet2,欧盟GEANT和中国CERNET在内的全球最大的学术互联网在比利时首都布鲁塞尔欧盟总部向全世界宣布,同时开通全球IPv6下一代因特网服务。

1999年Web 2.0的概念开始出现,2002-2004年Web 2.0被广泛接受。Web 2.0是互联网的一次理念和思想体系的升级换代,由原来的自上而下的由少数资源控制者集中控制主导的互联网体系,转变为自下而上的由广大用户集体智慧和力量主导的互联网体系。Web2.0技术主要包括:博客(BLOG)、简易信息聚合(聚合内容)RSS、百科全书(Wiki)、社交网络服务(SNS)、P2P、即时信息(IM)等。

2005年11月17日,国际电信联盟(ITU)在突尼斯举行的信息社会世界峰会(WSIS)上发布了《ITU互联网报告2005:物联网》,将物联网的定义和范围进行了明确和拓展,最早阐明物联网基本含义的是美国麻省理工学院“自动识别中心(Auto-ID)”1999年提出的“万物皆可通过网络互联”。

2006年8月9日,Google首席执行官Eric Schmidt在搜索引擎大会首次正式提出云计算(Cloud Computing)的概念。

大约从 2009 年开始,大数据成为互联网信息技术行业的流行词汇。

移动互联网是 21 世纪互联网领域最大的亮点之一,移动终端使得互联网的使用更加便捷,用户也更加广泛。

作为互联网向外太空的扩展,美国提出了星际互联网。星际互联网络(Inter Planetary Internet,IPN)是美国在外太空建立信息网络的长期构想。该网络的任务是为深空探测任务提供地面支持。

1.3.2 中国互联网的发展

1987 年 9 月 14 日王运丰教授利用中国学术网(Chinese Academic Network CANET)在北京计算机应用技术研究所内建成的中国第一个因特网电子邮件结点,发出了中国第一封电子邮件:"Across the Great Wall we can reach every corner in the world.(越过长城,走向世界)",揭开了中国人使用因特网的序幕。该电子邮件通过意大利公用分组网 ITAPAC 设在北京侧的 PAD 机,经由意大利 ITAPAC 和德国 DATEX-P 分组网,发给了德国卡尔斯鲁厄大学的 Werner Zorn 教授。

1988 年 12 月,清华大学校园网通过 X.25 网与加拿大 UBC 大学(University of British Columbia)相连,开通了电子邮件应用。

1989 年 5 月,中国研究网(CRN)通过邮电部的 X.25 试验网(CNPAC)实现了与德国研究网(DFN)的互联,并能够通过德国 DFN 的网关与因特网沟通。

1990 年 10 月,钱天白教授代表中国正式在国际互联网络信息中心的前身 DDN-NIC 注册登记了我国的顶级域名 CN,并且从此开通了使用中国顶级域名 CN 的国际电子邮件服务。

1993 年 3 月,中国科学院高能物理研究所租用 AT&T 公司的国际卫星信道接入美国斯坦福线性加速器中心。通过这条专线只能进入美国能源网,而不能连接到其他地方。尽管如此,这条专线仍是我国部分连入因特网的第一根专线。

1993 年 3 月 12 日,朱镕基副总理主持会议,提出和部署建设国家公用经济信息通信网,即金桥工程。同年 8 月 27 日,李鹏总理批准使用 300 万美元总理预备金支持启动金桥前期工程建设。

1993 年 12 月,中关村地区教育与科研示范网络 NCFC 主干网工程完工,采用高速光缆和路由器将 3 个院校网互联。这 3 个院校网是中科院院网(CASNET)、清华大学校园网(TUNET)和北京大学校园网(PUNET)。

1994 年 4 月,中关村地区教育与科研示范网络通过美国 Sprint 公司连入因特网的 64 kbps国际专线开通,实现了与因特网的全功能连接。5 月,中国科学院高能物理研究所设立了国内第一台 Web 服务器;中国科学院计算机网络信息中心完成了中国国家顶级域名(CN)服务器的设置。10 月,中国教育和科研计算机网(CERNET)开始启动。

1995 年 1 月,中国电信分别在北京、上海用两根 64 kbps 专线通过美国 Sprint 公司接入因特网,并通过电话网、DDN 专线以及 X.25 网等方式开始向社会提供因特网接入服务。同年 7 月,中国教育和科研计算机网连入美国的 128 kbps 国际专线开通。8 月,建立在中国教育和科研计算机网上的水木清华 BBS 正式开通,成为中国大陆第一个因特网上的 BBS。

12月，中科院百所联网工程完成，建立了中国科技网(CSTNET)。

1996年1月，中国公用计算机互联网(CHINANET)主干网建成并正式开通，全国范围的公用计算机互联网络开始提供服务。3月，清华大学提交的适应不同国家和地区中文编码的汉字统一传输标准被IETF通过为RFC 1922，成为中国国内第一个被认可的RFC文档。8月，国家将金桥一期工程列为“九五”期间国家重大续建工程项目。9月，中国金桥信息网(CHINAGBN)接入美国因特网的256 kbps专线正式开通。中国金桥信息网宣布开始提供因特网服务。11月，中国教育科研网开通2 Mbps国际信道。

1997年5月30日，国务院信息化工作领导小组办公室发布《中国互联网络域名注册暂行管理办法》，授权中国科学院组建和管理中国互联网络信息中心(CNNIC)，授权中国教育和科研计算机网网络中心与CNNIC签约并管理二级域名.edu.cn。同年，中国公用计算机互联网实现了与中国科技网、中国教育和科研计算机网、中国金桥信息网的互联。

1998年7月，中国公用计算机互联网骨干网二期工程开始启动。二期工程将使8个大区间的主干带宽扩充至155 Mbps，并且将8个大区的结点路由器全部换成千兆位路由器。

1999年1月，中国教育和科研计算机网的卫星主干网全线开通，这大大提高了网络的运行速度。同月，中国科技网开通了两套卫星系统，全面取代了IP/X.25，并用高速卫星信道连到了全国40多个城市。同年2月，中国国家信息安全测评认证中心(CNISTEC)正式运行。5月，在清华大学网络工程研究中心成立了中国第一个安全事件应急响应组织CCERT (CERNET Computer Emergency Response Team)。9月，招商银行率先在国内全面启动“一网通”网上银行服务。

2000年1月17日，当时的信息产业部正式同意由中国国际电子商务中心组建“中国国际经济贸易互联网”。5月17日，中国移动互联网(CMNET)投入运行。7月19日，中国联通公用计算机互联网(UNINET)正式开通。

2001年12月底，中国教育和科研计算机网CERNET高速主干网建设项目通过国家验收。

2002年10月26日-31日，全球互联网地址、域名管理机构国际互联网络名称与数字地址分配机构(ICANN)在上海举办会议，这是ICANN会议第一次在中国举行。

2004年12月25日，中国第一个下一代互联网示范工程(CNGI)核心网之一CERNET2主干网正式开通。

2005年11月3日，国家信息化领导小组第五次会议审议并原则通过了《国家信息化发展战略(2006-2020)》。会议认为，制定和实施国家信息化发展战略，是顺应世界信息化发展潮流的重要部署，是实现经济和社会发展新阶段任务的重要举措。

2006年1月1日，中华人民共和国中央人民政府门户网站(www.gov.cn)正式开通。该网站是国务院和国务院各部门，以及各省、自治区、直辖市人民政府在国际互联网上发布政务信息和提供在线服务的综合平台。同年的10月13日，国际互联网技术规范制定组织IETF正式发布了由中国互联网络信息中心(CNNIC)主导制定的《中文域名注册和管理标准》，编号为RFC 4713。

2007年6月1日，国家发展和改革委员会、国务院信息化工作办公室联合发布《电子商务发展“十一五”规划》，首次在国家政策层面确立了发展电子商务的战略和任务。同年9月底，国家电子政务网络中央级传输骨干网正式开通，这标志着统一的国家电子政务网络框架基本形成。

2009 年下半年起,新浪网、搜狐网、网易网、人民网等门户网站纷纷开启或测试微博功能。微博成为 2009 年互联网应用的热点之一。

2010 年 1 月 13 日,国务院常务会议决定加快推进电信网、广播电视网和互联网三网融合。同年 6 月 25 日,第 38 届互联网名称与数字地址分配机构(ICANN)年会决议通过,将“.中国”域名纳入全球互联网根域名体系。7 月 10 日,“.中国”域名正式写入全球互联网根域名系统(DNS)。11 月 7 日—12 日,互联网工程任务组(IETF)第 79 次大会在北京召开,这是 IETF 会议首次在中国内地举行。

2011 年 4 月 12 日,百度应用平台正式全面开放;6 月 15 日,腾讯宣布开放八大平台;7 月 28 日,新浪微博开放平台正式上线;9 月 19 日阿里巴巴旗下淘宝商城宣布开放平台战略。2011 年中国互联网大企业纷纷宣布开放平台战略,改变了企业间原有的产业运营模式与竞争格局,竞争格局正向竞合转变。同年 5 月,国家互联网信息办公室正式设立。这一机构的设立,其目的是进一步加强互联网建设、发展和管理,提高对网络虚拟社会的管理水平,体现出国家层面对互联网的高度重视。

2014 年 7 月 1 日,中国互联网络信息中心(CNNIC)由中国科学院体系正式过渡到国家互联网信息办公室下辖机构。同年 11 月 19 日—21 日,第一届世界互联网大会在浙江嘉兴市乌镇召开,世界互联网大会由国家互联网信息办公室和浙江省人民政府共同主办,旨在推动互联网发展成为人类团结和经济进步的全球共享资源。世界互联网大会也将永久会址确定在乌镇。

因特网进入中国的时间虽短,却在这个世界上最大的发展中国家经历了爆炸式的发展。1997 年,经国家主管部门研究,决定由中国互联网络信息中心(CNNIC)联合互联网络单位来实施中国互联网络发展状况的统计工作。从 1998 年起,CNNIC 决定于每年 1 月和 7 月发布“中国互联网络发展状况统计报告”。据 2016 年 7 月 CNNIC 发布的“第 38 次中国互联网络发展状况统计报告”:截至 2016 年 6 月,我国的上网用户数已达 7.10 亿,中国手机网民规模为 6.56 亿人,中国域名总数为 3698 万个,中国网站总数为 454 万个,我国大陆的 IPv4 地址数超过了 3.376 亿个,IPv6 地址数 20 781 块/32。国际出口带宽总量为 6 220 764 M。中国互联网国际出口带宽分布情况如表 1-1 所示。

表 1-1 中国互联网国际出口带宽分布情况

网络	国际出口带宽(Mbps)
中国电信	3 817 006
中国联通	1 501 805
中国移动	787 263
中国教育和科研计算机网	61 440
中国科技网	53 248
中国国际经济贸易互联网	2

统计数据表明:企业“互联网+”应用基础更加坚实;企业已具备基本的网络安全防护意识;互联网正融入企业战略;移动互联网营销发展迅速;互联网推动了供应链的变革;入网

设备进一步向手机端集中;无线网络覆盖明显提升;互联网支付应用迅速增长;在线教育、网络医疗、网络约租车已成规模。

1.4 有关因特网的组织机构

因特网的最大特点是管理上的开放性。因特网没有集中的管理机构,为了保证因特网的正常运行,建立和完善相关的标准,确保因特网的持续发展,先后成立了一些非盈利性组织机构,这些机构自愿承担起了因特网的管理职责。它们都遵循自下至上的结构原则,为确保因特网的持续发展而开展工作。

1.4.1 因特网体系结构委员会

最早的因特网机构是 ARPA 成立的一个非正式的委员会:因特网配置控制委员会(Internet Configuration Control Board,ICCB),该机构成立于 1979 年,由志愿者参与各项工作。其职能是协调和引导因特网协议和体系结构的设计。

1983 年,因特网行动委员会(Internet Activities Board,IAB)取代了 ICCB,IAB 负责因特网的技术管理和发展战略的制定,决定因特网的技术方向。具体工作包括:建立因特网标准;管理请求注解文档 RFC 的发布过程;建立因特网的战略性计划。

因特网的迅速发展使得因特网行动委员会的结构日趋庞大。1986 年,在 IAB 之下又成立了两个工作部门:因特网工程任务组(Internet Engineering Task Force,IETF)和因特网研究任务组(Internet Research Task Force,IRTF)。

IETF 是一个开放性的大型民间国际团体,在因特网相关技术的研究方面具有一定权威。IETF 汇集了与因特网体系结构和运作相关的网络设计者、运营商、投资人和研究人员。IETF 负责因特网中、短期技术标准和协议的研发和制定。

IETF 将其研究的方向划分为几个单独的研究领域。IETF 涉及的技术领域包括:应用、传输、网际互联、通用、操作与管理、路由、安全、临时领域等。每个领域都设有多个工作小组(working group,WG),大量的技术性工作均由这些工作小组承担和完成。各工作小组有独立的邮件组,工作组成员通过邮件互通信息。每个领域由几个主任(area director)负责管理。

因特网工程指导组(Internet Engineering Steering Group,IESG)是 IETF 的上层机构,它由一些专家和各领域的负责人组成,设有一个主席职位。IESG 主要负责 IETF 的各项活动及因特网标准制定过程中的技术管理工作。

因特网研究任务组 IRTF 负责长期的、与因特网发展相关的技术问题,协调有关 TCP/IP 协议和一般体系结构的研究活动。IRTF 也有一个指导小组:因特网研究指导组 IRSG。IRTF 由多个因特网志愿工作小组构成。IRTF 接受 IRSG 的管理,IRSG 的每个成员主持一个因特网志愿工作组。IRTF 通过建立重点、长期和小型的研究小组,对因特网的各种协议、应用软件、结构和技术等问题进行重点研究,以促进因特网在未来的发展。目前来看,IETF 的研究活动比 IRTF 要活跃得多。

1992 年,因特网行动委员会更名为因特网体系结构委员会(Internet Architecture Board,IAB),成为同年成立的因特网协会 ISOC 的技术顾问小组,简称仍为 IAB。IAB 的主要职能为：负责 ISOC 的总体技术建议；代表 ISOC 与其他从事因特网标准与技术研究的组织进行联系与交流；任命 IETF 主席和 IESG 成员；对因特网协议和程序的框架实施监管；对因特网标准的制定进行监管；管理因特网标准草案的编辑和发布。

1.4.2 因特网协会

1992 年，一个相当于因特网最高管理机构的组织因特网协会(Internet Society，ISOC)成立了。创立者希望通过成立这一全球性的组织，使其能够在推动因特网全球化，加快网络互联技术和应用软件发展，以及普及因特网等方面发挥重要作用。

ISOC 总部及秘书处设在美国弗吉尼亚州莱斯顿地区。作为一个非盈利的行业性全球因特网协调与合作国际组织，ISOC 致力于确保全球因特网发展的有益性和开放性，并就因特网技术制定标准、发布信息、开展培训。此外，ISOC 还致力于社会、经济、政治、道德、立法等能够影响因特网发展方向的工作。

ISOC 由一个托管委员会进行管理，主要负责 ISOC 全球范围内的各项事务。ISOC 由许多遍及全球的地区性机构组成，这些分支机构都在本地运作，并有自己的成员管理规则，同时保持与 ISOC 的托管委员会联系。

ISOC 的工作职能主要包括：推动因特网的法律保护；推动因特网企业的自律；推动因特网标准的制定；推动诸如审查制度与自由言论、隐私保护、税收、因特网管理、知识产权等公共政策的研究；主办国际网络会议、网络与分布式系统安全年会等全球性年会；实施教育与培训计划，举办各种形式的网络培训学习班；担任国际教育考试(Think Quest)的评委；出版技术杂志《On The Internet》和报道与因特网技术有关的各类消息的《ISOC 论坛》；负责 IETF、IESG、IAB 的组织与协调工作。

1.4.3 因特网网络信息中心

因特网网络信息中心(Internet Network Information Center，InterNIC)成立于 1993 年 1 月，InterNIC 负责所有以. com、. org、. net 和. edu 结尾的顶级国际域名的注册与管理。而. mil 和. gov 顶级国际域名仍然由美国政府管理，各个国家的顶级域名则由各国自己管理。

为防止域名注册时重名所带来的不必要的麻烦，InterNIC 提供了一个 WHOIS 数据库，用户在申请新域名之前，首先搜索该数据库，以确定该域名尚未被使用。

中国互联网络信息中心(China Internet Network Information Center，CNNIC)成立于 1997 年 6 月。是我国的非盈利性互联网管理与服务机构，行使中国国家互联网络信息中心的职责。CNNIC 是我国域名注册管理机构和域名根服务器运行机构。负责运行和管理国家顶级域名. CN、中文域名系统；负责为我国的网络服务提供商(ISP)和网络用户提供 IP 地址和 AS 号码的分配管理服务；为全球用户提供不间断的域名注册、域名解析和 WHOIS 查询等服务；负责构建我国的互联网基础资源服务平台，开展中国互联网络发展状况等多项互联网络统计调查和发布工作；为企业、用户、研究机构提供互联网发展的公益性研究和咨询服务；跟踪互联网政策和技术的最新发展，与相关国际组织以及其他国家和地区的互联网络信息中心进行业务协调与合作。

1.4.4　因特网名称与数字地址分配机构

因特网名称与数字地址分配机构(Internet Corporation for Assigned Names and Numbers,ICANN)成立于 1998 年 10 月,它是一个集合了各地网络界的商业、非商业、技术及学术领域专家的非盈利性组织。ICANN 负责 IP 地址空间的分配、协议标识符的指派、通用顶级域名(gTLD)以及国家和地区顶级域名(ccTLD)系统的管理和根服务器系统的管理。这些服务最初是在美国政府合同下由因特网号码分配机构(Internet Assigned Numbers Authority,IANA)以及其他一些组织提供的。现在,ICANN 行使 IANA 的职能。

ICANN 下设 3 个支持组织和 4 个咨询委员会。

3 个支持组织是地址支持组织 ASO、国家代码域名支持组织 CCNSO 和通用名称支持组织 GNSO。支持组织是理事会的咨询机构,主要职责是就支持组织具体责任范围内的事项提供实质性政策研究和建议。

4 个咨询委员会是政府咨询委员会、一般会员咨询委员会、安全和稳定咨询委员会和根服务器系统咨询委员会。咨询委员会为 ICANN 提供政策拟定咨询。其中,政府咨询委员会由各个国家或地区的政府指定的代表组成,负责代表 ICANN 与各地政府间沟通。

ICANN 采用分级方式分配 IP 地址,ICANN 先将部分 IP 地址分配给地区级的因特网注册机构(Regional Internet Registry,RIR),然后由 RIR 负责该地区的 IP 地址分配。目前的 5 个 RIR 分别是负责北美地区地址分配的 ARIN;负责欧洲地区地址分配的 RIPE;负责拉丁美洲地区地址分配的 LACNIC;负责非洲地区地址分配的 AfriNIC 和负责亚太地区地址分配的 APNIC。

为了适应因特网的国际化,保证公正性,2009 年 10 月 2 日 ICANN 获准独立于美国政府之外,取得独立地位。

1.4.5　WWW 协会

万维网(WWW)对因特网的贡献是有目共睹的,现已成为人们从因特网上获取信息的最主要途径,万维网的发展极为迅速。万维网协会 W3C(World Wide Web Consortium)最初正是为了适应这一发展,由 Tim Berners Lee 于 1994 年 10 月在美国麻省理工学院计算机科学实验室(MIT/LCS)创立的,该组织得到了欧盟委员会和美国国防部国防部高级研究项目署(DARPA)的支持。现在 W3C 由美国麻省理工学院计算机科学与人工智能实验室、欧洲信息学与数学研究联合会、日本庆应大学和我国的北京大学联合管理。

W3C 负责确定和颁布有关 WWW 应用的标准。它的服务包括:为 WWW 开发者和用户开发信息库,推动标准参考代码的实施,以及提供各类展示新技术的源程序范例。W3C 标准形成过程要经过 4 个成熟级:工作草案、候选推荐、建议推荐和 W3C 推荐。

1.5　请求注解

1.5.1　因特网技术文档

RFC(Request For Comments)的含义是请求注解,它是一系列关于因特网(以前为

ARPANET)的技术文档。RFC 涉及计算机网络的概念、协议、过程、程序、会议纪要、观点看法甚至幽默等诸多方面的内容。

RFC 技术文档的发布开始于 1969 年,截止 2016 年 9 月,RFC 文档数已达 8000 多篇。当某一机构、团体或个人开发出了一个标准或者想对某一标准提出自己的设想,并希望得到大家的认可时,就要通过 IESG 在因特网上发布一个 RFC 文档,向外界征询意见,对这一问题感兴趣的人通过阅读 RFC,提出自己的建议,以便进一步完善它。

绝大部分因特网标准的制定都是以 RFC 的形式开始,并经过大量的论证和修改而完成的。RFC 2026 给出了因特网标准的建立过程。

符合因特网标准过程的规范有两类:技术规范 TS(technical specification)和适用性陈述 AS(applicability statement)。

TS 是关于协议、服务、过程、约定和格式的描述。AS 定义一个到多个技术规范的使用环境和使用方法,AS 定义 TS 的关系、TS 组合的方式、TS 参数的值或范围、TS 协议的子功能等。AS 为每个 TS 指定下列 5 个"需要等级"之一。

(1) 必需的(required):为满足最小一致性,必须在所有使用 TCP/IP 协议族的系统中实现由该 AS 定义的 TS。例如 RFC 791:IP、RFC 792:ICMP 等。

(2) 建议的(recommended):从最小一致性上看,虽然它们不是必需的,但是根据经验和技术要求,建议相关的 TS 在系统中实现。例如 RFC 793:TCP、RFC 768:UDP、RFC 821:SMTP、RFC 959:FTP、RFC 855:TELNET、RFC 1157:SNMP 等。

(3) 可选的(elective):在 AS 的适用领域中 TS 在系统中的实现是可选的。一些可选的 TS 往往与厂商和用户有关。例如 RFC 826:ARP、RFC 903:RARP、RFC 1350:TFTP、RFC 1661:PPP、RFC 1939:POP3 等。

一些不在 RFC 标准轨迹(standards track)中和已从标准轨迹中退役的 TS 将划分在下面的两类需要等级中。

(4) 限制使用的(limited use):被认为只在受限的和特定的环境中使用的 TS 属于此类需要等级。例如 RFC 1788:ICMP 域名信息、RFC 1986:ETFTP 等。

(5) 不建议的(not recommended):被认为不适合一般使用的 TS 属于此类需要等级。这些 TS 通常功能有限、过于专用或者是已成为历史状态的标准,因此不建议在系统中实现。

尽管 TS 和 AS 在概念上是分开的,但实际的 RFC 文档总是将一个 AS 同与其相关的一个或多个 TS 关联起来。

1.5.2 因特网标准建立过程

图 1-1 描述了 RFC 2026 描述的因特网的标准化过程和 RFC 文档的状态。从图中可以看出,RFC 文档共有 8 种状态。3 个状态属于标准化轨迹,3 个状态属于非标准化轨迹,两个状态为其他状态。

1. 前期准备工作

一个规范文档要进入因特网标准化轨迹之前,首先应作为因特网草案接受非正式的评论。若超过 6 个月因特网草案还未被 IESG 推荐发布为 RFC 文档,或在 6 个月内以 RFC 文档发布了,则将从因特网草案目录中移除该因特网草案。若因特网草案被同一规范的新版

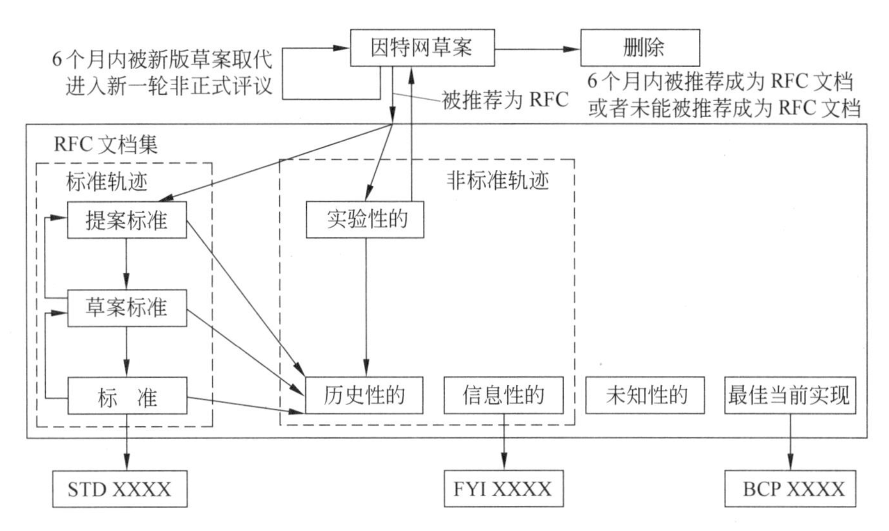

图 1-1　因特网标准化过程及文档状态

本替代了，则开始新一轮的 6 个月非正式评论过程。因特网草案没有正式的状态，随时可能被修改或从因特网草案目录中移除。

2. 标准轨迹

试图成为因特网标准的规范必须经过一系列的成熟级，这组成熟级即为因特网标准轨迹。

标准轨迹由 3 个成熟级构成，由低到高分别为提案标准、草案标准和标准。

- 提案标准(proposed standard)：此规范已经通过了一个深入的审查过程，受到了足够多组织的关注，并认为是有价值的。但它仍需要几个协议组的实现和测试。在成为因特网标准前，它可能还会有很大的变化。
- 草案标准(draft standard)：此规范已经被很好地理解，并且被认为是稳定的。它可以被用作开发最后实现的基础。在这个阶段，它需要的是具体的 RFC 测试和注释。在成为标准的协议之前，它仍有可能被改变。
- 标准(standard)：当规范经过了有效的实现和成功的运行，并且达到了很高的技术成熟度时，IESG 将 RFC 文档设立为官方的标准协议并分配给它一个 STD 号码。有时通过查看 STD 文件，可以比查看 RFC 更容易找到一个协议的因特网标准。

后来，IETF 注意到标准化轨迹的 3 层结构阻碍了标准化进程，所以决定简化标准化轨迹。2011 年 10 月公布的 RFC 6410 对 RFC 2026 进行了更新，将标准化轨迹中的 3 个成熟级合并成了 2 个成熟级。第一个成熟级状态仍然是提案标准，对该状态的要求也和原来完全相同。第二个成熟级状态是因特网标准(Internet standard)，由原标准化轨迹中的草案标准状态和标准状态合并而成。

根据 RFC 6410，已处于标准成熟级的协议或服务将归类到因特网标准状态；原处于提案标准状态的仍维持提案标准状态；但对原处于草案标准状态的文档未给出明确的处理方案，两种可能的处理是：(1)当草案标准达到因特网标准要求时归类到因特网标准。(2)在 RFC 6410 批准为 BCP 两年后的任何时间或许会由 IESG 选择重新归类到提案标准。查阅 RFC 文档可以发现：新的文档里已经没有草案标准了，但还有些旧文档仍是草案标准状态。

3. 非标准轨迹

实验性的规范(experimental):这些规范作为因特网技术组织的一般信息发布,是研究和开发工作的归档记录。

信息性的规范(informational):这些规范是作为因特网组织的一般信息发布的,并不表示得到了因特网组织的推荐和认可。一些由因特网组织以外的协议组织和提供者提出的未纳入因特网标准的规范可以以信息性的 RFC 发布。

其中一些关于指南、常见问题及解答、手册、术语表等信息性的规范被接纳为"你的信息"FYI(FOR YOUR INFORMATION)。例如:

RFC 1635 How to Use Anonymous FTP. (FYI 0024)(Status:INFORMATIONAL)

RFC 2504 Users' Security Handbook. (FYI 0034)(Status:INFORMATIONAL)

RFC 2828 Internet Security Glossary. (FYI 0036)(Status: INFORMATIONAL)

RFC 2664 FYI on Questions and Answers-Answers to Commonly Asked "New Internet User"Questions. (FYI 0004) (Status:INFORMATIONAL)

历史性的规范(historic):这些规范要么已经被更新的规范取代了,要么已经过时了。

4. 其他状态

有一些 RFC 文档专门用于对因特网组织机构商议结果进行标准化,其内容涉及有关执行一些操作或 IETF 处理功能的最好方法的原则和结论。这些文档的状态为当前最佳实现(BEST CURRENT PRACTICE),简称为 BCP。

还有一些 RFC 文档未被分类,其状态被标记为未知性的(UNKNOWN),这些文档主要是因特网早期的 RFC 文档。

1.5.3 获取 RFC 文档

由于 RFC 文档包含了关于因特网的几乎所有的重要文字资料,对于学习和掌握因特网知识来说,RFC 文档无疑是最重要的资料。

RFC 文档可以通过电子邮件、FTP 或 WWW 方式获得。其中最方便的方式还是通过 WWW 方式得到。https://www.ietf.org 是 IETF 的官方网站,从这里可以查到所有的 RFC 文档。https://www.rfc-editor.org 是 RFC 编辑小组的网站,从这里也可以获得完整的 RFC 文档。

以下几点值得注意:

(1) 当一个 RFC 文档被发布的时候,它就会获得一个 RFC 编号。若一个 RFC 文档被更新,那么新的 RFC 文档会被分配一个新的 RFC 编号,过时的 RFC 文档及编号仍保持不变,而在新的 RFC 文档头部将标明它所废止的旧 RFC 文档号。

(2) 当一个 RFC 文档被接纳为因特网标准时,会形成一个 STD 文档"STD XXXX",同时它原有的 RFC 文档和编号仍保留。一个 STD 文档有可能由多个 RFC 文档合并得到。

(3) 当一个 RFC 文档被接纳为当前最佳实现 BCP 时,会形成一个 BCP 文档"BCP XXXX",同时它原有的 RFC 文档和编号仍保留。一个 BCP 文档有可能包含多个相关的 RFC 文档。

(4) 当一个 RFC 文档被接纳为"你的信息"FYI 时,它将被分配一个额外编号"FYI XXXX",同时仍会保留其原有的 RFC 文档和编号。

1.6 下一代因特网

1.6.1 迈向新一代网络

因特网的出现，使美国成为了世界第一大信息强国。因特网的商业化，给美国带来了巨大的经济利益。但因特网的商业化和WWW业务的普遍应用，使得用户数量和业务需求急剧增长，导致了带宽爆炸现象。新的发展和应用对因特网提出了更高的要求：高性能、高可靠、高安全及QoS保证等，而这些恰恰是因特网所力不从心的地方。

为了全面保持美国在科学技术和信息领域的优势、在经济上的发展、在军事上的强大和在政治上的强权，1996年10月美国克林顿政府出台了下一代因特网(Next Generation Internet，NGI)计划，开始着手进行下一代高速互联网络及其关键技术的研究。

实施NGI计划的具体目标是将各大学和国家实验室的网络速度提高100～1000倍；推动下一代网络技术的研究；满足国家重点项目的需求(如医疗保健、远程教育、环境监测、制造工程、生物医学、能源研究等)。NGI所依托的高速网络试验床是甚高速主干网络服务VBNS(very high speed backbone network service)。

1997年10月，美国约40所大学和研究机构的代表在芝加哥商定共同开发Internet2。1998年美国100多所大学联合成立UCAID(University Corporation for Advanced Internet Development)，从事Internet2研究计划。Internet2已被采纳为NGI计划的一部分。

Internet2的主要内容是：为美国的大学和科研机构建立一个技术领先的网络；使新一代网络能充分实现宽带网的媒体集成、交互以及实时协作功能；在全球范围内提供高层次的教育和信息服务。UCAID所依托的高速网络试验床是Abilene。

下一代因特网要达到的目标是更大、更快、更安全、更及时、更方便。要解决的主要问题包括：下一代IP协议、多协议标签交换MPLS、组播、网络管理、服务质量保证及网络安全等。相关的应用涉及：宽带接入、虚拟现实、虚拟数字化图书馆、电子商务、协同工作、网格计算、大规模协同计算与数据库处理等。

目前，美国的下一代因特网已经连接全国。它正为美国的教育和科研提供世界上最先进的信息基础设施，并保持美国在高速计算机网络及其应用领域的技术优势以及在科学和经济领域的竞争力。

随着美国的下一代因特网计划逐步浮出水面，其他国家和地区也相继开展了下一代高速互联网络研究，其中包括加拿大的CA * NET3、英国的JANET2、欧盟的GEANT以及亚太地区的APAN等。一些发达国家也都建立了研究高速计算机网络及其典型应用技术的高速网试验床。

为了缓解因特网的带宽压力，1997年推出了IP over SONET/SDH技术，并受到了不少公司的青睐，美国的下一代因特网中也采用了这一技术。但时隔不到一年，美国Sprint和Frontier公司于1998年8月宣布建设OC-48的光因特网。

这一想法与加拿大的CA * NET3不谋而合，加拿大科研、工业、教育促进网(CANARIE)于1998年8月15日宣布要建设世界上第一个全国性光因特网——CA *

NET3。CA * NET3 是加拿大第三代因特网主干网。第一代为 CA * NET,1997 年建立的第二代网 CA * NET2 采用的是 ATM 和 SONET 技术,CA * NET3 则是一个完全的光网络,取消了 ATM 和 SONET 的两层电气层,从底层开始承载 IP 业务,在 DWDM 光纤上实现光波长链路层连接。

光因特网也称为 IP over DWDM,指的是直接在光上运行的因特网。在光因特网中,高性能路由器通过光耦合器直接连到 WDM 光纤,光纤内各波长是在链路层互联的,在结构上将更加灵活,并具有向光交换和全光路由结构转移的可能。

实际上关于下一代因特网协议的研究工作早在 10 多年前就已经开始了,为了解决 IPv4 的局限性,1993 年末,IETF 成立了 IPng 工作部,该工作部制订了 IPng 技术准则,并根据此准则来对已经提出的各种方案进行评价。在经过深入讨论之后,IPng 工作部建议将 IPv6 作为下一代 IP 协议的基础。自 1995 年末起,陆续发布了 IPv6 规范等一批技术文档。

ITU-T 在 2002 年 1 月的 13 研究组会议上决定启动下一代网络 NGN 的标准化工作,在第 13 研究组内建立一个新的项目:NGN 2004 Project。NGN 2004 Project 确定了七大研究领域:NGN 的总体框架模型、NGN 的功能体系结构模型、端到端 QoS、服务平台、网络管理、安全性和通用化移动性。

为加强欧盟国与国之间的科研合作,欧盟专门制订了框架计划(FP)。框架计划包含有关下一代网络的两大项目。一个是研究卓越网络能力的 NGN 动议(NGN Initiative,NGNI);另一个是综合开发项目 NGN2010。

就目前来看,IPv6 仍被视为是下一代网络的主要技术。而且世界主要国家已充分认识到现阶段部署 IPv6 的紧迫性和重要性,政府纷纷出台国家发展战略,积极推进 IPv6 的大规模商用部署。2012 年 7 月,美国政府更新《政府 IPv6 应用指南/规划路线图》,明确了政府办公网络全面支持 IPv6 的时间表。欧盟早在 2008 年就发布了"欧洲部署 IPv6 行动计划"。2009 年 10 月,日本发布《IPv6 行动计划》,决定从 2011 年 4 月全面启动 IPv6 服务。2010 年 9 月,韩国发布《下一代互联网协议(IPv6)促进计划》。2012 年 6 月,加拿大政府发布了《加拿大政府 IPv6 战略》,要求 2015 年 3 月底前,完成现有网站的 IPv6 升级改造。虽然有些行动计划并未能如期完成,但总的推进方向仍保持不变。

2013 年 10 月,全球负责协调互联网技术基础设施与技术标准化的国际组织领导人在乌拉圭蒙得维的亚举行会议,共同签署了关于未来互联网合作的蒙得维的亚声明。声明号召加快因特网名称与数字地址分配机构(ICANN)和因特网号码分配机构(IANA)的国际化进程,并将向 IPv6 转型设为全球互联网发展合作的首要任务。

除了 IPv4 到 IPv6 的演进性路线之外,还存在另外一条完全抛弃 IPv4 和 IPv6 的革命性技术路线:未来互联网,其中代表性的项目有美国科学基金会的未来互联网网络设计(Future Internet Network Design,FIND)和全球网络创新环境(Global Environment for Network Innovations,GENI)。欧盟在他的第七框架计划(FP7)中,也建立了未来互联网研究和实验(FIRE)项目。

1.6.2 中国的下一代互联网络

1. NSFCNET

1999 年 12 月,自然科学基金委员会正式批复"中国高速互联研究试验网络 NSFCNET

项目任务书”，从而启动了中国高速互联研究试验网络。

NSFCNET 的研究目标是建设我国第一个基于密集波分多路复用 DWDM 光传输技术的高速计算机互联的学术性试验网络，通过建设该网络，研究下一代互联网络的关键技术和基础理论，开发一些重大应用系统，为我国开展下一代互联网络的技术研究提供实验环境。

2000 年 8 月，在信息产业部的主持协调下，中国网通和中国电信捐赠两条 10 Mb 国际线路用于 NSFCNET 与 Internet2 的连接。

NSFCNET 建成了我国第一个基于密集波分多路复用 DWDM 光传输技术的下一代高速互联研究试验网络，提出了包含网络基础设施、网络服务和网络应用三个层次的高速互联网络的总体结构框架，为我国下一代互联网络理论和应用的研究建立了具有世界领先水平的网络实验环境，为我国参与国际下一代互联网络研究、开展学术合作和交流打下良好基础。

NSFCNET 成功研制了下一代网络所需的多波长光发射端机和光波长转换设备；完成了密集波分多路复用 DWDM 光纤传输系统和高速网络环境下典型示范重大应用系统（实时交互远程多媒体教学和学术研讨系统、高速互联网数字地球试验系统、高速互联网科学数据库应用系统等）；建成了传输速率为 2.5～10 Gbps 的高速计算机互联研究试验网络；实现了我国与国际下一代因特网 Internet2 的互联。

2. CERNET2 与 CNGI 计划

中国下一代互联网示范工程（China Next Generation Internet，CNGI）是实施我国下一代互联网发展战略的起步工程，由国家发展和改革委员会、科技部、信息产业部、国务院信息化工作办公室、教育部、中国科学院、中国工程院、国家自然科学基金委员会等 8 部委联合领导。

2002 年，57 位院士上书国务院，呼吁建设我国第二代互联网的学术性高速主干网，以满足全国科学研究的需要。2003 年 8 月，国务院正式批复由 8 部委牵头启动的中国下一代互联网示范工程。

2004 年 7 月 21 日，由国家发展改革委员会等八部委领导的中国下一代互联网示范工程（CNGI）项目专家委员会正式成立。

2004 年 12 月 23 日，我国国家顶级域名.CN 服务器的 IPv6 地址成功登录到全球域名根服务器，标志着 CN 域名服务器接入 IPv6 网络，支持 IPv6 网络用户的 CN 域名解析，这表明我国国家域名系统进入下一代互联网。

2011 年 12 月 23 日，国务院常务会议明确了我国发展下一代互联网的路线图和主要目标：2013 年底前，开展国际互联网协议第 6 版网络小规模商用试点，形成成熟的商业模式和技术演进路线；2014 年至 2015 年，开展国际互联网协议第 6 版大规模部署和商用，实现国际互联网协议第 4 版与第 6 版主流业务互通。

2012 年 3 月 27 日，国家发改委等七部门研究制定了《关于下一代互联网“十二五”发展建设的意见》，提出“十二五”期间，互联网普及率达到 45%以上，IPv6 宽带接入用户数超过 2500 万的目标。

CERNET 从 1998 年就开始了下一代互联网的研究与试验，建成了 IPv6 试验床 CERNET-IPv6。2000 年建成了中国第一个下一代互联网交换中心 DRAGONTAP，实现了与国际下一代因特网的互联。2001 年，CERNET 提出了建设全国性下一代互联网

CERNET2 计划。2003 年 8 月,CERNET2 计划被纳入 CNGI。2004 年 3 月,CERNET2 试验网正式向用户提供 IPv6 下一代互联网服务,成为中国第一个全国性下一代互联网主干网。

CNGI-CERNET2 连接分布在 20 个城市的 25 个核心结点,传输速率 2.5G/10G ,接入 IPv6 用户网 260 多个;国际国内互联中心 CNGI-6IX 于 2005 年底开通运行(位于清华大学),1G 以上速率连接其他 6 个 CNGI 主干网,与北美、欧洲、亚太地区实现高速互联。另外建成了 100 所高校参加的 CNGI 高校驻地网。完成了 100 个校园网的 IPv6 技术升级。100 所学校 基本完成校园网 IPv4/IPv6 双栈建设。在 100 所学校建成并投入使用校园 IPv6 信息资源和应用系统。

因特网是下一代网络的主体,IP 技术将是实现计算机互联网、电话网和电视网三网融合的关键技术。下一代网络是一个建立在 IP 技术基础上的新型网络,能够容纳各种形式的信息,在统一的管理平台下,实现音频、视频、数据信号的传输和管理,是一个真正实现宽带窄带一体化、有线无线一体化、传输接入一体化的综合业务网络。

本章要点

- 信息基础设施是当今信息社会赖以存在和发展的基本保障。
- 电信网、计算机网和有线电视网三网合一是信息网络发展的必然,基于 TCP/IP 的下一代网络将成为最终的网络平台。
- 以物联网、移动互联网、大数据、云计算等为代表的新一代信息通信技术正改变着人们的生活、工作和生产方式。
- 数字鸿沟是指由于信息通信技术的全球发展和应用,造成或拉大的国与国之间以及国家内部群体之间的差距。
- "互联网+"就是利用信息通信技术以及互联网平台,让互联网的创新成果与经济社会各领域进行深度融合,创造新的发展生态。
- TCP/IP 是当前的因特网协议族的总称,TCP 和 IP 是其中的两个最重要的协议。
- 信息传递和资源共享的需求以及局域网的独立性和差异是网络互联技术出现的动因。
- IETF 负责因特网中、短期技术标准和协议的研发和制定。
- RFC 的适用性陈述 AS 为每个技术规范 TS 指定"需要等级":必需的、建议的、可选的、限制使用的和不建议的。
- RFC 6410 将 RFC 2026 定义的标准化轨迹中的 3 个成熟级合并成了 2 个成熟级。第一个成熟级状态是提案标准,第二个成熟级状态是因特网标准,因特网标准状态由原标准化轨迹中的草案标准状态和标准状态合并而成。

习题

1-1 你认为在因特网的发展过程中,哪几件事对其发展起到了非常重要的作用?

1-2 简述物联网、大数据和云计算的概念。

1-3　中国国内第一个被 IETF 认可的 RFC 文档是什么文档?

1-4　与因特网相关的机构 IAB、IETF、IRTF、ISOC、InterNIC、ICANN、W3C 的主要职能分别是什么?

1-5　RFC 文档有哪几种可能的状态? 各种状态的含义是什么?

1-6　上网查询 RFC 文档的最新情况。

1-7　上网查询最新的中国互联网络发展状况统计报告,了解报告的主要内容。

第 2 章　计算机网络与因特网体系结构

互联网络技术是将现有的网络互联起来的技术。作为因特网的底层网络技术，现有的各种网络技术构成了因特网的基础。本章在介绍计算机网络基本知识的基础上，给出了各种底层网络技术的概述，最后讨论了 TCP/IP 的体系结构、TCP/IP 与 OSI 参考模型的关系以及 TCP/IP 协议族。

2.1　计算机网络概念

2.1.1　计算机网络的产生和发展

计算机网络的形成和发展与计算机技术和通信技术的发展密切相关，正是这两种技术的发展和结合，才形成了计算机网络。随着计算机技术和通信技术的进一步发展，计算机网络也日趋完善。

从不同的角度出发，可以给出计算机网络的不同定义。我们从网络的构成和连网的目的给出计算机网络的定义如下：

计算机网络是利用通信线路连接起来的，通过通信协议实现资源共享的独立计算机的集合。

20 世纪 50 年代，为了共享远程计算资源，将终端通过通信线路与远程计算机相连，构成了面向终端的计算机网络。这种网络并非严格意义上的网络，只是计算机网络的雏形。在这一雏形中，通信和计算机开始结合。

20 世纪 60 年代末，ARPANET 的出现真正标志着计算机网络的形成。在 ARPANET 中，通过通信线路实现了计算机和计算机的互联。

20 世纪 70 年代，计算机网络体系结构得到了逐步完善和规范化。国际标准化组织 ISO 推出了开放系统互联的 7 层参考模型。

20 世纪 80 年代，微型计算机系统的发展和普及促进了局域网的迅速崛起，形成了局域网与局域网互联、局域网与广域网互联、广域网与广域网互联的格局。TCP/IP 协议在网络互联中起到了决定性的作用。

20 世纪 90 年代，WWW 的出现和因特网的商业化使得因特网以极其迅猛的速度向全球蔓延。局域网逐渐成了以太网的一统天下，快速以太网、千兆以太网以其高速、简单、低价、升级方便迅速等特点成为了构建局域网的首选。TCP/IP 也成为了进行网络互联的必选协议。

进入 21 世纪后，无线网络的发展非常迅速，以 WiFi 为代表的无线局域网速度不断提高，移动通信网络技术不断更新换代（2G、3G、4G）；下一代网络技术的研究如火如荼，IPv6 开始进入实用；互联延伸到物联网，实现了人与物、物与物的互联；因特网应用和服务进一步向纵深发展，大数据和云计算进入实际应用；因特网开始出现与各行各业融合的趋势。

2.1.2 计算机网络的分类

按照网络的拓扑结构,网络可以划分为如图 2-1 所示的总线形网、环形网、星形网和网状网。

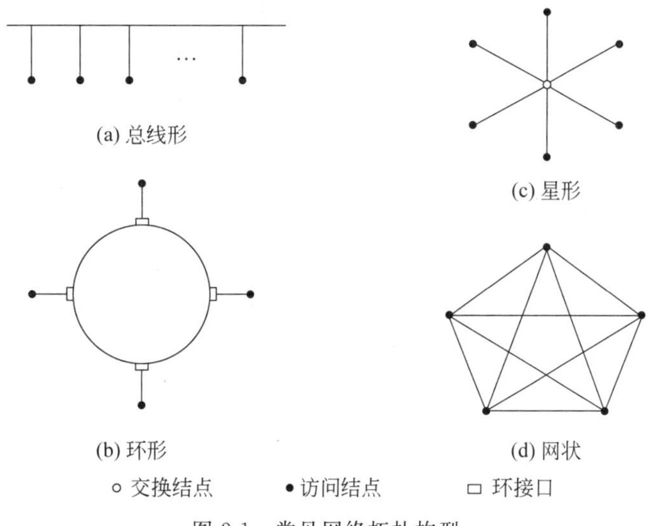

图 2-1 常见网络拓扑构型

网络的拓扑图是一种抽象图,主机和连网设备被抽象为点,通信线路被抽象为线。拓扑图中的点通常称为结点,结点分为交换结点和访问结点,交换结点一般指进行信息转发的连网设备,而访问结点一般是指使用或提供服务的主机。网络拓扑图中的线通常称为链路。

一些文献中还提到树形网,树形网实际上可视为由星形网经过互联而形成的网络结构。严格地说,网状网的每台设备间都有一条专用的点到点链路,这种拓扑结构的特点是可靠性高,但对于结点较多、分布较广的大型网络,这种全连接的结构实际上是不太可行的。在全国科学技术名词审定委员会的通信科学技术名词审定委员会 2007 出版的《通信科学技术名词》中,网状网(mesh network)的定义是:"至少有两个节点之间的通路不少于两条的网络。"也就是说是一种比较宽松的部分连接定义。而且当前大家比较关注的无线网状网(wireless mesh network)通常采用的也不是全连接,一个结点最多和通信范围内的周边结点全连接,更远的结点还是通过周边结点转发。

这里需要注意的是逻辑结构和物理结构的概念。一个网络的逻辑结构和物理结构可能是不同的。例如,一些逻辑上的环形网在物理上却采用星形结构。

按照网络的覆盖范围,网络可以划分为广域网(wide area network,WAN)、城域网(metropolitan area network,MAN)、局域网(local area network,LAN)和个域网(personal area network,PAN)。

广域网的覆盖范围一般可达几十 km 到几千 km;城域网的覆盖范围为一个城市的大小(一般为 5～50 km);局域网的覆盖范围约为 1 km;个域网是家庭范围的网络(覆盖范围为 10 m 左右)。

2.1.3 网络协议与体系结构

1. 网络协议及相关概念

计算机网络中的任何两个设备进行通信时,必须遵守相关的约定,否则,通信双方都无法理解对方的意图并协调其行为。网络协议是通信双方共同遵守的规则和约定的集合。网络协议包括 3 个要素,即语法、语义和同步规则。

语法规定了信息的结构和格式;语义表明信息要表达的内容;同步规则涉及双方的交互关系和事件顺序。

整个计算机网络的实现主要体现为协议的实现。在复杂的通信系统中,协议是非常复杂的。为了保证网络的各个功能的相对独立性,以及便于实现和维护,通常将协议划分为多个子协议,并且让这些协议保持一种层次结构,子协议的集合通常称为协议族。由于协议族中的协议具有上下层次关系,因此又称其为协议栈(protocol stack)。

网络协议的分层有利于将复杂的问题分解成多个简单的问题,从而分而治之;分层有利于网络的互联,进行异种网互联时涉及协议的转换,协议转换可能只涉及某一个或几个层次而不是所有层次;另外,分层还可以屏蔽下层的变化,新的底层技术的引入不会对上层的应用协议产生影响。

协议的实现要落实到一个个具体的硬件模块和软件模块上,在网络中将这些实现特定功能的模块称为实体(entity)。

如图 2-2 所示,两个结点之间的通信体现为两个结点对等层(结点 A 的 $N+1$ 层与结点 B 的 $N+1$ 层)之间遵从本层协议的通信。

各层的协议由各层的实体实现,通信双方对等层中完成相同协议功能的实体称为对等实体。例如,图 2-2 中的结点 A 的 N 实体 1 和结点 B 的 N 实体 1 为对等实体。对等实体按协议进行通信,所以协议反映的是对等层的对等实体之间的一种横向关系,严格地说,协议是对等实体共同遵守的规则和约定的集合。协议中的格式和语义只有对等实体能够理解。

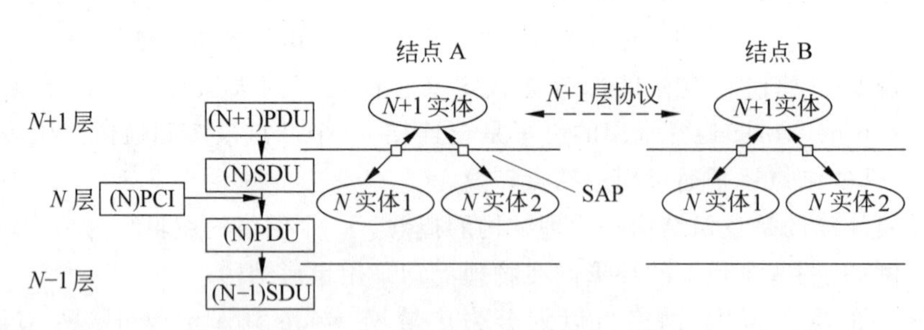

图 2-2 协议实体间的关系及数据单元

除了最底层的对等实体外,其他对等实体间的通信并不是直接进行的,一般对等实体间的通信是通过下层实体来完成的。上面的层次要完成特定的功能必须使用下面层次所提供的服务,下层实体是服务提供者,上层实体是服务使用者。

对等实体之间数据单元的传输经历了在发送方的逐层封装和在接收方的逐层解封装这两个过程。发送方 N 层实体从 $N+1$ 层实体得到的数据包称为服务数据单元(service data unit,SDU)。N 层实体不理解也不需要理解该服务数据单元的含义,而只将其视为需要本实体提供服务的数据，为了让接收方的对等实体能够理解本实体的服务，*N* 层实体需要将服务数据单元进行封装，使其成为一个对方能够理解的协议数据单元（protocol data unit，PDU），封装过程实际上是为 SDU 增加对等实体间约定的协议控制信息（protocol control information，PCI）的过程。封装时通常是将协议控制信息加在 SDU 的前面，因此，又称为首部信息。

相邻层次的协议实体之间的交互通过接口进行，因为相邻层次实体之间是提供服务和使用服务的关系，所以该接口称为服务访问点（service access point，SAP）。对服务访问点的使用可以通过服务原语实现。局域网中常见的 4 类服务原语是：请求（request）、指示（indication）、响应（response）和认可（confirm）。请求又可以细分为建立连接请求、数据传输请求和断开连接请求。

在通信系统中发送方称为信源，接收方称为信宿。

2. OSI 体系结构

网络是通信和计算机相结合的产物。从这两种基本技术的角度看，网络可以划分成资源子网和通信子网两个部分，如图 2-3 所示。

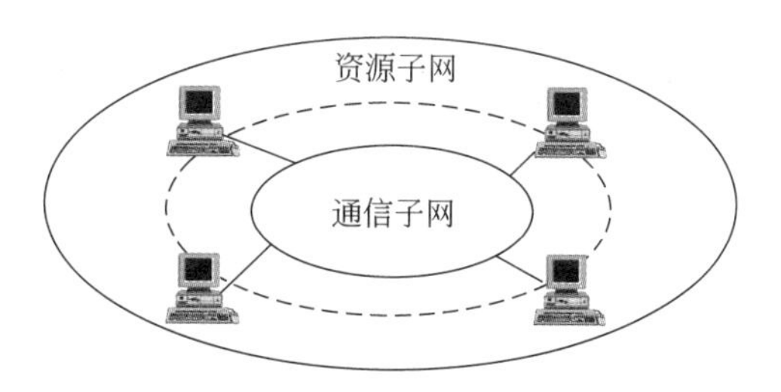

图 2-3　通信子网和资源子网

通信子网由通信设备和线路构成，资源子网由主机和其他末端系统构成。交换结点属于通信子网，访问结点属于资源子网。通信是手段，资源共享才是目的。因为主机也具有通信功能，所以严格地讲，主机中负责底层通信的部分也应该属于通信子网。

随着网络的发展，20 世纪 70 年代开始出现了多种网络体系结构，如美国国防部的 ARPANET 结构、IBM 公司的系统网络体系结构 SNA 以及其他一些公司各自的体系结构。这种多种体系结构并存的状况成为了网络发展和网络互联的障碍。针对这一问题，国际标准化组织 ISO 经过研究提出了著名的开放系统互连参考模型 ISO/OSI-RM。

OSI 采用了图 2-4 所示的 7 层参考模型。

OSI 各层的功能如下：

(1) 物理层

物理层涉及网络接口和传输介质的机械、电气、功能和规程方面的特性。具体包括接口和介质的物理特性、二进制位的编码解码、传输速率、位同步、传输模式、物理拓扑、线路连接等。物理层涉及的数据单位是二进制位（bit）。

传输模式有单工（simplex）、半双工（half-duplex）和全双工（full-duplex）之分。在单工模式下只有一个设备能够发送信息，另一个设备只能接收；在半双工模式下两个设备都能发送信息，但在某一特定时刻，只能在一个方向上传输；在全双工模式下两个设备可以同时发送和接收信息。

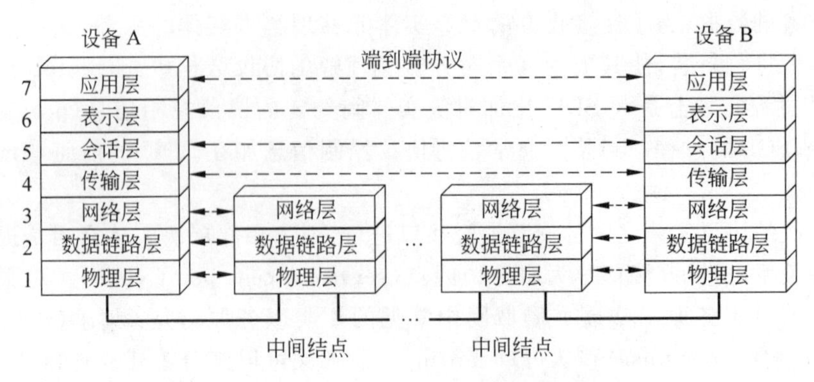

图 2-4　ISO 开放系统互联参考模型

线路连接分为点到点连接和多点连接。点到点连接时，两个设备通过一条专用链路连接；多点连接时，多个设备共享同一条链路。

值得注意的是，在有些文献中将传输介质看作是第 0 层，而不作为物理层的内容。从图 2-4下方的通信线也能看出这一点。

(2) 数据链路层

数据链路层将不可靠的物理层转变成一条无差错的链路。其具体功能包括数据成帧、介质访问控制、物理寻址、差错控制、流量控制等。数据链路层涉及的数据单位是帧(frame)。

数据链路层负责在两个相邻结点间的链路上无差错地传送以帧为单位的数据，当信息跨越多个网络时，从数据链路层看是由多段逐跳传递的链路完成的。

数据链路层又分为介质访问控制(MAC)和逻辑链路控制(LLC)两个子层。

(3) 网络层

网络层负责报文分组(packet)从源主机到目的主机的端到端传输过程。虽然寻址过程是基于目的地址的，但这种信源端到信宿端的传输在网络层还是通过点到点的逐跳传输完成的，也就是说，网络层的协议还是点到点的协议。具体功能包括跨网络逻辑寻址、路由选择、流量控制、拥塞控制等。网络层涉及的数据单位是报文分组。

以上三层属于通信子网。

(4) 传输层

传输层负责整个报文(message)从源到目的地的传输。具体功能包括连接控制、流量控制、差错控制、拥塞控制、报文的分段和组装、主机进程寻址等。传输层关注的是报文的完整和有序问题。源和目的地指的是主机中的进程。传输层实现了高层与通信子网的隔离。

(5) 会话层

会话层负责网络会话的控制。具体功能包括会话的建立、维护和交互过程中的同步。

(6) 表示层

表示层负责信息的表示和转换。具体功能包括数据的加密/解密、压缩/解压缩、与标准格式间的转换等。

(7) 应用层

应用层负责向用户提供访问网络资源的界面。应用层包括一些常用的应用程序和服务，如电子邮件、文件传输、网络虚拟终端、WWW服务、目录服务等。

顶上的三层是用户支持层。

归纳起来，7层结构可以分为三个部分：上面的用户支持层、下面的通信支持层以及中间的隔离层。

2.1.4 局域网技术

个人计算机的发展和普及促进了局域网的形成。局域网的特点是：网络覆盖范围较小（几十米到1千米）；数据传输速率较高（可高达上千Mbps）；误码率低；一般为一个单位或部门所独有。随着技术的发展，有些指标实际上在不断地变化和提高。

20世纪70年代和80年代出现了各种实验性的和商业化的局域网，如美国加州大学的Newhall环网、英国剑桥大学的剑桥环、3COM的以太网、IBM的令牌环以及ArcNet等。经过多年的市场考验，以太网终于以其技术成熟、连网方便、价格低廉等优点脱颖而出。

以太网是当前占主导地位的分组交换局域网技术，是由Xerox公司的PARC（Palo Alto Research Center）在20世纪70年代早期发明的。Xerox公司、Intel公司和DEC公司于1978年将以太网进行了标准化。后来IEEE参考该标准制订了IEEE 802.3标准。目前以太网已经成为了一种最流行的局域网技术。

以太网最初的设计采用总线结构，用同轴电缆作为传输介质。每根以太网电缆直径约为0.5英寸，长度约为500 m。在同轴电缆的每一端都要加上一个电阻，以避免出现电信号的反射。以太网的传输介质经历了由粗同轴电缆到细同轴电缆，再到双绞线（twisted pair）的发展过程。

20世纪70年代末以太网得到了标准化，以10 Mbps的速率工作，对当时的计算机而言，这种能力是足够的。但到了20世纪90年代中期，计算机的能力迅速增强，10 Mbps的以太网就难以继续胜任主干的角色了。

为了克服以太网吞吐率的限制，人们设计了一种快得多的以太网版本：100Base-T，这种技术通常称为快速以太网（fast Ethernet）。快速以太网采用5类双绞线作为传输介质。

100Base-T标准除了提高速度外并未改变以太网标准的其他部分。通常很少有计算机以100 Mbps的速率持续传输信息。因此，快速以太网的主要目的并不是用来提高两台计算机间的吞吐量，而是为了保证更多的站点接入和更高的总体流量。

在从10 Mbps技术到100 Mbps技术的迁移过程中，10/100以太网起到了非常重要的作用，10/100以太网又称为双速以太网，在这种网络中，线路一端的硬件能够自动检测到线路另一端硬件的速度类型。因此可以在速度上自动进行适配，而不需要重新进行软硬件配置。

100Base-T包括100Base-TX和100Base-T4，100Base-TX采用5类双绞线，100Base-T4采用3类双绞线方案。

100Base-FX使用一对多模或者单模光纤，使用多模光纤时，计算机到交换机之间的距离最大可到2km，使用单模光纤时最大可达40km。

20世纪90年代末期，随着100Base-T以太网的普及，对以太网的吞吐能力的要求也不断提高。千兆以太网正是为了满足这一更大整体吞吐量的要求而研究出来的。

1998年6月IEEE 802.3z千兆以太网标准获得批准，它定义了1000Base-LX、

1000Base-SX 和 1000Base-CX。其中，1000Base-LX 采用单模光纤时，最大传输距离为 5km。1000Base-SX 采用多模光纤，最大传输距离为 500m。1000Base-CX 采用平衡屏蔽铜缆，主要用于机房内的短距离互连(最大传输距离 25m)。1000Base-LX 的收发器也可以采用多模光纤，其传送距离至少可达 550m。

1999 年 6 月 IEEE 标准化委员会批准了 IEEE 802.3ab 标准。IEEE 802.3ab 定义基于 5 类 UTP 的 1000Base-T 标准，1000Base-T 可以继续使用现有的线缆设施，在 5 类线上的传输距离最远可达 100m。

千兆以太网标准 IEEE 802.3z 通过后不久，1999 年 3 月，IEEE 成立了高速研究组 HSSG(High Speed Study Group)，其任务是致力于 10G 以太网(10GE)的研究。2002 年 6 月 IEEE 802.3ae 完成，IEEE 802.3ae 是 10 Gbps 速率的以太网标准。10GE 只使用光纤作为传输媒体，它使用长距离的光收发器与单模光纤接口，以便能够工作在广域网和城域网的范围。10GE 也可使用较便宜的多模光纤，传输距离为 65～300m。10GE 只工作在全双工方式，因此不存在争用问题，也不再需要 CSMA/CD 协议。

100M、1000M 和 10G 以太网虽然在速度上进行了较大提升，其地址格式和帧格式都还保持不变，而且还保留了 802.3 标准规定的以太网最小和最大帧长。因此具有较好的兼容性。千兆以太网在半双工模式工作时，数据仍是通过 CSMA/CD 协议实现传输的。它在高速情况下的主要缺点是距离限制，链路距离受最小 MAC 帧大小的限制。为了不改变以太网的帧格式，千兆以太网引入了载波扩展技术来对 MAC 帧进行填充，确保千兆以太网中 MAC 帧的最小长度达到 512 字节，从而满足了合理的链路距离要求。

以太网为每个硬件网络接口指定一个唯一的 48 位二进制数作为以太网地址，该地址又称为硬件地址、物理地址、MAC 地址或第二层地址。保证以太网地址全球唯一的方法是由 IEEE 负责分配 48 位地址中的前 24 位，生产以太网网卡和设备的厂商向 IEEE 购买 3 个字节的号码，作为厂商的地址块，地址的后 3 个字节再由厂商进行分配。

以太网目的地址可以有 3 种形式：单播地址、网络广播地址和组播地址。

以太网的广播地址仅用于目的地址，接收结点是广播域内的所有结点，广播地址的 48 个二进制位全为 1，表示为 FF:FF:FF:FF:FF:FF。以太网的组播地址也是仅用于目的地址，接收结点是组地址所代表的组内成员结点，以太网组播地址的最高字节的最低位为 1。

无论是以太网，快速以太网，还是千兆以太网，其数据帧的格式都是一样的，因此，这三种网络可以方便地交换数据包。

以太网帧的格式如图 2-5 所示。以太网帧是变长的，帧大小不小于 64 字节，不大于 1518 字节。

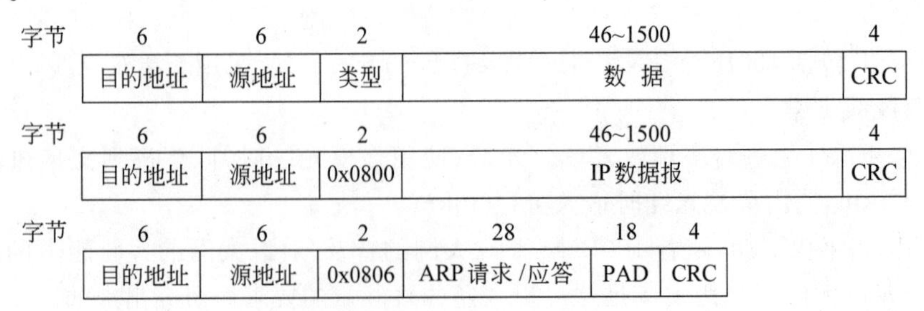

图 2-5 以太网帧格式

以太网采用循环冗余校验(cyclic redundancy check,CRC)。当帧到达目的主机后,数据链路层协议对数据帧进行校验,解封装,并根据帧类型决定将帧交给哪个协议软件模块进行处理。如果帧类型为0x0800,则将数据交给上层的IP协议处理,如果帧类型为0x0806,则将数据交给上层的ARP协议处理。

以太网采用了具有冲突检测的载波侦听多路访问CSMA/CD(carrier sense multiple access with collision detect)技术解决介质争用的冲突问题。

以太网上的一个站点在开始传输数据前,先对信道进行侦听,只有当信道空闲时才进行发送。由于信号的传输延迟,网络上的其他站点不能立即接收到信号,在此期间可能有多个站点发送信息,从而引发冲突。

为了及时发现冲突,每个站点在发送信息的同时进行冲突检测。当检测到冲突时,主机接口放弃当前的传输,退让一个随机时间后再重试,退让采用二进制指数退让策略(binary exponential backoff policy)。

以太网为了增加其覆盖范围,可以采用中继器(repeater)和网桥(bridge)进行扩展。中继器可以将所有电信号从一条电缆中继到另一条电缆。网桥对数据帧进行操作,而不是对电信号进行操作,网桥不仅可以增加传输距离,而且可以增加总吞吐量。网桥采用分布式生成树算法,防止形成环。通常联网用的交换机实际上就是多端口网桥,交换机不仅可以延长距离,而且还可以起到扩展带宽和分割冲突域的作用。

其他局域网技术还有光纤分布式数据接口FDDI、IEEE 802.5令牌环、IEEE 802.4令牌总线等。

2.1.5　广域网技术

作为第一个广域网,ARPANET在研究网络寻址和路由方面起到了非常重要的作用。ARPANET是分组交换的实验床。

连接ARPANET的设备是称为分组交换结点(packet switching node,PSN)的小型机,最初PSN采用1822协议在ARPANET上传输数据,但1822协议未能得到厂商的支持,因此PSN后来采用了X.25标准。

ARPANET的寻址采用了层次化的地址结构,地址的一部分二进制位用于表示目的PSN,而另一部分二进制位用于表示与PSN相连的目的主机的端口。

1. X.25

X.25是CCITT于1976年给出的建议书。它是网络与网络外部的数据终端设备(data terminal equipment,DTE)的接口标准(如图2-6所示)。

X.25自底向上由物理层、数据链路层和分组层构成。X.25的物理层直接采用CCITT的X.21建议作为接口标准。X.25在数据链路层使用了高级数据链路控制规程HDLC的子集:平衡型链路接入规程LAPB。X.25的分组层在数据终端设备DTE和数据电路端接设备DCE(data circuit-terminating equipment)之间建立逻辑信道。通过逻辑信道一个DTE可以和多个DTE建立虚电路。X.25支持呼叫虚电路和永久虚电路。

2. 帧中继FR

帧中继是在X.25的基础上发展起来的,在提出X.25时所基于的传输设施是易受噪声干扰的模拟电话线路,因此,X.25在其数据链路层采用了差错控制,以确保数据帧的无差错

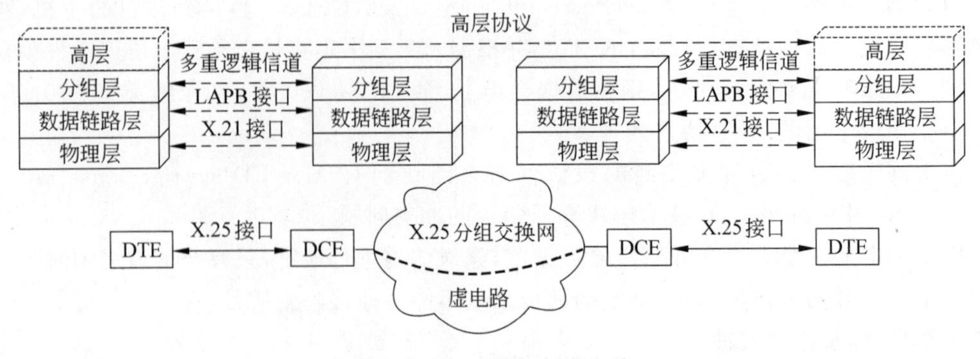

图 2-6　X. 25 接口与虚电路

传输。另外，X. 25 在第三层要进行逻辑信道上分组的按序传输处理。以上这些处理开销对于 X. 25 是很可观的，这在当时的环境下也是必要的。

随着通信线路的逐步数字化和光纤化，通信线路的质量得到了很大的改善，传输过程中的误码率大大降低。为了充分利用这一特点，降低信息的传输延迟，帧中继技术简化了中间结点在数据链路层对数据帧的差错处理，并省略了分组层的处理。帧中继的交换结点收到数据帧的首部时，一旦识别出目的地址就立刻进行帧的转发。如果在转发时检测出差错，则立即终止该帧的传输，该帧将被丢弃。传输错误由两端设备通过高层协议进行恢复。由于高质量的通信线路保证了低误码率，帧中继的错误恢复开销相对于其低传输延迟的优点来说是微不足道的。图 2-7 给出了 X. 25 与帧中继在结点处理时间和传输延迟上的比较。

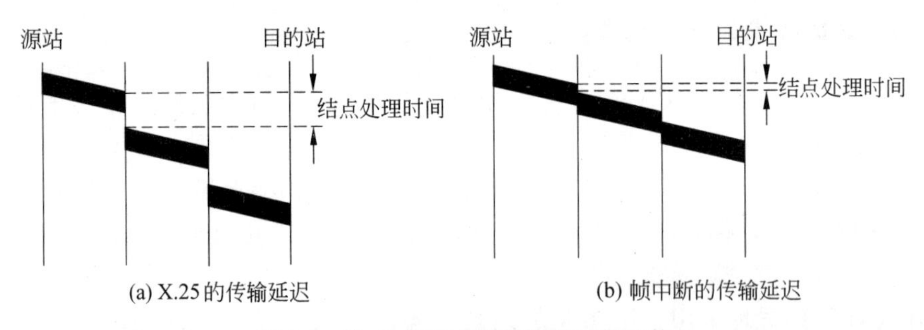

图 2-7　X. 25 与帧中继传输延迟的比较

图 2-8 是典型的帧中继网络连接图，路由器、网桥和主机都可以作为 DTE 设备，DCE 则作为帧中继交换设备。

3. 异步传输模式 ATM

异步传输模式(asynchronous transfer mode，ATM)是一种信元中继协议，采用面向连接的连网技术，ATM 结合了电路交换的实时性和分组交换的灵活性。

ATM 的传输介质可以是双绞线、光纤，甚至可以是无线信道，ATM 交换机之间的连接通常采用光纤作为传输介质。ATM 既可以构成局域网，也可以构成城域网或广域网。

ATM 网络的底层使用称为信元(cell)的分组。ATM 信元的特点是：长度较短，并且大小固定。每个 ATM 信元长度为 53 字节。信元包含 5 个字节的首部和 48 字节的数据。

每个信元占用一个时隙(时间片)，信道中时隙的分配是根据通信量的大小和排队规则来决定的。ATM 遵从先来先服务的原则，时隙的分配是不固定的，这便是异步的含义，

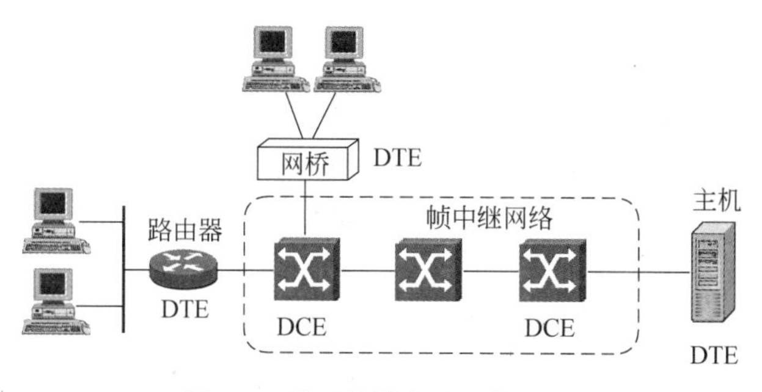

图 2-8　典型的帧中继网络连接

ATM 采用了统计时分复用技术。

由于 ATM 信元短小且定长，有利于进行高速数据交换。定长的首部可以简化交换机的处理过程。

ATM 提供面向连接的服务。一旦连接成功，本地 ATM 交换机为该连接选定一个标识符。连接标识符可以循环使用。

相对于其他网络技术而言，ATM 网络较为昂贵。

ATM 网络由一到多个高速交换机构成，每个交换机都连接到其他交换机或计算机。一个典型的 ATM 网络如图 2-9 所示。图中的 UNI 表示用户-网络接口，是 ATM 端点与 ATM 交换机之间的接口。NNI 表示网络-网络接口，是 ATM 交换机之间的接口。

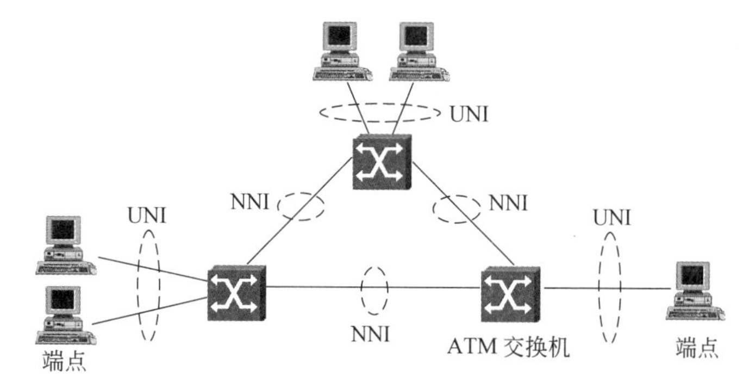

图 2-9　ATM 网络及接口

2.1.6　无线网络

1. 无线广域网 WWAN(wireless WAN)

(1) 蜂窝技术

蜂窝技术是一种无线通信技术。这种技术将地理区域划分成若干个小区，即“蜂窝”(cell)。在无线通信中每组连接都需要专门的频率，而可以使用的频率一共只有大约 1000 个。蜂窝系统给每个“蜂窝”分配了一定数额的频率。不同的蜂窝可以使用相同的频率，使许多会话能同时进行，从而可以充分利用有限的无线传输频率。常见的蜂窝系统包括 GSM、GPRS、CDMA、3G 和 4G。

GSM(global system for mobile communications)意为全球移动通信系统，GSM 用的是

窄带 TDMA,允许在一个无线频率上同时进行 8 组通话。GSM 在 1991 年首次推出并投入使用。

CDMA(code-division multiple access)意为码分多址,是一种先进的无线扩频数字蜂窝技术,它能够满足市场对移动通信容量和品质的高要求,具有频谱利用率高、语音质量好、保密性强、掉话率低、电磁辐射小、容量大、覆盖广等特点,可以减少投资和降低运营成本。与 GSM 不同的是,CDMA 并不给每一个通话者分配一个确定的频率,而是让每一个频道使用所能提供的全部频谱。CDMA 对每一组通话用伪随机码区分信道。

3G(3rd generation)是指第三代移动通信。第一代移动通信主要是模拟无线网络,其中包括先进的移动电话业务(AMPS)和北欧移动电话(NMT);第二代是数字无线网络,GSM 和 CDMA 数字手机采用的是第二代移动通信技术;第三代移动通信是指将无线通信与因特网等多媒体通信相结合的新一代移动通信系统。3G 具有更宽的带宽,不同的 3G 技术传输速率是不同的,一般下行速率为 2Mbps~4Mbps,3G 技术能够支持图像、音乐、视频流等多种媒体形式,提供快捷、方便的无线因特网接入,实现网页浏览、电话会议、电子商务等多种信息服务。

从第二代移动通信向 3G 过渡的衔接技术是 2.5G 通信技术。

通用分组无线业务 GPRS(general packet radio service)是在 GSM 基础上发展起来的一种新的承载业务,是介于第二代数字通信和第三代分组型移动业务之间的一种技术,所以通常称为 2.5G。

GPRS 是一种基于 GSM 系统的无线分组交换技术,提供端到端的、广域的无线 IP 连接,目的是为 GSM 用户提供分组形式的数据业务。GPRS 是一项高速数据处理技术,以分组的形式传送数据。网络容量只在需要时分配,不需要时就释放,这种发送方式称为统计复用。GPRS 移动通信网的传输速度可达 115 kbps。

其他的 2.5G 通信技术还有:

- 无线应用协议 WAP(wireless application protocol);
- 高速电路交换数据业务 HSCSD(high speed circuit switched data);
- GSM 演进中的增强数据速率业务 EDGE(enhanced data rate for GSM evolution)。

EDGE 又称为 2.75G 通信技术,被视为是向 3G 过渡的技术。

2000 年 5 月国际电信联盟将 WCDMA、CDMA2000 和 TD-SCDMA 三大主流无线接口标准确定为 3G 标准,写入 3G 技术指导性文件《2000 年国际移动通讯计划》。2007 年 10 月 19 日又正式将 WiMAX 批准成为第 4 个全球 3G 标准。

WCDMA(wideband CDMA)意为宽带码分多址,其支持者主要是以 GSM 系统为主的欧洲厂商。这套系统能够架设在现有的 GSM 网络上,比较容易完成第二代移动通信到 3G 的过渡。WCDMA 标准由第三代合作项目组织 3GPP(third-generation partnership project)制定,WCDMA 的演进策略为:GSM(2G)→GPRS→EDGE→WCDMA(3G)。

CDMA2000 也称为 CDMA Multi-Carrier,主要由美国高通公司提出。CDMA2000 是从窄频 CDMA One 数字标准衍生出来的,虽然 CDMA2000 的支持者不如 WCDMA 多。但 CDMA2000 的研发技术却发展得很快。CDMA2000 标准由 3GPP2 组织制定,版本包括 Release0、ReleaseA、EV-DO 和 EV-DV。Release0 单载波最高上下行速率可以达到 153.6 kbps。ReleaseA 是 Release0 的加强,单载波最高速率可以达到 307.2 kbps,并且支持语音业务和分组业务的并发。EV-DO采用单独的载波支持数据业务，可以在1.25 MHz标准载波中支持平均速率为600 kbps、峰值速率为2.4 Mbps的高速数据业务，到EV-DV阶段，可在一个1.25 MHz的标准载波中，同时提供语音和高速分组数据业务，最高速率可达3.1 Mbps。CDMA2000的演进策略为：CDMA IS95(2G)→CDMA2000 1x→CDMA2000 3x(3G)

TD-SCDMA是基于时分同步的码分多址技术，是由中国电信科学技术研究院、大唐电信和西门子协作共同开发的一种第三代移动通信标准。1999年6月29日，中国原邮电部电信科学技术研究院(大唐电信)向ITU提出TD-SCDMA。该标准将智能天线、同步CDMA和软件无线电等当今国际领先技术融于其中，在频谱利用率、对业务的支持、频率灵活性及成本等方面具有独特的优势。TD-SCDMA标准由3GPP组织制定，目前采用的是中国无线通信标准组织CWTS(China Wireless Telecommunication Standard)制定的TSM(TD-SCDMA over GSM)标准。TD-SCDMA的演进策略为：不经过2.5代的中间环节，直接向3G过渡。

4G是指第四代移动通信。2012年1月18日，国际电信联盟在2012年无线电通信全会全体会议上，正式审议通过将LTE-Advanced和WirelessMAN-Advanced (802.16m) 技术规范确立为IMT-Advanced(俗称“4G”)国际标准。

LTE-Advanced包括：中国主导制定的TD-LTE-Advanced和欧洲标准化组织3GPP的FDD-LTE-Advance。

WirelessMAN-Advanced是WiMAX的升级版，即IEEE 802.16m标准。IEEE 802.16m最高可以提供1Gbps无线传输速率。

LTE (Long Term Evolution，长期演进) 项目是3G的演进，它改进并增强了3G的空中接入技术。4G的网速是3G的50倍，最起码100M，4G移动通信系统的核心网是一个基于全IP的网络，可以实现不同网络间的无缝互联。

正当4G网络方兴未艾的时候，5G技术又闯进了人们的视野。2013年2月，欧盟宣布，将拨款5000万欧元，加快5G移动技术的发展，计划到2020年推出成熟的标准。2013年5月，韩国三星电子有限公司宣布，已成功开发出5G的核心技术。华为也在2013年11月6日宣布将在2018年前投资6亿美元对5G的技术进行研发与创新。2015年3月1日，英国《每日邮报》报道，英国已成功研制5G网络，经测试，100米内的每秒数据传输速率高达125GB。2015年9月7日，美国移动运营商Verizon无线公司宣布，将从2016年开始试用5G网络，2017年在美国部分城市全面商用。总的来说，大多数进行5G技术研发的国家都把5G网络的商用时间定在了2020年。

移动通信的分代如图2-10所示。

(2) 卫星通信

要想利用通信卫星进行通信，需要在地球同步轨道上放置卫星。卫星与地球自转的速度保持同步，这样从地球上看卫星就会一直位于地球的同一位置。为了使得整个地球能够被卫星的信号所覆盖，需要在一定的高度放置一定数量的卫星，理论上在36 000 km的高空布置3颗同步轨道卫星就可以覆盖全球，但这样远距离的卫星带来的问题是通信延时过大和动力电池寿命不长，因此，通常采用低轨道卫星。美国摩托罗拉公司提出的铱计划就是要在高度为676 km的同步轨道上放置66颗卫星，这些卫星分布在6条圆形轨道上。

按卫星轨道离地面的高度可以将卫星通信系统分为地球同步轨道(geostationary earth

第一代移动通信	AMPS、NMT等
第二代移动通信	GSM、CDMA
第2.5 代移动通信(2.5G)	GPRS、WAP、HSCSD、EDGE 等
第三代移动通信(3G)	WCDMA 、CDMA2000 、TD-SCDMA、WiMAX
第四代移动通信(4G)	TD-LTE-Advanced、FDD-LTE-Advance、WirelessMAN-Advanced

图 2-10　移动通信的分代

orbit,GEO)卫星、中地轨道(middle earth orbit,MEO)卫星和近地轨道(low earth orbit,LEO)卫星。GEO 的高度是 35786km,MEO 的高度在 5000～15000km,LEO 的高度低于 2000km。

通过卫星进行通信时,信号从地面传到卫星,经过卫星的转发,最后再回到地面。根据发送端与接收端距离的不同,信号在被传到接收端之前还可能需要经过其他卫星的转发。因此,延迟仍然是卫星通信中所备受关注的问题。另外,系统需要卫星运行在低轨道,需要部署较多的卫星,因此投资很大。

卫星通信最大的特点是可以为全球用户提供大跨度、大范围的漫游和机动灵活的移动通信服务,特别适合边远地区、山区、海岛、受灾区、远洋船只、远航飞机的通信。通过同步卫星实现移动通信联网可以真正实现任何时间、任何地点、任何人的移动通信,是一种理想的无线接入方式。

2. 无线城域网 WMAN(wireless MAN)

1999 年 IEEE 标准委员会成立了一个隶属于 IEEE 802 局域网和城域网标准委员会的工作组,该工作组致力于宽带无线城域网的 IEEE 802.16 标准系列。WiMAX(Worldwide Interoperability for Microwave Access)是微波存取全球互通的英文缩写,WiMAX 的名字来自于 WiMAX 论坛工业联盟。该论坛成立于 2001 年 6 月,目的是推进 IEEE 802.16 标准的一致性和互操作性。因此,802.16 标准系列的 IEEE 正式名称是无线城域网 WirelessMAN,而业界却称其为 WiMAX。

最初的 IEEE 802.16 标准于 2001 年 12 月颁布。该标准给出了使用 10～66GHz 频段的固定宽带无线接入系统的空中接口物理层和 MAC 层规范。2002 年正式发布的 802.16c 标准是对 802.16 标准的增补文件,它规定了 802.16 系统在实现上的一系列特性和功能。IEEE 802.16 标准初衷是为了解决"最后一英里"宽带接入的问题。

IEEE 于 2003 年 1 月推出了 IEEE 802.16a 协议,该协议是 IEEE 802.16 标准的扩展,IEEE 802.16a 是覆盖 2～11GHz 频段的宽带无线接入技术标准。该频段具有非视距传输的特点,复盖范围最远可达 50km。

2004 年 7 月 IEEE 推出了新的升级版 IEEE 802.16d 协议,802.16d 增加了部分功能以支持用户的移动性。

2005 年推出的 IEEE 802.16e-2005 对 802.16 进行了进一步增强,以便支持用户站以车辆速度移动,该标准定义了固定和移动宽带无线接入相结合的系统,填补了高数据速率无线局域网与高速移动蜂窝系统间的空白。

IEEE 802.16在发展过程中不断地进行着完善和更新，现在的版本是IEEE 802.16-2012(Air Interface for Broadband Wireless Access Systems)。该标准定义了结合固定和移动的点到多点宽带无线接入系统空中接口的物理层和MAC层规范。

802.16的另一个版本是为支持国际电信联盟的IMT-Advanced(4G)而推出的IEEE 802.16.1-2012，该标准定义了WirelessMAN-Advanced空中接口的物理层和MAC层规范。

IEEE 2003年成立的802.20工作组原本是要开发中等距离(15公里有效覆盖范围)高速移动宽带接入标准IEEE 802.20的。但由于IEEE 802.20工作组在标准工作中存在不公正、不透明的问题，IEEE标准协会(IEEE-SA)已于2006年6月决定暂停802.20所有标准活动，2011年3月802.20标准因缺乏活动而进入休眠状态。随着IEEE 802.16.1-2012的推出，IEEE 802.20应该不会再有生存空间。

通常所说的移动WiMAX是基于IEEE 802.16-2004和IEEE 802.16e-2005标准的系统。

WiMAX的特点是：

- 部署灵活，配置伸缩性强，系统容量可升级；
- 数据传输速率高；
- 覆盖范围广(最远可达50km)；
- 具有较理想的非视距传输特性(如穿越树木和建筑等障碍物的能力和较强的信号反射容错能力)；
- 集成了无线局域网的移动性、灵活性以及DSL与电缆调制解调器等有线宽带接入技术的高带宽特性；
- 采用了动态适应性信号调制模式，使服务商基站能够根据信号强弱调整带宽，有时可以通过牺牲带宽的方法来提高有效传输距离，确保与用户的连接，扩大服务范围；
- 提供了可满足语音和低延迟视频服务应用的QoS服务质量支持；
- 提供了强大的隐私与加密保护，可通过身份认证与数据加密等途径，保障数据传输的安全。

3. 无线局域网WLAN

无线局域网(wireless LAN，WLAN)技术开始于20世纪80年代中期，它是随着美国联邦通信委员会(FCC)授权公共应用使用工业、科学和医学(ISM)频段而产生的。这一政策使各大公司和终端用户不需要获得FCC许可证，就可以使用该频段的无线产品，从而促进了WLAN技术的发展和应用。

WLAN技术使网上的计算机具有可移动性，并能快速、方便地解决有线方式不易实现的网络信道的连通问题。WLAN利用电磁波在空中发送和接收数据，而无需线缆介质。

(1) IEEE 802.11

1997年，IEEE发布了802.11协议，用于解决局域网用户的无线接入。这是无线局域网领域内的第一个国际标准。IEEE 802.11业务主要限于数据访问，传输速率最高只能达到2 Mbps。IEEE 802.11在物理层定义了3种不同的物理介质：红外线、跳频扩频方式(FHSS)和直接序列扩频方式(DSSS)。IEEE 802.11协议在介质访问控制(MAC)层利用载波侦听多路访问/冲突避免(CSMA/CA)协议，CSMA/CA的数据发送过程如图2-11所示。IEEE 802.11 在 MAC 子层还提供了 CRC 校验和包分片功能。CRC 校验保证数据报在传输时出现的错误能够被及时发现。包分片允许大的数据报在传送的时候被分成较小的片进行传送,这项技术大大减少了许多情况下数据报被重传的概率。

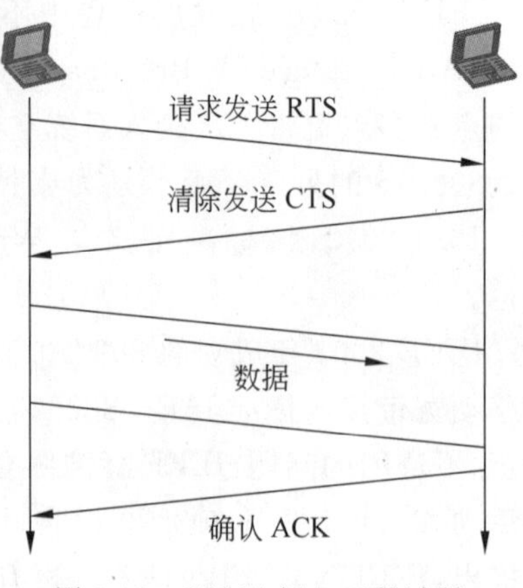

图 2-11　CSMA/CA 工程过程

由于 IEEE 802.11 在速率上往往不能满足应用的需求,IEEE 又相继推出了 IEEE 802.11b、IEEE 802.11a、IEEE 802.11g、IEEE 802.11n、IEEE 802.11ac 和 IEEE 802.11ad 等标准。

(2) IEEE 802.11b

IEEE 802.11b 是 1999 年 9 月 IEEE 提出的高速率协议,802.11b 在 802.11 的1 Mbps和 2 Mbps 速率基础上增加了 5.5 Mbps 和 11 Mbps 两个新的网络速率。利用 802.11b,移动用户能够获得同以太网一样的性能、网络吞吐率和可用性。IEEE 802.11b 使用开放的 2.4 GHz 直接序列扩频,无需直线传播。为了支持在有噪音的环境下能够获得较好的传输速率,IEEE 802.11b 支持动态速率调节技术,在理想状态下,用户以11 Mbps的速率全速运行,当用户移出理想的 11 Mbps 速率传送的位置或距离,或者受到干扰时,可将数据传输速率自动降低为 5.5 Mbps、2 Mbps 或 1 Mbps,当用户回到理想环境时,连接速度会增加到 11 Mbps。当工作在 2 Mbps 和 1 Mbps 速率时,可向下兼容 IEEE 802.11。IEEE 802.11b 的使用范围在室外为 300 m,在办公环境中最长为 100 m。IEEE 802.11b 使用与以太网类似的连接协议和数据包确认来提供可靠的数据传送和网络带宽的有效使用。IEEE 802.11b 的运作模式基本上分为两种:点对点模式和基本模式,点对点模式是指无线网卡和无线网卡之间的通信方式。基本模式是指无线网络规模扩充或无线和有线网络并存时的通信方式,这是 IEEE 802.11b 最常用的方式。

(3) IEEE 802.11a

IEEE 802.11a 工作在 5 GHz 的频段上,避开了拥挤的 2.4 GHz 频段,采用正交频分复用(OFDM)技术,传输速率可以达到 54 Mbps,可提供 25 Mbps 的无线 ATM 接口、10 Mbps以太网无线帧结构接口和 TDD/TDMA 的空中接口,无障碍的接入距离为 30～50 m,支持语音、数据、图像业务,一个扇区可接入多个用户,每个用户可带多个用户终端。

和 IEEE 802.11b 相比,IEEE 802.11a 在使用频率的选择和数据传输速率方面具有优势,IEEE 802.11b 标准只有 3 条不相重叠的信道,可以同时支持 6～8 个通话,而 IEEE 802.11a标准有 21 条不相重叠的信道,可以同时支持 25 个左右的 VoIP 通话。但 IEEE 802.11a与 IEEE 802.11b 不兼容、且设备较贵、点对点连接很不经济。因此,人们更加青睐 IEEE 802.11b。

(4) IEEE 802.11g

2003 年 IEEE 推出了 IEEE 802.11g。IEEE 802.11g 是一种混合标准,既能适应 IEEE 802.11b 标准,又符合 IEEE 802.11a 标准,它比 IEEE 802.11b 速率快 5 倍,并能与 IEEE 802.11a 兼容。

(5) IEEE 802.11n

2009年10月IEEE推出了802.11n,该标准在802.11的基础上增加了多输入输出天线系统,IEEE 802.11n工作在2.4 GHz和5GHz频段,最大数据传输速率54Mbps到600Mbps。802.11n无线路由器的实际传输率为75Mbps~150Mbps之间。

(6) 其他IEEE 802.11

2007年IEEE授权TGma工作组将802.11基本标准与其8个修订文档(802.11a,b,d,e,g,h,i,j)合并形成IEEE 802.11-2007。

2012年IEEE又授权TGmb工作组将802.11-2007标准与其10个修订文档(802.11k,r,y,n,w,p,z,v,u,s)合并形成IEEE 802.11-2012。

2013年IEEE发布了802.11ac,该标准基于802.11a和802.11n,使用与802.11a相同的5GHz频段,沿用802.11n的MIMO(多输入输出)技术,802.11ac将每个通道的工作频宽从802.11n的20MHz/40MHz,提升到20MHz/40MHz/80MHz/160MHz,将MIMO流从4个提高到8个,最终理论传输速度将由802.11n最高的600Mbps跃升至1Gbps(实际工作速率866.7Mbps)。

2012年IEEE还颁布了802.11ad,该标准主要用于实现家庭内部无线高清音视频信号的传输。802.11ad放弃了拥挤的2.4GHz和5GHz频段,而是使用无线高清WirelessHD所使用的60千兆赫(60GHz)频谱。由于60GHz频谱在大多数国家有大段的频率可供使用,因此802.11ad可以在MIMO技术的支持下实现多信道的同时传输,而每个信道的传输带宽都将超过1Gbps。802.11ad峰值传输速率是7Gbps。

与有线网络相比,WLAN具有安装便捷灵活、传输速率高、覆盖范围广、经济节约、易于扩展、支持移动等优点。

IEEE 802.11定义了两种类型的设备:无线站和无线接入点AP(access point)。无线站通常是一台计算机加上一块无线网络接口卡构成,无线接入点的作用是提供无线和有线网络之间的桥接。一个无线接入点通常由一个无线输出口和一个有线的网络接口构成,桥接软件符合IEEE 802.1d桥接协议。接入点就像是无线网络的一个无线基站,将多个无线的接入站聚合到有线的网络上。WLAN的典型连接如图2-12所示。

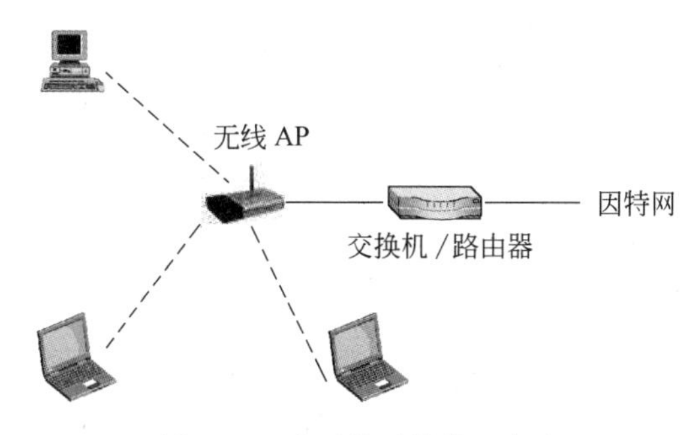

图2-12 典型的无线接入方式

Wi-Fi(The Standard for Wireless Fidelity)是致力于推进IEEE 802.11标准的联盟。如同WiMAX被用作IEEE 802.16标准系列的别称一样,Wi-Fi也常被用作IEEE 802.11标准系列的别称。由于802.11ad的速率突破了吉比特,802.11ad的市场品牌不再是Wi-Fi,而是WiGig。其目标不仅是连接电视机,还包括手机、摄像机和个人计算机。

IEEE 802.11 标准系列及指标如表 2-1 所示。

表 2-1　IEEE 802.11 系列无线局域网标准对照

指　　标	工作频带/GHz	传输速率/Mbps	传输距离/m
802.11	2.4	2	100
802.11a	5	54	120
802.11b	2.4	11	140
802.11g	2.4	54	140
802.11n	2.4/5	150	250
802.11ac	2.4/5	866.7	35(室内)
802.11ad	60	6912	100

4. 无线个域网 WPAN(Wireless PAN)

(1) 蓝牙

蓝牙(bluetooth)技术是一种支持点对点、点对多点的语音、数据业务的短距离无线通信技术。其名称取自于在公元 10 世纪将现在的挪威、瑞典和丹麦统一起来的国王的名字 Harald Blatand(英译名为 Harold Bluetooth),蓝牙技术取此名的寓意为"统一"。蓝牙技术由爱立信、诺基亚、英特尔、IBM 和东芝等公司提出与推广。

蓝牙特别兴趣组(SIG)由 2500 多家涉足通信、计算、网络和消费电子领域的成员公司组成,该组织负责管理审查蓝牙规范的开发、授权过程的管理和注册商标的保护。厂商生产的蓝牙设备须符合 SIG 的标准。IEEE 802.15.1 小组是 IEEE 负责基于蓝牙的 PAN 技术标准的组织。但在给出 IEEE 802.15.1 标准后,未再对标准进行维护。

1999 年,蓝牙 1.0 标准面世,2001 年年初出台了蓝牙 1.1 标准(信道数据传输速率为 1 Mbps),2001 年年底又出台了蓝牙 2.0 标准(信道数据传输速率为 2 Mbps)。2009 年 4 月 21 日,蓝牙技术联盟(SIG)正式颁布了新一代标准蓝牙核心规范 3.0+HS,蓝牙 3.0 采用了新的交替射频技术,能够根据任务动态地选择正确射频,另外,通过集成 802.11 协议适配层,蓝牙 3.0 的数据传输率提高到了大约 24Mbps。2010 年 7 月 7 日蓝牙技术联盟宣布,正式采纳蓝牙 4.0 核心规范,4.0 是 3.0 的升级版本,包含了蓝牙经典协议、蓝牙高速协议以及蓝牙低功耗协议。低功耗和低成本是蓝牙 4.0 相对 3.0 的主要特色,蓝牙 4.0 的数据传输率仍为 24Mbps。

蓝牙工作在全球公众通用的 2.4 GHz 频段上,采用跳频扩频(FHSS)技术,由于使用了比较高的跳频速率,使蓝牙系统具有较高的抗干扰能力。蓝牙系统很容易穿透障碍物,实现全方位的语音与数据传输。覆盖范围从 10 m(发射功率为 1 mW)到 100 m(发射功率为 100 mW)。

蓝牙系统所采用的跳频技术为系统提供了一定的安全保障,此外,蓝牙系统还在链路层中提供了认证、加密和密钥管理等功能。

由于蓝牙与 IEEE 802.11b 都工作在 2.4 GHz 频段上,相互之间存在干扰。

蓝牙系统结构由底层硬件模块(包括无线跳频、基带和链路管理)、中间协议层(逻辑链路控制、适配协议、服务发现协议、串口仿真协议等)和高层应用框架(拨号网络、耳机、文件传输、局域网访问等)构成。

(2) ZigBee

ZigBee 技术也是属于 WPAN 的一种无线短距离通信技术,因其与蓝牙技术相似,故译为"紫蜂"。ZigBee 采用 IEEE 802.15.4 定义的物理层和 MAC 层,工作在免执照的全球通用 ISM 频段 2.4GHz(美国 915MHz,欧洲 868MHz)。

ZigBee 的主要技术特点是低成本、低功耗、低速率、短时延和高安全性。因此,ZigBee 被广泛用于传感控制应用。

2001 年 8 月,ZigBee 联盟成立。2004 年推出 ZigBee V1.0 规范;2006 年推出较完善的 ZigBee 2006;2007 年底推出 ZigBee PRO;2009 年 3 月推出具有更强灵活性和远程控制能力的 Zigbee RF4CE。

ZigBee 模块组网速度快而且网络容量大。ZigBee 模块结点连接网络只需 30ms,从睡眠中唤醒只需要 15ms。一个主结点最多可以直接管理 254 个子结点,具有全功能设备的子结点又可以管理另外的子结点,如此,可以组成一个包含 65000 个结点的大型网络。ZigBee 模块间传输距离室内为 30～50m,室外空旷处可达近 100m,传输速率 10～250 kbps。

ZigBee 具有较高的数据传输安全性,它提供了三级安全模式:无安全设定、访问控制列表和高级加密标准(AES 128)。

ZigBee 除了遵循 IEEE 802.15.4 的物理层和 MAC 层外,还有 4 个主要部件:网络层、应用层、ZigBee 设备对象(ZDO)以及厂商定义的应用对象。ZDO 负责诸如设备角色跟踪、入网请求管理、设备发现和安全之类的任务。

2009 年开始,ZigBee 采用了 IETF 的 IPv6/6Lowpan 标准作为新一代智能电网(SEP 2.0)标准,致力于形成全球统一的易于与互联网集成的网络。

(3) IrDA

IrDA(Infrared Data Association)是 1993 年成立的一个国际组织,该组织致力于开发全球性的、互操作的低成本红外技术。IrDA 技术是一种用红外线进行点对点通信的技术,是由红外线数据标准协会制定的一种无线协议。现行的 IrDA 传输速率分为 7 个级别。

- SIR:9.6-115.2 kbps
- MIR:0.576-1.152 Mbps
- FIR:4 Mbps
- VFIR:16 Mbps
- UFIR:96 Mbps
- GigaIR:512 Mbps-1 Gbps
- 5/10 GigaIR:5 Gbps/10 Gbps

2011 年 12 月成立的一个新的工作组正致力于多吉比特红外通信标准的开发,同时还会关注更远距离的一对一和一对多通信。

IrDA 技术通信的标准距离是 1m;低功耗到低功耗通信的距离是 0.2m;标准到低功耗的通信是 0.3m。开发中的 10GigaIR 将会定义支持数米远通信距离的新的使用模式。

红外通信利用红外技术实现两点间的近距离通信和信息转发。它一般由红外发射系统和接收系统两部分组成。发射系统对一个红外辐射源进行调制后发射红外信号,接收系统用光学装置和红外探测器进行接收。

IrDA 技术的主要特点是相应的硬件及软件技术都已经比较成熟;无须专门申请特定频率的使用许可;具有移动通信设备所必需的体积小、功率低的优点;数据传输速率比较高;采用点对点连接,数据传输所受到的干扰较少。

IrDA 的不足之处在于 IrDA 是一种视距传输技术,在 IrDA 设备之间传输数据时,不能有障碍物,这在两个设备之间比较容易实现,但在多个设备之间传输数据时就难以得到保证,往往需要调整位置和角度才能进行通信。

由于技术较成熟和成本较低的原因,IrDA 目前还具有一定的市场,但由于速度、距离和视距传输等限制,使得 IrDA 终究难以成为无线局域网的标准。

(4) UWB

超宽带无线技术(ultra wideband,UWB)是一项使用从几 Hz 到几 GHz 的宽带来收发电波信号的技术。由于能够以极高的准确度确定物体及人的位置,UWB 技术以前主要作为军事技术在雷达等通信设备中使用,2002 年美国联邦通信委员会 FCC 将其开放为民用。

UWB 的特点是发送输出功率很小,其传输时的耗电量仅几十微瓦,但是由于所使用的带宽高达几 GHz,因此最大数据传输速度可以达到几十 Mbps～几百 Mbps。

UWB 的另一个特点是具有非常宽的带宽,UWB 通过发送纳秒级脉冲来传输数据,而不是使用载波电路。UWB 在最佳距离下可进行几百 Mbps 的高速传输。

由于 UWB 使用的带宽非常宽,容易对其他通信方式产生干扰,目前,还只能在有限的范围内使用。但是随着美国联邦通信委员会限制内容的改变,UWB 很可能成为家电设备及便携式终端的无线通信技术。

UWB 将作为个域网的物理层技术,定位于笔记本电脑与外围设备之间的局部连接用途。

UWB 技术的特点主要有:系统结构的实现比较简单;功耗低;传输速率高;定位精确。

但 UWB 也存在一些问题,例如,标准的进展较为缓慢;性能低于初始预期;首次部署的成本较高。这些问题限制了 UWB 产品的应用。

2.1.7 因特网接入方式

用户通常通过因特网服务提供商 ISP 接入因特网,常用的接入方式可以分为有线和无线接入。有线又可以分为铜线和光纤,无线主要是卫星和蜂窝系统。图 2-13 给出了因特网

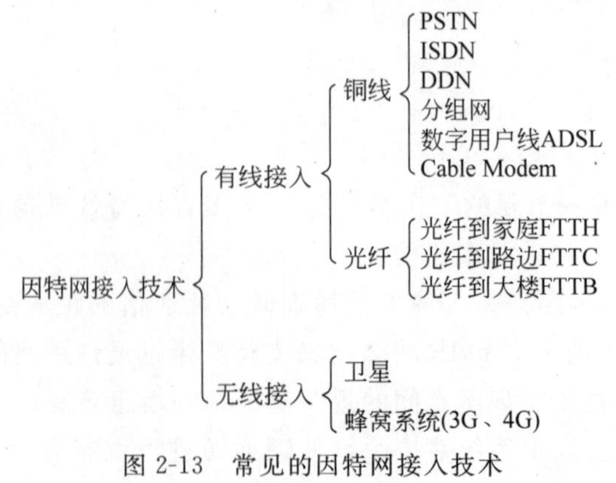

图 2-13 常见的因特网接入技术

的主要接入技术。

PSTN公共电话网接入是早期广泛使用的接入方式，直接利用已有的电话线在用户和ISP之间用一对调制解调器，用户拨号上网后就会占用电话线，ISP端为了面对众多的用户，通常会建立modem池。这种接入方式的特点是容易实施，费用低廉，但缺点是传输速度低(一般低于56kbps)，线路可靠性差，一般只适用于个人用户。

ISDN分为窄带ISDN(N-ISDN)和宽带ISDN(B-ISDN)。窄带ISDN以公共电话网为基础，采用同步时分多路复用技术，支持一切话音、数字、图像、传真等业务，所以又称为"一线通"。可以满足小型企业浏览以及收发电子邮件的一般需求。宽带ISDN以光纤干线为传输介质。

DDN专线接入方式是向ISP租用专线的接入方式。DDN专线的速率范围为64kbps～2Mbps。这种线路的优点是：有固定的IP地址、可靠的线路运行、永久的连接和较高的速率等。但是由于整个链路被企业独占，所以费用很高，性价比较低。

分组网接入是采用X.25分组网专线接入或X.28分组网异步接入方式接入因特网。ChinaPAC就是提供分组网的接入。

xDSL是各种类型数字用户线DSL(Digital Subscriber Line)的总称，x代表各种数字用户线技术。按上行和下行速率是否相同分为速率对称型和速率非对称型，速率对称型的技术有SDSL和HDSL，速率非对称型的包括ADSL、ADSL.lite、VDSL、EoVDSL等。

HDSL是一种对称数字用户线技术，是xDSL家族中开发比较早，技术较成熟的一种，HDSL利用两对双绞线实现数据的双向对称传输，传输速率2048Kbps/1544Kbps(E1/T1)，可以提供标准E1/T1接口和V.35接口。SDSL也是指上、下行最高传输速率相同的数字用户线路。是HDSL的一种变化形式，它只使用一对电缆线，可提供从144Kbps到1.5Mbps的速度。SDSL是速率自适应技术，SDSL和HDSL都不能同模拟电话共用线路。

非对称数字用户线ADSL可以在普通的电话铜缆上提供1.5～8Mbps的下行和10～64kps的上行传输，由于ADSL的上行和下行信道与语音信道采用了不同的频带，所以上网和电话可以同时使用。ADSL的速率可以满足视频会议和影视节目的传输，适合家庭和小型企业使用。ADSL.lite是一种面向大众用户的简易轻便型非对称数字用户线，此技术免除了ADSL用户端必须要安装的分路器，降低了成本，并且简化了用户端的安装。甚高速数字用户线VDSL是一种高速非对称的数字用户线技术，其下行速率比ADSL和HDSL的下行速率高的多。EoVDSL技术能够对以太网分组进行封装，并在电话线上进行稳定的高速数据传输，从而将以太网的传输距离从传统的100m延长到1500m，大大地拓宽了以太网的应用。EoVDSL让用户可以通过已有的电话线路获得高带宽服务。

cable modem接入方式是利用有线电视电缆加线缆调制解调器cable modem进行因特网接入。充分利用了目前已有的遍布全国的有线电视网，速率可以达到10Mbps以上，但是cable modem的工作方式是共享带宽的，所以有可能在某个时间段出现速率下降的情况。

光纤接入是以光纤为传输介质的接入技术。在光纤接入中按光纤接入的位置分为光纤到家庭FTTH、光纤到路边FTTC和光纤到大楼FTTB。光纤接入是目前城市宽带接入的主要方式，家庭通过光纤接入速率可达数十Mbps。光纤技术具有频带宽、容量大、衰减小和抗干扰性强等优点。

以太网接入是直接通过以太网交换机与 ISP 的边缘路由器相连接入到因特网。传输介质可以是铜线也可以是光纤。

卫星接入适合偏远地方又需要较高带宽的用户。目前,VSAT 是卫星通信中的主流技术。VSAT 直译为“甚小孔径终端”,意译应是“甚小天线地球站”或“微型地球站”。这里的“小”和“微型”指的是 VSAT 系统中地球站的天线口径小,通常为 0.3m~1.4m,卫星接入对使用环境要求不高,且不受地面网络的限制,组网灵活。卫星接入既可以为大型 ISP 提供远程因特网连接,也可以直接为个人计算机提供因特网连接。下行数据的传输速率一般为 1Mbps 左右。

3G、4G 蜂窝系统接入是近年来随着智能手机应用发展而出现的移动互联网技术。计算机通过无线上网卡利用 3G、4G 蜂窝系统接入到因特网。下行数据的传输速率一般为数 Mbps。也可以将智能手机设置为“热点”,计算机用 Wi-Fi 连接到手机,然后利用手机 3G、4G 系统接入到因特网。Wi-Fi 也是常用的无线接入方式,只不过 Wi-Fi 限于距离,一般并不直接与 ISP 连接。

2.2 因特网体系结构

2.2.1 因特网的概念

因特网是通过网络互联技术将现有的异构网络互联起来所构成的一个统一的一致性网络。

为了实现网络的互联,必须解决 3 个基本问题,即协议转换、寻址和路径选择。

网络的异构性主要体现在协议的不同上,信息在从源网络到目的网络的传输过程中往往要跨越不同的网络。一旦进入某一特定的网络,就要按照这个网络的协议进行工作。因此必然要涉及到不同协议之间的转换问题。

在一个单一的网络中地址格式是统一的,每个结点都具有唯一的地址,因此很容易实现寻址。但在异构网络进行互联时,各个网络可能具有各自的地址结构,而且一般难以保证地址的全局唯一性,因此需要具有统一的地址分配和寻址机制。

在多个网络进行互联时,为了保证网络的健壮性和足够的带宽要求,从源网络到目的网络往往存在多条通路,在传输信息时,总希望选择最佳路径或较佳路径。因此路径的选择也是网络互联要解决的问题。

这里我们先讨论网络互联中的协议转换问题,寻址和路径选择将在后面的章节专门进行讨论。

异构网络在协议上的差异通常表现为 3 个方面:协议层次结构的不同、协议功能的不同以及协议实施细节的不同。因特网通过特定的网络互联设备——网关(gateway)来实现不同网络协议之间的转换。

要完成协议的转换,首先要决定在哪个层次上进行转换。进行转换的层次必须满足的条件是:两个网络在该层的协议相同,而且该层以上的各层协议也相同。对于图 2-14 中所示的情况,网络 A 的第 n 层协议和网络 B 的第 m 层协议相同,而且上面各对应层的协议也相同。这样使得转换层以上的各层能形成对等层。如果两个网络最顶层的协议也不相同,则需要在上面再加上一层虚拟层来完成协议的转换。

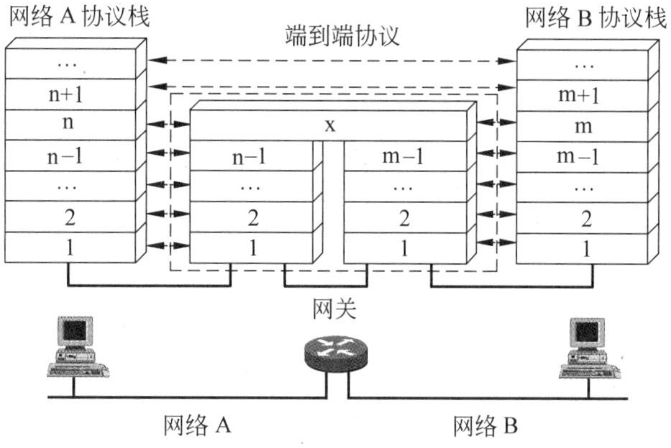

图 2-14　协议转换模型

通常有两种不同层次的网络互联：应用级互联和网络级互联。

应用级互联是早期采用的异构网络的互联方法。这种方法适应性差，无论是增加新的应用功能，还是增加新的网络硬件，都会带来大量的应用程序编程工作量。但事实是：从底层看，没有一种网络硬件可以满足所有的应用约束；而从上层看，应用又希望有一个统一的通信网络。解决这一矛盾的关键是借助于中间的隔离层——网络层。

网络级的互联使底层的通信和上层的应用分开，在网络层将底层各种网络硬件进行会聚和抽象，底层网络硬件的增加只需要调整网络层就可以适应变化，上层应用所面对的是支持通用服务的通信网络，这样就只需要针对标准的通信网络编写应用程序，而不必针对不同的网络编写不同的应用程序了。

因特网采用了网络级互联技术，网络级的协议转换不仅增加了系统的灵活性，而且简化了网络互联设备，因为实现此功能的因特网网关只需要实现通信网络的功能。网关是早期所使用的术语，现在网络中使用的这类设备不仅具有网关的协议转换功能，而且具有路由功能，所以，现在多称其为路由器(router)。从概念上讲，网关是进行协议转换的设备。

2.2.2　因特网的特点

因特网具有以下特点：

(1) 因特网对用户隐藏了底层的网络技术和网络结构，在用户看来，因特网是一个统一的网络。从逻辑上看，因特网是一个虚拟网络，从物理上看，因特网是由多个物理网络互联而成的。

(2) 因特网不限制网络的拓扑结构。

(3) 因特网将任何一个能传输数据分组的通信系统都视为网络，这些网络受到网络协议的平等对待。

(4) 任何两个不相邻的网络中的计算机都可以通过中间网络实现通信。

2.2.3　因特网协议分层

因特网协议通常又称为 TCP/IP 协议。TCP/IP 协议分为图 2-15 所示的 4 个协议层。

网络接口层实际上包含 OSI 模型的物理层和数据链路层,TCP/IP 并未对这两层进行定义,它支持现有的各种底层网络技术和标准。该层涉及操作系统中的设备驱动程序和网络接口卡。

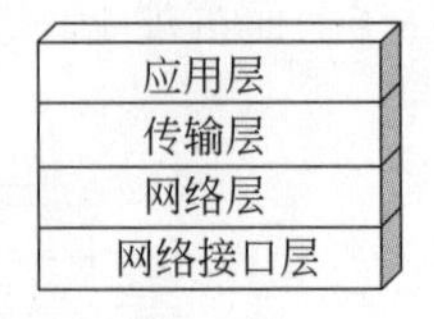

图 2-15　TCP/IP 协议分层

网络层又称为互联网层或 IP 层,该层处理 IP 数据报的传输、路由选择和拥塞控制。TCP/IP 的网络层主要包含地址解析协议(address resolution protocol, ARP)、反向地址解析协议(reverse address resolution protocol,RARP)、因特网协议(Internet protocol,IP)、因特网控制报文协议(Internet control message protocol, ICMP)和因特网组管理协议(Internet group management protocol,IGMP)。

传输层为两台主机上的应用程序提供端到端的通信。TCP/IP 的传输层包含传输控制协议(transmission control protocol,TCP)、用户数据报协议(user datagram protocol,UDP)和流控制传输协议(stream control transmission protocol,SCTP)。TCP 为主机提供可靠的面向连接的传输服务;UDP 为应用层提供简单高效的无连接传输服务。SCTP 是一个面向连接的流传输协议,它可以在两个端点之间提供稳定、有序的数据传递服务。SCTP 可以看作是 TCP 协议的改进协议。

应用层为用户提供一些常用的应用程序,TCP/IP 给出了应用层的一些常用协议规范,如文件传输协议 FTP、简单邮件传输协议 SMTP、超文本传输协议 HTTP 等。

2.3　开放系统互连参考模型与 TCP/IP 的关系

国际标准化组织的开放系统互连模型与 TCP/IP 协议层次结构的对应关系如图 2-16 所示。OSI 的上三层对应 TCP/IP 的应用层,底下的两层对应 TCP/IP 的网络接口层,其他两层则正好分别对应。

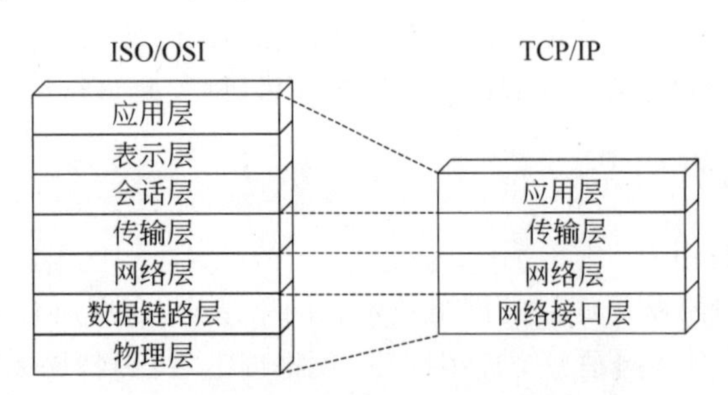

图 2-16　ISO/OSI 与 TCP/IP 的层次对应关系

除了层次结构方面的差异外,ISO/OSI 与 TCP/IP 还存在表 2-2 所列的差异。

表 2-2　ISO/OSI 与 TCP/IP 的差异

ISO/OSI	TCP/IP
ISO/OSI 是抽象的概念模型	TCP/IP 是具体协议与实现
ISO/OSI 复杂、效率低、大而全	TCP/IP 单纯、简单、实用

续表

ISO/OSI	TCP/IP
ISO/OSI 力量单薄，产品少	TCP/IP 得到产业界的支持，应用广
ISO/OSI 进展缓慢	TCP/IP 完善速度快(IPv6)

TCP/IP 并不否定 ISO/OSI 的工作成果，相反 TCP/IP 正密切关注 ISO/OSI 的发展动向，随时准备从 OSI 中吸取有益的内容。

2.4　TCP/IP 协议族

TCP/IP 是一个协议族，该协议族构成如图 2-17 所示的协议栈。

位于网络接口层的是各种物理网络的硬件设备驱动程序和介质访问控制协议，这些协议与物理网络相关，不在 TCP/IP 的定义之列。

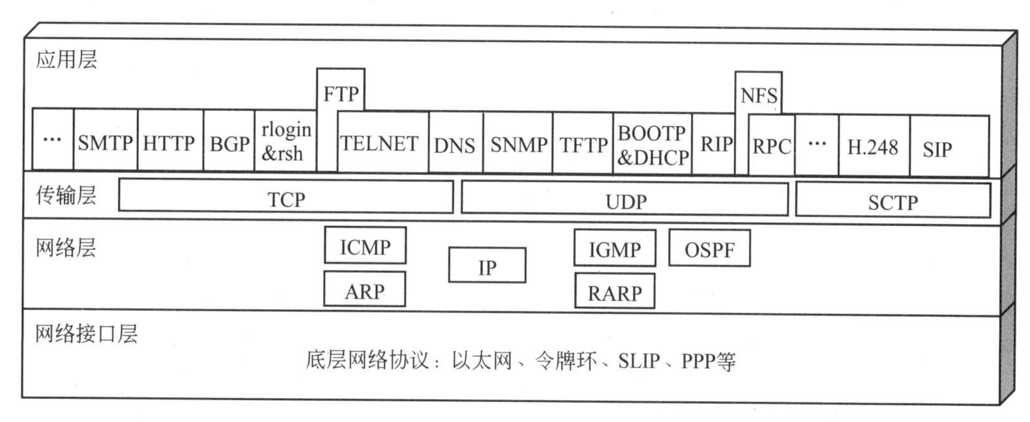

图 2-17　TCP/IP 协议族

在网络层的底部是负责因特网地址(IP 地址)与底层物理网络地址之间进行转换的地址解析协议 ARP 和反向地址解析协议 RARP。ARP 用于根据 IP 地址获取物理地址。RARP 用于根据主机的物理地址查找其 IP 地址。因为 ARP 和 RARP 用于完成网络层地址和数据链路层地址之间的转换，所以有些书籍将 ARP 和 RARP 作为数据链路层协议。IP 协议既是网络层的核心协议，也是 TCP/IP 协议族中的核心协议，网络互联的基本功能主要由 IP 协议完成，因特网的一些重要特点也是由 IP 协议来体现的。因特网控制报文协议 ICMP 是主机和网关进行差错报告、控制和进行请求/应答的协议。因特网组管理协议 IGMP 用于实现组播中的组成员管理。开放最短路径优先 OSPF 是对路由表进行维护更新的内部网关协议。

传输层最初只包含 TCP 和 UDP 两个协议，传输层的这两个协议为应用进程提供通信服务。TCP 和 UDP 分别对应两类不同性质的服务，上层的应用进程可以根据可靠性要求或效率要求决定使用 TCP 或 UDP 提供的服务。流控制传输协议 SCTP 是 IETF2000 年 10 月提出的传输层协议，SCTP 最初是被设计用于在 IP 上传输电话，把 7 号信令系统 SS7 (Signaling System No. 7)信令网络的一些可靠特性引入 IP 网络。SCTP 除了具有 TCP 的面向连接可靠传输特性外,在网络层容错、拥塞避免、抵御 flooding 攻击和伪装攻击方面还具有较好的性能。由于优于 TCP 的这些优点,SCTP 逐渐得到越来越多的使用。

应用层的协议种类繁多,有支持电子邮件的 SMTP,有支持 WWW 的 HTTP,有支持文件传输与访问的 FTP、TFTP 和 NFS,有支持路由表维护的 RIP 和 BGP,有支持远程登录的 rlogin 和 TELNET,有支持主机引导时自动获取信息的 BOOTP 和 DHCP,还有支持网络管理的 SNMP 等。而且新的应用协议还在不断出现。

图 2-18 给出了各协议模块之间的关系。

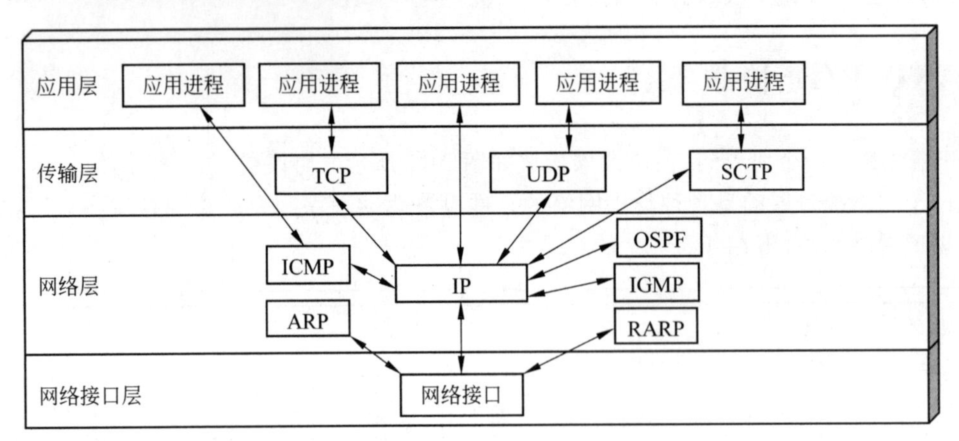

图 2-18　TCP/IP 协议模块关系

从图 2-18 中可以看出两点,一是应用进程可以直接与网络层的模块打交道;另外,由于一个下层模块要和多个上层模块进行交互,因此,当一个下层模块收到信息后,必须决定将信息交给哪一个上层模块去处理。

在网络接口层中,可以根据帧类型来确定网络层程序,例如,当以太网帧类型字段为 0x0800 时,应将帧中的数据交给 IP 模块处理;当帧类型字段为 0x0806 时,应将帧中的数据交给 ARP 模块处理;当帧类型字段为 0x8035 时,应将帧中的数据交给 RARP 模块处理。

在网络层中,IP 模块根据 IP 数据报首部中的协议值决定将数据报中的数据交给哪一个模块去处理。当协议值为 1 时,应将数据交给 ICMP 协议模块处理;当协议值为 2 时,应将数据交给 IGMP 协议模块处理;当协议值为 6 时,应将数据交给 TCP 模块处理;当协议值为 17 时,应将数据交给 UDP 模块处理;当协议值为 89 时,应将数据交给 OSPF 协议模块处理;当协议值为 132 时,应将数据交给 SCTP 协议模块处理。

在传输层,TCP、UDP 和 SCTP 根据其首部中的端口号决定将数据交给哪一个应用进程去处理。

上述过程称为数据多路分用(data multiplexing)。

本章要点

- 根据拓扑结构,计算机网络可以分为总线形网、环形网、星形网和网状网。
- 根据覆盖范围,计算机网络可以分为广域网、城域网、局域网和个域网。
- 网络可以划分成资源子网和通信子网两个部分。

- 网络协议是通信双方共同遵守的规则和约定的集合。网络协议包括三个要素，即语法、语义和同步规则。
- 通信双方对等层中完成相同协议功能的实体称为对等实体，对等实体按协议进行通信。
- 网络的互联必须解决的三个基本问题是：协议转换、寻址和路径选择。
- 网关用来实现不同网络协议之间的转换。
- 因特网采用了网络级互联技术，网络级的协议转换不仅增加了系统的灵活性，而且简化了网络互联设备。
- 因特网对用户隐藏了底层网络技术和结构，在用户看来，因特网是一个统一的网络。
- 因特网将任何一个能传输数据分组的通信系统都视为网络，这些网络受到网络协议的平等对待。
- TCP/IP 协议分为 4 个协议层：网络接口层、网络层、传输层和应用层。
- IP 协议既是网络层的核心协议，也是 TCP/IP 协议族中的核心协议。

习题

2-1　网络协议的对等实体之间是如何进行通信的？

2-2　协议分层有什么好处？

2-3　目前主要有哪些无线个域网(WPAN)技术？

2-4　要完成协议的转换，进行转换的层次必须满足什么条件？

2-5　TCP/IP 是如何实现数据多路分用的？

2-6　Wi-Fi 和 WiMAX 的含义分别是什么？

2-7　简述 OSI 参考模型与 TCP/IP 模型的关系。

第3章　IP　地　址

IP 地址是因特网技术中的一个非常重要的概念，IP 地址在 IP 层实现了底层网络地址的统一，使因特网的网络层地址具有全局唯一性和一致性。IP 地址含有位置信息，反映了主机的网络连接，是因特网进行寻址和路由选择的依据。本章在介绍 IP 地址概念、IP 地址分类的基础上，讨论了与 IP 地址相关的子网技术、超网技术以及无类网络地址。

3.1　IP 地址概述

地址是标识对象所处位置的标识符。传输中的信息带有源地址和目的地址，分别标识通信的源结点和目的结点，即信源和信宿。目的地址是传输设备为信息进行寻址的依据。

不同的物理网络技术(底层网络技术)通常具有不同的编址方式，这种差异主要表现在不同的地址结构和不同的地址长度上。

在一个物理网络中，每个结点都至少有一个机器可识别的地址，该地址叫作物理地址。

物理地址有两个特点：不一致性和不唯一性。不一致性是指不同的物理网络技术采用不同的编址方式；不唯一性是指不同的物理网络中结点的物理地址可能重复。

为了保证寻址的正确性，必须确保一个网络中结点地址的唯一性，这一要求在单一的物理网络中很容易得到满足。但是当多个不同的物理网络进行互联时，这种唯一性就难以得到保证。另外，不同物理网络在地址编址方式上的不统一会给寻址带来极大的不便。因此，在进行网络互联时首先要解决的问题是物理网络地址的统一问题。在第 2 章我们已经提到因特网是在网络级进行互联的，因此，因特网在网络层(IP 层)完成地址的统一工作，将不同物理网络的地址统一到具有全球唯一性的 IP 地址上，IP 层所用到的地址叫作因特网地址，又称为 IP 地址。实现地址统一的概念模式如图 3-1 所示。

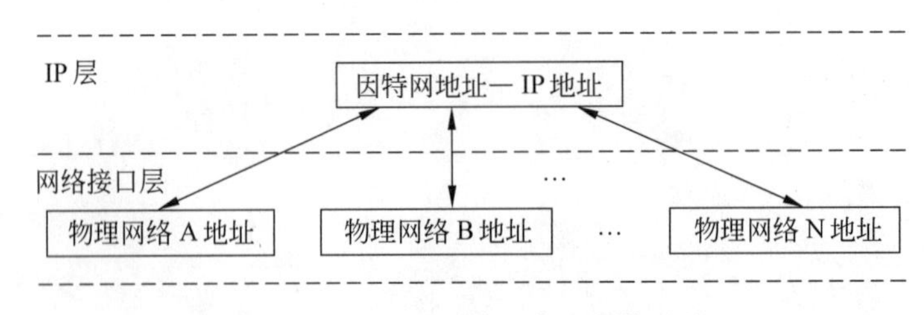

图 3-1　用 IP 地址统一物理网络地址

因特网采用一种全局通用的地址格式，为全网的每一个网络和每一台主机都分配一个因特网地址，以此屏蔽物理网络地址的差异。

早期的 ARPANET 的主机地址就采用了层次型地址(P,N)，这种地址体现了网络的层次结构，便于进行寻址。寻址时先找到主机所在的网点 P，然后再根据 N 找到该网点中的主机。因特网沿用了 ARPANET 的思想，仍然采用层次型地址。因特网由网络互联而成，网络由主机互联而成。因此，IP 地址由网络号和主机号构成，如图 3-2 所示。IP 地址可以表示为：

IP-address :: = {<Network-number>,<Host-number>}

网络号（Network-number）	主机号（Host-number）

图 3-2　因特网 IP 地址结构

其中网络号的长度决定整个因特网中能包含多少个网络，主机号的长度决定每个网络能容纳多少台主机。网络号的长度并不是固定的。通常因特网中的网络数难以确定，但每个网络的预期规模却比较容易确定。

因特网的 IP 协议提供了一种整个因特网通用的地址格式（保证一致性），并在统一管理下进行 IP 地址的分配（保证唯一性），确保一个地址对应一台因特网主机（或路由器），这样，对上层而言物理地址的差异就被 IP 层屏蔽了。

因特网地址是一种层次型地址，它携带了关于对象位置的信息。因特网所要处理的对象比广域网要复杂得多，无结构的地址是不能担此重任的。由于 IP 地址标识了一个主机的位置（所属的网络），当将一台主机从一个网络移到另一个网络时必须改变这台主机的 IP 地址。

IPv4 规定，因特网地址长度为 32 位（IPv6 规定地址长度为 128 位）。因此，IPv4 的地址空间为 2^{32}，即 4 294 967 296 个 IP 地址。本书中所涉及的 IP 地址若不特别说明，则指 IPv4 地址。

IP 地址一般用点分十进制数表示，例如 202.119.84.120。这 4 个用点分隔的段分别对应 4 个字节。IP 地址也可以用二进制（如 11001010 01110111 01010100 01111000）或十六进制（如 0XCA775478）表示。IP 地址的二进制表示法在讨论地址类别和掩码时经常会用到，而十六进制表示法则很少使用。

3.2　分类 IP 地址

传统的因特网采用分类地址。因特网定义了 5 类 IP 地址：A 类、B 类、C 类、D 类和 E 类，如图 3-3 所示。

	第 1 个字节	第 2 个字节	第 3 个字节	第 4 个字节	第1个字节取值	网络号	主机号
A 类：	0				0~127	1字节	3字节
B 类：	10				128~191	2字节	2字节
C 类：	110				192~223	3字节	1字节
D 类：	1110				224~239		
E 类：	1111				240~255		

图 3-3　因特网 IP 地址类别

其中 A、B 和 C 是 3 个基本的类别，分别代表不同规模的网络。A 类地址由 1 个字节的网络号和 3 个字节的主机号构成，用于少量的大型网络。B 类地址由 2 个字节的网络号和 2 个字节的主机号构成,用于中等规模的网络。C 类地址由 3 个字节的网络号和 1 个字节的主机号构成,用于小规模的网络。

各类网络所占因特网地址空间的比例如图 3-4 所示。

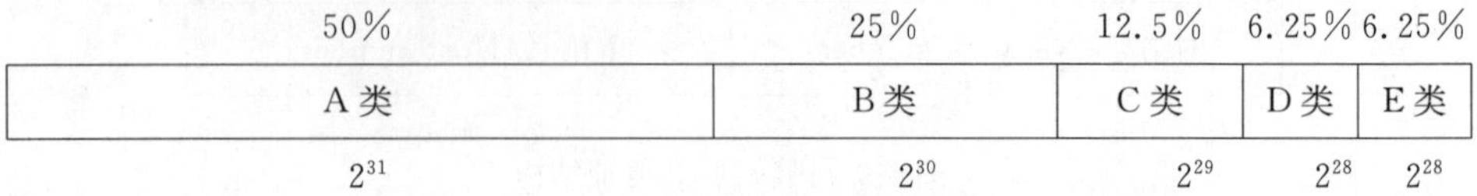

50%	25%	12.5%	6.25%	6.25%
A 类	B 类	C 类	D 类	E 类
2^{31}	2^{30}	2^{29}	2^{28}	2^{28}

图 3-4　因特网 IP 地址空间

A 类地址第 1 个字节的最高位固定为 0,另外 7 位可变的网络号可以标识 128 个网络(0～127),0 一般不用,127 用作环回地址。所以共有 126 个可用的 A 类网络。A 类地址的 24 位主机号可以标识 1 677 216 台主机(2^{24}=1 677 216),主机号为全 0 时用于表示网络地址,主机号为全 1 时用于表示广播地址,这两个主机号不能用来标识主机。所以,每个 A 类网络最多可以容纳 1 677 214 台主机。A 类地址第 1 个字节的取值范围为0～127。

B 类地址第 1 个字节的最高 2 位固定为 10,另外 14 位可变的网络号可以标识 2^{14}=16 384 个网络。16 位主机号可以标识 65 536 台主机(2^{16}=65 536),由于主机号不能为全 0 和全 1。所以,每个 B 类网络最多可以容纳 65 534 台主机。B 类地址的第 1 个字节的取值范围为 128～191。

C 类地址第 1 个字节的最高 3 位固定为 110,另外 21 位可变的网络号可以标识 2^{21}=2 097 152 个网络。8 位主机号可以标识 256 台主机(2^{8}=256),由于主机号不能为全 0 和全 1。所以,每个 C 类网络最多可以容纳 254 台主机。C 类地址的第 1 个字节的取值范围为 192～223。

D 类地址用于组播(multicasting)。因此,D 类地址又称为组播地址。D 类地址的范围为 224.0.0.0～239.255.255.255,每个地址对应一个组,发往某一组地址的数据将被该组中的所有成员接收。D 类地址不能分配给主机。D 类地址的第 1 个字节的取值范围为 224～239。有些 D 类地址已经分配用于特殊用途,如 224.0.0.0 是保留地址,224.0.0.1 是指本子网中的所有系统,224.0.0.2 是指本子网中的所有路由器,224.0.0.9 是指运行 RIPv2 路由协议的路由器,224.0.0.11 是指移动 IP 中的移动代理。另外,还有一些 D 类地址留给了网络会议,如 224.0.1.11 用于 IETF-1-AUDIO,224.0.1.12 用于 IETF-1-VIDEO。

E 类地址为保留地址,可以用于实验目的。E 类地址的范围为 240.0.0.0～255.255.255.254,E 类地址的第 1 个字节的取值范围为 240～255。

在分类地址网络中每个网络占用一个地址块。各类网络地址块的示例如表 3-1 所示。

表 3-1　各类网络地址块的示例

类别	起始地址	结束地址	网络地址	主机地址范围	广播地址
A 类	86.0.0.0	86.255.255.255	86.0.0.0	86.0.0.1～86.255.255.254	86.255.255.255
B 类	188.6.0.0	188.6.255.255	188.6.0.0	188.6.0.1～188.6.255.254	188.6.255.255
C 类	206.8.2.0	206.8.2.255	206.8.2.0	206.8.2.1～206.8.2.254	206.8.2.255

从表 3-1 中可看出,每个网络都要占用两个 IP 地址,一个用于标识网络,另一个用于网

络广播。每个网络使用该网络地址块的起始地址作为网络地址,该地址仅作为网络的标识,主要用在网络路由中。网络地址块的结束地址被用作该网络的广播地址。

在因特网的地址中包含了网络信息。当一个路由器或网关连到多个网络上时,每个网络都会给路由器或网关分配一个 IP 地址,设备有多少个网络连接,就有多少个 IP 地址。而且这些 IP 地址分别属于不同的网络,这对于路由选择来说是非常有用的。一台主机也可以连接多个网络,这种主机叫作多宿主主机(multi-homed host)。多宿主主机拥有多个 IP 地址,每个地址对应一条物理连接。由此可见,因特网地址的本质是标识主机的网络连接。图 3-5 给出了多宿主设备的地址配置。

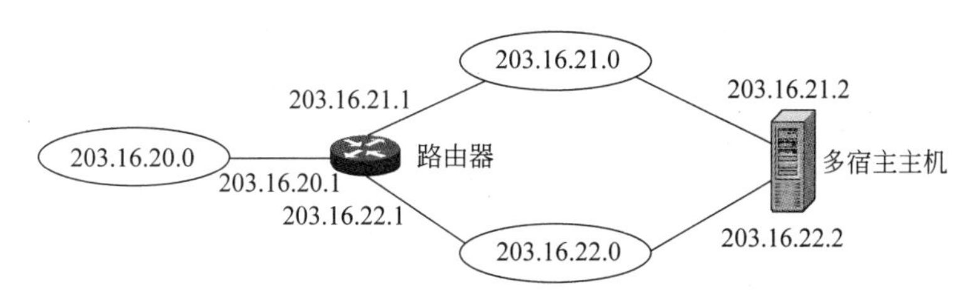

图 3-5 IP 地址标识网络连接

因特网地址是由中央管理机构分配的。一个组织加入因特网时,将会从因特网的网络信息中心 InterNIC 获得网络前缀,然后负责组织内部的地址分配。这样,既解决了全局唯一性问题,又分散了管理负担。

3.3 特殊 IP 地址

在 IP 地址中有些地址并不是用来标识主机的,这些地址具有特殊意义。这些地址包括网络地址、直接广播地址、受限广播地址、本网络地址、环回地址等。

1. 网络地址

因特网上的每个网络都有一个 IP 地址,其主机号部分为 0。

网络地址的一般表达式为:

{<Network-number>,<Host-number>}={<Network-number>,0}

该地址用于标识网络,不能分配给主机,因此不能作为数据的源地址和目的地址。网络地址的使用可以减小路由表的规模。

A 类网络的网络地址为:Network-number.0.0.0。例如 120.0.0.0。

B 类网络的网络地址为:Network-number.0.0。例如 139.22.0.0。

C 类网络的网络地址为:Network-number.0。例如 203.120.16.0。

2. 直接广播地址

直接广播(direct broadcast)是指向某个网络上的所有主机发送报文。TCP/IP 规定,主机号各位全部为 1 的 IP 地址用于广播,称为直接广播地址。路由器在目标网络处将 IP 直接广播地址映射为物理网络的广播地址,以太网的广播地址为 6 个字节的全 1 二进制位,即 ff:ff:ff:ff:ff:ff。

直接广播地址的一般表达式为:

{<Network-number>,<Host-number>}={<Network-number>, −1}

这里的－1 表示全 1。

直接广播地址只能作为目的地址。

A 类网络的直接广播地址为：Network-number. 255. 255. 255。例如 120. 255. 255. 255。

B 类网络的直接广播地址为：Network-number. 255. 255。例如 139. 22. 255. 255。

C 类网络的直接广播地址为：Network-number. 255。例如 203. 120. 16. 255。

3. 受限广播地址

直接广播要求发送方必须要知道信宿网络的网络号。但有些主机在启动时，往往并不知道本网络的网络号，这时候如果想要向本网络广播，只能采用受限广播地址(limited broadcast address)。

受限广播地址是在本网络内部进行广播的一种广播地址。TCP/IP 规定，32 位全为 1 的 IP 地址用于本网络内的广播。

受限广播地址的一般表达式为：

{＜Network-number＞,＜Host-number＞}＝{－1, －1}

受限广播地址的点分十进制表示为：255. 255. 255. 255。

受限广播地址只能作为目的地址。

路由器将隔离受限广播，不对受限广播分组进行转发。也就是说因特网不支持全网络范围的广播，这也是为了对网络进行保护，以防网络带宽被过多地占用。

4. 本网络地址

TCP/IP 协议规定，网络号各位全部为 0 时表示的是本网络。本网络地址分为两种情况：本网络特定主机地址和本网络本主机地址。

本网络特定主机地址的一般表达式为：

{＜Network-number＞,＜Host-number＞}＝{0, ＜Host-number＞}

本网络特定主机地址只能作为源地址。

A 类网络的本网络特定主机地址为：0. Host-number。例如 0. 10. 130. 12。

B 类网络的本网络特定主机地址为：0. 0. Host-number。例如 0. 0. 135. 12。

C 类网络的本网络特定主机地址为：0. 0. 0. Host-number。例如 0. 0. 0. 12。

本网络本主机地址的一般表达式为：

{＜Network-number＞,＜Host-number＞}＝{0, 0}

本网络本主机地址的点分十进制表示为：0. 0. 0. 0。

本网络本主机地址只能作为源地址。

若主机启动时不知道自己的 IP 地址(或因为是无盘工作站，或未配 IP 地址)，则采用网络号和主机号都为 0 的本网络本主机地址作为源地址。

5. 环回地址

环回地址(loopback address)是用于网络软件测试以及本机进程之间通信的特殊地址。A 类网络地址 127 被用作环回地址。

环回地址的一般表达式为：

{＜Network-number＞,＜Host-number＞}＝{127, ＜any＞}

但习惯上采用 127. 0. 0. 1 作为环回地址，并将其命名为 localhost。

当使用环回地址作为目的地址发送数据时，数据将不会被发送到网络上，而是在数据离开网络层时将其回送给本机的有关进程。环回接口对IP数据报的处理过程如图3-6所示。

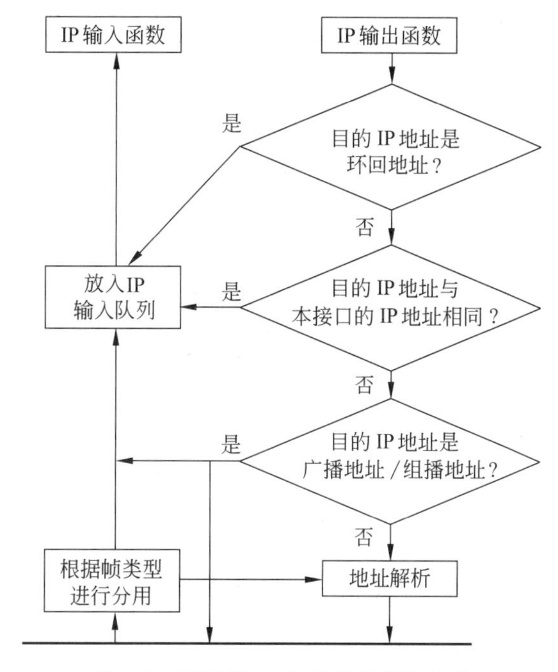

图3-6 环回接口对IP数据报的处理

在发送IP数据报时，首先要判别该数据报的目的IP地址是否为环回地址，如果是环回地址，则直接将IP数据报放入IP输入队列实现环回。对于直接以本机地址作为目的地址的IP数据报也要回送给本机。对于广播或组播数据报，则在回送给本机的同时还要向网络发送。

3.4 私有网络地址

因特网地址分配机构为私有网络保留了3组IP地址(RFC 1918)，任何位于防火墙和代理服务器后面的私有网络都可以使用这3组地址。这3组保留地址如下：

A类：10.0.0.0～10.255.255.255

B类：172.16.0.0～172.31.255.255

C类：192.168.0.0～192.168.255.255

这些地址是专门提供给那些没有连接到因特网上的网络使用的，这些IP地址与现在因特网上所使用的所有地址都不冲突。

从理论上讲，没有连接到因特网的私有网络可以使用从因特网地址分配机构申请到的IP地址，但这样做无疑是对地址的一种浪费。

当然，没有连接到因特网的私有网络也可以使用任意的IP地址块，但如果有朝一日该网络要通过代理服务器连接到因特网时，内网地址不变，利用NAT将内网地址转换为申请到的合法IP地址上因特网，就可能无法正常访问因特网上的某些服务器。

图 3-7 中代理服务器后面的私有网络采用了不是申请来的地址块 202.119.86.0,因此,无法访问因特网上合法的 202.119.86.0 网络提供的服务。每当该私有网络中的主机试图访问因特网上的 202.119.86.0 网络提供的服务时,代理服务器都会将该访问看作是对该私有网络内部的访问,而不会将信息转发到因特网上。

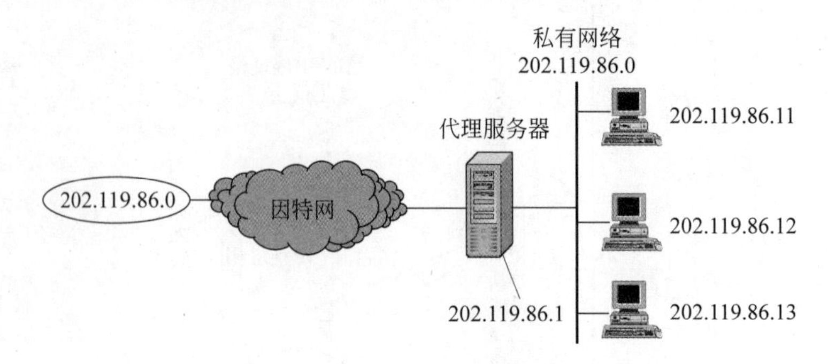

图 3-7 采用不合适 IP 地址的私有网络

使用保留的私有网络地址的网络通过代理服务器连接到因特网时,完全不用担心和因特网上的其他网络发生地址冲突。

使用私有网络地址不仅可以节省大量的 IP 地址,缓解 IP 地址不足的问题,而且还可以借助于代理服务器的网络地址转换(NAT)功能,隐藏私有网络的地址框架,保证私有网络的安全。

另外,还有一块为 Windows 系统所专用的 IP 地址块:自动专用 IP 寻址(APIPA)地址。这块保留地址的范围是 169.254.0.0~169.254.255.255。这块私有地址用于支持 DHCP 故障转移处理机制。当设置为 DHCP 客户端的 Windows 启动时,如果 DHCP 服务器不可用,则无法从 DHCP 服务器获得 IP 地址等配置信息,此时,DHCP 客户机会自己自动配置 IP 地址和子网掩码。这就是自动专用 IP 寻址,具体过程是 APIPA 在 169.254.0.1 到 169.254.255.254 的私有地址空间内随机选择地址分配,并使用默认的网络掩码 255.255.0.0。DHCP 客户机还会通过使用 ARP 测试地址冲突,以确保所选择的 IP 地址未在本网络中使用。如果发现冲突,则客户机会选择试用另一个 IP 地址。客户机将重试最多 10 个地址的自动配置。

即使自动配置了 IP 地址,DHCP 客户机每隔 5 分钟还会尝试与 DHCP 服务器联系一次,直到它可以与 DHCP 服务器通信为止。此时,DHCP 客户机放弃它的自动配置信息,而去使用由 DHCP 服务器提供的地址(以及它提供的任何其他 DHCP 选项信息)来更新其 IP 配置。

APIPA 也可以用于为没有 DHCP 服务器的独立网络提供自动配置 TCP/IP 协议的功能。

3.5 IP 地址配置

为了确保网络上的主机能够正常工作,在为主机配置 IP 地址时,应遵守以下原则:

- 同一网络上的所有主机应该采用相同的网络号;

- 一个网络中的主机号必须是唯一的；
- 主机号不能为全 1(主机号为全 1 是广播地址)；
- 主机号不能为全 0(主机号为全 0 表示网络)；
- 因特网上的每个网络的网络号具有唯一性；
- 网络号不能为全 1；
- 网络号不能为全 0(全 0 表示一个本地网)；
- 网络号不能以 127 开头(127 是环回地址)。

IP 地址配置得是否正确将直接影响到网络的运行。所以，通常由熟知 IP 地址分配规则的管理员进行 IP 地址的管理和配置。

两类最常见的 IP 地址配置问题是：错误的 IP 地址和重复的 IP 地址。

如果一台主机的网络号与本地网络号不匹配，那么，本网络中的其他主机将假定这个不正常的主机是远程网络上的一台主机，从而强制它们把消息发送给路由器，而不是发给本网络内的计算机。图 3-8 给出了错误 IP 地址的一个示例。

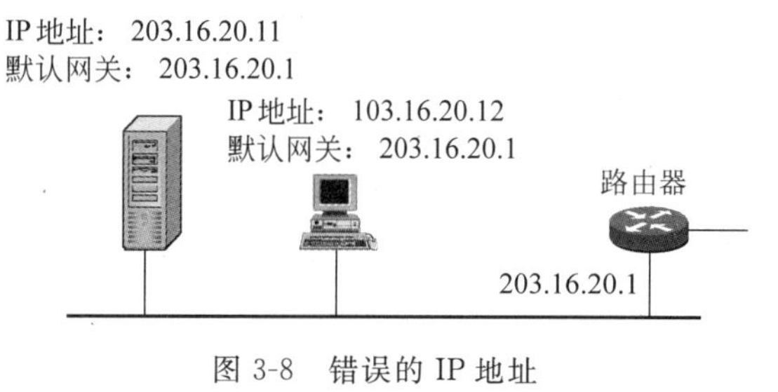

图 3-8 错误的 IP 地址

当网络上有两台或多台主机的 IP 地址出现重复时，通信可能无法正常进行。

使用 Windows 操作系统的计算机在启动期间将对 TCP/IP 进行初始化，此时，会发送一条 ARP 广播，借此检查本网络中是否存在与本机地址相同的 IP 地址。如果存在重复地址，则不加载本机的 TCP/IP 协议，同时显示一条带有对方 MAC 地址的地址重复出错消息。但有些其他类型的网络操作系统并未对重复地址进行检查，这给以后的查错工作带来了麻烦。

一种避免地址冲突的方法是使用动态主机配置协议 DHCP(dynamic host configuration protocol)。该协议自动进行 IP 地址分配，确保不会出现地址重复。动态主机配置协议将在第 10 章进行讨论。

3.6 子网及子网掩码

一个标准的 A 类、B 类和 C 类网络可以进一步划分为子网。子网划分技术能够使单块网络地址横跨几个网络，这样，一台路由器所连接的多个网络就可以是同属于一个网络地址块下的不同子网了。

划分子网的原因主要有以下几点：

(1) A 类网络和 B 类网络的地址空间都很大，不进一步划分，很难得到有效的利用；

(2) 将一个大型网络划分为多个与单位的部门相对应的小网络更便于管理；

(3) 通过使用路由器连接子网,可以隔离广播和通信,减少网络拥塞;

(4) 出于安全方面的考虑,希望利用子网技术将管理网络和服务网络分开;

(5) 由于历史的原因和应用的需要使得一个单位可能拥有不同的物理网络,利用子网技术可以方便地实现互联。

划分子网的方法是将 IP 地址的主机号部分划分成两部分,拿出一部分来标识子网,另一部分仍然作为主机号。带子网标识的 IP 地址结构如图 3-9 所示。

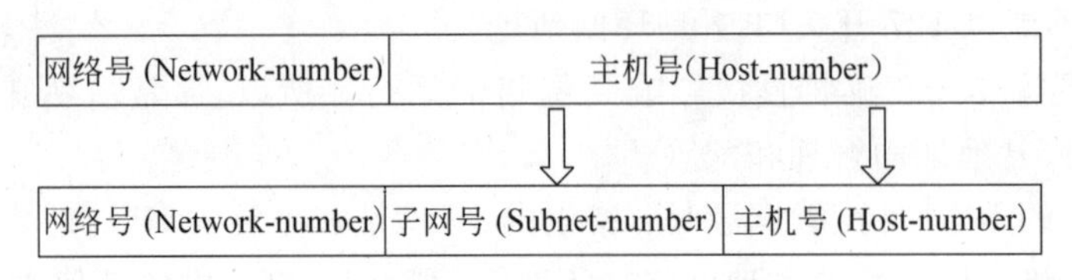

图 3-9　带子网的 IP 地址结构

划分后 IP 地址由三部分组成:网络号、子网号以及主机号。因此,IP 地址可以表示为:

IP-address ::= {<Network-number>,<Subnet-number>,<Host-number>}

IP 地址的网络号加子网号可以唯一地标识一个子网,因此,我们将这两部分合起来再加上为 0 的主机号部分称为子网地址。

在未划分子网时,我们可以根据网络的类别(由 IP 地址的第 1 个字节确定)得到网络号和主机号的长度。在划分子网后,我们如何知道网络号、子网号以及主机号的长度呢?为此,TCP/IP 采用了子网掩码。

子网掩码是一个 32 位的二进制数字,它告诉 TCP/IP 主机,IP 地址的哪些位对应网络号和子网号部分,哪些位对应主机号部分。TCP/IP 协议使用子网掩码判断目的主机是位于本地子网上,还是位于远程子网上。

子网掩码指定了子网标识和主机号的分界点。子网掩码中对应网络号和子网号的所有位都被设为 1,而对应主机号的所有位都被设为 0。子网掩码是由连续的 1 加连续的 0 所构成的 32 位二进制位串。

获得子网地址的方法是将子网掩码和 IP 地址进行按位"与"运算,如图 3-10 所示。

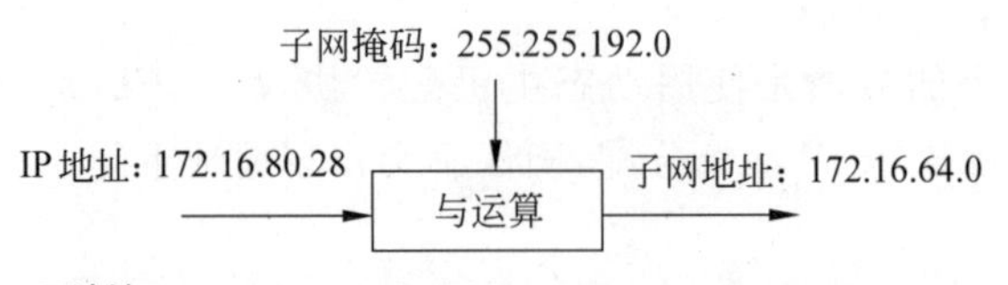

IP 地址:　10101100 00010000 01010000 00011100
子网掩码: 11111111 11111111 11000000 00000000
子网地址: 10101100 00010000 01000000 00000000

图 3-10　由 IP 地址和子网掩码获得子网地址

究竟拿出多少位作为子网号来标识子网,取决于子网的数量和子网的规模。

各类网络的主机号的位数用 p 表示,如果从 p 位主机号中拿出 m 位来划分子网,则剩下的 $n=p-m$ 位用于标识主机。

A 类网络、B 类网络和 C 类网络的 p 值分别为 24、16 和 8。

m 位可以标识 2^m 个子网,但在子网概念出现的早期是不使用 m 位子网号为全 0 和全 1

的子网的,原因是早期的路由协议并不同时发布网络地址和子网掩码,这样会导致IP地址的二义性。对于未划分子网的原主网络的网络号和划分完子网后的第1个子网的网络号是相同的;原主网络的广播地址和划分完子网后的最后一个子网的广播地址也是相同的。因此,不使用全0和全1的子网号的子网,以免发生IP地址二义性问题。直到RFC 1878才废除了这一规定。这里的前提条件是路由协议都是支持子网掩码的。但在后来的一段时间里还是不建议使用子网号为全0和全1的子网,主要是可能考虑还存在一些老的路由协议还在使用。比如,在Cisco路由器上,默认可以使用子网号为全1的子网,但是不能使用子网号为全0的子网,如果想要使用全0的子网,须输入相关命令开启全0子网的使用。

如果不使用子网号为全0和全1的子网,m位用来划分子网,实际可以划分2^m-2个可用的子网。

n位可以标识2^n台主机,但n位为全0时用于标识子网,为全1时用于表示子网广播地址。这样,n位主机号实际可以标识2^n-2台主机。

以B类网络172.16.0.0为例,当$m=1$时,第3个字节的最高位被拿出来划分子网。此时子网掩码为255.255.128.0,两个子网为:

172.16.0.0 (10101100 00010000 00000000 00000000 子网号:0)

172.16.128.0 (10101100 00010000 10000000 00000000 子网号:1)

这两个子网一般不建议使用。

当$m=2$时,第3个字节的最高两位被拿出来划分子网。此时子网掩码为255.255.192.0,4个子网为:

172.16.0.0 (10101100 00010000 00000000 00000000 子网号:00)

172.16.64.0 (10101100 00010000 01000000 00000000 子网号:01)

172.16.128.0 (10101100 00010000 10000000 00000000 子网号:10)

172.16.192.0 (10101100 00010000 11000000 00000000 子网号:11)

当$m=8$时,可以划分为256个子网:172.16.0.0、172.16.1.0、…、172.16.255.0。子网掩码为255.255.255.0。

通常在规划一个网络时划分子网的步骤如下:

(1) 确定需要多少个子网号来唯一标识每一个子网;

(2) 确定需要多少个主机号来标识每个物理网络(子网)上的每台主机;

(3) 综合考虑子网数和子网中的主机数后,确定一个符合要求的子网掩码;

(4) 确定标识每个子网的网络号;

(5) 确定每个子网上可以使用的主机号的范围。

例如:假设已经得到一个A类网络地址86.0.0.0。现在想把这个网络划分成4个子网。该网络中最大的网段要求9000个可供主机寻址的地址,但在未来两年内可供寻址的主机数将增至20 000台。什么样的子网掩码值可以用于这个网络的子网规划呢?

从主机号中拿出3位可以划分8个子网,去除不建议使用的子网号为全0和全1的子网之后,还可以有6个子网。这样,子网掩码为:255.224.0.0,每个子网可以容纳的主机数为$2^{21}-2$。表3-2给出了各个子网的地址、子网中主机IP地址的范围以及子网的直接广播地址。

表 3-2　86.0.0.0 的 8 个子网划分

子网地址	起始地址	结束地址	广播地址
86.0.0.0	—	—	—
86.32.0.0	86.32.0.1	86.63.255.254	86.63.255.255
86.64.0.0	86.64.0.1	86.95.255.254	86.95.255.255
86.96.0.0	86.96.0.1	86.127.255.254	86.127.255.255
86.128.0.0	86.128.0.1	86.159.255.254	86.159.255.255
86.160.0.0	86.160.0.1	86.191.255.254	86.191.255.255
86.192.0.0	86.192.0.1	86.223.255.254	86.223.255.255
86.224.0.0	—	—	—

满足上述题目要求的方案不止一个，增加子网号的位数或减少主机号的位数可以得到其他方案。

例如：假设已经得到一个 B 类网络地址 160.46.0.0。要求把整个网络划分成 18 个不同的子网，该网络中最大的网段要求 1800 个可供主机寻址的地址。

要提供 18 个子网，必须占用主机地址的 5 位。去除不建议使用的子网号为全 0 和全 1 的子网之后，5 位可以提供 30 个可用的子网(2^5-2)。这样，子网掩码为：255.255.248.0。每个子网可以容纳的主机数为 $2^{11}-2$，可以满足要求。表 3-3 给出了各个子网的地址、子网中主机 IP 地址的范围以及子网的直接广播地址。

表 3-3　160.46.0.0 的 32 个子网划分

子网地址	起始地址	结束地址	广播地址
160.46.0.0	—	—	—
160.46.8.0	160.46.8.1	160.46.15.254	160.46.15.255
160.46.16.0	160.46.16.1	160.46.23.254	160.46.23.255
160.46.24.0	160.46.24.1	160.46.31.254	160.46.31.255
160.46.32.0	160.46.32.1	160.46.39.254	160.46.39.255
…	…	…	…
160.46.240.0	160.46.240.1	160.46.247.254	160.46.247.255
160.46.248.0	—	—	—

A 类网络的默认掩码(default mask)是 255.0.0.0，B 类网络的默认掩码是 255.255.0.0，C 类网络的默认掩码是 255.255.255.0。

引入子网概念后，由于路由器对广播的隔离作用，受限广播数据被限制在子网中。

针对某一子网的直接广播可以表示为：

{<Network-number>, <Subnet-number>, <Host-number>} = {<Network-number>, <Subnet-number>, −1}

针对某一网络内所有子网的直接广播可以表示为：

{< Network-number >，< Subnet-number >，< Host-number >} = {< Network-number>，−1，−1}

在上面所讨论的子网划分中，各个子网的地址空间是一样大的，各个子网的掩码也是一样的。但为了提高地址空间的利用率，可能需要将子网进一步划分为更小的子网，此时，可以从主机号中再拿出一些比特来划分子网，这就使得在一个网络中有多个不同规模的子网，每个子网都有其对应的子网掩码，这便是可变长子网掩码 VLSM(variable-length subnet mask)。可变长子网掩码要求路由器支持子网掩码和路由信息的同时发布。当系统中的所有路由协议都支持子网掩码和路由信息的同时发布时，不仅可以使用可变长子网掩码，也可以使用全 0 和全 1 的子网号。采用可变长子网掩码划分子网的一个例子如表 3-4 所示。

表 3-4　用可变长子网掩码划分 86.0.0.0 的例子

子网地址	起始地址	结束地址	广播地址	子网掩码
86.0.0.0	86.0.0.1	86.63.255.254	86.63.255.255	255.192.0.0
86.64.0.0	86.64.0.1	86.95.255.254	86.95.255.255	255.224.0.0
86.96.0.0	86.96.0.1	86.127.255.254	86.127.255.255	255.224.0.0
86.128.0.0	86.128.0.1	86.159.255.254	86.159.255.255	255.224.0.0
86.160.0.0	86.160.0.1	86.191.255.254	86.191.255.255	255.224.0.0
86.192.0.0	86.192.0.1	86.199.255.254	86.199.255.255	255.248.0.0
86.200.0.0	86.200.0.1	86.207.255.254	86.207.255.255	255.248.0.0
86.208.0.0	86.208.0.1	86.223.255.254	86.223.255.255	255.240.0.0
86.224.0.0	86.224.0.1	86.255.255.254	86.255.255.255	255.224.0.0

这里的可变长实际上指的是子网掩码中前面部分连续 1 的位数可以是不同的。表中子网 86.0.0.0 的子网掩码前面部分连续 1 的位数是 10 位，子网 86.64.0.0 的是 11 位，子网 86.192.0.0 的是 13 位，子网 86.208.0.0 的是 12 位，掩码的总长度 32 位是不变的，不同的是前面连续 1 的位数。总长不变的情况下连续 1 的位数越多，主机号部分就越短，网络的规模也就越小。

3.7 超网

由于 A 类网络和 B 类网络较少，而 C 类网络较多，对于拥有较多计算机的单位往往可以获得多个连续的 C 类网络地址块，而不是 A 类或 B 类网络地址块。利用超网技术，可以将这些 C 类网络地址块合并为一个大的地址块。从理论上讲，也可以将多个 B 类地址块合并为一个更大的地址块。

超网技术使用与子网技术正好相反的方法，如图 3-11 所示，构造超网时，从网络号中拿出一些位和主机号拼接在一起形成新的主机号。

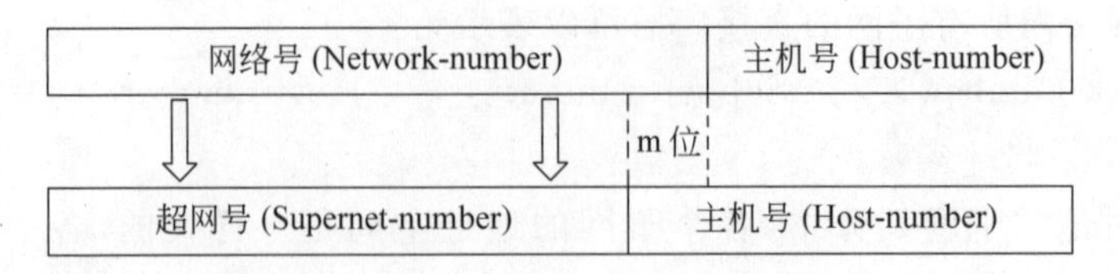

图 3-11 超网的 IP 地址结构

和子网的划分类似,超网通过超网掩码来指定超网号和主机号的分界点。超网掩码中对应于超网号的所有位都被设置为 1,而对应于主机号的所有位都被设置为 0。与子网划分不同的是,子网划分是通过增加掩码中 1 的位数来实现的,而超网划分是通过减少掩码中 1 的位数来实现的。获得超网地址的方法也是将超网掩码和 IP 地址进行按位"与"运算。

一般合并超网大多是 C 类地址块的合并,在构造超网时,须注意以下 3 点:

(1) 地址块必须是连续的。

(2) 待合并的地址块的数量必须是 2^m($m=1,2,\cdots$)。

(3) 被合并的 C 类网络的第一个地址块的地址中第 3 个字节的值必须是待合并的地址块的整数倍。

例如,可以将下列 8 个 C 类地址块合并为一个超网。

192.168.168.0　192.168.169.0　192.168.170.0　192.168.171.0

192.168.172.0　192.168.173.0　192.168.174.0　192.168.175.0

构造超网时,从网络号的最低位起拿出 3 位来合并这 8 个 C 类地址块。此时,超网掩码为:11111111 11111111 11111000 00000000,即 255.255.248.0。通过验算可以发现,上述地址块中的任何 IP 地址与超网掩码运算的结果都是 192.168.168.0,也就是说这些地址块中的所有主机都认为它们位于同一个网络 192.168.168.0 上。所构造的超网的示意图如图 3-12 所示。

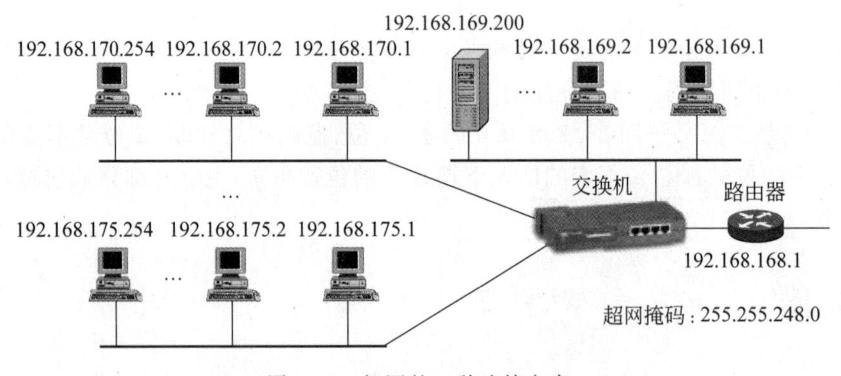

图 3-12 超网的一种连接方案

超网技术将多个网络地址合并成单个网络地址,这样可以减小路由表。

3.8 无类地址

通过前面对子网和超网的介绍，我们看到利用掩码中1的位数的增加或减少可以方便地控制网络的规模。在实际应用中许多单位都只需要很少的IP地址，为了方便IP地址的分配和提高IP地址的利用率，1993年因特网组织机构发布了无类别域间路由选择CIDR(classless interdomain routing)。

CIDR去掉了A类地址、B类地址和C类地址的概念，采用了无类地址的概念，不再由地址的前几位来预先定义网络类别。每一个地址仅仅包含网络号部分和主机号部分，网络号部分被称为网络前缀。整个IP地址空间被分割为一些大小不同的块。每一个块对应一个网络。

和子网所使用的方法相同，无类地址也是利用掩码来划分网络号和主机号的分界点。只要给出了起始地址和掩码，就可以确定整个地址块。只不过这里的网络号不再与网络的数量相关，只是标识这个网络，因为此时已经是可变长子网掩码了。各个网络的掩码前面连续1的位数都可以不同，只取决于网络的规模(主机号的位数)。

对每个无类地址块的要求是：

(1) 地址块必须由连续的IP地址构成。

(2) 地址块所含IP地址的数量必须是2^n。

(3) 地址块的起始地址必须能够被2^n整除。

第(1)条是显而易见的，因为是一块，而不是多块；第(2)条是由主机号的位数n决定的；第(3)条则是保证这一地址块不会跨网络，即保证这一地址块中的任一地址和这块地址的掩码与运算的结果都会等于这个网络的首地址——网络地址。

由于IP地址X.Y.Z.0一定是2^8的整数倍，X.Y.0.0一定是2^{16}的整数倍，X.0.0.0一定是2^{24}的整数倍，因此我们在考察起始地址是否合法时，可以简化计算过程。当地址块中的地址数小于2^8时，只需要考察起始地址的最后1个字节是否可以被2^n整除；当地址块中的地址数小于2^{16}时，只需要考察起始地址的最后2个字节是否可以被2^n整除；当地址块中的地址数小于2^{24}时，只需要考察起始地址的最后3个字节是否可以被2^n整除即可。

例如，起始地址为10.126.60.40，掩码为255.255.255.248的地址块所对应的地址范围是10.126.60.40～10.126.60.47。同样，该地址范围的第一个地址作为网络地址，最后一个地址作为直接广播地址。

掩码的点分十进制数表示法较复杂，在无类地址中常采用的一种表示法是斜线表示法(slash notation)。斜线表示法将地址和掩码一起表示出来，其格式为：W.X.Y.Z/n。斜线前面是IP地址，斜线后面是前缀长度。这里的前缀是指IP地址中的网络号部分，因此前缀长度是指IP地址中的网络号部分的位数，也就是掩码中连续1的位数。斜线表示法中的W.X.Y.Z可以是网络地址(地址块首地址)，也可以是本网络中的任意一个IP地址，只要有这个地址和前缀长度n，就可以唯一地决定一个网络。

斜线表示法又称为CIDR表示法。斜线表示法中的前缀长度与掩码是一一对应的，前缀长度与掩码的对应关系如表3-5所示。

表 3-5 前缀长度与掩码的关系

/n	掩码	/n	掩码	/n	掩码	/n	掩码
/1	128.0.0.0	/9	255.128.0.0	/17	255.255.128.0	/25	255.255.255.128
/2	192.0.0.0	/10	255.192.0.0	/18	255.255.192.0	/26	255.255.255.192
/3	224.0.0.0	/11	255.224.0.0	/19	255.255.224.0	/27	255.255.255.224
/4	240.0.0.0	/12	255.240.0.0	/20	255.255.240.0	/28	255.255.255.240
/5	248.0.0.0	/13	255.248.0.0	/21	255.255.248.0	/29	255.255.255.248
/6	252.0.0.0	/14	255.252.0.0	/22	255.255.252.0	/30	255.255.255.252
/7	254.0.0.0	/15	255.254.0.0	/23	255.255.254.0	/31	255.255.255.254
/8	255.0.0.0	/16	255.255.0.0	/24	255.255.255.0	/32	255.255.255.255

本章要点

- 一个物理网络中的每个结点都至少拥有一个机器可识别的物理地址。物理地址又称为硬件地址、MAC 地址或第二层地址。
- 因特网在 IP 层(网络层)用 IP 地址实现了地址的统一。
- IP 地址体现了因特网的层次化结构。32 位的 IPv4 地址由网络号和主机号构成,网络号的位数决定网络的数量,主机号的位数决定网络的规模。
- IP 地址的本质是标识设备的网络连接。
- 4 个字节的 IP 地址通常用点分十进制数表示,根据 IP 地址第 1 个字节的值可以知道 IP 地址的类别。
- 因特网上的每个网络都有一个 IP 地址,其主机号部分为 0。
- 直接广播是向某个网络中所有的主机发送信息。
- 受限广播是向本网络内的所有主机发送信息。
- 环回地址是用于网络软件测试以及本机进程之间通信的特殊地址。
- 因特网为私有网络保留了 3 组 IP 地址,任何位于防火墙和代理服务器后面的私有网络都可以使用这 3 组地址。
- 在进行 IP 地址配置时要注意避免重复的 IP 地址和错误的 IP 地址与掩码。
- TCP/IP 协议利用子网掩码可以判断目的主机是位于本地子网上,还是位于远程子网上。
- 在进行子网规划时要综合考虑子网的数量和子网中主机的数量。
- A 类网络的默认掩码是 255.0.0.0,B 类网络的默认掩码是 255.255.0.0,C 类网络的默认掩码是 255.255.255.0。
- 划分子网的方法是将 IP 地址的主机号部分划分成两部分,拿出一部分来标识子网,另一部分仍然作为主机号。
- 利用超网技术,可以将多个网络地址块合并为一个更大的地址块,以便使路由表更小、更有效。通常是将多个 C 类网络地址块合并为一个大的地址块。构造超网时,从网络号的低位部分拿出一些比特和主机号拼接在一起形成新的主机号。

- 无类地址将整个 IP 地址空间分割为一些大小不同的块。
- 斜线表示法(CIDR 表示法)将地址和掩码一起表示出来,其格式为:W. X. Y. Z/n。斜线前面是 IP 地址,斜线后面是前缀长度。

习题

3-1　直接广播和受限广播有何不同?

3-2　使用私有网络地址有什么好处?

3-3　现有一个 C 类网络地址块 199.5.6.0,需要支持至少 7 个子网,每个子网最多 9 台主机。请进行子网规划,给出各子网的地址、可以分配给主机的地址范围和子网广播地址。

3-4　子网号为 10 位的 A 类地址与子网号为 2 位的 B 类地址的子网掩码有何不同?

3-5　若 IP 地址为 156.42.72.37,子网掩码为 255.255.192.0,其子网地址是什么?

3-6　将以 203.119.64.0 开始的 16 个 C 类地址块构造成一个超网,请给出该超网的超网地址和超网掩码。

3-7　若一个超网的地址是 204.68.64.0,超网掩码是 255.255.252.0,那么下列 IP 地址中哪些地址属于该超网?

204.68.63.26　204.68.67.216　204.68.68.1　204.69.66.26　204.68.66.2

3-8　在下列地址块组中,哪个组可以构成超网?其超网掩码是什么?

a. 199.87.136.0　199.87.137.0　199.87.138.0　199.87.139.0

b. 199.87.130.0　199.87.131.0　199.87.132.0　199.87.133.0

c. 199.87.16.0　199.87.17.0　199.87.18.0

d. 199.87.64.0　199.87.68.0　199.87.72.0　199.87.76.0

3-9　以斜线表示法(CIDR 表示法)表示下列 IP 地址和掩码。

a. IP 地址:200.187.16.0,掩码:255.255.248.0

b. IP 地址:190.170.30.65,掩码:255.255.255.192

c. IP 地址:100.64.0.0,掩码:255.224.0.0

3-10　188.80.164.82/27 的网络地址是什么?

3-11　查阅文档 RFC 1219 和 RFC 4632。

第4章 地址解析

IP地址是网络层(IP层)的地址,IP地址实现了底层网络物理地址的统一。但因特网技术并没有改变底层的物理网络,更没有取消物理网络的地址,最终数据还是要在物理网络上传输,而在物理网络上传输时使用的仍是物理地址。因此,因特网在网络层使用IP地址的同时,在物理网络中仍使用物理地址。这样一来,网络中就同时存在两套地址,而且在这两套地址之间必须建立映射关系。

IP地址又称为逻辑地址,逻辑地址由软件进行处理。建立逻辑地址与物理地址之间映射的方法通常有两种:静态映射和动态映射。

静态映射主要采用地址映射表格来实现逻辑地址与物理地址之间的映射。当主机知道另一台主机的逻辑地址而不知道其物理地址时,可以通过查表的方法获得它。但逻辑地址与物理地址之间的映射关系并不是一成不变的。主机的物理地址可能因为更换网络接口卡(NIC)而发生变化;其逻辑地址也可能因为主机从一个网络移到另一个网络而发生变化。一旦出现上述情况,地址映射表就需要及时更新。由于地址映射表一般以人工方式建立和维护,所以不能适应物理地址和逻辑地址频繁变化的网络和规模庞大的网络。

动态映射是在需要获得地址映射关系时利用网络通信协议直接从其他主机上获得映射信息。因特网采用了动态映射的方法进行地址映射。

在因特网技术中,逻辑地址与物理地址之间的映射称为地址解析(address resolution)。地址解析包括两个方面的内容:从IP地址到物理地址的映射和从物理地址到IP地址的映射。TCP/IP专门提供了两个协议来实现这两种映射,一个是地址解析协议(address resolution protocol, ARP),另一个是反向地址解析协议(reverse address resolution protocol,RARP)。

ARP用于从IP地址到物理地址的映射;RARP用于从物理地址到IP地址的映射。如图4-1所示。

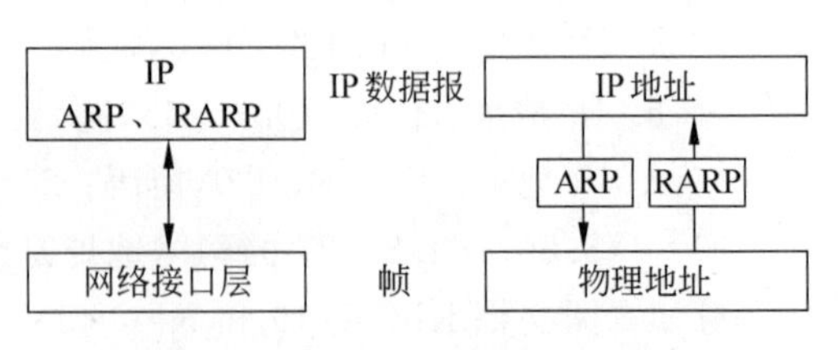

图4-1 用协议实现动态地址映射

本章分别介绍地址解析协议和反向地址解析协议的工作原理和方法,并给出两者的报文格式及封装方法。

4.1 地址解析协议

地址解析协议ARP使IP能够获得与某个给定IP地址相关的主机物理地址。ARP的功能分为两部分:一部分在发送数据包时请求获得目的主机的物理地址;另一部分向请求物理地址的主机发送解析结果。

4.1.1 地址解析原理

当主机 A 需要向同一物理网络中的主机 B 发送 IP 数据报时，主机 A 的 IP 层要将 IP 数据报传给数据链路层进行帧封装，封装时要求给出目的主机的物理地址。因此，IP 层发送 IP 数据报时通常将产生以下事件：

(1) IP 调用 ARP，请求 IP 地址为 I_B的目的主机 B 的物理地址 P_B。

(2) ARP 创建一个 ARP 请求帧，请求 IP 地址 I_B对应的物理地址。ARP 请求帧将包括如下信息：

- 请求主机的物理地址 P_A；
- 请求主机的 IP 地址 I_A；
- 目的主机的 IP 地址 I_B。

(3) 主机 A 在本地网络中广播 ARP 请求帧，请求帧的目的地址为广播地址(全 1)，如图 4-2 所示。但在用于对地址进行验证和确认时也可以用单播地址，此时知道对方的物理地址，用单播进行针对性的解析，以便确认对方地址的正确性。

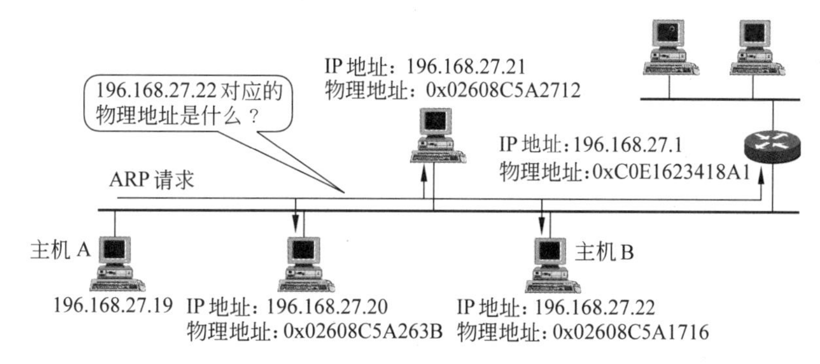

图 4-2 以广播方式发送 ARP 请求

(4) 该网络中的所有主机都能接收 ARP 请求帧，并将该帧中的目的主机 IP 地址 I_B和自己的 IP 地址进行比较。其地址与 I_B不匹配的主机将忽略这个帧。

(5) 如果主机发现请求中的目的主机 IP 地址 I_B与自己的 IP 地址相同，就产生一个包含其物理地址 P_B的 ARP 应答帧。

(6) ARP 应答帧直接发回给发送 ARP 请求的主机 A（ARP 应答帧不以广播方式发送）。ARP 应答帧包含以下信息：

- 应答主机的物理地址 P_B；
- 应答主机的 IP 地址 I_B；
- 请求主机的物理地址 P_A；
- 请求主机的 IP 地址 I_A。

ARP 应答帧的发送如图 4-3 所示。

(7) 利用从应答帧中得到的目的主机的物理地址 P_B完成 IP 数据报的帧封装，并将该帧发送给主机 B。

这里需要注意以下两点：

(1) ARP 请求帧在网络中是以广播方式发送的，因为此时还不知道目的主机的物理地

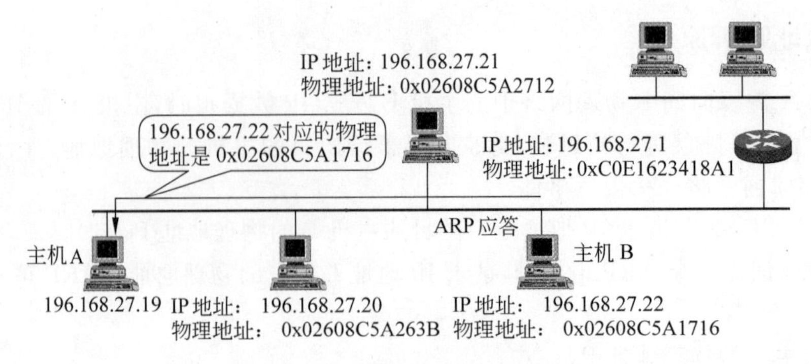

图 4-3 以单播方式发送 ARP 应答

址。ARP 应答帧是以单播方式发送的,因为应答方从请求帧中可以得到对方的物理地址。

(2) 目的主机必须与源主机位于同一网络中。由于 ARP 采用的是物理网络中的广播,IP 路由器不会对该广播帧进行转发,因而不能用 ARP 确定远程网络中主机的物理地址,而且也没有必要知道远程主机的物理地址。如果目的主机位于远程网络中,IP 会将数据报先发送给路由器,然后由路由器进行转发。在这种情况下,IP 只需要利用 ARP 确定路由器的物理地址就可以了,而路由器将逐级向前转发数据报。

4.1.2 ARP 高速缓存

如果每次在发送 IP 数据报前都重复上面的过程,势必会带来较大的开销。广播 ARP 请求不仅要耗费带宽,而且使得本地网络中的每台主机都要处理该广播帧,然后忽略或给出响应帧。

为了使地址解析时的广播尽可能少,每台主机都维护一个名为 ARP 高速缓存的本地列表。ARP 高速缓存中含有最近使用过的 IP 地址与物理地址的映射列表。ARP 请求方和应答方都把对方的地址映射存储在 ARP 高速缓存中。

当发送 IP 数据报需要获取目的主机的物理地址时,首先检查它的 ARP 高速缓存,如果 ARP 高速缓存中已经存在对应的映射表项,那么就可以从 ARP 高速缓存中获得目的主机的硬件地址,主机就可以立即发送 IP 数据报,而不需要发送 ARP 请求去进行地址解析了。只有当 ARP 高速缓存中不存在与该目的 IP 地址对应的映射表项时,才广播 ARP 请求。

由于 ARP 高速缓存位于内存中,因此每次计算机或路由器重新启动时,都必须动态地创建地址映射表。当主机收到一个 ARP 请求帧或响应帧时,都会检查它的 ARP 高速缓存,如果其中不存在对应的映射表项,那么主机就会将 ARP 请求帧或响应帧中的发送方的 IP 地址和物理地址加入到 ARP 高速缓存中。

1. ARP 高速缓存中地址映射表项的超时

由于 IP 地址与物理地址的映射关系可能因网络接口或 IP 地址的变化而发生变化,因此 ARP 高速缓存中的地址映射表项都存在一个过时的问题。解决此问题的办法是给 ARP 高速缓存中的每一个表项都设置一个超时值(又称为老化时间),使得每个地址映射表项都有一个生命期。

不同的 TCP/IP 实现使用不同的超时值,短的仅有几十秒钟,而长的则长达几个小时。超时值越短,系统中出现的 ARP 请求广播就越多。但若超时值过长,主机又不能及时地发现地址映射关系的改变，也可能会引起问题。

DLINK 默认的超时值是 20 秒；Linux fedora 的默认值是 60 秒；思科 2690 系列交换机的默认值是 4 小时。

对于 Windows 2000/XP 系统，ARP 高速缓存中新加入的表项的超时值是 2 分钟，若在 2 分钟内没有被使用就会超时。如果在 2 分钟内，该高速缓存表项被使用来寻找目的主机的硬件地址，那么该表项的超时值又会被重置为 2 分钟，超时前的每次使用都会被重置为 2 分钟，一直到 10 分钟的最长生命期限制。超过 10 分钟的最大限制后，该表项将被移除，并且通过另一个 ARP 请求/回应解析过程来获得新的对应关系。

除了为 ARP 高速缓存表项设置生命期外，还可以通过设置动态的探测次数来减少地址的解析错误。在将一条动态 ARP 表项删除之前，系统可以先进行探测，如果超过设置的探测次数，被探测的目标主机仍没有应答，则此 ARP 表项将被删除。

2. 控制地址映射表项的超时值

对于 Windows 2000/XP 系统的计算机，还可以利用注册表参数 ArpCacheLife 对高速缓存表项的超时值进行控制。若未设置 ArpCacheLife 参数，则 ARP 高速缓存中的超时值使用默认值 2 分钟(即 120 秒)，当在注册表中添加了 ArpCacheLife 参数后，Arp 表项的超时值取决于注册表中设置的值。

另一个相关的注册表参数是 ArpCacheMinReferencedLife，该参数是被重复使用的表项可以在 ARP 缓存中存放的最长生命期限制时间。也就是前面所提到的 10 分钟(600 秒)。

ArpCacheLife 和 ArpCacheMinReferencedLife 参数的类型为 REG_DWORD，单位为秒，值的有效范围 0-0xFFFFFFFF，两个参数存放在如下的注册表项中：

HKEY_LOCAL_MACHINE\SYSTEM\CurrentControlSet\Services\Tcpip\Parameters

如果在注册表中看不到这两个键值，说明当前使用的是默认值，即分别为 120 秒和 600 秒。若要修改，须自行创建这两个键值，修改后重启计算机后生效。

ArpCacheLife 和 ArpCacheMinReferencedLife 的使用规则是：如果 ArpCacheLife 的值大于等于 ArpCacheMinReferencedLife 的值，则被使用和未被使用的 ARP 缓存表项可存储的时间都是 ArpCacheLife；如果 ArpCacheLife 的值小于 ArpCacheMinReferencedLife 的值，则未被使用的 ARP 缓存表项在 ArpCacheLife 秒的时间后过期，被使用的表项的最大生存期为 ArpCacheMinReferencedLife 的值。

3. 静态 ARP 表项

另一种控制地址映射表项超时值的方法是在 ARP 高速缓存中创建一个静态表项。静态表项是永不超时的地址映射表项。静态表项主要用在一台主机经常向另一台主机发送 ARP 请求的情况下。为了提高效率，减少不必要的开销，可以在 ARP 高速缓存中创建一个静态表项，使该地址映射表项始终存在于 ARP 高速缓存中，以避免向某一主机发送 ARP 广播。

静态表项也有可能发生变化，当主机接收到 ARP 广播，而且该广播所含的地址信息与当前 ARP 高速缓存中对应的静态表项不一致时，主机将用新收到的物理地址替代原有的物理地址，并为该表项设置超时值，使其不再是静态表项。使用 arp 实用程序可以人工删除静态表项。重新启动主机也会使静态表项丢失。

静态表项的不足之处在于不能很好地适应地址映射的变化。

4.1.3 arp 实用程序

通过 arp 实用程序,可以对 ARP 高速缓存进行查看和管理。arp 命令可以显示或删除 ARP 高速缓存中的 IP 地址与物理地址的映射表项,而且还可以添加静态表项。

不同操作系统的 arp 命令的输入格式和显示方式有所不同,但总体来说差别不大。arp 命令的格式如下:

arp -a [inet_addr] [-N if_addr][-v]显示地址映射表项,[ ]为可选项。-N if_addr 选项表示只显示 if_addr 所指定的接口的地址映射表项。-v 表示在详细模式下显示 arp 项,所有无效项和环回接口上的项都显示。

arp -g 功能与 arp -a 相同。

arp -d inet_addr [if_addr]删除由 inet_addr 所指定的表项。

arp -s inet_addr eth_addr [if_addr] 增加由 inet_addr 和 eth_addr 指定的静态表项。

inet_addr 为点分十进制格式的 IP 地址,eth_addr 为十六进制形式的物理地址,物理地址的字节之间用短横线分割,例如,0c-26-1b-23-45-67。

显示计算机 ARP 高速缓存中的当前表项:

```
C:\>arp -a
Interface: 192.168.1.105 --- 0x7
Internet 地址          物理地址              类型
192.168.1.1           a8-57-4e-0a-4e-5e     动态
192.168.1.255         ff-ff-ff-ff-ff-ff     静态
224.0.0.22            01-00-5e-00-00-16     静态
255.255.255.255       ff-ff-ff-ff-ff-ff     静态
……
```

在 ARP 高速缓存中加入静态表项:

```
C:\>arp -s 192.168.1.202  0a-2d-23-35-66-13
C:\>arp -a
Interface: 192.168.1.105 --- 0x7
Internet 地址          物理地址              类型
192.168.1.1           a8-57-4e-0a-4e-5e     动态
192.168.1.202         0a-2d-23-35-66-13     静态
192.168.1.255         ff-ff-ff-ff-ff-ff     静态
224.0.0.22            01-00-5e-00-00-16     静态
255.255.255.255       ff-ff-ff-ff-ff-ff     静态
……
```

删除高速缓存中的表项:

```
C:\>arp -d 192.168.1.202
C:\>arp -a
Interface: 192.168.1.105 --- 0x7
```

Internet 地址	物理地址	类型
192.168.1.1	a8-57-4e-0a-4e-5e	动态
192.168.1.255	ff-ff-ff-ff-ff-ff	静态
224.0.0.22	01-00-5e-00-00-16	静态
255.255.255.255	ff-ff-ff-ff-ff-ff	静态

……

arp 实用程序只能用于管理本地主机上的 ARP 高速缓存。

4.1.4　地址解析实例

参与通信的源主机与目的主机可能位于同一个子网中，也可能位于不同的子网中。

1. 源主机与目的主机位于同一子网中

假设一台 IP 地址为 196.168.27.20 的主机希望向位于同一子网中的 IP 地址为 196.168.27.22的主机发送 IP 数据报。进行 IP 地址解析的过程如图 4-4 和图 4-5 所示，其具体步骤如下：

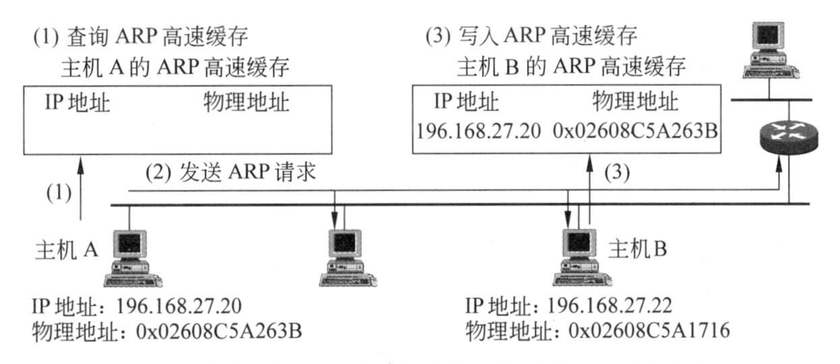

图 4-4　位于同一子网的主机进行通信时的 ARP 请求过程

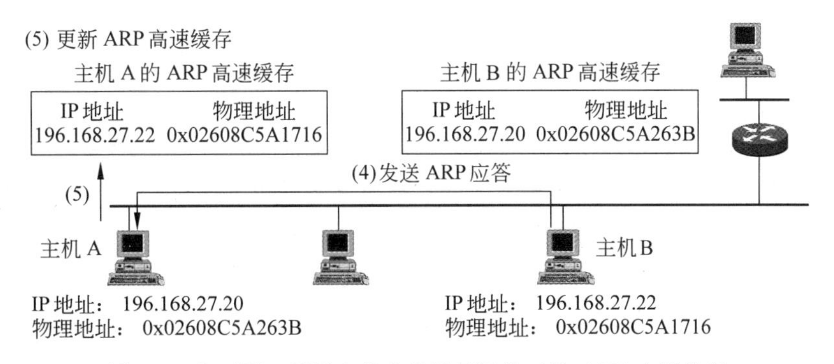

图 4-5　位于同一子网中的主机进行通信时的 ARP 应答处理

(1) 检查本地 ARP 高速缓存

当试图确定同一子网上目的主机的物理地址时，ARP 首先检查本地的 ARP 高速缓存，确定它是否含有目的主机的 IP 地址与物理地址的映射。如果包含，则取出目的主机的物理地址，利用物理地址将 IP 数据报封装成帧。此时不需要广播 ARP 请求，因为目的主机的物理地址已经在以前的通信中被存入了本地的 ARP 高速缓存中。如果 ARP 高速缓存中不包含相关的地址映射,则进行下一步操作。

(2) 向目的主机发送 ARP 请求

若 ARP 高速缓存不包含所需的地址映射,主机就会形成一个 ARP 请求,以物理广播地址在本子网上广播,并等待目的主机的应答。ARP 请求包含发送方的 IP 地址和物理地址,同时还包含目的主机的 IP 地址。

(3) 将请求方的地址信息写入 ARP 高速缓存

由于 ARP 请求是子网上的广播,因而该子网上的每台主机都会收到广播,并将自己的 IP 地址和该 ARP 请求中的目的主机 IP 地址进行比较。如果不匹配,那么 ARP 请求将被忽略;如果 ARP 请求中的目的主机 IP 地址与本机的 IP 地址相匹配,那么目的主机就会将发送方的 IP 地址与物理地址写入本机的 ARP 高速缓存中。

(4) 向请求方发送 ARP 应答

如果在 ARP 请求期间产生准确的匹配,那么目的主机就向发送主机以单播方式发出一个 ARP 应答(因为此时应答主机已经知道了请求方的物理地址)。

(5) 请求方更新 ARP 高速缓存

请求主机收到 ARP 应答后,取出应答中应答方的 IP 地址与物理地址,并将其写入它的 ARP 高速缓存中。至此,双方都已知道了对方的地址映射,完成了地址解析之后,下面就可以进行两台主机之间的通信了。

2. 源主机与目的主机位于不同的子网中

目的主机与源主机不在同一子网中时,源主机与目的主机之间存在一台或多台路由器,ARP 必须为 IP 数据报通过的每个路由器解析 IP 地址,如图 4-6 所示。

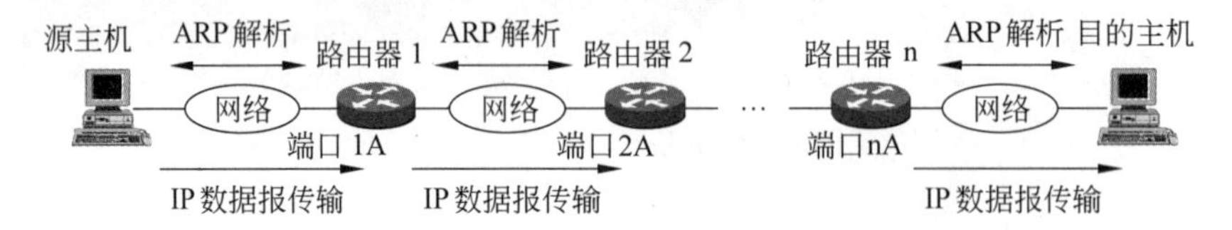

图 4-6 位于不同子网中的主机进行通信时的地址解析和数据传输处理

源主机根据源 IP 地址、目的 IP 地址以及子网掩码可以判断出本主机与目的主机位于不同的子网中,源主机根据其路由表(或默认网关设置)得到去往目的主机的下一跳路由器——路由器 1 的 IP 地址,源主机通过 ARP 解析得到路由器 1 端口 1A 的物理地址,然后将要传送给目的主机的 IP 数据报用该物理地址封装成帧后发送给路由器 1。

路由器 1 收到该 IP 数据报后,根据目的主机的 IP 地址和自己的路由表确定去往目的主机的下一跳路由器——路由器 2 的 IP 地址,并通过 ARP 解析得到路由器 2 端口 2A 的物理地址,然后将要传送给目的主机的 IP 数据报用该物理地址封装成帧后发送给路由器 2。

以此类推,以逐级跳的方式将 IP 数据报传至路由器 n。路由器 n 根据目的主机的 IP 地址解析得到目的主机的物理地址,用该物理地址将 IP 数据报封装成帧后发送给目的主机。

假设一台 IP 地址为 172.16.1.9,子网掩码为 255.255.255.0 的客户机希望向 IP 地址为 172.16.2.5 的主机发送 IP 数据报,则进行 IP 地址解析和数据报传输的过程如图 4-7和

图 4-8 所示。

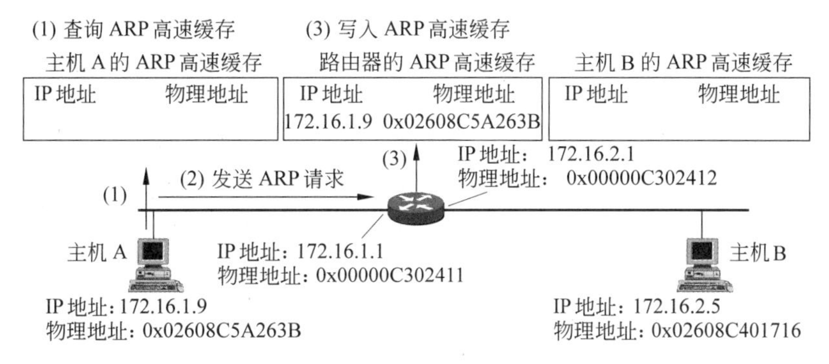

图 4-7 位于不同子网的主机进行通信时先完成对路由器的地址解析和数据传输

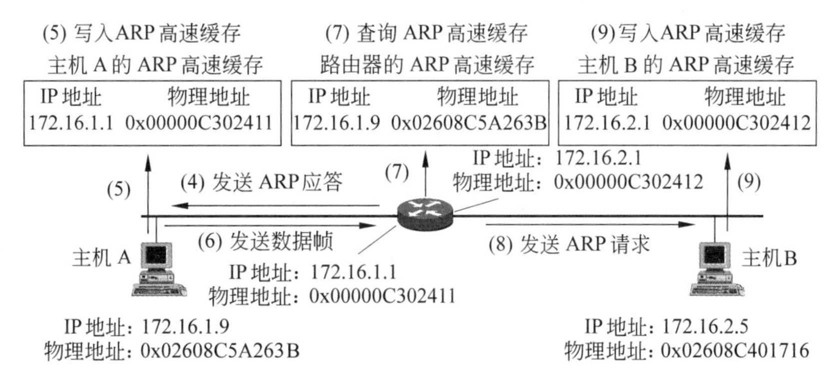

图 4-8 位于不同子网中的主机进行通信时路由器参与地址解析

当主机 A 要向主机 B 传输数据报时,TCP/IP 软件会利用子网掩码确定主机 B 位于远程子网上。因此,主机 A 需要通过路由器与远程主机 B 进行通信。具体步骤如下:

(1) 检查本地高速缓存

当一台设备确认目的 IP 地址不属于本子网时,它会根据本身的路由表找到去往目的网络的路由器的 IP 地址(图中为 172.16.1.1)。然后根据此 IP 地址确定路由器该端口的硬件地址,ARP 首先检查本地的 ARP 高速缓存,确定它是否含有路由器对应端口的 IP 地址与物理地址的映射。如果包含,则 ARP 取出路由器端口的硬件地址,并以此物理地址为目的地址完成数据帧的封装和传输。

(2) 向下一跳路由器发送 ARP 请求

如果在 ARP 高速缓存中没有发现路由器 IP 地址的映射,那么主机 A 必须向该路由器发送 ARP 请求广播,并等待应答。该 ARP 请求包含发送方的 IP 地址和硬件地址,以及路由器的 IP 地址。

(3) 缓存 ARP 请求

由于 ARP 请求是子网上的广播,因而子网上的每台设备都能接收到该数据包,并将自己的 IP 地址和该 ARP 请求中所指定的 IP 地址相比较。若不匹配,则忽略它;若相匹配,则刷新本地 ARP 高速缓存(如图 4-7 所示,将主机 A 的地址映射写入到路由器的 ARP 高速缓存中)。

当路由器有多个网络接口时,每个接口都维护各自的高速缓存。

(4) 路由器将 ARP 应答传给源主机

路由器向源主机发出一个 ARP 应答(非广播),应答中给出了路由器与主机 A 所在网络的接口的 IP 地址解析。

(5) 源主机刷新自己的 ARP 高速缓存

源主机刷新自己的 ARP 高速缓存,使其包含从 ARP 应答中得到的路由器的 IP 地址-物理地址映射。至此,ARP 已为主机与路由器通信完成了地址解析。

(6) 源主机向路由器发送数据

完成路由器地址的解析后,源主机根据路由器的物理地址进行物理数据帧的封装,然后将数据传给路由器。

(7) 路由器进行转发前查询 ARP 高速缓存

数据被传送到路由器后,路由器根据 IP 数据报中目的主机的 IP 地址和路由表确定数据是否已到达最后一跳路由器(即路由器与目的网络直接相连)。若不是,则继续向下一跳路由器转发数据;否则,可以直接发往目的主机,在向目的主机发送数据前,仍然要进行目的 IP 地址到物理地址的映射。在向目的主机发送 ARP 请求前要先查询 ARP 高速缓存。

(8) 向目的主机发送 ARP 请求

如果在路由器的 ARP 高速缓存中没有找到目的主机的地址映射,那么路由器就必须向通往目的网络的接口广播一个 ARP 请求,并等待应答。ARP 请求包含路由器的 IP 地址和硬件地址,以及目的主机的 IP 地址。

(9) 目的主机刷新 ARP 高速缓存

目的子网上的所有主机均会接收到 ARP 广播,并将自己的 IP 地址与 ARP 请求中所指定的 IP 地址进行比较。如果不相匹配,则丢弃该 ARP 请求;如果匹配,那么目的主机将刷新它的 ARP 高速缓存表项。

(10) 目的主机将 ARP 应答发送回路由器

目的主机向路由器发回一个 ARP 应答。应答中包含对目的主机地址的解析结果。

(11) 路由器刷新高速缓存

路由器收到应答后,刷新自己的高速缓存,使其包含目的主机的地址映射,如图 4-9 所示。虽然图中将路由器两个不同接口的 ARP 表项画在一起了,但实际上是分别在不同接口的 ARP 表里。

(12) 路由器向目的主机转发数据

完成目的主机地址的解析后,路由器根据目的主机的物理地址进行物理数据帧的封装,然后将数据传给目的主机。

至此,源主机和目的主机完成了一次单向通信。通过第一次通信完成了 ARP 高速缓存的写入,后面的通信就变得容易多了,只需要通过 ARP 高速缓存就可以获得所需要的物理地址。引入 ARP 高速缓存的好处在于:一次解析,多次使用。

这里需要注意的是:数据包从源到目的地的传输是通过逐级跳的方式完成的。在转发过程中数据包的 IP 地址通常是不发生变化的,而物理地址在每一跳都会发生变化。远程通信时的逐段地址解析正是为了满足这一要求。

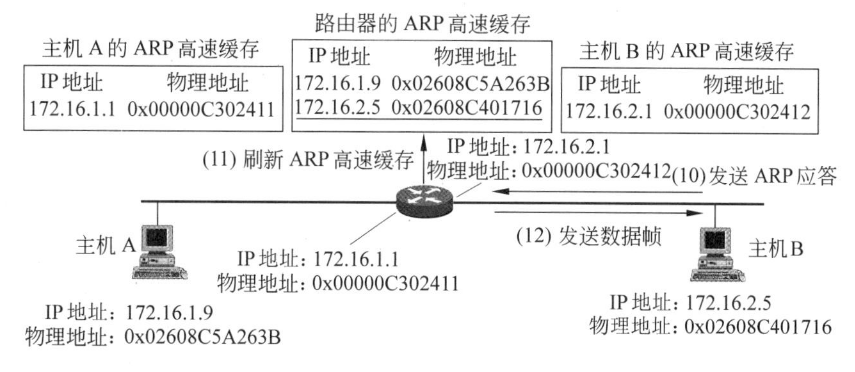

图 4-9 位于不同子网中的主机进行通信时路由器转发数据

4.1.5 地址解析中的常见问题

地址解析的正确与否直接影响通信的进行。与地址解析相关的问题主要是重复的 IP 地址、无效的子网掩码和无效的静态 ARP 表项。

当在同一物理网络上出现重复的 IP 地址时，发送方可能会得到一个错误的 ARP 应答（应答来自于与所期望的设备具有相同 IP 地址的另一个设备），而这个错误的 ARP 应答会导致将一个错误的 IP 地址-物理地址映射加入到 ARP 高速缓存中。这就会影响两个设备间的正常通信。如果重复的 IP 地址正好是路由器的 IP 地址，那么，就可能导致整个子网无法与外部网络进行通信。在 Windows 操作系统中具有自动检测 IP 地址是否重复的功能。

利用子网掩码，TCP/IP 软件可以确定两个 IP 地址是否位于同一子网中。当主机的子网掩码配置不正确时，该主机可能会将实际上位于不同子网中的主机看作是位于同一子网中的主机，因而会试图直接对其地址进行解析，这样会导致反复的 ARP 广播，并且无法成功地完成地址解析。

在一个网络中有一些资源站点是需要经常访问的，如果在 ARP 高速缓存中为这一类设备的地址创建静态表项，就可以大大减少 ARP 请求报文。但是，如果这类设备的物理地址发生了变化（例如更换网络接口卡），其他机器就不能连接这些设备了。这时使用 ping 命令，也会产生超时错误。

借助于诸如 ipconfig、arp 和 ping 之类的实用程序，可以帮助解决地址解析中的一些问题。

4.2 反向地址解析协议

反向地址解析协议 RARP（reverse address resolution protocol）可以实现从物理地址到 IP 地址的转换。反向地址解析协议往往被无盘计算机用来获取其 IP 地址。由于无盘计算机没有外部存储器来记录其 IP 地址，一旦关机，就会丢掉它的 IP 地址。

无盘计算机为了在开机时获得它的 IP 地址，必须有一个唯一且容易读取的标识符，根据这一标识，无盘计算机可以从 RARP 服务器上获得其 IP 地址。之所以 RARP 服务器能够给出无盘计算机的地址映射，是因为 RARP 服务器上存放有管理人员配置好的物理地址-IP 地址映射表。

物理地址可以直接从硬件(NIC)中读取,而且物理地址在一个物理网络中肯定是唯一的。因此,物理地址是解析协议地址的最佳标识符。

在进行反向地址解析前,无盘计算机只知道自己的物理地址,另外还具有一个位于 ROM 中的基本输入/输出系统。通过这个基本输入/输出系统,无盘计算机可以在网络上传送数据。

由于无盘计算机不知道自己的 IP 地址,同时也不知道 RARP 服务器的 IP 地址和物理地址,因此,无盘计算机只能以广播方式发出 RARP 请求。反向地址解析过程如图 4-10 所示。

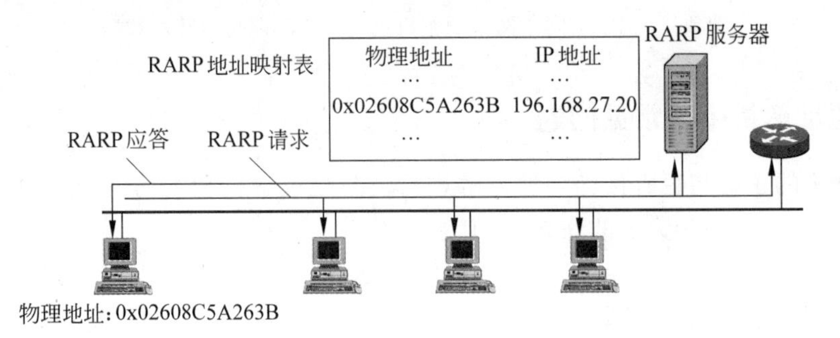

图 4-10 RARP 请求与应答过程

(1) 无盘计算机以广播方式发出携带本机物理地址的 RARP 请求。注意这里的广播是帧的广播,即目的 MAC 地址为全 1。

(2) 网络上所有的计算机均会收到该请求,但只有提供 RARP 服务的 RARP 服务器会处理请求,并根据请求方的物理地址查物理地址—IP 地址映射表,然后形成应答。应答以单播方式发送。

为了保证系统的可靠性,可以在网络上设置若干台 RARP 服务器,此时,请求方会收到多台 RARP 服务器的应答,而请求方只认可最先到达的一个应答。

为了防止多台 RARP 服务器同时发出应答而造成冲突,可以将 RARP 服务器分为主 RARP 服务器和备份 RARP 服务器,主 RARP 服务器只有一台,而备份 RARP 服务器可以有多台。正常情况下由主 RARP 服务器发出应答,只有当主 RARP 服务器不能发出应答时,备份 RARP 服务器才介入解析工作。为了防止多台备份 RARP 服务器同时发出应答,往往采用随机延迟发送应答。

一台设备不仅可以对自己的地址进行反向解析,而且可以对其他机器的地址进行反向解析。

地址解析协议 ARP 和反向地址解析协议 RARP 的不同之处在于:ARP 假定每个主机都知道自己的物理地址和 IP 地址的映射,地址解析的目的是求取另一个设备的物理地址,而 RARP 则主要是通过本机的物理地址求取本机的 IP 地址。另外,RARP 需要有 RARP 服务器帮助完成解析,而 ARP 则不需要专门的服务器。

4.3　地址解析报文

ARP 和 RARP 都是通过一对请求和应答报文来完成解析的。TCP/IP 协议为了保证一致性和处理上的方便，将 ARP 和 RARP 的请求和应答报文设计成相同的格式，通过操作类型字段来加以区别。这一设计思想在 TCP/IP 协议的设计中被反复使用。

4.3.1　地址解析报文格式

ARP 和 RARP 的报文格式如图 4-11 所示。

0 ~ 8	8 ~ 16	16 ~ 31
硬件类型		协议类型
硬件地址长度	协议地址长度	操作类型
发送方硬件地址（如以太网地址）		
发送方协议地址（如 IP 地址）		
目的硬件地址（如以太网地址）		
目的协议地址（如 IP 地址）		

图 4-11　ARP/RARP 报文格式

- 硬件类型：16 比特，定义物理网络类型。物理网络的类型用一个整数值表示，以太网的硬件类型值为 1。
- 协议类型：16 比特，定义使用 ARP/RARP 的协议的类型。如 0x0800 表示 IPv4。
- 硬件地址长度：8 比特，以字节为单位定义物理地址的长度。以太网为 6。
- 协议地址长度：8 比特，以字节为单位定义协议地址的长度。IPv4 为 4。
- 操作类型：16 比特，定义报文的类型（1 为 ARP 请求，2 为 ARP 应答，3 为 RARP 请求，4 为 RARP 应答）。
- 发送方硬件地址：长度取决于硬件地址长度。定义发送方的物理地址。
- 发送方协议地址：长度取决于协议地址长度。定义发送方的协议地址。当 RARP 对自己的地址进行解析时，请求中将此字段填为 0（待解析）。
- 目的硬件地址：长度取决于硬件地址长度。定义目的设备的物理地址。ARP 请求中将此字段填为 0（待解析）。
- 目的协议地址：长度取决于协议地址长度。定义目的设备的协议地址。RARP 请求中将此字段填为 0（待解析）。

4.3.2　地址解析报文处理

在 ARP 请求报文中，发送方在发送方硬件地址字段中填入本机的物理地址，在发送方协议地址字段中填入本机的协议地址（对于 TCP/IP 协议就是 IP 地址），在目的协议地址字段中填入准备解析的目的计算机的 IP 地址，目的硬件地址不填（为 0），在操作类型字段中填入 1 表示是 ARP 请求。ARP 请求以广播方式在物理网络中发送。

在 ARP 应答报文中，目的计算机将收到的 ARP 请求报文中的发送方硬件地址和发送方协议地址放入目的硬件地址和目的协议地址，将自己的硬件地址和协议地址(IP 地址)填入发送方硬件地址和发送方协议地址，在操作类型字段中填入 2，表示是 ARP 应答。ARP 应答以单播方式在物理网络中发送。

在 RARP 请求报文中，本机一般既是发送方又是目的计算机(需要获得其 IP 地址)，因此，在发送方硬件地址字段和目的硬件地址字段中都填本机的物理地址。在操作类型字段中填入 3，表示是 RARP 请求。RARP 请求以广播方式在物理网络中发送。

RARP 应答报文由 RARP 服务器给出，因此，RARP 服务器是发送方。在 RARP 应答报文中，发送方硬件地址和发送方协议地址这两个字段中填的分别是给出应答的 RARP 服务器的物理地址和 IP 地址，而目的硬件地址和目的协议地址这两个字段中填的分别是被解析对象的 IP 地址和物理地址，在操作类型字段中填入 4，表示是 RARP 应答。RARP 应答以单播方式在物理网络中发送。

以下是一个描述地址解析报文内容的示例。

物理网络为以太网，其上运行 TCP/IP 协议，网络连接和地址配置如图 4-12 所示，主机 A 对主机 B 进行地址解析的报文过程和内容如下：

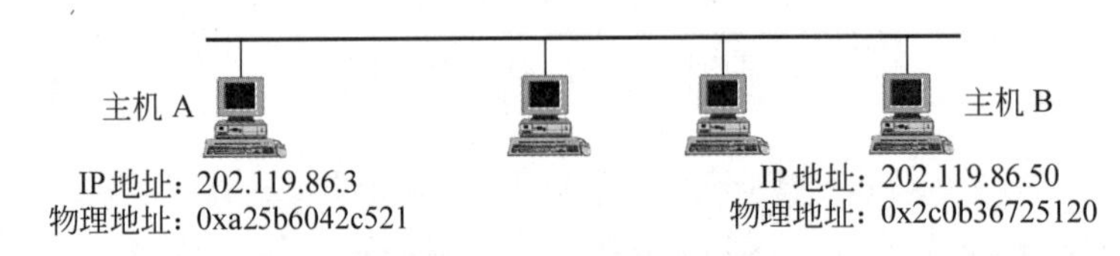

图 4-12 主机 A 利用 ARP 解析主机 B 的地址

(1) 主机 A 广播 ARP 请求，请求报文内容如下：

硬件类型：0x0001；协议类型：0x0800；

硬件地址长度：0x06；协议地址长度：0x04；操作类型：0x0001；

发送方硬件地址：0xa25b6042c521 ；

发送方 IP 地址：202.119.86.3；

目的硬件地址：0x000000000000；

目的 IP 地址：202.119.86.50。

(2) 主机 B 根据 ARP 请求中解析对象的 IP 地址 202.119.86.50 得到硬件地址 0x2c0b36725120，发回 ARP 应答，应答报文内容如下：

硬件类型：0x0001；协议类型：0x0800；

硬件地址长度：0x06；协议地址长度：0x04；操作类型：0x0002；

发送方硬件地址：0x2c0b36725120；

发送方 IP 地址：202.119.86.50；

目的硬件地址：0xa25b6042c521；

目的 IP 地址：202.119.86.3。

下面是一个描述反向地址解析报文内容的示例。

物理网络为以太网，其上运行 TCP/IP 协议，网络连接、地址配置和地址映射表如

图4-13所示，主机C为RARP服务器，主机A对自己的物理地址进行反向地址解析的报文内容如下：

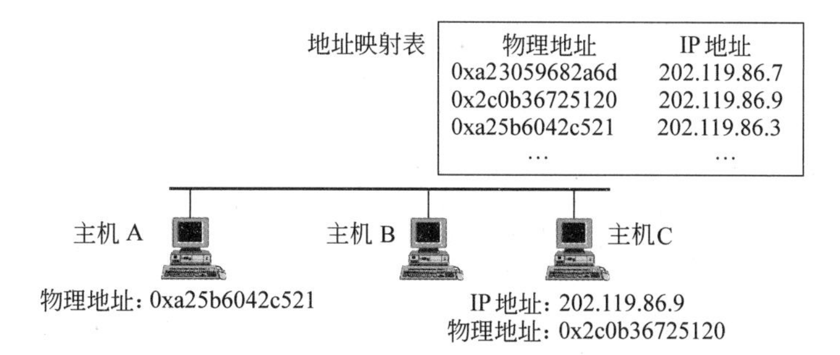

图4-13　主机A利用RARP进行反向地址解析

(1) 主机A广播RARP请求，请求报文内容如下：

硬件类型：0x0001；协议类型：0x0800；

硬件地址长度：0x06；协议地址长度：0x04；操作类型：0x0003；

发送方硬件地址：0xa25b6042c521；

发送方IP地址：0.0.0.0；

目的硬件地址：0xa25b6042c521；

目的IP地址：0.0.0.0。

(2) RARP服务器C根据RARP请求中解析对象的硬件地址0xa25b6042c521查地址映射表，得到IP地址202.119.86.3。RARP服务器C发回RARP应答，应答报文内容如下：

硬件类型：0x0001；协议类型：0x0800；

硬件地址长度：0x06；协议地址长度：0x04；操作类型：0x0004；

发送方硬件地址：0x2c0b36725120；

发送方IP地址：202.119.86.9；

目的硬件地址：0xa25b6042c521；

目的IP地址：202.119.86.3。

RARP除了可以解析本机的IP地址之外，还可以允许主机查询同一网络中任何其他目的计算机的IP地址。

4.3.3　地址解析报文封装

ARP/RARP报文是作为普通数据直接封装在物理帧中进行传输的，ARP/RARP报文封装在以太网物理帧中的格式如图4-14所示。

封装ARP报文时帧类型填0x0806，封装RARP报文时帧类型填0x8035。

对于ARP和RARP请求，目的地址应填为0xFFFFFFFFFFFF(广播)。

由于ARP和RARP报文较短(28个字节)，后面必须增加18个字节的填充PAD，以达到以太网最小帧长度的要求。

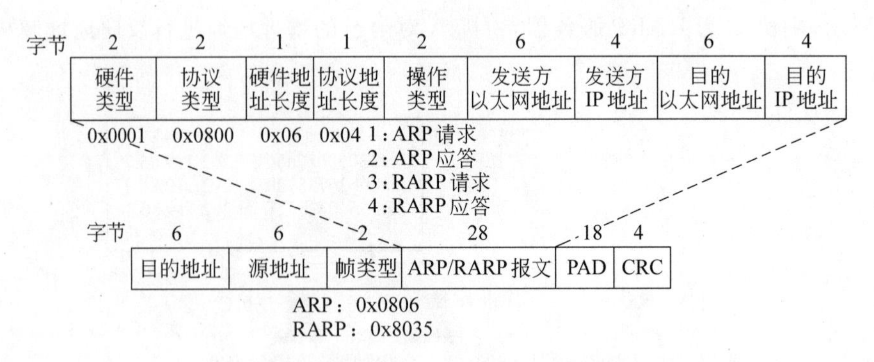

图 4-14 ARP/RARP 报文封装在以太网帧中的格式

4.4 代理 ARP

代理 ARP 用在路由器上可以使路由器代替隐藏在路由器后面的主机响应 ARP 请求。如图 4-15 所示,当主机 A 请求对隐藏在路由器后面的子网中的某一主机 IP 地址(196.168.17.33～196.168.17.46)进行解析时,代理 ARP 路由器将用自己的物理地址 0x02608C5A2712 作为解析结果进行响应。这样,主机 A 就将此物理地址作为隐藏子网上的主机的物理地址进行通信,实际上,主机 A 发出的信息被送到代理 ARP 路由器,然后由代理 ARP 路由器将信息转发给真正拥有该 IP 地址的主机。很明显,主机 A 将隐藏子网中的主机都作为本网络上的主机对待,但事实上它们却是位于不同的子网中的。代理 ARP 可以作为透明网关使一个子网内主机平滑地与路由器后面隐藏子网中的主机通信,在上述例子中,隐藏子网完全可以采用和主机 A 所在子网不同的物理网络技术。

借助于代理 ARP 进行通信和与远程主机进行的通信是不同的。以图 4-15 为例,主机 A 与主机 B 进行通信时,主机 A 发出的 ARP 请求中的目的协议地址是 196.168.17.46。而当路由器不运行代理 ARP 时,必须通过子网掩码将主机 A 和主机 B 划分到不同的子网中,主机 A 发出的 ARP 请求中的目的协议地址一定是 196.168.17.17。

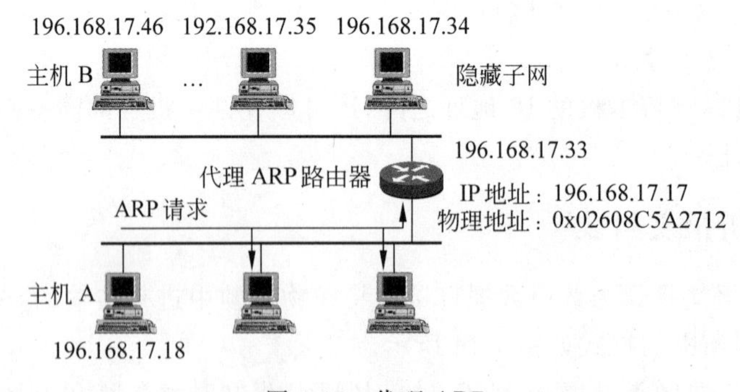

图 4-15 代理 ARP

在使用代理 ARP 时,多个 IP 地址(隐藏子网中的所有 IP 地址)对应一个物理地址(0x02608C5A2712)。

代理 ARP 存在以下问题:

(1) 代理 ARP 使得多个 IP 地址对应一个物理地址成为合法状况,因此难以应付地址欺骗。因此,代理 ARP 要求参与的主机是可信赖的。

(2) 代理 ARP 路由器中的 IP 地址与物理地址的映射表需要人工维护。

(3) 代理 ARP 难以处理多路由器连接的复杂拓扑结构。

本章要点

- 建立逻辑地址与物理地址之间映射的方法通常有静态映射和动态映射。动态映射是在需要获得地址映射关系时利用网络通信协议直接从其他主机上获得映射信息的。因特网采用了动态映射的方法进行地址映射。
- 获得逻辑地址与物理地址之间的映射关系称为地址解析。
- 地址解析协议 ARP 是将逻辑地址(IP 地址)映射到物理地址的动态映射协议。
- ARP 高速缓存中含有最近使用过的 IP 地址与物理地址的映射列表。
- 在 ARP 高速缓存中创建的静态表项是永不超时的地址映射表项。
- 反向地址解析协议 RARP 是将给定的物理地址映射到逻辑地址(IP 地址)的动态映射。RARP 需要有 RARP 服务器帮助完成解析。
- ARP 请求和 RARP 请求都是采用本地物理网络广播实现的。
- 在代理 ARP 中,当主机请求对隐藏在路由器后面的子网中的某一主机 IP 地址进行解析时,代理 ARP 路由器将用自己的物理地址作为解析结果进行应答。

习题

4-1 当源主机和目的主机位于同一网络中时,ARP 协议解析的结果将提供什么样的(什么设备的)物理地址?

4-2 当目的主机位于远程网段时,ARP 协议解析的结果将提供什么样的(什么设备的)物理地址?

4-3 当 ARP/RARP 报文封装在以太网帧中进行发送时,为什么要添加 PAD 字段?

4-4 物理网络为以太网,其上运行 TCP/IP 协议,主机 A 的 IP 地址为 194.120.29.12,物理地址为 0x0C00145B2810,主机 B 的 IP 地址为 194.120.29.28,物理地址为 0x0C0014276A16,请给出主机 A 对主机 B 进行地址解析的请求报文和应答报文的内容。

4-5 物理网络为以太网,其上运行 TCP/IP 协议,主机 A 的 IP 地址为 194.120.29.12,物理地址为 0x0C00145B2810,主机 A 为无盘计算机,RARP 服务器的 IP 地址为 194.120.29.28,物理地址为 0x0C0014276A16,请给出主机 A 对本机进行反向地址解析的请求报文和应答报文的内容。

4-6 简述目的主机为远程主机时的信息传输过程。

第5章 IP 协议

正像TCP/IP协议的名称所表达的信息那样，因特网的核心协议是IP和TCP两大协议。IP协议作为TCP/IP协议族中的核心协议，提供了网络数据传输的最基本的服务，同时也是实现网络互联的基本协议。除了ARP和RARP报文以外的几乎所有的数据都要经过IP协议进行发送。

IP协议位于网络层，位于同一层次的协议还有下面的ARP和RARP以及上面的因特网控制报文协议ICMP、因特网组管理协议IGMP和开放式最短路径优先协议OSPF。ARP和RARP报文没有封装在IP数据报中，而ICMP、IGMP和OSPF的数据则要封装在IP数据报中进行传输。由于IP协议在网络层中具有重要的地位，人们又将TCP/IP协议的网络层称为IP层。

IP是不可靠的无连接数据报协议，提供尽力而为(best-effort)的传输服务。

IP协议具有以下特点：

(1) IP协议是点对点协议，虽然IP数据报携带源IP地址和目的IP地址，但进行数据传输时的对等实体一定是相邻设备(同一网络)中的对等实体。

(2) IP协议不保证传输的可靠性，不对数据进行差错校验和跟踪，当数据报发生损坏时不向发送方通告，如果要求数据传输具有可靠性，则要在IP的上面使用TCP协议加以保证。

(3) IP协议提供无连接数据报服务，各个数据报独立传输，可能沿着不同的路径到达目的地，也可能不会按序到达目的地。

正因为IP协议采用了尽力传输的思想，所以使得IP协议的效率非常高，实现起来也较简单。随着底层网络质量的日益提高，IP协议的尽力传输的好处也体现得更加明显。

IP层向下要面对各种不同的物理网络，向上却要提供一个统一的数据传输服务。为此，IP层通过IP地址实现了物理地址的统一；通过IP数据报实现了物理数据帧的统一。IP层通过对以上两个方面的统一达到了向上屏蔽底层差异的目的。

本章将重点讨论IP数据报的格式和无连接数据报的传输机制。

5.1 IP数据报格式

IP协议所处理的数据单元称为IP数据报。其格式如图5-1所示。

IP数据报由首部和数据两部分构成。首部又可以分为定长部分和变长部分。

版本(VER)字段长度为4比特，表示数据报的IP协议版本号。版本号规定了数据报的格式。当前的IP协议版本号为4，即IPv4协议。下一代网络协议IPv6的版本号为6。IP软件在处理数据报时必须检查版本号字段，根据版本号决定对IP数据报的处理方法。

首部长度(HLEN)字段长度为4比特，指出以32位字长(4字节)为单位的数据报首部长度。由于IP数据报首部包含了IP选项这一变长的字段，所以需要通过首部长度确定首部和数据的分界点。IP数据报首部的定长部分是20字节，即5个单位的长度，因此，不带IP

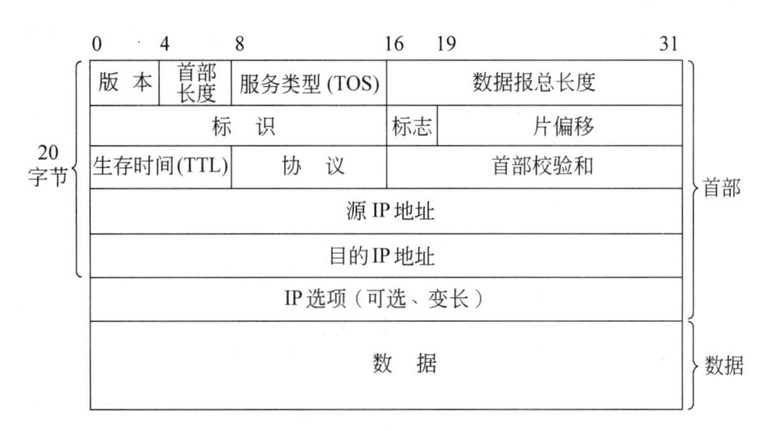

图 5-1　IP 数据报格式

选项字段的 IP 数据报的首部长度应该是 5。4 比特的首部长度字段(最大值为 15)决定了除去定长部分后，IP 选项不能超过 10 个单位长度(40 字节)。

服务类型(SERVICE TYPE)字段长度为 8 比特，它规定对本数据报的处理方式。服务类型的含义如图 5-2 所示。

服务类型	优先级	D	T	R	C	

图 5-2　IP 数据报服务类型字段

服务类型的前 3 比特是优先级(PRECEDENCE)子字段，优先级表示本数据报的重要程度。当网络出现拥塞时，路由设备可以根据数据的优先级决定首先丢弃哪些数据报。优先级从 0 到 7 分为 8 个级别，0 表示最低优先级，7 表示最高优先级(最重要)。优先级的划分为有区别地对待不同数据提供了可能。

紧跟在优先级后面的 4 比特是服务类型 TOS，这 4 位表示本数据报在传输过程中所希望得到的服务，由用户设置。4 位服务类型分别用 D、T、R 和 C 表示，其中，D 代表最小延迟——(minimize)delay，T 代表最大吞吐率——(maximize) throughput，R 代表最高可靠性——(maximize)reliability，C 代表最低成本——(minimize)cost。4 位全为 0 时表示一般服务类型的数据报。RFC 1349、RFC 1700 和 RFC 2474 给出了 IP 上面的一些协议应该使用的服务类型的建议值。

从表 5-1 中可以看出：对于传输数据量大的协议，一般要求高吞吐率(如用 FTP、SMTP

表 5-1　各种协议服务类型的建议值

TOS	协　议	D/T/R/C
0000	ICMP、BOOTP、DNS(TCP)	一般服务
0001	NNTP	C
0010	IGP、SNMP	R
0100	FTP(数据)、SMTP(数据)、DNS(区域传输)	T
1000	Telnet、FTP(控制)、TFTP、SMTP(命令)	D

传输数据以及用 DNS 进行数据更新时的区域传输);对于传输少量数据的协议,一般要求低延迟(如 Telnet、FTP 控制信息、TFTP、SMTP 命令);对于路由和网络管理信息,则要求较高的可靠性(如 IGP 和 SNMP);对于直接向用户发送的一般新闻信息,则应该考虑采用较低成本的路径(如 NNTP)。

在设置数据报的服务类型时有以下两点值得注意:

(1) 服务类型要求只代表用户的希望,并不具有强制性,IP 优先级 6 和 7 用于网络控制通信使用,不推荐用户使用。TOS 字段的服务类型未能在现有的 IP 网络中普及使用。

(2) 在 D、T、R 和 C 这 4 个参数中一般每次只能设置其中的一个,也就是说,在传输时路由设备只能考虑一个性能指标,不可能照顾到每个性能指标。多个参数的同时指定只能使路由设备无所适从,在很多网络中,某一个参数带来的高性能很可能带来其他参数的低性能。只有在一些非正常的情况下,会设定其中的两个。

服务类型字段的最后一个比特保留未用,必须置为 0。

随着因特网应用的迅速发展,多媒体数据传输和实时应用对 TCP/IP 的服务类型提出了更高的要求,为此,因特网工程任务组 IETF 将 IP 数据报的服务类型字段改成了区分业务(differentiated services)字段,由 RFC 2474 定义的区分业务码点(DSCP)和 RFC 3168 定义的显式拥塞通告(ECN)如图 5-3 所示。

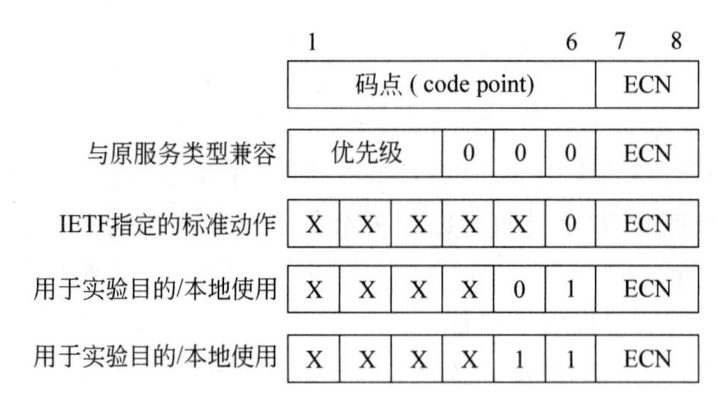

图 5-3　IP 数据报的区分业务字段

区分业务字段仍然是 8 位,前面的 6 位为区分业务码点。最后两位在 RFC 2474 中保留未用,而在 RFC 3168 中被定义为显式拥塞通告(ECN)。6 位码点可以提供 64 种不同的编码,对应不同的业务。

- 码点的最后 3 位为 0 时,前 3 位的含义仍然与原服务类型中优先级的含义相同。
- 码点的最后 1 位为 0 时,表示该业务是由 IETF 指派的标准动作。
- 码点的最后 2 位为 01 时,表示该业务是用于临时实验目的的业务或本地使用的业务,但可能会在前面 IETF 指定的业务码点耗尽后补充使用。
- 码点的最后 2 位为 11 时,表示该业务是用于临时实验目的的业务或本地使用的业务。

在 RFC 2474 定义的区分业务码点中未使用的最后两位在 RFC 3168 中被定义成了显式拥塞通告(ECN)字段。显式拥塞通告字段 ECN 的作用是用于 TCP 的拥塞控制。TCP 拥塞控制的基本思路是:信源通过 ECN 申明它支持拥塞控制;途中的路由器根据其发送队列是否将溢出来发现拥塞,并通过 ECN 报告给信宿结点;信宿结点利用 TCP 的控制字段向源结点进行通告，告知源结点出现了拥塞，需要进行拥塞控制；信源收到信宿的通告后调整发送窗口，降低发送速率来实现拥塞控制。

ECN的值为00时，表明信源不支持显式拥塞通告；ECN的值为01或者10时，表明信源支持显式拥塞通告；ECN的值为11时，表明路由器正在经历拥塞。

一个支持ECN的信源主机发送数据包时将ECN设置为01或者10。对于支持ECN的主机发送的包，如果路中的路由器支持ECN并且正经历拥塞（发送队列将满而未满），它将ECN字段设置为11。如果ECN的数值已经被设置为11，那么下游路径上的路由器都不会修改该值。信宿主机收到ECN被设置为11的TCP报文段后，在随后的TCP报文段的首部设置ECN响应标志，通知信源主机进行拥塞窗口调整，从而实现拥塞控制。

数据报总长度（TOTAL LENGTH）字段的长度为16比特，总长度以字节为单位指示整个IP数据报的长度。IP数据报最大长度可达$2^{16}-1$(65 535)个字节。

根据数据报总长度和首部长度可以计算出数据部分的长度。

$$\text{数据长度} = \text{数据报总长度} - \text{首部长度} \times 4$$

数据报总长度字段在将IP数据报封装到以太网帧中进行传输时是非常有用的。以太网要求帧中封装的数据最少46字节，当数据少于46字节时必须在数据的后面进行填充，使其达到46字节，通过IP数据报中的数据报总长度和首部长度可以计算出除去填充后的实际数据长度。

虽然IP数据报的最大长度可以达到65 535字节，但很少有底层的物理网络能够封装如此大的数据包。底层物理网络能够封装的最大数据长度称为该网络的最大传输单元MTU。当IP层要传送的数据大于物理网络的最大传输单元时，必须将IP数据报分片传输。

标识（IDENTIFICATION）字段长度为16比特。每个IP数据报都有一个本地唯一的标识符，该标识符由信源机赋予IP数据报。当IP数据报被分片时，每个数据分片仍然沿用该分片所属的IP数据报的标识符。信宿机根据该标识符和源IP地址可以判定收到的分片属于哪个IP数据报，从而完成数据报的重组。

数据报的标识由信源机产生，每次自动加1，然后分配给要发送的数据报。

标志（FLAGS）字段长度为3比特，用于表示该IP数据报是否允许分片以及是否是最后的一片。

片偏移（FRAGMENTATION OFFSET）字段长度为13比特。表示本片数据在它所属的原始数据报数据区中的偏移量，偏移量以8字节（64比特）为一个单位。偏移量为信宿机进行各分片的重组提供顺序依据。

生存时间（time to live，TTL）字段长度为8比特。当IP数据报从信源机向信宿机传递时，往往会经过多个中间路由器的转发，转发操作是基于路由表进行的。如果路由器上的路由表不能正确地反映当前的网络拓扑结构（这种情况往往存在），数据报就有可能不能正确地传往信宿机，而有可能进入一条循环路径，长时间在网络中传输而始终无法到达目的地。这样将消耗掉网络资源。为了解决这一问题，在信源机发出数据报时，给每个数据报设置一个生存时间。数据报每经过一个路由器，该路由器就将生存时间减去一定的值。一旦生存时间字段中的值小于或等于0，便将该数据报从网络中删除，删除的同时要向信源机发回一个差错报告报文。由于因特网上的路由器无法进行准确的时间同步，因此，路由器不能准确地计算出需要减去的时间。目前所采用的一种简单的处理办法是用经过路由器的个数(即跳数)进行控制,数据报每经过一个路由器,生存时间 TTL 值减 1。当 TTL 值减到 0 时,如果仍未能到达信宿机,便丢弃该数据报。

协议标识(PROTOCOL)字段长度为 8 比特,指明被 IP 数据报封装的协议:ICMP=1;IGMP=2;TCP=6;EGP=8;UDP=17;OSPF=89。信源机的 IP 协议根据被封装的协议将协议标识设置为相应的值,信宿机的 IP 协议根据 IP 数据报中的协议标识值进行分用,并交给相应的上层协议去处理。

首部校验和(HEADER CHECKSUM)字段长度为 16 比特。用于保证首部数据的完整性。

源地址(SOURCE ADDRESS)字段在 IPv4 中长度为 32 比特,表示本 IP 数据报的最初发送方的 IP 地址。

目的地址(DESTINATION ADDRESS)字段在 IPv4 中长度为 32 比特,表示本 IP 数据报最终接收方的 IP 地址。

在 IP 数据报的转发过程中,若干路由器会对物理帧进行解封装和再封装,物理地址会发生变化,但 IP 数据报的源地址和目的地址字段始终保持不变。

IP 选项(IP OPTIONS)字段为变长字段,是在传输数据报时可选的附加功能,用于控制数据在网络中的传输路径、记录数据报经过的路由器以及获取数据报在途中经过的路由器的时间戳。IP 选项长度受首部长度限制。

数据字段长度可变,用于携带上层数据。数据长度受数据报总长度限制(≤65 535-首部长度×4)。

5.2 无连接数据报传输

IP 数据报传输是 IP 层要解决的重要问题之一,是影响数据传输效率的一个重要因素。

IP 数据报在经过路由器进行转发时一般要进行 3 个方面的处理:首部校验、路由选择以及数据分片。本节将讨论通常的首部校验和数据分片问题,路由选择将在第 7 章介绍。

5.2.1 首部校验

IP 数据报在传输过程中并不对其数据区进行校验,这样做的原因有以下两点:

(1) IP 协议是一个点对点协议,如果在传输过程中每个点都对数据进行校验操作,势必增加很大的开销,这与 IP 的"尽力传输"的思想不相符。

(2) 将可靠性留给更高的层次去解决,这既可以保证数据的可靠性,又可以得到更大的灵活性和效率。

因为 IP 层的上层传输层是端到端的协议,进行端到端的校验比进行点对点的校验的开销要小得多,在通信线路较好的情况下尤其如此。另外,上层协议可以根据对于数据可靠性的要求,选择是否进行校验,甚至可以考虑采用不同的校验方法,这给系统带来很大的灵活性。

那么 IP 协议为什么要提供对 IP 数据报首部的校验功能呢?一方面,IP 首部属于 IP 层协议的内容，不可能由上层协议处理，另一方面，IP 首部中的部分字段在点对点的传递过程中是不断变化的，只能在每个中间点重新形成校验数据，在相邻点之间完成校验。

两个层次的校验如图 5-4 所示。

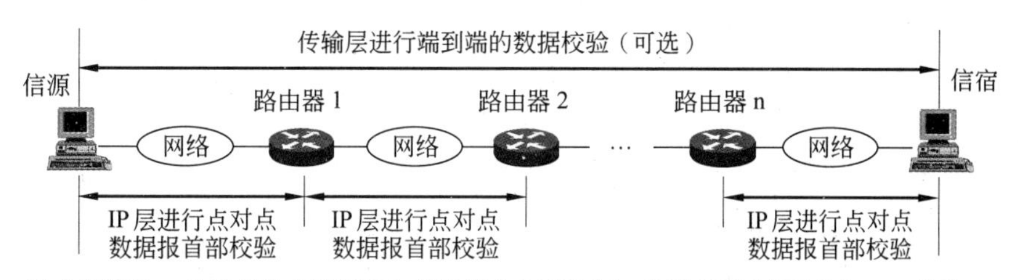

图 5-4　IP 层对 IP 数据报首部进行点到点校验，传输层对数据进行端到端校验

IP 数据报的首部通过校验和(checksum)来保证其正确性。

发送方将 IP 数据报的首部按顺序分为多个 16 比特的小数据块，首部校验和字段的初始值设置为 0，用 1 的补码算法对 16 比特的小数据块进行求和，最后再对结果求补码，便得到了首部校验和。

将经过计算得到的首部校验和填回到数据报的首部校验和字段，封装成帧后发给通往信宿的下一跳设备。

下一跳设备作为接收方将收到的 IP 数据报的首部再分为多个 16 比特的小数据块，用 1 的补码算法对 16 比特的小数据块进行求和，最后再对结果求补码，若得到的结果为 0，就验证了数据报首部的正确性。

发送方用 1 的补码计算和数时，首部校验和字段被设置为 0，等于没有参加计算，求补码后的校验和与和数各位正好相反。接收方用 1 的补码计算和数时，由于新的首部校验和字段已经被加入，在首部未发生变化的情况下所得的和数应该为 0xffff，因此，求补码后的结果应该为 0x0000。

IP 数据报首部校验和的生成与校验如图 5-5 所示。

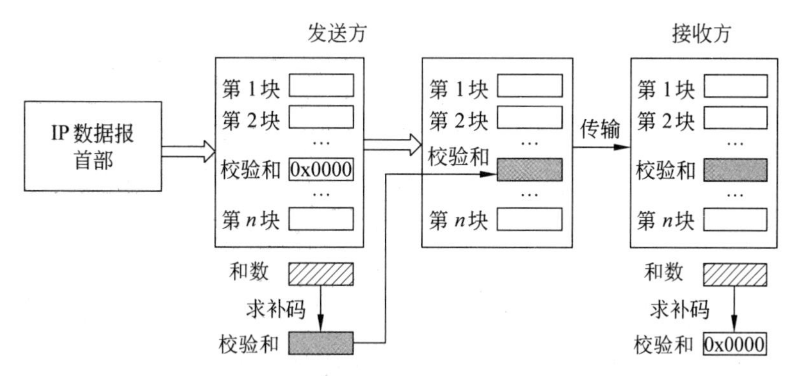

图 5-5　校验和的生成与校验

下面是一个进行数据报首部校验的具体例子。在本例中没有 IP 选项，所以首部长度为 5，数据总长度为 128 字节，数据报的标识为 1，未分片，TTL 值为 4，封装的是 TCP 协议数据，源地址和目的地址分别为：192.168.20.86 和 192.168.21.20。

图 5-6 给出了数据报首部校验和的生成过程,计算中要注意加上进位。生成的校验和为 3005。

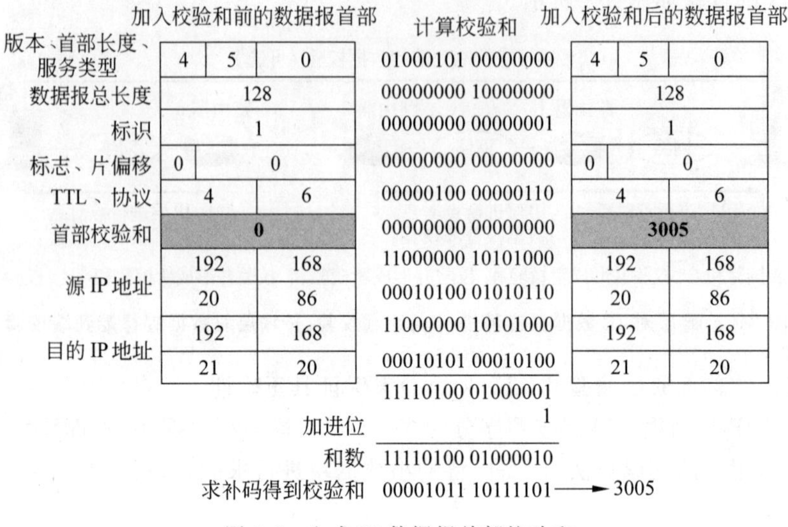

图 5-6 生成 IP 数据报首部校验和

图 5-7 给出了接收方对同一数据报首部进行校验的过程。求补后得到的校验和值为 0,表明 IP 数据报首部在传输过程中没有出现差错。

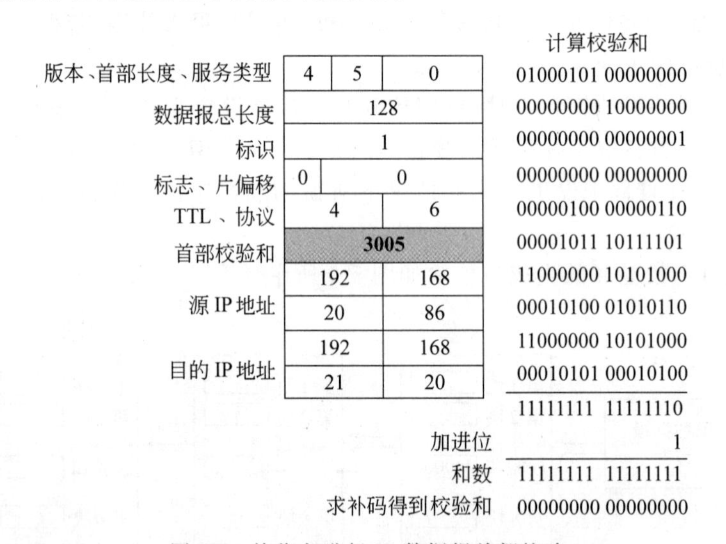

图 5-7 接收方进行 IP 数据报首部校验

如果接收该数据报的设备不是信宿,它就会将 TTL 值减 1,然后判断 TTL 是否超时,若未超时,则应根据路由表寻找下一跳路由器,并判断数据报是否需要分片以及是否允许分片。每次转发数据报,其 TTL 值都会发生变化,如果出现分片,数据报总长度、标志和片偏移等字段也会发生变化,因此,对新形成的数据报需要重新计算首部校验和。然后向下一跳转发。

5.2.2　数据分片与重组

IP 数据报在从信源到信宿的传输过程中要穿过多个不同的网络。由于各种物理网络存在着差异，对帧的最大长度有不同的规定，因此，各个物理网络的最大传输单元 MTU 可能不同。物理网络的 MTU 是由硬件决定的，通常，网络的速度越高，MTU 也就越大。超级通道(hyperchannel)的 MTU 高达 65 535 字节，16 Mb 令牌环的 MTU 可达 17 914 字节，以太网的 MTU 是 1500 字节，而 X.25 协议的 MTU 只有 576 字节。

如果 IP 数据报恰好能封装在一个帧里从信源传到信宿，效率自然很高，但这点却很难保证。当把一个数据报封装在具有较大 MTU 的物理网络帧中发送时，可能在穿过较小 MTU 的物理网络时无法正常传输。为了解决这个问题，可以将数据报以从信源到信宿路径上的最小 MTU 进行封装，或者将数据报先以信源网络的 MTU 进行封装，在传输过程中再根据需要对数据报进行动态分片。前一种方案不能充分利用网络的传输能力，传输效率不高。后一种方案要求网络支持对数据报的动态分片。IPv4 采用了后一种方案。

1. 数据报分片

IP 数据报的大小可以由软件控制，但必须考虑物理网络的 MTU。IP 协议在确定数据报大小时，以方便为原则，IP 协议选择当前信源机所在物理网络最合适的数据报大小来传输数据。当该数据报需要穿过 MTU 较小的网络时，将数据报分成较小数据片进行传输，在后面的传输过程中，如果碰到相同的问题，还要对数据报进一步分片。所以，数据报在从信源到信宿的途中，可能会有多次分片。

当数据报被分片时，每个分片都会得到一个首部。分片首部的大部分内容和原数据报相同，如 IP 地址、版本号、协议和数据报标识等，所不同的是标志字段、数据报总长度和片偏移。分片既可以带也可以不带原数据报的选项。

在 IP 数据报中与分片相关的字段是标识字段、标志字段和片偏移字段。

数据报标识是分片所属数据报的关键信息，是分片重组的依据。

标志字段由 3 比特构成，如图 5-8 所示。低两位有效，最高位未用；D 位表示是否允许该数据报分片；M 位表示该片是否是分片的最后一片。

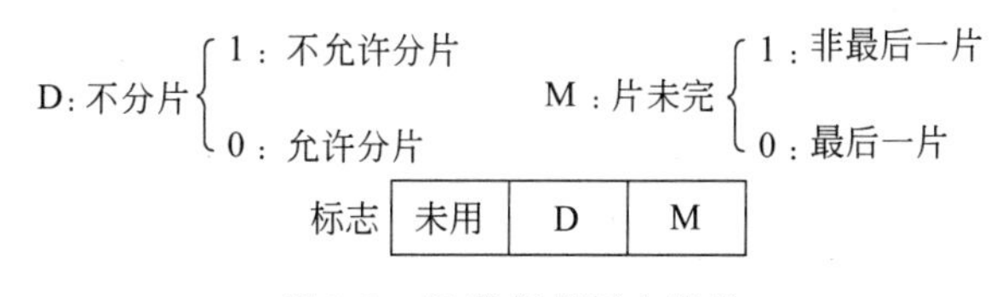

图 5-8　IP 数据报标志字段

片偏移字段指出本片数据在原始数据报数据区中的偏移量。由于各分片独立传输，其到达信宿机的顺序无法保证，需要片偏移字段为重组提供顺序信息。

图 5-9 给出了 IP 数据报被分片的方法和片格式的一个例子。

该例子中的数据报首部长度为 20 个字节，数据区长度为 1600 个字节，进入 MTU 为 1420 字节的物理网络时进行第一次分片。第一次分片后，形成一个 1400 字节的分片和一个 200 字节的分片。第一片的片偏移为 0(0/8)，片未完标志为 1；第二片的片偏移为 175(1400/8)，片未完标志为 0，表示该片是数据报的最后一片。当第一个分片进入 MTU 为

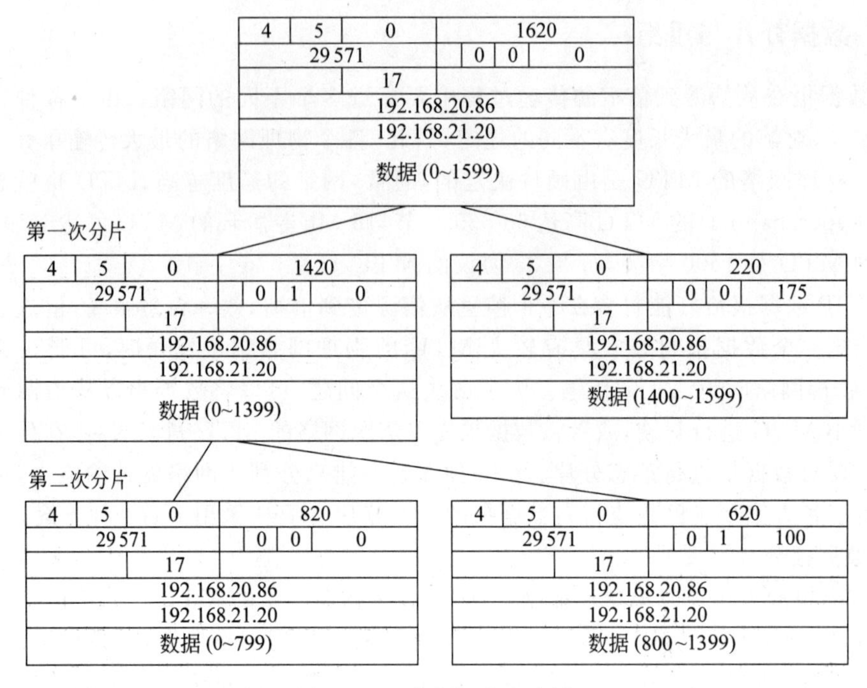

图 5-9　IP 数据报分片示例

820 字节的物理网络时再次进行分片。第二次分片后,又形成了一个 800 字节的分片和一个 600 字节的分片。前者的片偏移为 0(0/8),片未完标志为 1;后者的片偏移为 100(800/8),片未完标志也为 1。

分片必须满足两个条件,一是各片尽可能大,但必须能为帧所封装,二是片中数据的大小必须为 8 字节的整数倍,否则 IP 无法表达其偏移量。

2. 分片的重组

分片可以在信源机或传输路径上的任何一台路由器上进行,而分片的重组只能在信宿机上进行。这样做的理由是,各片作为独立数据报进行传输,在网络中可能沿不同的路径传输,不太可能在中间的某一个路由器上收齐同一数据报的各个分片。另外,不在中间进行重组可以简化路由器上的协议,减轻路由器的负担。

TCP/IP 的做法是只在信宿机上进行所有分片的重组。一旦数据报被分片,在到达信宿机之前只可能再次被分片,而绝不会进行重组。

信宿机在进行分片的重组时,采用了一组重组定时器。开始重组时,启动定时器,如果在重组定时器超时时,仍然未能完成重组(由于某些分片未及时到达信宿机),信宿机的 IP 层将丢弃该数据报,并产生一个超时错误,报告给信源机。

片重组的控制主要根据数据报首部中的标识、标志、片偏移和数据报总长度字段进行。在图 5-9 给出的例子中,信宿机将标识为 29571 的 3 个分片进行重组,顺序根据片偏移 0、100 和 175 排列。

数据报的分片和重组操作对用户和应用程序的编程人员都是透明的,分片和重组操作由网络操作系统自动完成。

5.3　IP 数据报选项

IP 选项是 IP 数据报首部中的变长部分，用于网络控制和测试目的(如源路由、记录路由、时间戳等)。IP 选项的最大长度不能超过 40 字节。

IP 选项在使用时是可选的，但在 TCP/IP 软件的实现中却是必须有的，也就是说所有的 IP 协议都具有 IP 选项的处理功能。

5.3.1　选项格式

IP 选项的格式如图 5-10 所示。选项由 3 个部分组成：选项码(option code)、选项长度和选项数据。

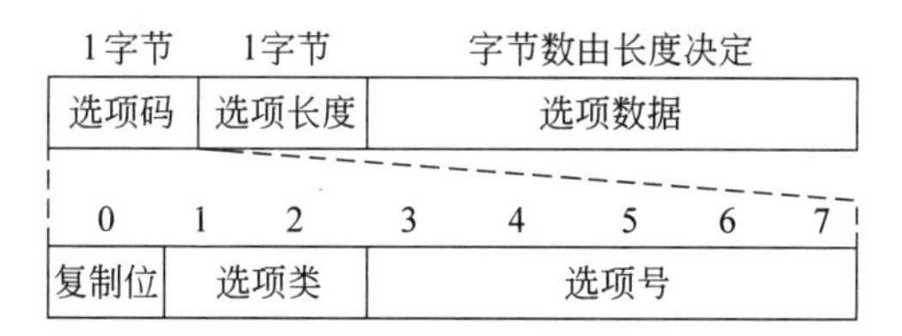

图 5-10　IP 选项格式

选项码由 8 比特构成，分为复制位(COPY)、选项类和选项号 3 个子字段。

复制位占 1 比特，用于控制分片时是否将选项复制到各个分片。

复制位为 1 时，表示将原数据报所带的选项复制到所有的分片中；复制位为 0 时，表示仅将选项复制到第一个分片中。

选项类占 2 比特，用于定义选项的一般作用。

选项号占 5 比特，用于定义选项的具体类型。选项类区别选项的一般目的，而选项号则对同一类选项进行进一步的细化。

选项长度为一个字节，用于定义选项的长度。长度信息除包括选项数据部分的长度外，还包括选项码和选项长度字段本身。单字节选项不含选项长度和选项数据字段。

选项数据是不定长的(受到数据报首部长度和选项长度的限制)，用于定义选项请求。选项是单方向发送的请求，不需要信宿机进行响应。

5.3.2　选项类型

两比特的 IP 选项类定义了 4 种选项类型：00 用于 IP 数据报路径的控制和测试；10 用于时间戳的测试；01 类和 11 类未用。

每个选项类又由选项号进行细分，其中 00 类中常用的有 5 个选项号，10 类中只使用 1 个选项号。表 5-2 给出了常用的数据报选项。

1. 单字节选项

表 5-2 中前面两个选项为单字节选项，负责标识 IP 选项的结束和对 IP 数据报首部进行填充。当 IP 数据报首部中选用了 IP 选项时，选项不定长，而数据报要求首部是 32 比特的整数倍，若不是，则需要进行填充。填充由“无操作”(no operation)符和选项结束(end of option)符组成。当需要多个字节对选项进行填充时,先用多个“无操作”符进行填充,最后用选项结束符结束整个选项。在一个 IP 数据报中选项结束符最多只能出现一次。

表 5-2 常用的 IP 数据报选项

选项类	选项号	选项长度(字节)	意 义
00	00000	无	选项结束
00	00001	无	无操作(作为填充数据)
00	00011	变长	宽松源路由
00	00111	变长	记录路径
00	01001	变长	严格源路由
10	00100	变长	时间戳

2. 源路由选项

IP 数据报在传输时,通常由路由器自动为其选择路由。但网络管理人员为了使数据报绕开出错网络,或者为了对特定网络的吞吐率进行测试,需要在信源机上控制 IP 数据报的传输路径。源路由(source route)就是为了满足这一要求而设计的选项。

源路由指由信源机上的发送方规定本数据报穿越网络的路径。

源路由选项分为两种:严格源路由和宽松源路由。

(1) 严格源路由

严格源路由选项要求信源机上的发送方指定数据报必须经过的每一个路由器。也就是说,数据报必须严格按照发送方规定的路径经过每一个路由器。这些指定的路由器应该是一一相连的,每两个指定的路由器之间不能有其他未指定的路由器,而且路由器的顺序是不能改变的。如果数据报在传输时无法直接到达下一跳指定的路由器,路由器就会丢弃该数据报,然后产生一个源路由失败的信宿不可达报文,向信源机报告。严格源路由选项的格式如图 5-11 所示。

1字节	1字节	1字节
选项码:137 1 00 01001	选项长度	指 针

第一个 IP 地址
第二个 IP 地址
…
最后一个 IP 地址

图 5-11 严格源路由选项格式

选项码 137 的含义是:复制位为 1(严格源路由分片时选项要复制到各个分片),选项类为 00,选项号为 01001,即 128+0+9=137。

指针字段的含义为:当设备(信源机或路由器)发出带该选项的数据报时,指针指的是该设备的下下跳路由器的入口 IP 地址,当一个路由器收到数据报时,指针指的是该路由器的下一跳 IP 地址,路由器转发数据报前要将指针值加 4,这样发出去的数据报的指针又指向了它的下下跳路由器的入口 IP 地址。

这里要注意的是，源路由对于数据报中目的 IP 地址的处理和一般情况下有所不同。在源路由传输过程中 IP 数据报的目的 IP 地址会不断变化，而且选项中的 IP 地址表也会发生变化。

信源机从上层收到源路由 IP 地址表后，将第一个 IP 地址从列表中去掉(将该 IP 地址作为当前数据报的目的地址)，再将剩余的表项前移，然后将最终要去往的目的地址写入到选项地址表的最后。结果如图 5-12 中的 A 选项表所示。图中清楚地给出了选项地址和数据报地址的变化情况。

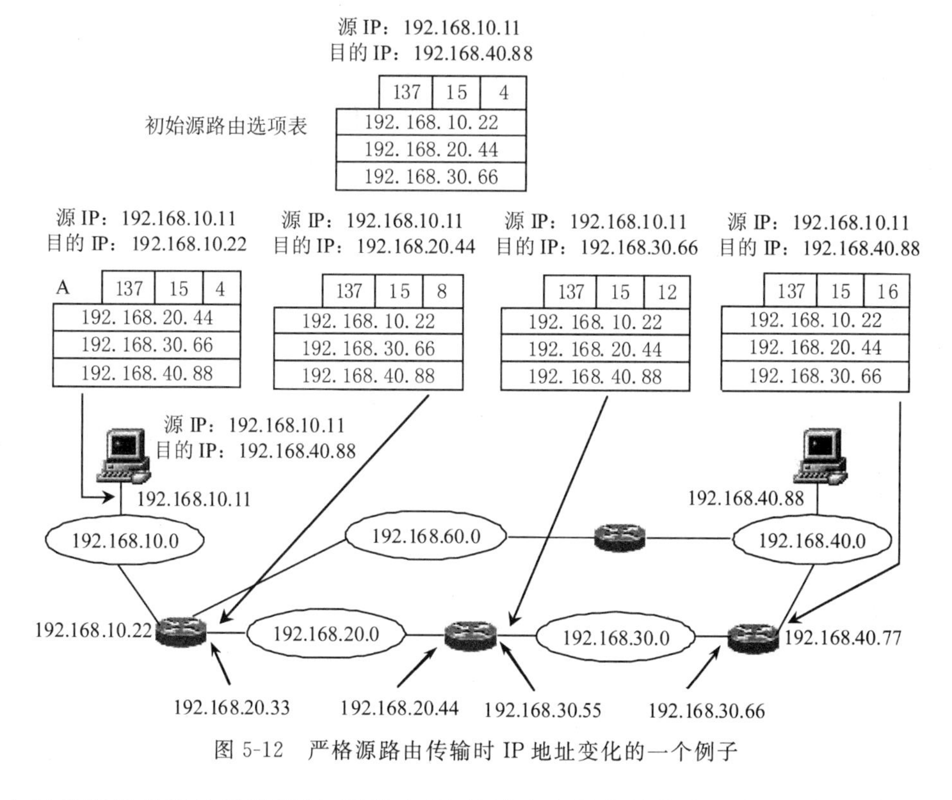

图 5-12　严格源路由传输时 IP 地址变化的一个例子

由于数据报首部长度的限制，源路由 IP 地址表中最多只能有 9 个 IP 地址项。

(2) 宽松源路由

宽松源路由 IP 选项的格式与严格源路由相同，如图 5-13 所示。所不同的是，宽松源路由在选项的 IP 地址表中并不给出一条完备的路径，而是只给出路径中的某些关键点，关键点之间无直接物理连接时，通过路由器的自动路由选择功能进行补充。宽松源路由对选项中 IP 地址表的操作与严格源路由相似。

选项码 131 的含义是：复制位为 1(宽松源路由分片时选项要复制到各个分片)，选项类为 00，选项号为 00011，即 128＋0＋3＝131。

3. 记录路由

记录路由选项用于记录 IP 数据报从信源机到信宿机所经过的路径上各路由器的 IP 地址。

记录路由选项格式与源路由选项格式相同，如图 5-14 所示。选项中 IP 地址表的大小

1字节	1字节	1字节
选项码：131 1 00 00011	选项长度	指针
第一个 IP 地址		
第二个 IP 地址		
…		
最后一个 IP 地址		

图 5-13　宽松源路由选项格式

由信源机根据对地址数的估计预先分配。指针指向地址表中下一个可存放地址的位置。路由器将指针值与选项长度进行比较,若小于选项长度,就将该路由器输出口的 IP 地址填入指针所指的地址区域,然后将指针值加 4,指向下一个可用的地址块。若分配的地址表的空间不足以记录下全部路径,IP 软件将不记录多余的 IP 地址。

1字节	1字节	1字节
选项码：7 0 00 00111	选项长度	指针
第一个 IP 地址(开始时为空)		
第二个 IP 地址(开始时为空)		
…		
最后一个 IP 地址(开始时为空)		

图 5-14　记录路由选项格式

4. 时间戳

时间戳选项用于记录 IP 数据报经过各路由器时的当地时间,根据时间戳可以估算 IP 数据报从一个路由器到另一个路由器所花费的时间,从而帮助分析网络的吞吐率和负载情况。时间戳选项格式与源路由选项格式类似,如图 5-15 所示。

1字节	1字节	1字节	4位	4位
选项码：68 0 10 00100	选项长度	指针	溢出	标志
第一个 IP 地址				
第一个时间戳				
第二个 IP 地址				
第二个时间戳				
…				

图 5-15　时间戳选项格式

时间戳选项中的溢出字段用于记录因预留空间不够而未能记录下来的时间戳的个数。若溢出计数本身溢出,路由器将丢弃数据报,并产生 ICMP 参数错报文发送到信源机。

标志字段用于定义时间戳选项的格式。标志值为 0 时,表示只记录所经过的路由器的时间戳;标志值为 1 时,表示同时记录路由器输出口的 IP 地址和时间戳;标志值为 3 时,表示只记录信源机指定地址处的时间戳。

选项中的每个时间戳为 32 比特，采用世界时间(universal time)表示，从午夜起计时，单位为毫秒。如果时间不以毫秒计算，或不能提供以世界时间午夜为基准，那么就要将时间戳的最高位设置为 1，表示这不是一个标准值。由于因特网中各路由器的时钟无法严格同步，因此时间戳信息只能作为参考。

时间戳选项在分片时不复制到各个片，该选项仅在第一片出现。

5.4　IP 模块的结构

IP 协议的主要功能包括将上层传来的数据封装成 IP 数据报，对数据报进行分片和重组，处理数据环回、IP 选项、校验码和 TTL 值，进行路由选择等。其模块关系如图 5-16 所示。从数据流向上看有 4 条线路。

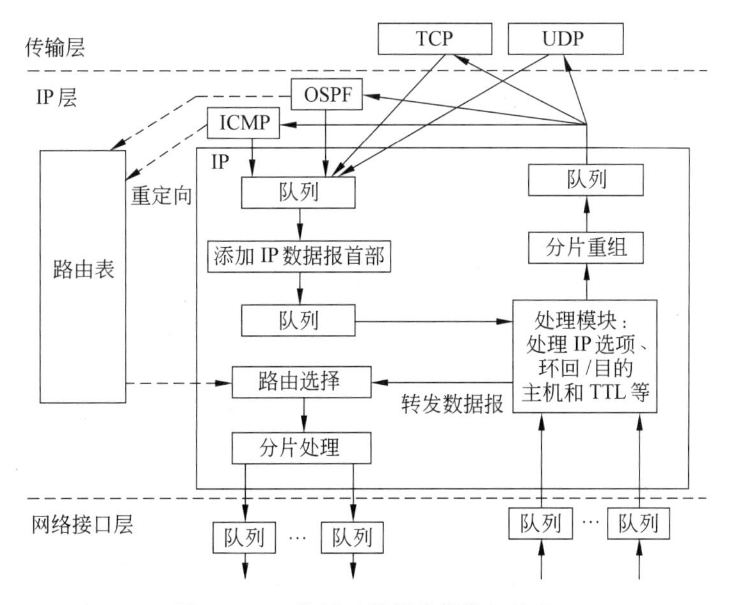

图 5-16　IP 协议对数据的封装和处理

对于从上层传下来的数据的处理有两条线路。首先将其封装成 IP 数据报，然后交给处理模块，在处理模块中判断是否是环回地址或以本机的 IP 地址作为目的地址的数据报，若是则直接向上传回上层；如果是需要发送出去的数据报，则通过路由选择模块进行选路，然后交给分片模块处理，分片模块根据路由所选择的接口完成分片操作，并将数据报交给下层处理。

对于从下层传来的数据的处理也有两条线路。数据报首先进入 IP 处理模块进行常规处理，如校验、IP 选项处理等，如果本机是该数据报的信宿机，则向上提交(根据协议标识进行分用)；如果是需要转发的数据报，则通过路由选择模块进行路由选择，然后交给分片模块处理，最后交给下层处理。

从上面介绍的处理方法看，处理模块是 IP 协议的核心模块，无论是进入还是发出的数据报都需要该模块的介入。

本章要点

- IP 是不可靠的无连接数据报协议,提供尽力而为的传输服务。
- IP 层通过 IP 地址实现了物理地址的统一,通过 IP 数据报实现了物理数据帧的统一。IP 层通过这两个方面的统一屏蔽了底层的差异,向上层提供了统一的服务。
- IP 数据报由首部和数据两部分构成。首部分为定长部分和变长部分。选项是数据报首部的变长部分。定长部分为 20 字节,选项不超过 40 字节。
- IP 数据报中首部长度以 32 比特字为单位,数据报总长度以字节为单位,片偏移以 8 字节(64 比特)为单位。数据报中的数据长度=数据报总长度-首部长度×4。
- IPv4 支持动态分片,控制分片和重组的字段是标识、标志、片偏移和数据报总长度,影响分片的因素是网络的最大传输单元 MTU,MTU 是物理网络帧可以封装的最大数据字节数。通常不同协议的物理网络具有不同的 MTU。分片的重组只能在信宿机上进行。
- 生存时间 TTL 是 IP 数据报在网络上传输时可以生存的最大时间,每经过一个路由器,数据报的 TTL 值减 1。
- IP 数据报只对首部进行校验,不对数据进行校验。
- IP 选项用于网络控制和测试,主要包括严格源路由、宽松源路由、记录路由和时间戳。
- IP 协议的主要功能包括封装 IP 数据报,对数据报进行分片和重组,处理数据环回、IP 选项、校验码和 TTL 值,进行路由选择等。

习题

5-1 IP 协议为什么不提供对 IP 数据报数据区的校验功能? IP 协议为什么要对 IP 数据报首部进行校验?

5-2 当 IP 数据报在路由器之间传输时,IP 首部中哪些字段必然发生变化,哪些字段可能发生变化?

5-3 严格源路由与宽松源路由有什么区别?

5-4 为什么分片的重组必须在信宿机上进行?

5-5 计算图 5-17 所示的数据报的校验和并给出校验过程。

<table>
<tr><td>4</td><td>5</td><td>0</td><td colspan="3">100</td></tr>
<tr><td colspan="3">1</td><td>0</td><td colspan="2">0</td></tr>
<tr><td colspan="2">4</td><td>17</td><td colspan="3">0</td></tr>
<tr><td colspan="2">192</td><td>168</td><td colspan="2">57</td><td>26</td></tr>
<tr><td colspan="2">192</td><td>169</td><td colspan="2">20</td><td>46</td></tr>
</table>

图 5-17 数据报

5-6 一个首部长度为 20 字节、数据区长度为 2000 字节的 IP 数据报如何在 MTU 为 820 字节的网络中传输?

第6章　差错与控制报文协议

TCP/IP的IP层在完成无连接数据报传输的同时，还实现一些基本的控制功能。这些控制功能包括差错报告、拥塞控制、路径控制以及路由器和主机信息的获取等。实现这些控制功能的协议是位于IP层的因特网控制报文协议ICMP(Internet control massage protocol)。

通常IP层不提供数据传输的可靠性，TCP/IP的可靠性问题由IP层上面的端到端协议来解决。这和IP层的差错控制并不矛盾，IP层的差错控制有以下4个特点：

(1) IP层解决的主要是信宿机不可达的问题，由于信宿机本身不可达，使得信宿机无法直接参与控制，所以要想通过端到端的方式来解决不太现实；

(2) IP层仅仅涉及与路径和可达相关的差错问题，而不解决数据本身的差错问题；

(3) IP层的差错与控制由一个独立的协议ICMP完成，IP协议不负责完成差错与控制功能；

(4) 控制是建立在对信息了解的基础上的，在ICMP中控制方可以通过主动和被动两种方式了解信息：主动方式是控制方主动向对象发出询问，而被动方式则是被动接收对象所报告的信息。

本章将讨论因特网控制报文协议ICMP的主要概念、方法和报文格式等。

6.1　因特网控制报文协议

ICMP协议设计的最初目的主要是用于IP层的差错报告，由路由器或信宿机以一对一的模式向信源机报告发生传输错误的原因。

在系统发生传输错误时，不向信宿机报告差错的原因是，当出现差错时，信宿机可能根本不可达；不向中间的路由器报告差错的原因是，当出现差错时，并不清楚差错是由哪一台路由器引起的。

在IP数据报传输系统中，引发错误的原因可能是通信线路故障、通信设备故障、路由器中的路由表错误及网络的处理能力不足等。这些故障通常表现为IP数据报不能到达信宿机、数据报传输超时和系统拥塞等。

一旦发现传输错误，发现者立即向信源机发送ICMP报文，报告出错情况，以便信源机采取相应的措施。通常信源机本身并不能解决这些问题，很多情况下需要有经验的网络管理人员加以判断和解决。

随着网络的发展，检测和控制功能逐渐被引入到ICMP协议中，使得ICMP协议不仅用于传输差错报告，而且大量用于传输控制报文。检测和控制功能的引入，改变了ICMP协议以一对一的方式向信源机报告传输错误的工作模式。例如，ICMP的请求和应答报文对可以在任何两台设备之间传输，而且可以以一对多的方式进行传输(广播或组播)。

ICMP与IP协议位于同一个层次(IP层)，但ICMP报文是封装在IP数据报的数据部分进行传输的。也就是说在 TCP/IP 协议栈中,ICMP 协议位于比 IP 协议略高的位置。但 ICMP 并不作为一个独立的层次,而只是作为 IP 层的一部分存在。

ICMP 协议是 IP 协议的补充,用于 IP 层的差错报告、拥塞控制、路径控制以及路由器或主机信息的获取。

6.2 ICMP 报文格式与类型

6.2.1 ICMP 报文格式

ICMP 报文由首部和数据段组成。首部为定长的 8 个字节,前 4 个字节是通用部分,后 4 个字节随报文类型的不同有所差异。ICMP 报文的一般格式如图 6-1 所示。

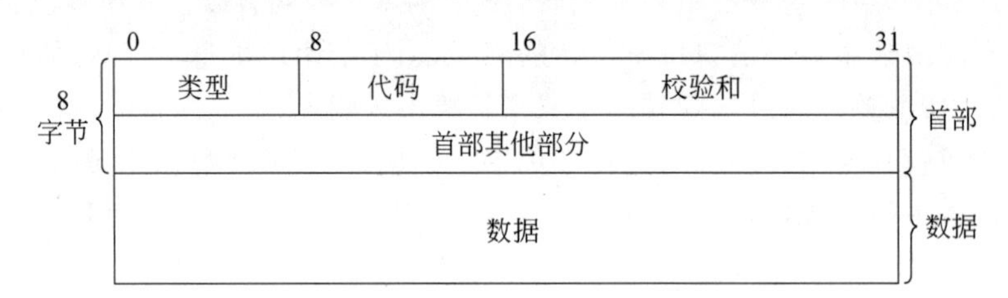

图 6-1 ICMP 报文格式

ICMP 报文首部的通用部分由类型、代码和校验和 3 个字段构成。

类型(TYPE)字段为一个字节,指示 ICMP 报文的类型。

代码(CODE)字段也是一个字节,提供关于报文类型的进一步信息。

校验和(CHECKSUM)字段为两个字节长,提供 ICMP 整个报文的校验和,校验和算法与 IP 数据报首部校验和算法相同。校验和以 16 比特为单位进行计算,校验和的初始值为 0,用 1 的补码算法对 16 比特小数据块进行求和,最后再对结果求补码,便得到了报文的校验和。与 IP 数据报首部校验和不同的地方是 ICMP 校验和是整个报文的校验和,另外使用校验和进行校验的设备不是中间的路由器,而是最终的目的地。

首部其他部分为 4 个字节,大部分差错报告报文未用到这一部分,参数错报告报文用到其中的一个字节作指针,请求应答报文对利用这 4 个字节匹配请求与应答报文。不使用时将不使用部分填 0。

数据段部分在报告差错时,携带原始出错数据报的首部和数据的前 8 个字节,通常这些信息包括了该数据报的关键信息(前 8 个字节一般为上层协议的首部信息);在请求和应答报文中,携带与请求和应答相关的额外信息。

6.2.2 ICMP 报文类型

ICMP 报文虽然细分为很多类,但总的来看可以分为如图 6-2 所示的三大类:差错报告、控制报文和请求应答报文。

差错报告只负责向信源机报告信宿不可达、数据报超时和数据报参数错,ICMP 并没有给出解决问题的方法。

控制报文总是引起信源机进行相应的处理,控制报文中的源抑制报文会引发信源机进

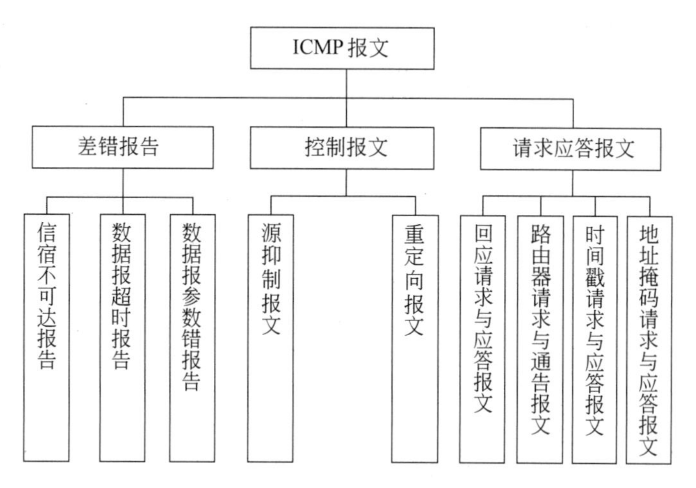

图6-2　ICMP报文种类

行拥塞控制，重定向报文会引发信源机进行路径控制。

请求与应答报文成对使用，使得请求方能够从路由器或其他主机获取信息。

下面分别对上述三大类报文进行介绍。

6.3　ICMP差错报告

ICMP差错报告部分弥补了IP协议的不可靠问题。ICMP差错报告的数据区包含出错数据报的首部及该数据报的前64比特数据，这些信息有助于信源机或管理人员发现引起错误的原因。

ICMP差错报告具有以下特点：

(1) 只报告差错，但不负责纠正错误，纠错工作留给高层协议去处理；

(2) 发现出错的设备只向信源机报告差错；

(3) 差错报告作为一般数据传输，不享受特别的优先级和可靠性；

(4) 产生ICMP差错报告的同时，会丢弃出错的IP数据报。

形成ICMP差错报告时有以下例外：

(1) ICMP差错报文本身不会再产生ICMP差错报告；

(2) 分片报文的非第一个分片不会产生ICMP差错报告；

(3) 组播地址报文不会产生ICMP差错报告；

(4) 特殊地址127.0.0.0和0.0.0.0的报文不会产生ICMP差错报告。

ICMP差错报告分为3种：信宿不可达报告、数据报超时报告和数据报参数错报告。

6.3.1　信宿不可达报告

当路由器无法根据路由表转发IP数据报时或者主机无法向上层协议和端口提交IP数据报时，将丢弃当前的数据报，并产生信宿不可达差错报告，向信源机报告出错。信宿机不可达报文如图6-3所示。

图6-3中，信宿不可达报文的类型为3。代码字段取值为0～15，将信宿不可达细分为

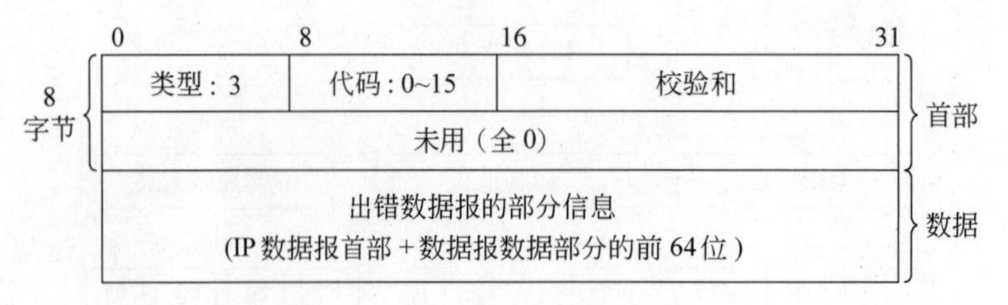

图 6-3 ICMP 信宿不可达报文格式

16 种情况。

信宿不可达报文可能由路由器产生，也可能由信宿机产生。产生信宿不可达报文的原因可能是：

(1) 发送方指定的信宿地址不存在；

(2) 路由器因路由表的问题而不知道去往信宿机的路径；

(3) 信宿机硬件因出现故障或关机而不在运行中；

(4) 信宿机中没有相关的协议；

(5) 信宿机没有运行发送方所要求的应用程序；

(6) 分片及其他原因造成的信宿不可达。

具体的 16 种信宿不可达如表 6-1 所示。

表 6-1 各种信宿不可达错误

类型	报文	代码	描述
3	信宿不可达	0	网络不可达
		1	主机不可达
		2	协议不可达
		3	端口不可达
		4	数据报无法分片
		5	源路由失败
		6	信宿网络未知
		7	信宿主机未知
		8	源主机被隔离
		9	与信宿网络的通信被禁止
		10	与信宿主机的通信被禁止
		11	对特定的服务类型(TOS)网络不可达
		12	对特定的服务类型(TOS)主机不可达
		13	因管理者设置过滤而使主机不可达
		14	因非法的优先级而使主机不可达
		15	因报文的优先级低于网络设置的最小优先级而使主机不可达

从表中可以看出，信宿不可达有4个不同的层次。从大到小依次为：网络不可达、主机不可达、协议不可达和端口不可达。

网络不可达可能是路由表有问题或者是目的地址有错。主机不可达可能是信宿机不在运行中或信宿机不存在等，出现主机不可达错说明网络是可达的。协议不可达的原因是将IP数据报向上层协议(TCP、UDP等)提交时上层协议未在运行中，协议不可达说明网络和主机都可达。端口不可达是因为信宿机上与该端口对应的应用程序未在运行中，端口不可达说明网络、主机和协议都可达。

需要注意的是，在某些情况下信宿不可达是检测不出来的，例如在不提供应答机制的以太网上，路由器就不知道数据报是否送达了目的主机或下一跳路由器。

6.3.2　数据报超时报告

在数据报的传输过程中，首部的TTL值用于防止数据报因路由表的问题而无休止地在网络中传输。当TTL值为0时，路由器会丢弃当前的数据报，并产生一个ICMP数据报超时报告。另外，在信宿机进行分片重组时会启动重组定时器，一旦重组定时器超时，信宿机就会丢弃当前正在重组的数据报，然后产生一个ICMP数据报超时报告，并向信源机发送该超时报告。

数据报超时报告的报文格式与信宿不可达报告的报文格式相同，只是类型和代码值不同。数据报超时报告的类型和代码的含义如表6-2所示。类型值11表示是数据报超时报文，代码0表示TTL超时，代码1表示分片重组超时。

表6-2　数据报超时报告类型

类　型	报　文	代　码	描　　述
11	超时	0	路由TTL超时
		1	分片重组超时

6.3.3　数据报参数错报告

数据报参数错报告是由数据报首部字段值不明确或空缺而引起的差错报告。一旦路由器或信宿机发现错误的数据报首部和错误的数据报选项参数，便丢弃该数据报，并向信源机发送差错报告报文。

数据报参数错报文的格式如图6-4所示。

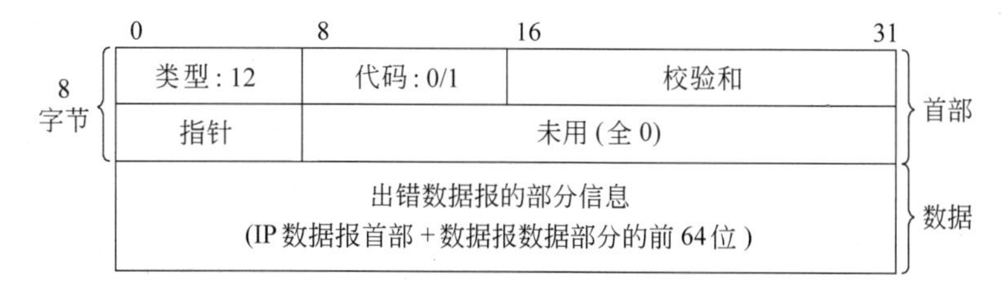

图6-4　ICMP参数错报文格式

类型12表明数据报参数错，代码0表示数据报首部中的某个字段的值有错或不明确，这时 ICMP 报文首部的指针指向数据报中有问题的字节;代码 1 表示数据报首部中缺少某一选项所必须具有的部分参数,此时的 ICMP 报文没有指针字段。表 6-3 给出了数据报参数错报告的类型。

表 6-3 数据报参数错报告类型

类型	报文	代码	描述
12	参数错	0	IP 首部参数错
		1	缺少选项所要求的部分

代码为 0 的参数错只能报告一个出错参数;而代码为 1 的参数错只能报告缺少参数,而不能说明缺少哪个参数。

数据报参数错报告既可能由路由器产生,也可能由信宿机产生。

6.4 ICMP 控制报文

ICMP 控制报文包括源抑制报文和重定向报文,分别用于拥塞控制和路径控制。表 6-4 给出了这两类报文的类型和作用描述。

6.4.1 源抑制报文

由于 IP 协议采用无连接数据报方式进行传输,发送方事先并不了解中间的路由器和信宿机的处理能力以及缓冲区大小,而且在数据报传输过程中没有采用任何流量控制机制。因此,当大量的数据报进入路由器或信宿机时,会造成缓冲区溢出,即出现拥塞(congestion)。

表 6-4 ICMP 控制报文类型

类型	报文	代码	描述
4	拥塞控制	0	源抑制报文
5	路径控制	0	网络重定向
		1	主机重定向
		2	基于服务类型的网络重定向
		3	基于服务类型的主机重定向

拥塞是无连接传输时缺乏流量控制机制而带来的问题。虽然从本质上看拥塞是由于缓冲区不足而造成的,但缓冲区的有限性是客观存在的,所以流量控制是避免拥塞的有效方法。由于 IP 协议缺乏流量控制机制,一旦出现拥塞,就必须有相应的解决措施。

ICMP 利用源抑制的方法来进行拥塞控制。通过源抑制来减缓信源机发出数据报的速率。ICMP 的拥塞控制实际上是拥塞发生后的事后控制。

源抑制报文的格式如图 6-5 所示。

源抑制包括 3 个阶段:发现拥塞阶段、解决拥塞阶段和恢复阶段。

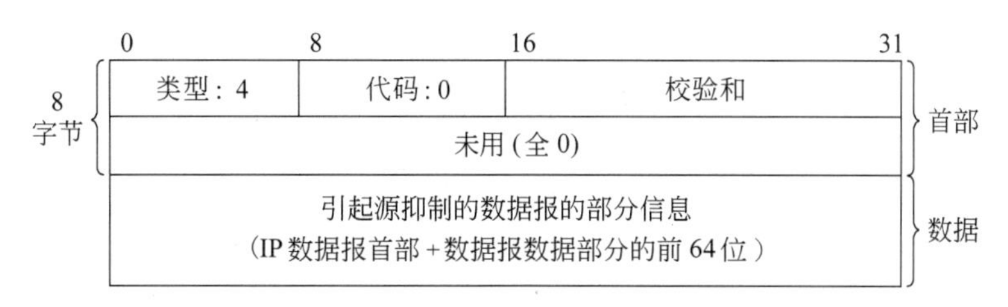

图 6-5　ICMP 源抑制报文格式

在发现拥塞阶段，路由器和信宿主机对缓冲区进行监测，一旦发现拥塞，便向相应的信源机发送 ICMP 源抑制报文。通常是在缓冲区满时丢弃当前的数据报，同时形成 ICMP 源抑制报文，源抑制报文的目的地是当前丢弃的数据报的信源机。每丢弃一个数据报，都要向该数据报的信源机发送一个源抑制报文。该信源机收到源抑制报文后，便知道拥塞已经发生，而且所发送的数据报可能已经丢掉（是否已丢掉取决于拥塞发现是由缓冲区溢出触发还是由缓冲区超过阈值触发）。

在解决拥塞阶段，信源机根据收到的源抑制报文中所带的原数据报的首部信息决定对去往某一特定信宿机的信息流进行抑制。通常信源机在收到源抑制报文后，按一定的规则降低发往某一信宿的数据报传输速率。

拥塞解除后，信源机要恢复数据报传输速率。在拥塞解除后，TCP/IP 并没有报告拥塞解除的机制，信源机判断拥塞解除的依据是，在规定的时间段内未收到关于某一信宿机的源抑制报文，则认为去往该信宿机的拥塞已经解决。在恢复阶段，信源机逐渐恢复数据报的传输速率。

在拥塞控制中有以下几点值得关注：

（1）拥塞的解除由信源机依据是否有进一步的源抑制报文到达来进行判断；

（2）拥塞可能是多个源共同起作用的结果，由于各个信源机的发送速率相差较大，源抑制的效果未必很好；

（3）由于源抑制报文本身会消耗网络带宽，所以也有观点认为路由器不应该产生源抑制报文。

6.4.2　重定向报文

因特网上的路由器和主机中都存储有一个路由表，路由表决定了去往目的地的下一跳路由器的地址。路由器上的路由表能够及时反映网络结构的变化，这一特点由路由器之间定期交换路由信息加以保证。主机因为不能保证全天开机，所以主机中的路由表不能及时反映网络结构的变化情况。另外，由于因特网上的主机数量远大于路由器的数量，主机如果参与路由信息的交换，势必带来大量的通信开销。因此主机中的路由表不通过路由协议进行更新。但主机所在的网络可能和多个路由器相连，主机在发送信息时也要根据其路由表来选择下一跳路由器，为了解决主机路由表的刷新问题，ICMP 提供了重定向机制。

由于主机经常处于关机状态，主机路由表所给出的下一跳路由器可能并非去往信宿的最佳下一跳路由器，当主机的下一跳路由器收到数据报后，该路由器根据它的路由表判断本路由器是否是去往信宿的最佳选择，如果不是，该路由器仍然会向信宿网络转发该数据报，但在转发的同时会产生一个 ICMP 重定向报文，通知信源机修改它的路由表，重定向报文中将给出信源机最佳下一跳路由器的 IP 地址。图 6-6 给出了主机 A 根据重定向报文修改路由表的例子。

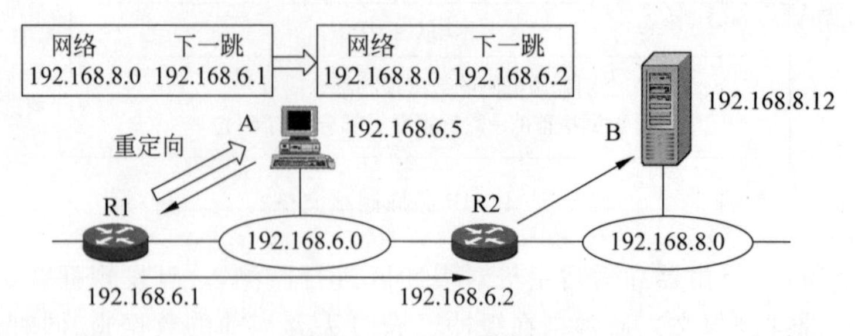

图 6-6 ICMP 重定向

主机 A 向 IP 地址为 192.168.8.12 的主机 B 发送数据报时,根据其路由表得知,去往主机 B 所在的网络 192.168.8.0 的路由器接口是 196.168.6.1,因此将把数据报发送到路由器 R1。R1 收到数据报后判断出 R2 是主机 A 发送数据报到主机 B 的最佳下一跳,R1 在向 R2 转发数据报后,产生重定向报文,并发送给信源机 A,主机 A 收到来自 R1 的重定向报文后,根据重定向报文首部中的目标路由器 IP 地址(192.168.6.2)更新自己的路由表。

ICMP 重定向报文的格式如图 6-7 所示。

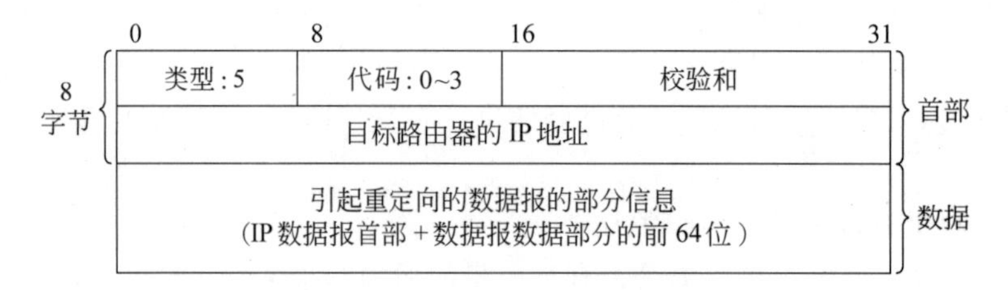

图 6-7 ICMP 重定向报文格式

代码 0~3 分别代表不同的重定向方式,具体含义由表 6-4 给出。

主机开机后在 ICMP 重定向机制的作用下,经过不断积累逐渐充实和完善其路由表。ICMP 重定向机制使得主机的路由表成为一个动态且优化的路由表。

值得注意的是:

(1) ICMP 产生重定向报文的时候并不丢弃原数据报;

(2) ICMP 重定向报文由位于同一网络的路由器发送给主机,完成对主机路由表的刷新;

(3) 被刷新的路由表项与重定向报文数据部分指示的 IP 数据报首部中的信宿地址相关。

(4) 在 IP 数据报含源路由选项时,不产生重定向报文,因为源路由本身就不是要走最佳路径,而是要走源指定的路径。

6.5 ICMP 请求与应答报文对

随着 ICMP 的发展,ICMP 突破了只向信源机反馈信息的模式。ICMP 请求与应答报文对的出现使得因特网上的任何主机或路由器都可以向其他主机或路由器发送请求并获得应答。通过ICMP请求与应答报文对，网络管理人员、用户或应用程序可以对网络进行检测，了解设备的可达性、地址掩码的设置、时钟的同步等情况。其目的是利用这些有用的信息，对网络进行故障诊断和控制。

ICMP请求与应答报文对如表6-5所示。其中的信息请求与应答报文已经不再使用。下面对其他4种请求与应答报文对进行介绍。

表6-5 ICMP请求与应答报文类型

类型	作用	代码	报文
8	回应请求与应答	0	回应请求
0		0	回应应答
10	路由器请求与通告	0	路由器请求
9		0	路由器通告
13	时间戳请求与应答	0	时间戳请求
14		0	时间戳应答
15	信息请求与应答(已不用)	0	信息请求
16		0	信息应答
17	地址掩码请求与应答	0	地址掩码请求
18		0	地址掩码应答

6.5.1 回应请求与应答报文

回应请求与应答报文的目的是对网络进行诊断和测试。请求方(主机或路由器)向某信宿机(主机或路由器)发送一个回应请求，请求的数据区带有发送方给定的数据，信宿机收到请求后，根据请求形成回应应答，应答报文的数据区包含请求中所带的数据。信源机根据应答报文中的数据就可以确定两个设备间是否可以正常通信。

回应请求与应答不仅可以用来测试主机或路由器的可达性，还可以测试IP协议的工作情况。如果请求方能够成功地收到对请求的应答，那么不但说明信宿可达，而且说明信源机与信宿机的ICMP软件和IP软件工作正常，同时也说明请求与应答经过的中间路由器能够正常进行路由。

ICMP回应请求与应答报文的格式如图6-8所示。类型“8”表明是回应请求报文，类型

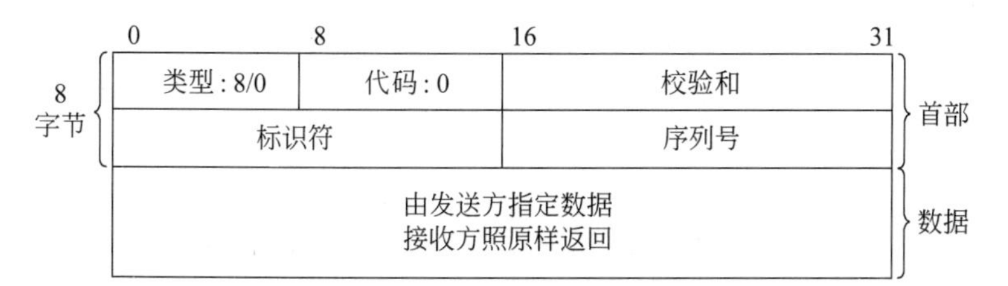

图6-8 ICMP回应请求与应答报文格式

0 表明是回应应答报文。协议未对标识符和序列号字段进行正式定义,通常将标识符和序列号用于匹配请求与应答,标识符一般为发起请求进程的进程 ID,或者为标识会话的端口号。序列号在多个回应请求中会自动累加。回应请求与应答报文的标识符和序列号一致。

TCP/IP 网络系统所提供的 ping 命令大多是利用 ICMP 回应请求与应答报文来实现的,该命令通常用于测试信宿的可到达性。

6.5.2 时间戳请求与应答报文

因特网中的各个主机和路由器都是独立运行的,因此在时钟上存在着较大的差异,而一些分布式应用系统要求各个设备的时钟是同步的,ICMP 时间戳请求与应答报文就是用于设备间进行时钟同步的报文对。

用时间戳请求与应答报文进行时钟同步的基本思路是,请求方主机通过获取另一主机的时间戳信息,将该信息和请求方主机的时间戳信息进行比较后,再估算两者的时钟差异。

图 6-9 给出了时间戳请求与应答报文的格式。

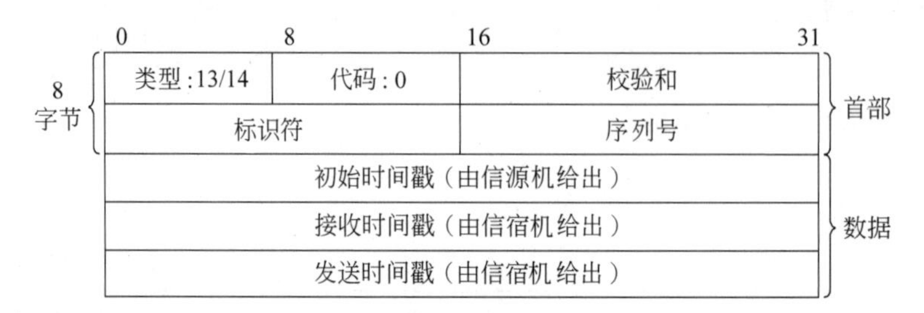

图 6-9 ICMP 时间戳请求与应答报文格式

类型 13 表示时间戳请求报文,类型 14 表示时间戳应答报文,标识符和序列号的含义与前面介绍的相同。

图 6-9 中的初始时间戳字段用于指示请求方发出请求的时间,由请求方主机在请求报文离开时按请求主机当前时间填写,接收时间戳字段用于指示应答方主机收到请求的时间,发送时间戳字段用于指示应答方主机发送应答的时间。应答报文中的初始时间戳直接从请求报文中复制得到,接收时间戳和发送时间戳由应答方主机根据自己接收到请求时的时钟和发出应答时的时钟填写。3 个时间戳字段各为 32 比特长,以毫秒为单位从世界时间午夜 0 点起计时。虽然 32 比特可以计数到4 294 967 295,但时间戳的计数值不能超过86 400 000,即 24 小时。

请求方主机在发出请求时,将接收时间戳和发送时间戳填为 0。

为了估算请求方与应答方之间的时钟差异,首先要计算出时间戳请求和应答的往返延迟,然后据此计算出单程传输延迟,最后由两个设备的时间戳和单程传输延迟来计算出两个设备之间的时间差,从而实现时钟的同步。

如图 6-10 所示,如果请求方主机的初始时间戳用 $t_{初始}$ 表示,请求方主机接收到应答时的时间戳用 $t_{当前}$ 表示,应答方主机的接收时间戳用 $t_{接收}$ 表示,应答方主机的发送时间戳用 $t_{发送}$ 表示,那么,往返延迟时间就可以用下式计算:

$$\begin{aligned}往返时间 &= t_{当前} - t_{初始} - (t_{发送} - t_{接收}) \\ &= t_{接收} - t_{初始} + t_{当前} - t_{发送}\end{aligned}$$

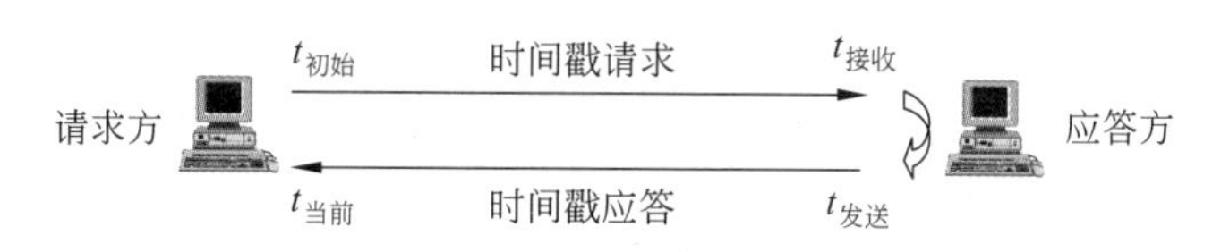

图 6-10　时间戳请求与应答

如果假设传输请求的时延和传输应答的时延相同，那么单程时延就等于往返时间的一半。

下面是一个时钟同步的例子。主机 A 发出时间戳请求时的初始时间戳为 1000 毫秒，主机 B 收到请求时的接收时间戳是 1055 毫秒，主机 B 给出应答时的发送时间戳是 1057 毫秒，主机 A 收到应答时的时间戳为 1030 毫秒。主机 A 可以根据这些时间戳计算出两台主机间的时间差。

往返时间$=t_{\text{当前}}-t_{\text{初始}}-(t_{\text{发送}}-t_{\text{接收}})=1030-1000-(1057-1055)=28$（毫秒）

单程时延$=28\div 2=14$（毫秒）

时间差$=t_{\text{接收}}-(t_{\text{初始}}+\text{单程时延})=1055-(1000+14)=41$（毫秒）

由上面的计算可知：主机 B 的时钟比主机 A 的时钟快了 41 毫秒。

由于在实际情况中并不能保证请求报文和应答报文的传输时间相等的假设一定成立，因此上述计算结果只能看作是一种估算。

6.5.3　地址掩码请求与应答报文

要想确定一台主机所属的子网，除了需要知道其 IP 地址外，还需要知道其子网掩码。地址掩码请求与应答报文使得一台主机可以获得另一台主机或路由器的子网掩码。如果能够获得本网络中路由器的子网掩码，也就得到了本机所属子网的掩码。无盘计算机通过 RARP 获得 IP 地址后，可以利用地址掩码请求来获得子网掩码。

地址掩码请求与应答报文的格式如图 6-11 所示。

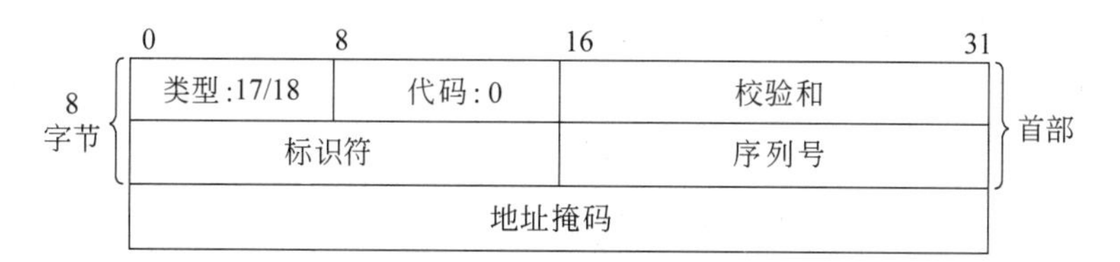

图 6-11　ICMP 地址掩码请求与应答报文格式

类型 17 表示地址掩码请求，地址掩码请求报文的地址掩码字段为 0。类型 18 表示地址掩码应答。

在 RFC 6918 中已经要求不再使用这对报文，因为 DHCP 协议已经涵盖了这对报文的功能。

6.5.4　路由器请求与通告报文

一种初始化路由表的方法是在配置文件中指定静态路由；而另一种方法是利用 ICMP 路由器请求和通告报文来获得路由器的 IP 地址。通过路由器请求和通告报文还可以知道路由器是否处于活动状态。

主机在引导以后通过广播或组播发出路由器请求报文。一台或多台路由器以路由器通告报文作为响应。即使没有路由器请求报文,路由器也可以定期广播或组播路由器通告报文。ICMP 路由器请求报文和路由器通告报文的格式如图 6-12 和图 6-13 所示。

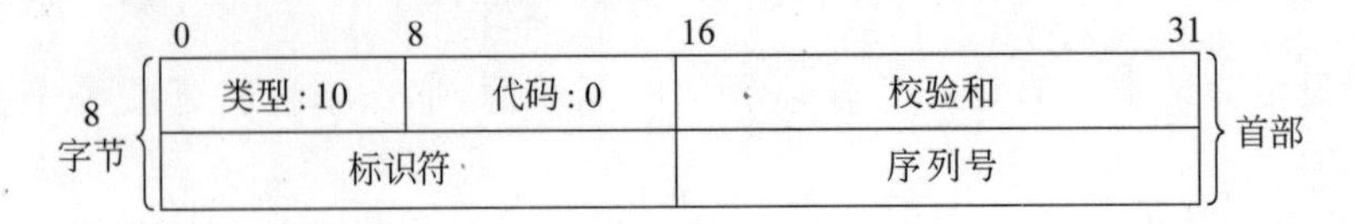

图 6-12　ICMP 路由器请求报文格式

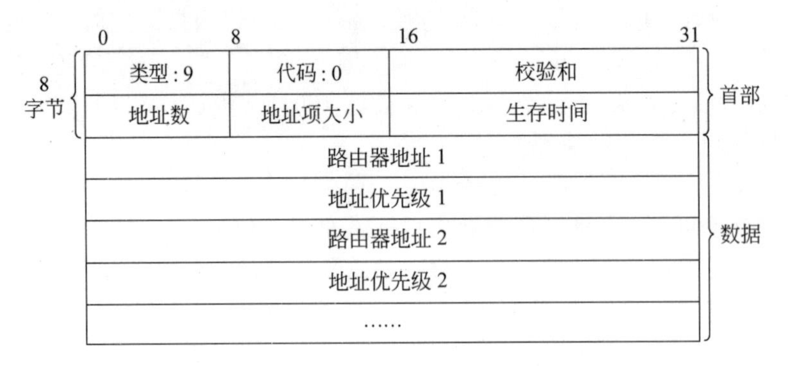

图 6-13　ICMP 路由器通告报文格式

路由器通告报文可以包含多个地址信息。首部中的地址数字段指明报文所含的地址项的个数。一个地址项由一个 IP 地址和一个 4 字节的地址优先级构成,地址项大小字段指明每个路由器地址项所占 32 比特字的数目,一般为 2。生存时间字段以秒为单位指明所通告地址的有效时间。

路由器通告报文的数据区是一个或多个地址项。地址项中的优先级指出该 IP 地址作为默认路由器地址的优先等级,值越小优先级越高。若地址优先级为 0,则该地址可作为默认路由器地址。优先级为 0x80000000 时,表明该地址不能作为默认路由器地址使用。

现在这对报文已不再用于原先的用途,而是扩展后用于移动 IP 的代理发现。

6.6　ICMP 报文封装

虽然 ICMP 协议可以接受来自上层(TCP 和 UDP)的请求,但并不直接封装来自上层协议的数据。ICMP 协议将请求转变为 ICMP 报文,然后将报文封装在 IP 协议中进行发送。包含 ICMP 报文的 IP 数据报首部的协议字段为 1,指出数据区内容为 ICMP 报文。

IP 软件一旦接收到 ICMP 报文,就立即交给 ICMP 模块进行处理。ICMP 模块可以形成应答报文,也可以交给上层的应用程序或协议去处理。

ICMP 报文的封装如图 6-14 所示。

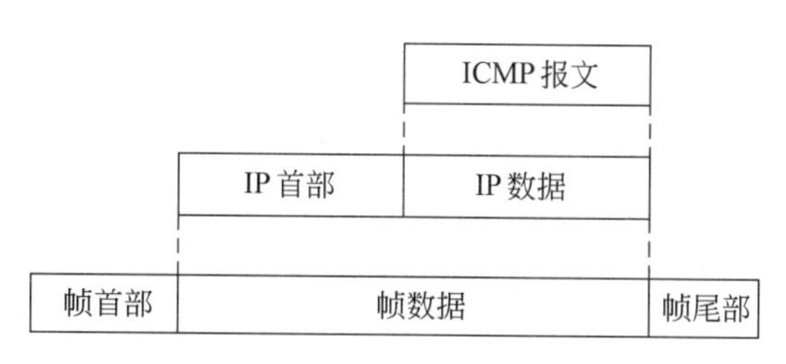

图 6-14　ICMP 报文封装

本章要点

- ICMP 协议是 IP 协议的补充，用于 IP 层的差错报告、拥塞控制、路径控制以及路由器或主机信息的获取。
- ICMP 既不向信宿机报告差错，也不向中间的路由器报告差错，而是向信源机报告差错。
- ICMP 与 IP 协议位于同一个层次，但 ICMP 报文被封装在 IP 数据报的数据部分进行传输。
- ICMP 报文可以分为 3 大类：差错报告、控制报文和请求/应答报文。
- ICMP 差错报告分为 3 种：信宿机不可达报告、数据报超时报告和数据报参数错报告。
- 数据报超时报告包括 TTL 超时和分片重组超时。
- 数据报参数错包括数据报首部中的某个字段的值有错和数据报首部中缺少某一选项所必须具有的部分参数。
- ICMP 控制报文包括源抑制报文和重定向报文。
- 拥塞是无连接传输时缺乏流量控制机制而带来的问题。ICMP 利用源抑制的方法进行拥塞控制，通过源抑制减缓信源机发出数据报的速率。
- 源抑制包括 3 个阶段：发现拥塞阶段、解决拥塞阶段和恢复阶段。
- ICMP 重定向报文由位于同一网络的路由器发送给主机，用来完成对主机的路由表的刷新。
- 网络管理人员、用户或应用程序可以通过 ICMP 请求与应答报文对网络进行检测，了解设备的可达性、地址掩码的设置、时钟的同步等情况。
- ICMP 回应请求与应答不仅可以用来测试主机或路由器的可达性，还可以用来测试 IP 协议的工作情况。
- ICMP 时间戳请求与应答报文用于设备间进行时钟同步。
- 地址掩码请求与应答报文使一台主机可以获得另一台主机或路由器的子网掩码。
- 主机利用 ICMP 路由器请求和通告报文不仅可以获得默认路由器的 IP 地址，还可以知道路由器是否处于活动状态。

习题

6-1 TCP/IP 的可靠性思想是将可靠性问题放到传输层解决以简化路由设备的实现。那么为什么还要在 IP 层的 ICMP 中实现差错报告功能?

6-2 源抑制包括哪 3 个阶段?

6-3 ICMP 与 IP 协议是什么关系?

6-4 在利用时间戳请求应答报文进行时钟同步时,主机 A 的初始时间戳为 32 530 000,接收到主机 B 应答时的时间戳为 32 530 246,主机 B 的接收时间戳和发送时间戳分别为 32 530 100 和 32 530 130,主机 A 和主机 B 之间的时间差是多少?

6-5 在什么情况下主机决不会收到重定向报文?

第 7 章　IP　路　由

IP 数据报路由是 TCP/IP 协议的最重要功能之一。路由又称为路由选择，是为数据寻找一条从信源到信宿的最佳或较佳路径的过程。

进行路由选择的依据是网络的拓扑结构，网络的拓扑结构通过一个称为路由表的数据结构加以体现，路由选择围绕路由表进行。

由于网络结构的复杂性和动态性，使得 IP 路由涉及网络结构的抽象描述、路由表的结构、路由表的建立和刷新以及根据路由表决定下一跳路由器等方面的问题。

7.1　直接传递与间接传递

向信宿传递数据分组的方式分为直接传递和间接传递两种方式。直接传递是指直接传到最终信宿的传输过程。间接传递是指在信源和信宿位于不同物理网络时，所经过的一些中间传递过程。

在图 7-1 中，主机 A 向主机 B 传输数据是直接传递，因为作为信宿的主机 B 和主机 A 位于同一个物理网络上。主机 A 向主机 C 传输数据经过了间接传递和直接传递的过程。从主机 A 到路由器 R1 和从路由器 R1 到路由器 R2 的传递是间接传递，而从与主机 C 位于同一物理网络上的路由器 R2 到主机 C 的数据传输则是直接传递。

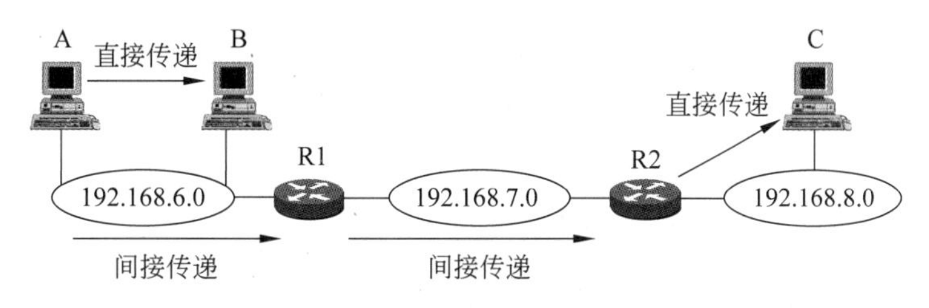

图 7-1　直接传递与间接传递

由图 7-1 可知，数据传递由一个直接传递和零到多个间接传递组成。

7.2　IP 路由概述

因特网由非常多的网络连接而成，当从一台主机向另一台主机发送信息时，必须知道去往目的地的路径，也就是说，信息往往要穿过多个网络。因特网可以采用全无规律的拓扑结构，而且不断地有网络接入或退出，使得网络的结构处于不断的变化之中，这给路由选择带来了许多困难。

由于网络拓扑结构与 IP 路由密切相关，首先要有描述网络结构的方法，TCP/IP 将网络结构进行抽象，用点表示路由器，用线表示网络。路由选择基于这一抽象结构进行，通过路由选择找到一条通往信宿的最佳路径。

路由选择在主机和路由器上完成,TCP/IP 采用表驱动的方式进行路由选择。在每台主机和路由器中都有一个反映网络拓扑结构的路由表,单个路由表只反映了因特网局部的拓扑信息,但所有路由表的集合却能反映因特网的整体拓扑结构。主机和路由器能够根据路由表所反映的拓扑信息找到去往信宿的正确路径。

与路由表相关的操作包括两部分:一部分是路由表的使用,即根据路由表进行路由选择;另一部分是路由表的建立与刷新,这项工作通常由路由守护程序完成。守护程序一般在系统引导时启动,在系统运行期间一直在后台运行,当某事件发生时它将代表系统执行某些操作。路由守护程序负责交换路由信息,完成路由表的刷新。

访问路由表的频率比刷新它的频率要高得多,在一台繁忙的主机上,路由表一秒钟内可能要被访问几百次,而路由守护程序对路由表的刷新却可能每隔十多秒甚至几十秒进行一次。

主机和路由器上的 IP 协议负责根据路由表完成路由选择,路由表的建立与刷新由专门的路由协议负责。图 7-2 给出了与路由表相关的操作。

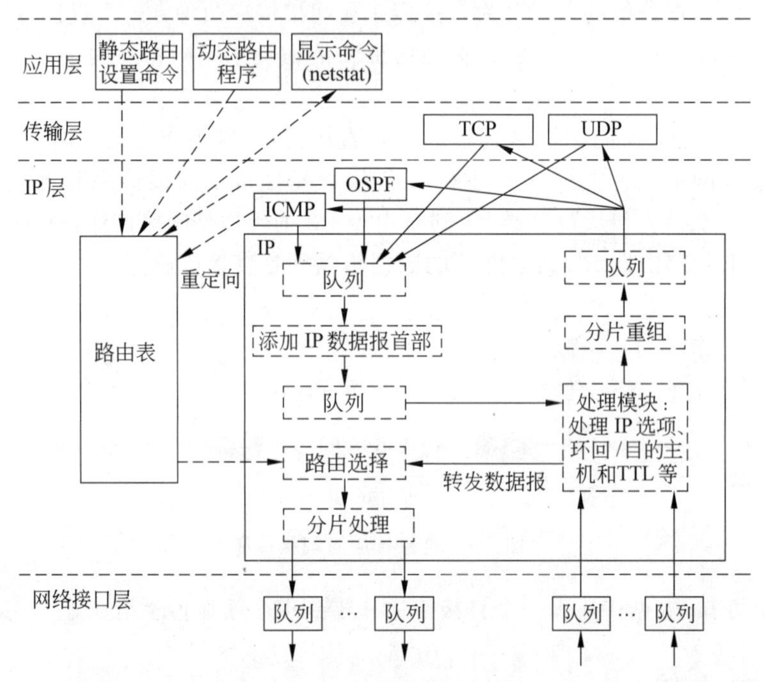

图 7-2　与路由表相关的操作

IP 层中的 IP 模块利用路由表中的子网掩码获得信宿机所在的子网,并检查结果和路由表中的目的地址是否匹配,如果匹配,则从对应的接口发送数据。发送时先要进行地址解析,事实上,根据直接传递和间接传递的不同而有所差异,直接传递时进行地址解析的对象是信宿机,而间接传递时进行地址解析的对象是去往信宿的下一跳路由器。

路由表的使用相对来说比较简单,而路由表的维护却是较为复杂的工作,ICMP 为主机的路由表进行重定向操作,OSPF 和应用层的其他动态路由程序负责对路由表进行动态刷新。一个好的动态路由程序要保证路由表能够及时地反映网络结构的变化。

7.3 路由表

路由表(routing table)是存在于主机和路由器中的、反映网络结构的数据集,是数据在因特网上正确传输的关键所在。路由表的功能是指明去往某信宿应该采用哪条路径。

7.3.1 路由表的构成

路由表是一个二维表,每个表项由多个字段构成。最基本的字段是信宿地址和去往信宿的路径。

从理论上讲信宿可能是因特网上的任何一台可寻址设备,也就是说在路由表的信宿地址部分应该包含了当前因特网上所有可寻址设备的IP地址,但这种做法是不可行的,这会使得每个路由表都非常庞大。通常路由表中的信宿地址采用网络地址(特定主机路由除外)。

在路由表中不直接采用主机IP地址的理由如下:

(1) 可以大大减小路由表的规模。网络数比主机数要少得多,而信息一旦到达信宿网络,也就到达了信宿主机,数据传递到信宿的相邻路由器后,相邻路由器再通过直接传递将数据传给信宿主机。所以可以用网络地址来取代网络中各主机的地址。

(2) 与网络的抽象结构相对应。网络的抽象结构中只有网络,没有主机。

(3) 增强了路由表对网络变化的适应性。由于体现了信息隐藏的原则,主机的添加和删去不会对路由表产生任何影响。

(4) 减轻了路由表维护以及路由选择的开销,同时也简化了路由设备的设计和实现。

虽然从信源到信宿的完整路径通常包括一系列的路由器,但通常在单个路由表中并不存放完整的路径,而只是存放去往信宿的路径中的下一跳路由器的地址,通过下一跳地址将路由器串起来就构成了通往信宿的路径。

在路由表中只采用下一跳地址而不用完整路径的好处是:

(1) 减小了路由表的规模;

(2) 去掉了路由表中关于相同路径的冗余信息;

(3) 使路由表变得简单,便于维护。

从路由表的结构上看,除了包括信宿地址和下一跳路由器地址外,通常还包括子网掩码、去往下一跳的输出接口和度量。路由表的一般结构如图7-3所示。

信宿地址	子网掩码	下一跳地址	输出接口	度量
…	…	…	…	…

图7-3 路由表的一般结构

图7-3中路由表各字段的含义如下:

信宿地址:一般为目标网络的地址。系统将在对数据报的目的IP地址和子网掩码进行逻辑与操作后再与该参数进行匹配。

子网掩码:该字段用于提取数据报目的IP地址所对应的网络地址。

下一跳地址：该地址代表数据报在通往信宿的过程中必须走的下一步。它可能是另一个路由器，也可能是路由器在那个网络上的本地接口，当路由器和信宿机位于同一个网络(即路由器与信宿网络直接相连)时，有些路由表会将下一跳地址设为路由器在信宿网络上的本地接口，有的用 C 表示直连。

输出接口：该字段表示路由器通过该接口将数据送往下一个路由器或信宿网络，一般填输出接口的 IP 地址。

度量：该字段用于度量从本设备出发去往信宿的距离，一般以跨越的路由器的个数来衡量。在存在多条通往信宿的路径时，取其中跳数最少的作为其参数值。

虽然路由表中的大多数表项以信宿网络地址作为信宿地址，但为了特殊的目的，也可以用主机的 IP 地址作为信宿地址。

用主机的 IP 地址作为信宿地址的表项称为特定主机路由(host-specific routing)，特定主机路由为单个主机指定一条特别的路径，这种方式给网络管理人员赋予了更大的网络控制权，可用于安全性和网络测试等目的。特定主机路由表项的掩码是 255.255.255.255。

路由表中的另一个特殊表项是默认路由(default routing)。默认路由将去往多个网络(一般是去往本自治系统以外的具有相同的下一跳的信宿网络)的路由表项合为一个。目的是为了进一步隐藏细节、缩小路由表。

在路由表中默认路由表项所对应的信宿地址和子网掩码都是 0.0.0.0。一个路由表中最多只能有一个默认路由表项，只有当路由表的其他部分的所有路径都无效时(IP 地址和路由表中的子网掩码执行逻辑"与"操作后与信宿地址不匹配)，才使用默认路由。由于默认路由的信宿地址和子网掩码都是 0.0.0.0，所以任何 IP 地址和它都是匹配的。只要路由表中存在默认路由，就不会出现找不到下一跳的问题。

图 7-4 给出了一个网络和路由表的例子。图中第一个表项是对网络 192.168.6.0 的路由，而且是直接传递。第二个表项是对主机 B 的特定主机路由。第三个表项是对网络 192.168.7.0 的路由。最后一个表项是默认路由。

R1的路由表

信宿地址	子网掩码	下一跳	输出接口	…
192.168.6.0	255.255.255.0	192.168.6.1	192.168.6.1	…
192.168.7.6	255.255.255.255	192.168.5.6	192.168.5.5	…
192.168.7.0	255.255.255.0	192.168.5.2	192.168.5.1	…
…	…	…	…	…
0.0.0.0	0.0.0.0	192.168.5.6	192.168.5.5	…

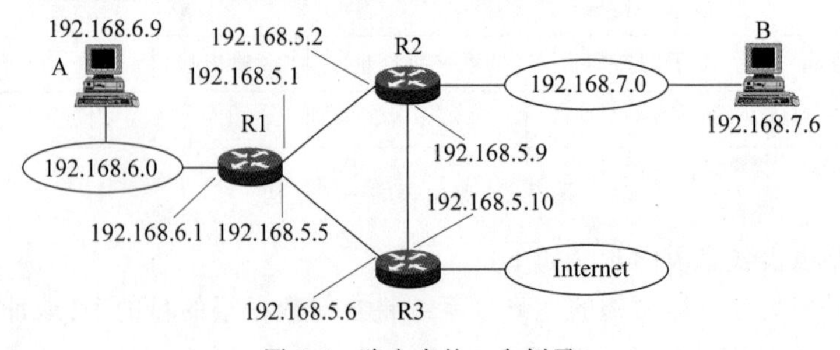

图 7-4　路由表的一个例子

随着设备和软件厂商的不同，路由表的结构可能不完全相同，但都大同小异。

和路由器一样，主机中也存在一个路由表。因为主机所在的物理网络可能连接了多个路由器，为了实现最短路径原则，去往不同的信宿可能采用不同的路由器作为路径上的初始路由器。主机路由表的目的正是为了在不同的初始路由器中作出选择，把数据报交给去往信宿最近的一个路由器。

7.3.2　路由算法

主机和路由器在发出数据报时，其 IP 层的 IP 模块要根据数据报中的信宿 IP 地址和路由表完成下面的路由算法。

算法以数据报和路由表作为输入参数，首先从数据报中取出信宿的 IP 地址，将路由表中的子网掩码与信宿 IP 地址进行与操作，将得到的结果与路由表中对应的信宿地址进行匹配，若是特定主机路由，则将数据报送往对应的下一跳路由器或直接连接的信宿机；若是网络地址，则将数据报送往该网络对应的下一跳路由器或直接连接的信宿机。若没有相匹配的主机地址或网络地址项，则看看是否有默认路由项，默认路由项的掩码为全 0，所以只要默认路由项存在，逻辑与操作的结果就必然与默认地址(0.0.0.0)相匹配。若路由表中没有默认项，那么本机将丢弃数据报，然后产生网络不可达的 ICMP 出错报文。该算法实际上遵循的是最长掩码匹配原则，这里的最长掩码指的是掩码为 1 的前缀部分的长度最长。在算法进行匹配时，可能存在多个表项都满足匹配，这时要按照最长掩码匹配优先的原则，选择最长掩码匹配的表项进行路由。实现时只要将路由表按掩码长度降序排列后进行匹配即可。图 7-5 显示了路由算法。

```
Route_IP_Datagram(datagram, routing_table)
从数据报中取出信宿 IP 地址 I_D
对路由表中的每一个表项
将子网掩码和信宿 IP 地址进行逻辑与操作得到 I_N
if 是特定主机路由                         }特定主机路由
   then 按路由表发送数据报;
else if I_N 匹配信宿网络地址               }网络路由
   then 按路由表发送数据报;
else if 路由表中指定了默认路由             }默认路由
   then 将数据报发往默认路由器;
else 丢弃数据报,产生 ICMP 出错报文
```

图 7-5　路由算法

上述算法假定各路由表是正确一致的(没有矛盾)，该算法只是根据路由表来转发数据报，而不涉及路由表的初始化和刷新，路由表的初始化和刷新问题由专门的路由协议完成。

7.4　静态路由

路由表的建立和刷新可以采用两种不同的方式：静态路由和动态路由。一般说来，以静态路由方式工作的路由器只知道那些和它直接连接的网络，而不能发现和它没有直接物理连接的那些网络。对于这种路由器，如果想让它把数据报路由到任何其他的网络，需要以

手工方式在路由表中添加表项。

每台路由器中的静态路由表都是一个本地文件,该文件包含所有去往已知网络的路由。静态路由要求手工配置固定的路由表。当网络结构发生变化时,网络管理人员要及时调整路由表。图 7-6 给出了一个用于配置静态路由的网络结构。

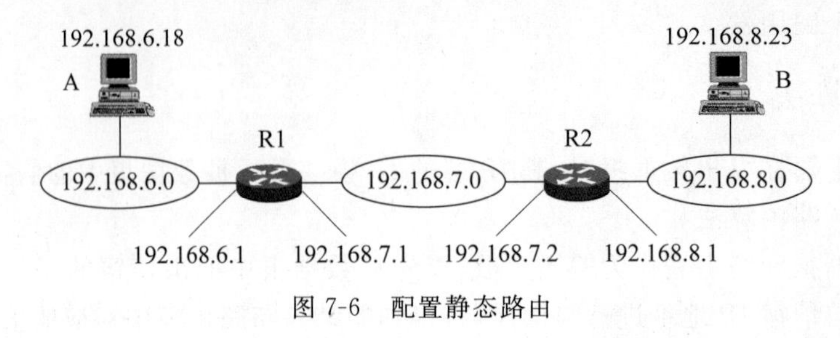

图 7-6 配置静态路由

图 7-6 中的路由器 R1 与网络 192.168.6.0 和 192.168.7.0 直接相连,R1 启动时的初始路由表如图 7-7 所示。

信宿地址	子网掩码	下一跳地址	输出接口	度量
192.168.6.0	255.255.255.0	192.168.6.1	192.168.6.1	1
192.168.7.0	255.255.255.0	192.168.7.1	192.168.7.1	1

图 7-7 路由器 R1 的初始路由表

当主机 A 要向主机 B 发送信息时,R1 无法根据图 7-7 中的路由表进行转发。因此需要网络管理员手工对 R1 的路由表进行维护,采用的方法可以是在 R1 的路由表中添加与网络 192.168.8.0 相关的表项或者在 R1 的路由表中添加一个默认路由表项。修改后的路由表如图 7-8 所示。

1. 在路由表中添加信宿网络表项

信宿地址	子网掩码	下一跳地址	输出接口	度量
192.168.6.0	255.255.255.0	192.168.6.1	192.168.6.1	1
192.168.7.0	255.255.255.0	192.168.7.1	192.168.7.1	1
192.168.8.0	255.255.255.0	192.168.7.2	192.168.7.1	2

2. 在路由表中添加默认路由表项

信宿地址	子网掩码	下一跳地址	输出接口	度量
192.168.6.0	255.255.255.0	192.168.6.1	192.168.6.1	1
192.168.7.0	255.255.255.0	192.168.7.1	192.168.7.1	1
0.0.0.0	0.0.0.0	192.168.7.2	192.168.7.1	1

图 7-8 路由器 R1 的路由表

虽然默认路由表项可以使路由器把数据报发送到下一个路由器,并找到了一条通往信宿网络的路由,但在路由表中只能有一条默认路由表项。为了使得信息不仅出得去,而且进得来，通常采用的办法是将本自治系统内的网络都加入到路由表中，而去往本自治系统外的网络的数据报通过默认路由送出。

自治系统(autonomous system)由独立管理机构所管理的一组网络和路由器组成。自治系统内部包含多个网络和路由器，自治系统本身由一个独立的组织管理，其拓扑结构、路由表的建立与刷新机制等都由该管理机构自由选择。引入自治系统概念后，网络的扩充变得非常容易，几乎可以扩展到任意规模。

以手工方式对路由表进行维护的命令通常是ROUTE命令，利用ROUTE命令，管理员能够添加、删除、改变和清除路由表的表项。ROUTE命令有许多用于管理静态路由表的参数。

微软Windows 10系统下的ROUTE命令格式如下。

```
ROUTE [-f] [-p] [-4|-6] command [destination] [MASK netmask] [gateway] [METRIC
metric] [IF interface]
```

命令中的-f参数表示清除所有网关入口的路由表。-p与ADD命令一起使用时使路由具有永久性，保证在机器重新启动后该路由项仍能被保留。-4表示IPv4路由表，-6表示IPv6路由表。

command命令包括：ADD添加路由；PRINT显示路由；DELETE删除路由；CHANGE修改现有路由。

destination表示信宿地址，一般为网络地址。netmask表示网络掩码。gateway表示下一跳路由器地址。metric表示去往信宿网络的度量值。interface表示接口号。

Cisco路由器的静态路由命令为：

```
ip route network-address subnet-mask [ip-address|exit-interface]      ——添加
no ip route network-address subnet-mask [ip-address|exit-interface]      ——删除
show ip route      ——显示
```

命令中的network-address表示目的网络地址，subnet-mask表示网络掩码，ip-address表示下一跳路由器地址，exit-interface表示输出接口号。

静态路由所带来的问题是，在大型网络上手工编辑路由表是一件非常困难的工作，不仅工作量大，而且不能及时地反映网络拓扑结构的频繁变化，还有可能造成难以管理的冗余路径。

7.5 动态路由

以动态路由方式工作的路由器使用一种路由协议。该路由协议支持一个路由器与其他路由器的通信，通过这种通信，路由器之间可以相互通告它们所连接的网络情况或路由表中的变化。路由器根据获得的变化信息，刷新自己的路由表。在这种方式中，路由表是动态建立和维护的，引入新的网络时不需要管理员编辑路由表。所以，大型网络都采用动态路由。

路由器进行路由选择的原则是最短路径优先。最短路径优先并不一定能够保证路径是最优的，因为这里没有考虑各条路径的拥塞和负载状态。尽管如此，最短路径优先却非常简捷实用，可以简化协议的设计和实现。

因特网的自动路径信息获取机制由一组协议实现,这组协议负责路由器之间的路径信息交换,并且根据获取的路径信息对路由表进行更新。

路由表的建立是指路由表的初始化过程。路由器启动时,初始路由表的建立可以通过从外存读入一个完整的路由表来完成,也可以根据与本路由器直接相连的网络推导出一组初始路径。初始路由表一般来说是不完善的,需要在运行过程中通过不断获取网络的最新状态来进行完善,这一动态过程称为路由表的刷新。

路由器自动获取路径信息的基本方法有两种:一种是距离—向量算法(又称为向量—距离算法,简称为 V-D 算法),另一种是链路—状态算法。

距离—向量算法的基本思想是:路由器周期性地向与它相邻的路由器广播路径刷新报文,报文的主要内容是一组从本路由器出发去往信宿网络的最短距离,在报文中一般用(V,D)序偶表示,这里的 V 代表"向量",标识从该路由器可以到达的信宿(网络或主机),D 代表距离,指出从该路由器去往信宿 V 的距离,距离 D 按照去往信宿的跳数计。各个路由器根据收到的(V,D)报文,按照最短路径优先原则对各自的路由表进行刷新。

距离—向量算法的路径刷新发生在相邻网关之间,所以 V-D 报文不一定以广播方式发送出去,可以是组播方式,也可以一对一地发送。

距离—向量算法的优点是简单、易于实现。

距离—向量算法的缺点是收敛速度慢和信息交换量较大。

收敛速度慢是指当网络结构发生变化时,路由器不能及时地了解到这种变化,变化信息的传输和扩散需要一段时间,而在系统中所有的路由器获得这种变化信息之前,部分路由表不能正确地反映网络拓扑的真实情况,所以,在收敛过程中,路由表是不一致的。由于距离—向量算法的收敛速度较慢,因此该算法不适合结构频繁变化的或大型的网络环境。

距离—向量算法每次交换路由信息时,传输的几乎是整个路由表,而且所有的路由器都参与信息交换,因此,交换的信息量较大,消耗了网络的带宽。

链路—状态(link-status,简称 L-S)算法的基本思想是:系统中的每个路由器通过从其他路由器获得的信息,构造出当前网络的拓扑结构,根据这一拓扑结构,并利用 Dijkstra 算法形成一棵以本路由器为根的最短路径优先树,由于这棵树反映了从本结点出发去往各路由结点的最短路径,所以本结点的路由表可以根据这棵最短路径优先树来形成。

用 Dijkstra 算法计算的最短路径可以用路径上的结点数度量,也可以用距离、队列长度或传输时延等来度量。这些量可以通过给拓扑图的各条边赋予权值来实现。

链路—状态算法又叫最短路径优先(shortest path first,SPF)算法。链路—状态算法首先由路由器向相邻路由器发送查询报文,测试与其相邻路由器之间的链路状态,如果能够收到相邻路由器发回的响应,则说明该相邻路由器与本路由器之间存在正常的链路。

在获得本路由器与周边路由器的链路状态后,路由器还将向系统中所有参加最短路径优先算法的路由器发送链路状态报文。

各路由器收到其他路由器发来的链路状态报文后,根据报文中的数据刷新本路由器所保存的网络拓扑结构图,如果链路状态发生了变化,路由器将启用 Dijkstra 算法生成新的最短路径优先树,并刷新本地路由表。

当系统处于收敛状态时,每个路由器中的网络拓扑结构图都是一样的,但由于最短路径优先树的根不同,所以各路由器的路由表也不相同。

动态路由所使用的路由协议包括用于自治系统内部的内部网关协议(IGP)和用于自治系统之间的外部网关协议(EGP)。

内部网关协议用于自治系统内部的路径信息交换和路由表刷新。内部网关协议为路由器提供获取本自治系统内部各网络路径信息的机制。常用的内部网关协议有路由信息协议(routing information protocol,RIP)和开放最短路径优先(open shortest path first,OSPF)协议。

外部网关协议用于自治系统之间的路径信息交换和路由表刷新。常用的外部网关协议有外部网关协议(exterior gateway protocol,EGP)和边界网关协议(border gateway protocol,BGP)。

7.5.1 路由信息协议

路由信息协议 RIP 是一个广泛使用的内部网关协议,RIP 协议采用距离—向量算法,RIP 要求路由器每 30 秒钟向外广播一个 V-D 报文,报文中的 V-D 信息来自于本地的路由表。

1. RIP 协议解决的问题

RIP 协议在基本的距离—向量算法的基础上,增加了对路由环路、相同距离路径、失效路径以及慢收敛问题的处理。

RIP 协议以路径上的跳数作为该路径的距离。为了防止出现路由环路,RIP 规定,一条有效路径的距离不能超过 15,距离度量为 16 时表示路径不存在。当然,这样一来使得 RIP 不能用于距离较远(跳数较多)的大型网络。

解决相同距离路径的方法是:若去往某一网络存在多条相同距离的路径时,路由器采用先入为主的原则,以最先收到的路径广播报文决定下一跳,后来收到的相同距离的路径信息不会造成对以前路由的刷新。

为了解决失效路径问题,RIP 协议为每条路由设置一个定时器。如果系统发现某一条路由在 3 分钟(6 个周期)内没有收到与它相关的更新信息,就将该路由的度量值设置成 16,即无穷大,并标注为删除。标注后并不立即删除,以便传播该路由的失效信息,需要再过一段时间,才将该路由从路由表中删除。

慢收敛的典型情况是计数到无穷,图 7-9 给出了一个计数到无穷的例子。

在图 7-9 中,当 R1 到 NET1 的链路或接口出现故障时,R1 将检测到 NET1 不可达,此时 R1 会立即将去往 NET1 的距离改为 16,表示 NET1 已经不可达。如果这时 R1 能够及时地将此路径信息告诉 R2,系统将不会出现问题。但如果在 R1 发出 V-D 报文之前,R2 的 V-D 报文先到达,那么,R1 会根据 R2 的 V-D 报文进行路由刷新,这样就引发了如图所示的计数到无穷问题。在度量变为无穷(16)之前,R1 认为通过 R2 可以到达 NET1,而 R2 认为通过 R1 可以到达 NET1。这样就在 R1 和 R2 之间产生了路由环路,虽然通过 R1 和 R2 之间的 V-D 报文交换最终可以解除路由环路,但解除的过程非常缓慢,这就是计数到无穷带来的慢收敛问题。

加快收敛的一种方法是水平分割法(split horizon)。水平分割法的基本思想是:路由器从某个接口接收到的信息造成了路由表的更新,更新后的信息不允许再从这个接口发回去。在图 7-9 所示的例子中,R2 向 R1 发送 V-D 报文时,不能包含经过 R1 去往 NET1 的路

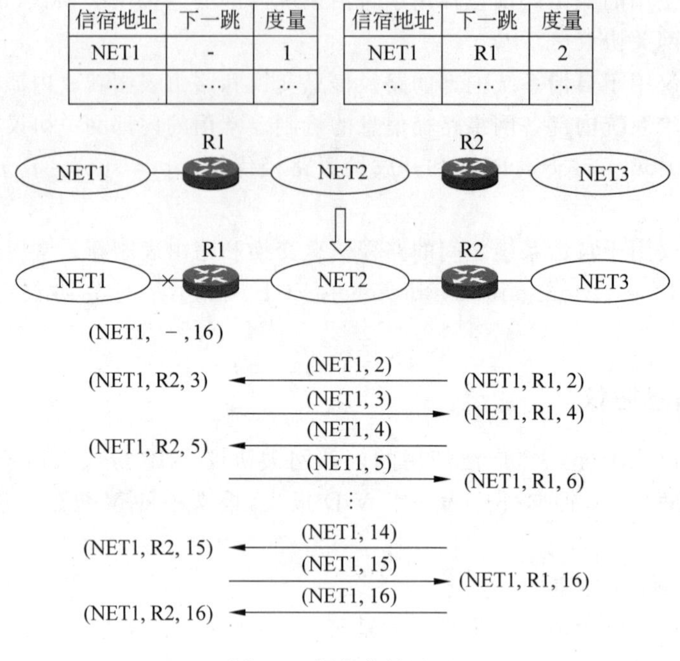

图 7-9 慢收敛的过程

径。因为这一信息本身就是 R1 所产生的。

简单的水平分割法带来的一个问题是，当 R1 收到来自 R2 的不含去往 NET1 路径的 V-D 报文时，R1 无法确定究竟是因为水平分割法造成的，还是因为 R2 最近一直都未收到关于 NET1 的 V-D 信息造成的。

RIP 协议采用了具有毒性逆转的水平分割法。路由器收到 V-D 报文后，利用报文中的信息刷新路由表，然后在特定的时间(每隔大约 30 秒，一般取 25～35 秒之间的随机值)向所有接口发出刷新后的 V-D 信息，当向某一接口发出信息时，凡是从这一接口进来的信息改变了路由表表项的，V-D 报文中对应这些表目的距离值都设为无穷(16)。也就是说，在输出的 V-D 报文中将从该接口可达的最短路径网络的距离值设为 16，以免对邻机的路由表的对应表项进行错误的刷新。

具有毒性逆转的水平分割法可以避免任何包含两个路由器的路由环路，但不能解决三个路由器形成的慢收敛环路。为了加快收敛，RIP 协议引入了触发刷新(triggered update)技术。触发刷新是指一旦检测到路由度量值的变化，立即广播路径刷新报文。根据协议的不同在实际实现时可能会引入短暂的时延，以避免突发的大流量。

2. RIPv1 报文及其传输

RIPv1 报文格式如图 7-10 所示。

命令字段长度为 8 比特，定义 RIP 报文的类型，1 表示请求报文，2 表示响应报文。

版本字段长度为 8 比特，定义 RIP 的版本号，这里为 1。

地址系列字段长度为 16 比特，定义协议类，TCP/IP 协议类的值为 2。

IP 地址字段长度为 32 比特，定义信宿网络的 IP 地址。实际上这 4 个字节和前面的 2 个字节以及后面的 8 个字节都是用来表示网络地址的，只不过 TCP/IP 协议仅用了 4 个字

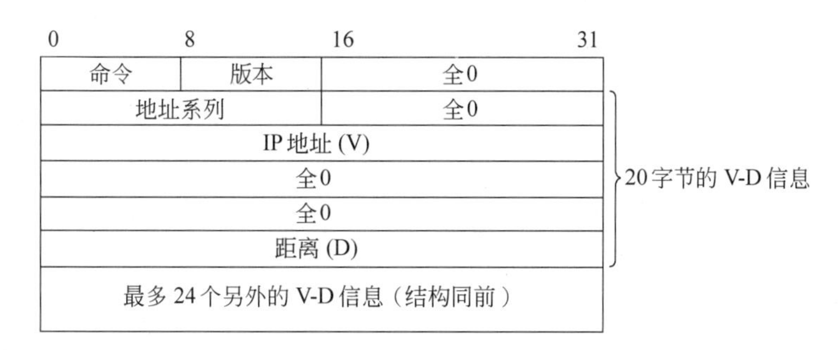

图 7-10　RIPv1 报文格式

节，地址的其他部分填 0。

距离字段长度为 32 比特，指明从发出通告的路由器到信宿网络的跳数。

从地址系列字段开始到距离字段结束的 20 个字节构成一个 V-D 信息，后面最多还可以带 24 个 V-D 信息，这样可以保证 RIP 报文的最大长度为 504(20×25＋4)字节，小于 512 字节，便于封装在 UDP 数据报中进行传输。

在 RIPv1 请求报文中距离字段为全 0。IP 地址字段可以为全 0，也可以非 0，若 IP 地址字段为全 0，则表示请求对方发送所有的 V-D 信息，若 IP 地址字段为特定的网络地址，则表示请求对方发送该地址所对应的特定 V-D 信息，一个请求报文中可以包含多个特定的网络地址。

响应报文可以是针对请求的应答，也可以是由路由器定期(30 秒)发出的路由更新信息。根据请求的具体情况，应答可以是对应特定网络的 V-D 信息，也可以是整个路由表的 V-D 信息，而定期发出的路由更新信息则总是整个路由表的 V-D 信息。

如图 7-11 所示，RIP 报文被封装在 UDP 数据报中传输。RIP 使用 UDP 的 520 端口。

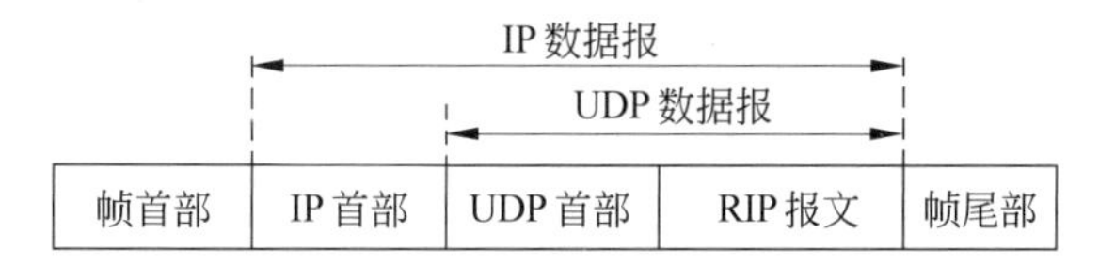

图 7-11　RIP 报文的封装

3. RIP 协议的运行过程

路由器启动 RIP 协议时，会在已经启动的接口上发送请求报文，要求与它相邻的路由器(邻机)发送完整的路由表。请求报文以广播形式发往路由器的 520 号 UDP 端口。

其他路由器收到请求后对 IP 地址字段进行判别，如果为 0，那么路由器就将完整的路由表发送给请求者。否则，针对请求中的每一个特定表项，在路由表中查找对应路由，如果存在，就将当前的度量值放到响应中；若不存在，则将响应的度量置为 16，度量 16 表示"无穷大"，它意味着没有到达信宿网络的路由。然后发回响应。

请求方收到响应报文后，根据响应对路由表进行刷新。

路由器除了对请求进行响应外，还周期性地(30 秒)将其完整路由表发送给相邻路由器。

路由表的刷新算法如图 7-12 所示。

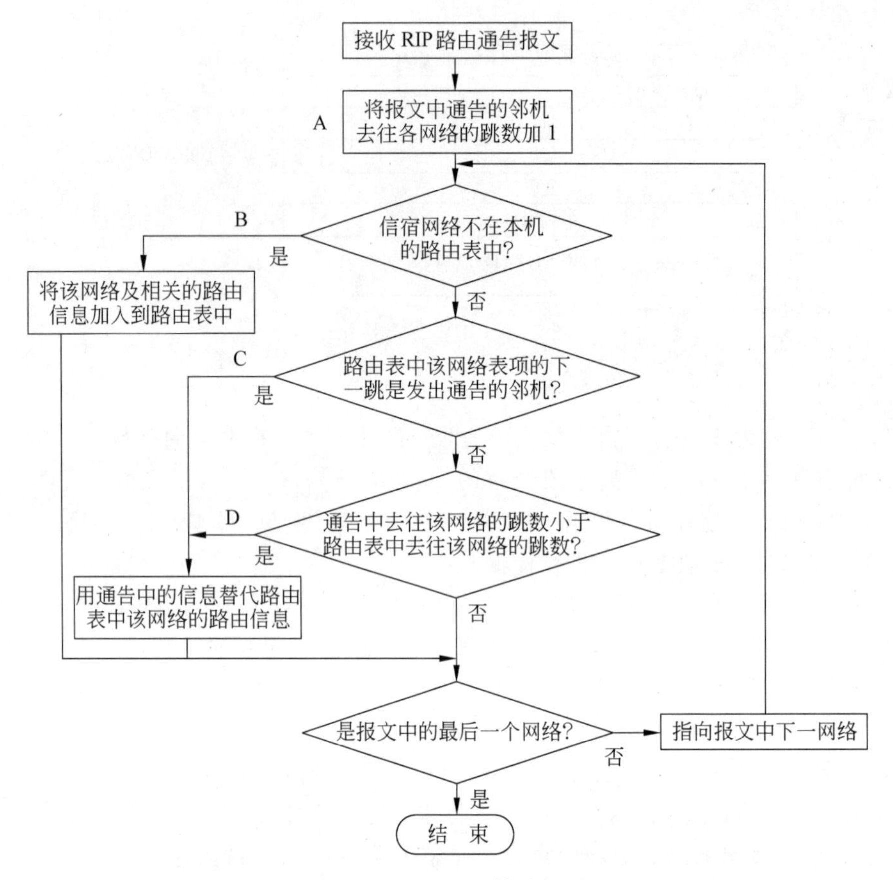

图 7-12 RIP 更新算法框图

算法的关键是判定要从本机出发去往信宿网络时究竟是从原来本机路由表中的下一跳走更近,还是从当前发来 V-D 信息的邻机走更近。路由器将邻机发来的路由表的各表项的路由跳数加 1 后逐一加以考察,首先看考察的信宿网络是否在本机的路由表中,若不在表中,则说明原来不可达的网络现在通过邻机可以到达;若考察的信宿网络存在于本机的路由表中,则看其下一跳是否就是当前发信息的邻机,若是,则用新的度量值取代旧的度量值(不论新的度量值是大于还是小于旧的度量值);若原来的下一跳不是发信息的邻机,则看谁的度量值小。

图 7-13 描述了一个收到邻机发来的 RIP 信息后完成路由刷新的例子。

RIPv1 简单、易于实现。但存在以下不足:

(1) RIPv1 不支持子网地址。

(2) RIPv1 没有鉴别机制。对任何路由器发来的路由表都不加验证地接受。

(3) RIPv1 采用广播方式进行路由通告,不支持单播和组播路由通告。

(4) RIPv1 只能用于小型网络。最大路径长度限制了该协议在大型网络上的应用。

RFC 1388 中对 RIPv1 进行了扩充,扩充后的 RIP 协议称为 RIPv2。RIPv2 利用原协议报文中一些标注为“必须为 0”的字段来传递一些额外的信息。

4. RIPv2

RIPv2 是 RIPv1 的进一步发展,它克服了 RIPv1 的一些不足。

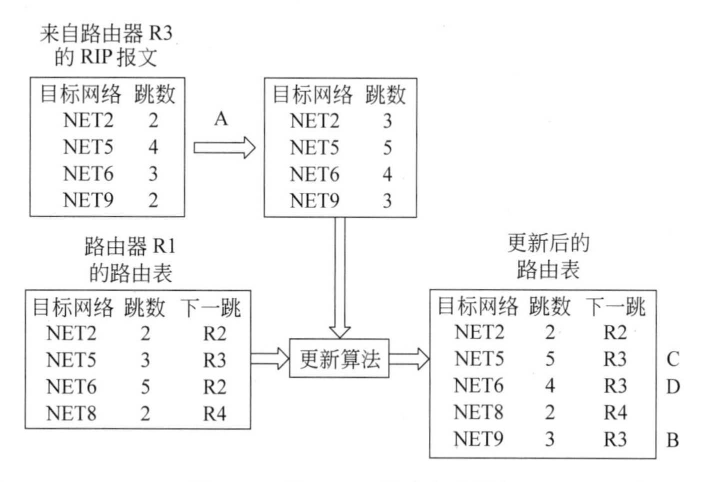

图 7-13　基于 RIP 的路由表刷新

RIPv2 可以在路由通告信息中指定 IP 地址所对应的子网掩码，因此可以支持可变长子网掩码和无类别域间路由选择 CIDR。

RIPv2 提供了鉴别机制。如果 RIP 数据报文中的密码与所要求的密码不匹配，该 RIP 报文将被拒绝接收。

RIPv2 支持组播，使用组播地址 224.0.0.9 传送路由通告，组播可以减少不接收 RIPv2 报文的主机的处理开销。

RIPv2 的报文格式如图 7-14 所示。

命令	版本	保留	
地址系列		路由标记	20字节的 V-D 信息
IP 地址 (V)			
子网掩码			
下一跳地址			
距离 (D)			
最多 24 个另外的 V-D 信息（结构同前）			

图 7-14　RIPv2 报文格式

RIPv2 与 RIPv1 的格式相似，所不同的是 RIPv2 利用了 RIPv1 中那些必须为 0 的字段。

路由标记(routing tag)字段提供了识别路由源的方法，用于支持外部网关协议，表示 EGP 和 BGP 所需的自治系统号。

子网掩码字段可以决定 IP 地址的网络部分，每个表项的子网掩码应用于相应的 IP 地址。

下一跳 IP 地址指明发往目的 IP 地址的报文应该发往的下一跳路由器接口。

如果 RIP 忽略那些必须为 0 的字段，那么，RIPv1 和 RIPv2 可以互操作。

如果 RIPv2 报文的前 20 字节表项的地址系列字段为 0xffff，这时路由标记作为鉴别类型。类型 2 为明文口令鉴别，类型 3 为加密散列函数鉴别。鉴别类型为 2 时，表项中的其余 16 字节作为鉴别数据(明文口令)。鉴别类型为 3 时，散列函数产生的鉴别码数据较长，所以放在 RIPv2 报文的最后,而前面原来放鉴别数据的 16 字节用来放 RIPv2 报文长度(16 比特)、密钥 ID(8 比特)、鉴别数据长度(8 比特)和序列号(32 比特),余下的 8 个字节填 0。

7.5.2 开放最短路径优先

无论是 RIPv1 还是 RIPv2 都受限于最大路径长度 15,因此不能满足大型网络的要求。

开放最短路径优先 OSPF 是一个能够解决该问题的内部网关协议。在 OSPF 中自治系统可以被进一步划分为区域,每个区域由位于同一自治系统中的一组网络、主机和路由器构成。区域内部的路由器以泛洪方式在区域内交换路由信息。区域的划分不仅使得广播得到了更好的管理,而且使 OSPF 能够支持大规模的网络。层次概念的引入使 OSPF 减少了一个路由器需要知道的信息总量。

在区域的边界定义一个边界路由器。边界路由器汇总该区域的信息,并将该信息送往其他区域。在每个自治系统的区域中都有一个叫做主干的特殊区域,其他区域都连到主干上。主干中的路由器称为主干路由器,主干路由器可以是一个区域的边界路由器。

每个区域都有一个区域标识,区域标识采用和 IP 地址一样的点分十进制数表示法,主干区域的标识是 0.0.0.0。

OSPF 是一个链路—状态协议,每个路由器都将测试与其邻机相连链路的状态,并将获取的信息用链路状态通告(link state advertisement,LSA)发送给它的其他邻机,而邻机再将这些信息在自治系统中以泛洪方式传播出去。每个路由器都将接收这些链路状态信息,并将这些状态信息写入到一个链路状态数据库(link state database,LSDB)中。当一个区域的网络拓扑结构发生变化时,LSDB 就会被更新。每 10 秒钟评估一次 LSDB,如果区域的拓扑结构没有改变,LSDB 也就不做任何改动。

LSDB 是根据链路状态通告中的信息来建立的。LSDB 包含区域中每个路由器连接到的所有网络的表项。当区域中每个路由器的 LSDB 都相同时,网络处于收敛(converged)状态。当 LSDB 到达这种收敛状态时,每个 OSPF 路由器为每个网络和路由器计算最短路径。这些信息构成了一棵以本路由器为根的最短路径优先(SPF)树(shortest path first tree)。每个路由器负责维护它自己的 SPF 树,在建立了 SPF 树之后,就可以构造路由表了。

OSPF 可以为路由器的每个网络接口分配一个输出费用度量值。该值表示通过该接口发送数据的开销。通过给接口指定费用,可以在路由选择时确定路由器的优先级。

OSPF 与 RIP 或其他路由协议的不同之处在于,OSPF 直接封装在 IP 数据报中。在 IP 首部的协议字段中,OSPF 协议的值为 89。

OSPF 具有以下特点:

(1) 支持服务类型路由。OSPF 允许管理人员为同一目的地址指定多个不同服务类型的路由,当路由一个数据报时,OSPF 根据目的 IP 地址和该数据所要求的服务类型进行路由选择。

(2) 能够给每个接口指派费用。费用可以根据吞吐率、传输延迟、可靠性等性能进行指派。可以给每个 IP 服务类型指派单独的费用。

(3) 能够提供负载均衡。当同一个目的地址存在多个相同费用的路由时,OSPF 可以在这些路由上平均分配流量。

(4) 支持扩展,易于管理。OSPF 的层次结构将自治系统分为多个区域,这些区域可以对外隐藏拓扑结构。

(5) 支持特定主机、特定子网、分类网络路由以及无类网络路由。

(6) 支持无编号 IP,可以节省 IP 地址。

(7) 支持多种鉴别机制,不同的区域可以使用不同的鉴别方法。鉴别机制保证路由器只接收可信赖的路由器发来的路由信息。

(8) 采用组播,减少不参与 OSPF 的系统的负载。

由于 OSPF 具有强大的功能和灵活的可扩展性,该协议势必逐步取代 RIP 协议。

OSPF 协议报文分组有 5 种类型,HELLO 分组、数据库描述分组、链路状态请求分组、链路状态更新分组和链路状态确认分组。这 5 类报文分组的前 24 字节的字段含义是相同的,只是其中的类型字段的值不同以便区别 5 类报文分组。这前 24 字节称为 OSPF 标准首部。其结构如图 7-15 所示。

0	8	16	31
版本	类型	分组长度	
源路由器IP地址			
区域ID			
校验和		鉴别类型	
鉴别信息(64比特)			

图 7-15　OSPF 标准首部

版本：标识使用的 OSPF 版本号。当前使用的是版本 2。

类型：标识 OSPF 报文分组类型,为 5 种类型之一,用 1-5 的整数来标识。

分组长度：指包括 OSPF 标准首部在内的报文分组长度,以字节计。

源路由器 IP 地址：标识分组来源的路由器 IP 地址。

区域 ID：标识分组所属的区域。所有的 OSPF 分组都与某一个区域相关联。

校验和：对整个报文分组(不含鉴别信息字段)内容计算的校验和,用于检查传输中是否发生损坏。

鉴别类型：定义鉴别类型。目前定义的三种类型是：0 表示不进行鉴别;1 表示采用简单口令进行鉴别;2 表示采用密码鉴别。

鉴别信息：用于鉴别相关的信息。鉴别类型为 0 时,鉴别信息填 0。鉴别类型为 1 时,鉴别信息字段存放的是口令。鉴别类型为 2 时,鉴别信息字段用于存放密钥 ID、鉴别数据长度和密码序号。密钥 ID 定义了用于鉴别的报文摘要算法和产生报文摘要的共享密钥;鉴别数据长度指的是用于鉴别的报文摘要的长度(以字节计);密码序号是用于抵御重放攻击的无符号非减序号。用于鉴别的报文摘要作为鉴别数据放在 OSPF 报文分组的最后。

HELLO 分组的分组类型为 1。路由器周期性地在它的所有接口上发送该分组,用于建立和保持邻机关系,测试邻机的可达性,因为是周期性地向邻机发送该分组,故能够动态地发现邻接的路由器。HELLO 分组除了前面的 OSPF 标准首部外,还包括网络掩码、HELLO 间隔、路由器停用间隔等参数,以便参与的各路由器保持参数的一致。HELLO 分组中最重要的还是邻机 IP 地址表。这个地址表表明当前发送 HELLO 分组的路由器已经和这些路由器建立了邻机关系。

数据库描述分组的分组类型为2。路由器在建立邻机关系时会交换数据库描述分组,该分组描述了路由器所掌握的链路状态概要信息,收到数据库描述分组的路由器将分组中的链路状态和自己掌握的链路状态信息进行比较,若发现对方拥有自己所不知道的链路状态,就会向对方发送链路状态请求分组,要求对方发送更详细的链路状态信息。通过这种方式达到相邻路由器间链路状态数据库的同步。数据库描述分组中的主要信息是链路状态概要,通过多个链路状态通告(LSA)首部描述。当链路状态通告首部很多时,可以通过多个数据库描述分组传输。

链路状态请求分组的分组类型为3。当两个路由器交换数据库描述分组的过程完成后,路由器将链路状态数据库与收到的链路状态通告首部信息进行比较,若有不一致或过时的链路状态,路由器可以通过链路状态请求分组向邻机请求链路状态更新分组,从而达到链路状态数据库的同步。

链路状态更新分组的分组类型为4。用于实现LSA的泛洪,也用于对链路状态请求分组的响应。每个链路状态更新分组包含一个或多个LSA,而所发送的每个链路状态更新分组需要通过链路状态确认分组进行确认,未收到确认分组时,应对所发送的LSA定时重发,以确保泛洪过程的可靠性。

链路状态确认分组的分组类型为5。用于确保LSA泛洪的可靠性。路由器从邻机收到LSA后,必须要用链路状态确认分组进行应答。LSA的确认是通过链路状态确认分组中的LSA首部实现的。一个链路状态确认分组可以同时对多个LSA进行确认。

7.5.3 增强型内部网关路由协议EIGRP

增强型内部网关路由协议EIGRP(Enhanced Interior Gateway Routing Protocol)是Cisco公司的路由器所用的路由协议。EIGRP是结合了链路状态和距离向量算法特性的路由协议,本质上讲EIGRP还是基于距离向量算法的协议,只不过在拓扑结构发生变化时借助了链路状态算法收敛形式,而且在计算度量时不只是考虑距离,而是综合考虑带宽、延迟、可靠性以及负载等因素。所以EIGRP相对来说收敛较快。虽然,EIGRP是由IGRP协议发展而来,但实际上除了网络度量计算方式和IGRP类似之外,在收敛速度,占用网络带宽和系统资源等方面都有了很大的改进。

EIGRP报文直接使用IP封装,封装EIGRP报文时,IP协议首部中协议字段为88。EIGRP报文包括Hello、Request、Query、Reply、Update和Ack,其中的Request报文目前尚未派上用场。

Hello报文用来发现和维护EIGRP邻机关系,该报文采用组播目的地址224.0.0.10发送,邻机收到Hello包后不需要确认。

Update用于向邻机发送路由表,通过组播发送Update报文,邻机收到后必须给出确认消息。

Query当路由信息丢失并没有备用路由时,使用Query报文向邻机查询,邻居必须回复确认。

Reply是对邻机Query报文的响应,邻居收到Reply报文后需要回复确认。

Ack是对收到的报文的确认,告诉邻机自己已经收到报文了,收到Ack后,不需要再对Ack做回复。本质上讲,Ack报文并不是一个独立的报文类型(没有专门的操作码),Ack信息一般用载答方式加载到其他报文里的 Ack 号上进行确认，当不能借助其他报文载答时，则利用一个不带数据的 Hello 报文，这里的 Hello 报文必须以单播方式发送，Ack 总是以单播方式传输，并且是不可靠传输。

以上 5 种报文中，Update、Query、Reply 在对方收到后，都需要回复确认，这些报文是可靠的，回复是发送 Ack；而 Hello 和 Ack，是不需要回复的，因此被认为不可靠。

EIGRP 报文结构如图 7-16 所示。每种报文由首部加上一个或多个 TLV 结构的数据组成。

0	8	16　　　　　　　　31	
版本	操作码	校验和	首部
标志			首部
序列号			首部
Ack号			首部
自治系统号			首部
TLV结构数据			

图 7-16　EIGRP 报文结构

版本字段长度 8 比特，表示 EIGRP 协议的版本号(目前为 2)。

操作码字段长度 8 比特，表示 EIGRP 报文的类型。1 表示 Update 报文；2 表示 Request 报文；3 表示 Query 报文；4 表示 Reply 报文；5 表示 Hello 报文。

校验和字段长度 16 比特，由整个 EIGRP 报文形成的校验和。

标志字段长度 16 比特，0x0001 是 INIT 标志，INIT 标志表示发送给新邻机的第一个初始化 Update 报文，这个报文将携带所有的路由信息，而以后的非 INIT Update 报文将只携带变化了的路由信息。

序列号字段长度 32 比特，标识本报文的序号，用于确认机制，不需要确认的报文，如 Hello 报文，将这个字段置为 0。

Ack 号字段长度 32 比特，用于对 Ack 号报文的确认，表示已经收到了此序列号的报文。由于每类报文的首部都有这个字段，确认可以很方便地通过载答实现。

自治系统号字段长度 32 比特，EIGRP 支持多进程，一台路由器上可以运行多个 EIGRP 协议进程，各个进程之间用自治系统号来区分，不同进程之间互不干扰。所以这里的自治系统号就是进程号。

TLV 是 Type-Length-Value 的缩写，指的是由类型、长度和值三部分组成的信息单位。EIGRP 的 TLV 有：参数 TLV、鉴别 TLV、软件版本 TLV、IP 度量 TLV、IP 内部 TLV、IP 外部 TLV 等。

EIGRP 采用的路由算法叫扩散更新算法 DUAL(Diffusing Update Algorithm)，是 EIGRP 的路由计算引擎。用于计算和比较路由，生成最优路径。

DUAL 维护三个表：邻机表、拓扑表和路由表。邻机表保存邻机的状态信息。拓扑表是用来进行路由计算的表，存放可行后继路由(备用的次佳路由)。路由表存放后继路由(最佳路由)，用于路由选择。

DUAL 记录邻机所通告的所有路由，并用距离向量算法比较路由的复合度量值(综合多种因素的度量值,通常是综合带宽和时延),DUAL 将成本最低的路由作为后继路由插入到路由表中,成本次低的路由(需符合可行性条件:邻机通往目的网络的最佳度量距离小于本机通往目的网络的最佳度量距离)作为可行后继路由插入到邻机表和拓扑表中。正常情况下路由器使用路由表中的后继路由。

当网络发生变化使得路由表中的后继路由不可用时,DUAL 会首先检测对目标网络是否还存在可行后继,如果存在可行后继,那么使用可行后继中最优的一个(拓扑表中可以存放多达 6 个可行后继)作为到达目标网络的下一跳,没有必要重新计算路由。如果没有可行后继,就要启动 DUAL 重新计算路由。

开始重新计算路由时,它会向所有邻居路由器发出 Query 报文,这时这条路由就进入了 active 状态,当收到所有邻机的 Reply 报文后,路由器会根据这些应答计算出新的后继和可行后继路由,此时这条路由又回到 passive 状态即收敛状态。

当邻居路由器收到 Query 报文,它会检查自己的可行后继条件:若条件满足,可行后继存在,那么它将马上发出 Reply 报文;若条件不满足,找不到可用后继,那么它只好先将查询搁置起来,然后它也会启动路由重算的过程,向它的邻机发出 Query 报文,直到它的邻机应答后,它才会收敛并计算出新的可用后继,这时它才会对先前搁置的查询做出应答。

可以看出,DUAL 是一个不断向外扩散的计算过程,DUAL 的机制可以保证计算不会被扩散到太远,计算一般只会波及到必须的路由器。DUAL 还保证这些发出查询的路由器不会相互无休止地等待应答,它们都会在较短的时间内收敛。

EIGRP 协议具有以下特点:

(1) 支持多种网络层协议。EIGRP 支持 Appletalk、IP 和 IPX 等多种网络层协议。

(2) 采用触发更新和增量更新。仅在路由信息发生变化时,邻机之间才进行路由信息的交换,并且只交换发生了变化的路由信息,这样可以占用较小的网络带宽。

(3) 支持等价和不等价负载均衡。EIGRP 是目前唯一支持不等价负载分担的协议,即支持不同度量路由之间的负载均衡。

(4) EIGRP 存储整个网络拓扑结构信息,能快速适应网络变化。EIGRP 使用 DUAL 算法来实现快速收敛并确保没有路由环路。

(5) 支持路由引入。可以引入静态路由和其他路由协议(如 RIP,OSPF)发现的路由,还可以引入其他 EIGRP 进程报告的路由。

(6) 支持路由聚合。使用路由聚合以后,对于聚合范围内的多条路由信息只向外发送一条路由信息,这样不仅减少了占用的网络带宽,也减少了对处理器和内存资源的占用。EIGRP 既支持自动聚合,又支持任意长度掩码的手工聚合。

(7) 支持可变长子网掩码和无类别域间路由。

(8) 适应较大范围的网络。

(9) 无缝连接数据链路层协议和拓扑结构。EIGRP 不要求对数据链路层协议进行特别的配置。

Cisco 公司已于 2013 年 3 月将 EIGRP 路由协议以 RFC 文档的形式提交给 IETF。

7.5.4 边界网关协议

边界网关协议 BGP 出现于 1989 年,它旨在取代较早的外部网关协议 EGP。BGP 是用于不同自治系统之间交换路由信息的外部网关协议。BGP经历了4个版本，1993年开发的第4版BGP（见RFC 1467、RFC 1771）可以支持CIDR。

BGP采用的是与距离—向量算法类似的路径—向量算法，在该算法的路由表中包括信宿网络、下一跳路由器和去往信宿网络的路径，路径由一系列顺序的自治系统号构成。自治系统的边界路由器利用RIP或OSPF收集自治系统内部的各个网络的信息，不同自治系统的边界路由器交换各自所在的自治系统中网络的可达信息，这些信息包括数据到达这些网络所必须经过的自治系统AS的列表。路由器检验这些路径信息是否与管理员给出的一组策略一致，若一致，路由器便更新其路由表，更新内容包括在路径中添加自治系统号和修改下一跳路由器。路由器在更新路由表时需要避免形成环路，这可以简单地通过判断路径中是否已经包含了该自治系统号来确定。

BGP支持基于策略的路由，路由选择策略与政治、经济或安全等因素有关。自治系统管理员可以制定策略，并通过配置文件将策略指定给BGP。路由表中的路径应该是满足指定策略的路径。

BGP使用TCP作为传输层协议。两个运行BGP的路由器在交换BGP路由信息时必须先建立一条TCP连接。

图7-17是一个由3个自治系统构成的互联网络，R1、R2和R3分别是自治系统AS1、AS2和AS3的边界路由器。

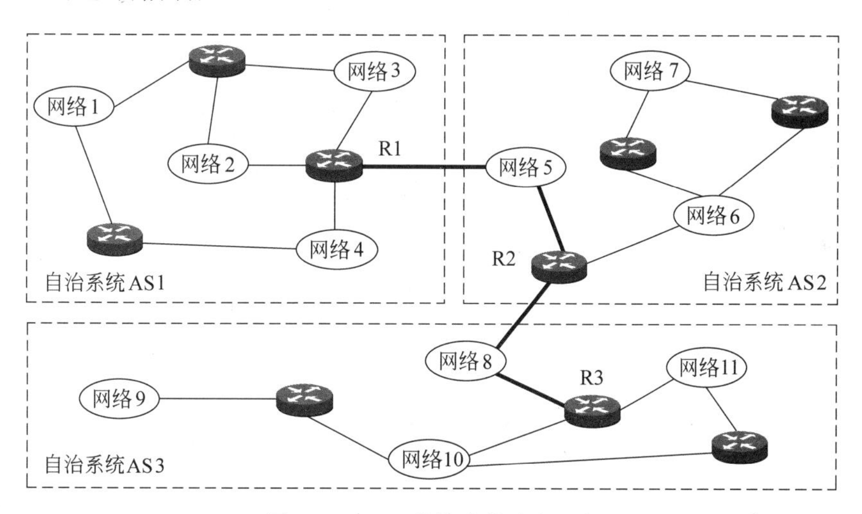

图7-17 BGP协议中的路由通告

R1向R2通告网络1的可达信息：（网络1；R1；AS1），R2根据该信息刷新自己的路由表，然后在路径上增加AS2，并将下一跳改为R2，接着向R3通告网络1的可达信息：（网络1；R2；AS2，AS1），R3根据该信息刷新路由表。

边界路由器R3的路由表如图7-18所示。

BGP报文分为4类：打开（open）、更新（update）、保持活动（keepalive）和通告（notification）。这4类报文具有相同的报文首部，格式如图7-19所示。

认证标记字段长16字节，用于认证。

报文总长度字段为2字节，定义包括首部在内的信息总长度。

信宿网络	下一跳	路径
网络 1	R2	AS2,AS1
网络 2	R2	AS2,AS1
网络 7	R2	AS2
…	…	…

图 7-18 BGP 边界路由器 R3 的路由表

图 7-19 BGP 报文首部

类型字段为一个字节,定义 BGP 报文类型,打开=1,更新=2,保持活动=3,通告=4。

打开报文在边界路由器之间建立邻机关系。BGP 与相邻的边界路由器打开一条 TCP 连接,并发送一个打开报文,若对方同意,则以保持活动报文响应,从而建立起邻机关系。打开报文格式如图 7-20 所示。

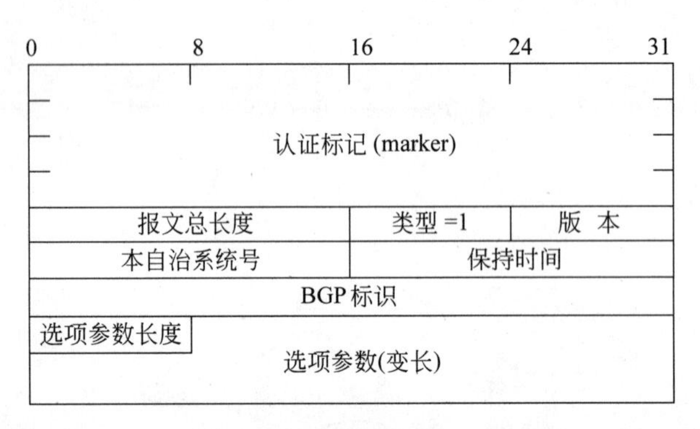

图 7-20 BGP 打开报文格式

版本字段长度为 8 比特,定义 BGP 的版本号,当前的最新版本号为 4。

本自治系统号字段长度为 16 比特,指明本路由器所属的自治系统的编号。

保持时间字段长度为 16 比特,指明本路由器在收到邻机的保持活动或更新报文前保持连接的秒数。

BGP 标识字段长度为 32 比特,指明发送打开报文的路由器,用该路由器的 IP 地址标识。

选项参数长度字段的长度为 8 比特,标识选项参数的总长度。0 表示没有选项参数。

选项参数字段是变长的,每个选项参数由参数类型、参数长度和参数值三部分组成,参数类型 8 比特,标识选项参数的类型,目前有两种,类型 1 为鉴别,类型 2 为能力通告。参数值变长,由 8 比特的参数长度标识参数值的长度,单位为字节。

RFC 5492 定义了能力通告选项参数，能力通告选项参数可以包含一到多个三元组<能力码，能力长度，能力值>，用于告诉对方本方所具有的能力列表。能力码和能力长度各占一个字节，能力值变长。

ICANN 下的 IANA 负责维护能力码的注册，能力码 0 保留，1-63 由 IANA 通过“IETF Review”指定，64-127 由 IANA 通过“先来先服务”策略指派，128-255 为“私用”(由机构站点本地定义使用)。

更新报文是 BGP 的关键报文，用于删除信宿网络和通告新的信宿网络，其格式如图 7-21 所示。

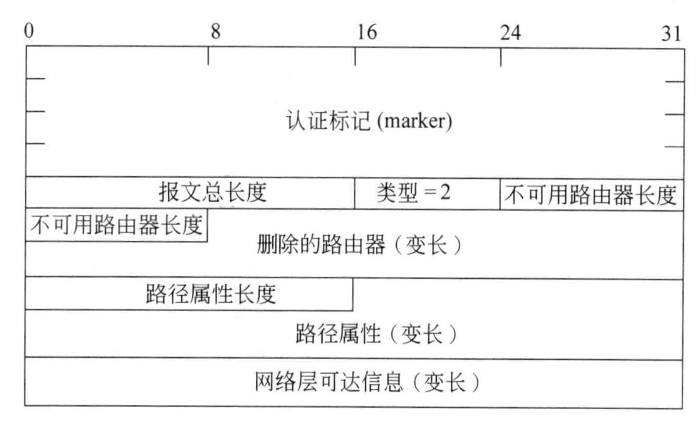

图 7-21　BGP 更新报文格式

不可用路由器长度字段的长度为 16 比特，指明要删除的路由器字段的长度。

删除的路由器字段为变长字段，指明要删除的路由器的列表。

路径属性长度字段长度为 16 比特，定义路径属性的长度。

路径属性字段为变长字段，定义下一字段给出的可达网络的路径属性。

网络可达信息字段为变长字段，是本报文要通告的可达网络。由网络前缀长度(比特数)和网络前缀构成。

保持活动报文用于通知对方本机处于活动状态。BGP 邻机定期交换该报文，发送保持活动报文的周期小于保持时间。保持活动报文的格式就是 BGP 报文首部。

通告报文是当出现错误情况或路由器要关闭与邻机的连接时发送的报文，其格式如图 7-22 所示。

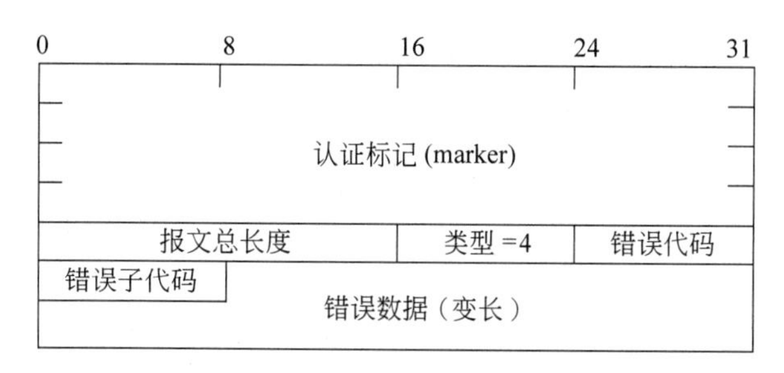

图 7-22　通告报文格式

错误代码字段长度为 8 比特，定义错误类型。1 表示报文首部错；2 表示打开报文错；3

表示更新报文错;4 表示保持时间超时;5 表示有限状态机错;6 表示停止(关闭 BGP 连接)。

错误子代码字段长度为 8 比特,定义错误类型中的子类。

错误数据字段为变长字段,给出更详细的错误诊断信息。

BGP 报文被封装在 TCP 段中传输,使用 TCP 的 179 端口。BGP4 支持无类地址和 CIDR。

本章要点

- 数据传递分为直接传递和间接传递,直接传递是指直接传输到最终信宿的传输过程。间接传递是指在信源和信宿位于不同的物理网络时,所经过的一些中间传递过程。
- TCP/IP 采用表驱动的方式进行路由选择。在每台主机和路由器中都有一个反映网络拓扑结构的路由表,主机和路由器能够根据路由表所反映的拓扑信息找到去往信宿机的正确路径。
- 通常路由表中的信宿地址采用网络地址。路径信息采用去往信宿的路径中的下一跳路由器的地址表示。
- 路由表中的两个特殊表项是特定主机路由表项和默认路由表项。其掩码分别为 255.255.255.255 和 0.0.0.0。
- 路由表的建立和刷新可以采用两种不同的方式:静态路由和动态路由。
- 自治系统是由独立管理机构所管理的一组网络和路由器组成的系统。
- 路由器自动获取路径信息的两种基本方法是距离—向量算法和链路—状态算法。
- 动态路由所使用的路由协议包括用于自治系统内部的内部网关协议和用于自治系统之间的外部网关协议。
- RIP 协议在基本的距离—向量算法的基础上,增加了对路由环路、相同距离路径、失效路径以及慢收敛问题的处理。RIP 协议以路径上的跳数作为该路径的距离。RIP 规定,一条有效路径的距离不能超过 15。RIP 不适合大型网络。
- RIP 报文被封装在 UDP 数据报中进行传输。RIP 使用 UDP 的 520 端口。
- OSPF 将自治系统进一步划分为区域,每个区域由位于同一自治系统中的一组网络、主机和路由器构成。区域的划分不仅使广播得到了更好的管理,而且使 OSPF 能够支持大型网络。
- OSPF 是一个链路—状态协议。当网络处于收敛状态时,每个 OSPF 路由器利用 Dijkstra 算法为每个网络和路由器计算最短路径,形成一棵以本路由器为根的最短路径优先(SPF)树,并根据它构造路由表。
- OSPF 直接使用 IP。在 IP 首部的协议字段,OSPF 协议的值为 89。
- EIGRP 报文直接使用 IP 封装,在 IP 首部的协议字段,EIGRP 协议的值为 88。
- EIGRP 的主要报文包括 Hello 报文、Update 报文、Query 报文、Reply 报文和 Ack 报文。Ack 报文不是独立的报文,Ack 信息是在其他报文中传输的。
- EIGRP 采用的路由算法叫扩散更新算法 DUAL。DUAL 维护三个表:邻机表、拓扑表和路由表。

- DUAL计算度量时采用复合度量值，可以综合考虑带宽、延迟、可靠性和负载等因素，默认情况下使用带宽加时延作为度量标准。
- BGP是采用路径—向量算法的外部网关协议，BGP支持基于策略的路由，路由选择策略与政治、经济或安全等因素有关。
- BGP报文分为打开、更新、保持活动和通告4类。BGP报文封装在TCP段中传输，使用TCP的179端口。

习题

7-1 直接传递和间接传递有什么不同？

7-2 路由信息协议RIP和开放最短路径优先OSPF有什么不同？

7-3 RIP在收到路由通告V-D报文后，为什么要将距离值加1后再逐条处理？

7-4 OSPF具有哪些特点？

7-5 RIP、OSPF和BGP报文分别封装在什么协议中进行传输？

第8章　传输层协议

传输层是TCP/IP协议中的一个举足轻重的层次,网络层用IP数据报统一了数据链路层的数据帧,用IP地址统一了数据链路层的MAC地址,但网络层没有对服务进行统一,由于历史和经济的原因,通信子网往往由电信运营商负责建立、维护并对外提供服务,用户无法对通信子网进行控制。不同的通信子网在服务和服务质量QoS上存在差异,用户只有通过传输层对通信子网的服务加以弥补和加强,屏蔽通信子网的差异,以及向上层提供一个标准的、完善的服务界面。

传输层的目的是弥补和加强通信子网服务。弥补是针对服务类型而言的,传输层提供端到端进程间的通信,而通信子网提供的是点到点主机间的通信。加强主要是针对QoS而言的,通常指提高服务的可靠性。

但是高可靠性往往伴随着较大的开销。因此,传输层通常提供多种不同类型的服务,让用户根据需要进行选择。在传统的TCP/IP协议传输层,提供了面向连接的传输控制协议TCP和无连接的用户数据报协议UDP。就不同的底层网络而言,TCP和UDP有不同的适用范围,TCP适用于可靠性较差的广域网,UDP则适用于可靠性较高的局域网。

流控制传输协议SCTP(Stream Control Transmission Protocol)是随着多媒体应用的发展而出现的传输层协议。SCTP结合了TCP和UDP的优点,是可靠的、面向报文的、适合于流式通信的传输层协议。

本章在介绍进程间通信的基础上,对TCP的原理、方法、段格式、状态机进行了详细阐述,并对UDP和SCTP进行讨论。

8.1　进程间通信

传输层以下各层只提供相邻机器的点到点传输,而传输层提供了端到端的数据传输,这里的端到端不仅指源主机到目的主机的端到端通信,而且指源进程到目的进程的端到端通信。

由于在一台计算机中同时存在多个进程,要进行进程间的通信,首先要解决进程的标识问题。传输层协议采用协议端口来标识某一主机上的通信进程。为了保证信息能够正确地到达指定的端进程,必须显式地给出全局唯一的信宿端的进程标识符。主机可以用IP地址进行标识,IP地址是全局唯一的,再给主机上的进程赋予一个本地唯一的标识符(端口号),二者加起来,便形成了进程的全局唯一标识符。

端口相当于OSI的传输层服务访问点TSAP。从内部实现看,端口是一种抽象的软件结构(数据结构和I/O缓冲区);从通信对方的角度看,端口是通信进程的标识,应用进程通过系统调用与端口建立关联后,传输层传给该端口的数据都会被相应的应用进程所接收;从本地应用进程看,端口又是进程访问传输服务的入口点。

每个端口都拥有一个端口号(port number),端口号是16比特的标识符,因此,端口号的取值范围是0～65 535。

端口分配有两种基本的方式:全局端口分配和本地端口分配。

全局端口分配采用集中控制方式,由权威管理机构根据用户需要进行统一分配,并将结果对外公开。全局端口分配的特点是特定应用程序对应的端口是众所周知的,方便对进程的寻址。缺点是不能适应大量且变化迅速的端口使用环境,即使端口号再多,也无法满足无限增长的应用程序要求,而且任何变化都会带来较大的管理工作量。

本地端口分配是在进程需要访问传输服务时,向本地操作系统提出动态申请,操作系统返回一个本地唯一的端口号,进程通过系统调用将自己和相应端口号关联起来。本地分配方式的特点是灵活方便,几乎不受应用程序数量的限制,缺点是其他主机难以得知分配结果。本地动态分配的端口又称为临时端口。

TCP和UDP都是提供进程通信能力的传输层协议。它们各有一套端口号,两套端口号相互独立,范围都是0～65 535。同一个端口在TCP和UDP中可能对应于不同类型的应用进程,也可能对应于相同类型的应用进程。为了区别TCP和UDP的进程,除了给出主机IP地址和端口号之外,还要指明协议。因此,在因特网中要全局唯一地标识一个进程,必须采用一个三元组:(协议,主机地址,端口号)。

不同协议的端口之间没有任何联系,不会相互干扰。网络通信是两个进程之间的通信,两个通信的进程构成一个关联。这个关联应该包含两个三元组,但由于通信双方采用的协议必须是相同的,因此,可以用一个五元组来描述两个进程的关联:

(协议,本地主机地址,本地端口号,远程主机地址,远程端口号)

因特网通信进程间的相互作用模式采用的是客户/服务器模型。客户/服务器模型相互作用的过程是:客户向服务器发出服务请求,服务器完成客户所要求的操作,然后给出响应。

服务器一般在主机启动时随之启动,为了让客户能够找到服务器,服务器必须使用一个客户熟知的地址,网络上的客户可以根据其熟知地址向服务器提出服务请求。这里所说的熟知的地址是指,协议是双方约定的协议,主机IP地址是固定且公开的,端口号也是大家所熟知的(well known)。每一个标准的服务器都拥有一个熟知的端口号,不同主机上相同服务器的端口号是相同的。例如,Telnet服务器的端口号是23,HTTP服务器的端口号是80,SMTP服务器的端口号是25。客户进程一般采用临时端口号(ephemeral number),而不采用熟知的端口号。临时端口是使用时向操作系统申请,由操作系统分配,使用完后再交由操作系统管理的端口。这就使得无论客户应用程序有多少,只要同一时间、同一台主机上的应用进程数量不超过可分配的临时端口数量就能保证系统的正常运行。

熟知端口所占端口号不多,以全局方式进行分配。ICANN规定,从0到1023的端口号用作熟知端口,熟知端口又称为保留端口。用于常用的一些应用的服务端,在极个别情况下也有客户端使用熟知端口号(如BOOTP/DHCP的UDP客户端使用68号端口)。熟知端口由ICANN指派和控制。

从1024到49151编号的端口为注册(registered)端口。除了ICANN指派的固定端口外,有些企业开发的应用软件的服务端或客户端也会用到固定的端口号,而往往这些软件又有一定的应用广度,为了防止在固定端口号的使用上发生冲突,ICANN建议使用注册端口,一旦注册,其他软件就会避开这些已注册的端口号。

从 49152 到 65535 编号的端口为动态(dynamic)端口。动态端口又称为临时端口或自由端口。动态端口以本地方式进行分配。当进程要与远地进程通信时,通常会申请一个动态端口,然后与远地服务器的熟知端口或事先约定的固定端口建立联系,传输数据。

TCP/IP 通过结合动态和固定端口分配,既保证了灵活性,又方便了建立通信进程间的联系。虽然 ICANN 对端口号的使用给出了上述规定,但目前的大多数系统并未严格遵守这个建议。

套接字 socket 是系统提供的进程通信编程界面,支持客户/服务器模型。socket 地址提供了进程通信的端点。客户和服务器进程通信之前,双方先各自创建一个端点,构成各自的半关联,然后客户根据服务器的熟知地址建立 socket 连接。可以用一个完整的关联描述一个 socket 连接:

(协议,本地主机地址,本地端口号,远程主机地址,远程端口号)

每个 socket 都有一个由操作系统分配的本地唯一的 socket 号。

TCP 是面向流的协议,发送方以字节流发送数据,接收方以字节流接收数据。数据在建立的连接之上按顺序发送,并且按顺序到达信宿机。图 8-1 给出了 TCP 端口和字节流的直观描述。

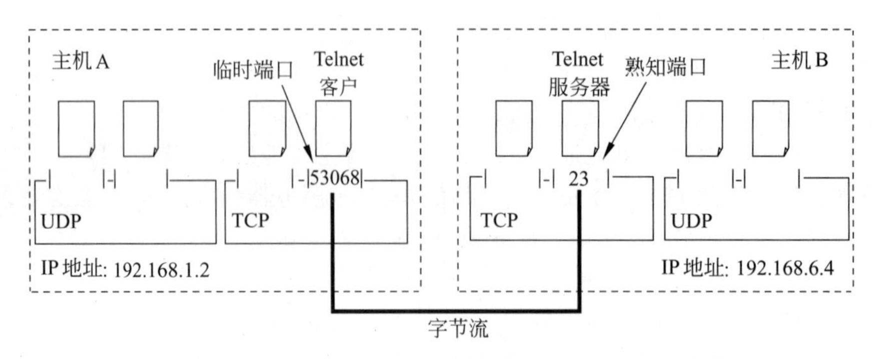

图 8-1 进程标识与流传输

虽然从顺序的角度看,TCP 为高层提供了数据传输的字节流服务,但由于 IP 层是以数据分组的形式加以传输的,TCP 也要将数据分为分组,TCP 所采用的分组称为 TCP 段。TCP 段不定长,封装在 IP 数据报中进行传输。IP 数据报不能保证数据的按序到达,还可能造成数据的丢失或毁坏,但这些问题经过 TCP 协议的处理后,对上层提供的就是可靠的、无差错的服务。下面几节主要介绍这些问题的解决方法。

8.2 TCP 段格式

TCP 将应用层的数据分块并封装成 TCP 段进行发送。TCP 段由段首部和数据构成。段首部长度在 20～60 字节之间,由定长部分和变长部分构成,定长部分长度为 20 字节,变长部分是选项和填充,长度在 0～40 字节之间。TCP 段格式如图 8-2 所示。

TCP 段格式中各个字段的含义和作用如下:

- 源端口字段长度为 16 比特,定义主机中发送本 TCP 数据段的应用程序的端口号。

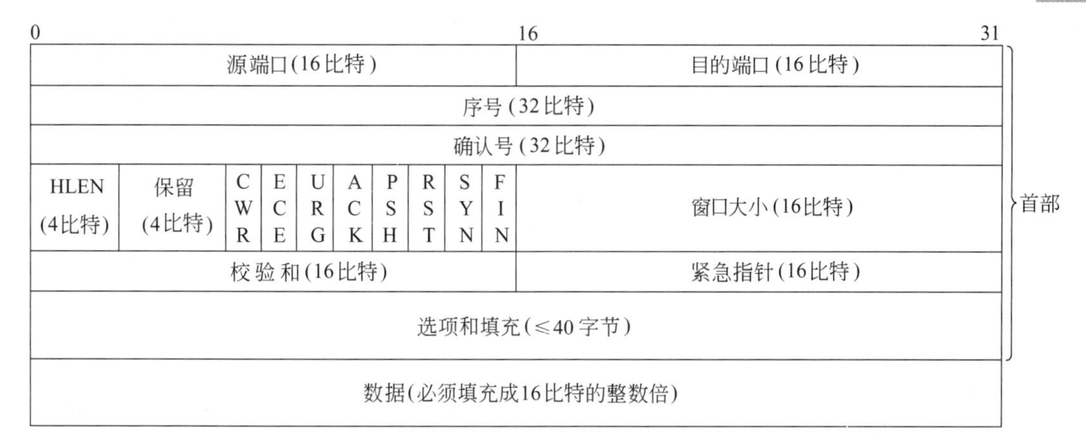

图 8-2　TCP 段格式

- 目的端口字段长度为 16 比特，定义接收本 TCP 数据段的应用程序的端口号。
- 序号字段长度为 32 比特，指出段中的数据部分在发送方数据流中的位置。也就是发送的数据部分第一个字节的序号。
- 确认号字段长度为 32 比特，指出接收方希望收到对方下次发送的数据的第一个字节的序号。这个序号表明该序号以前的数据已经被正确接收。TCP 采用载答技术(piggy back)，在发送的数据段中捎带上对对方数据的确认。这样可以大大减少传输的报文数。
- HLEN 为首部长度字段，HLEN 字段长度为 4 比特，指出以 32 比特字长(4 字节)为单位的段首部长度。由于 TCP 段首部包含了选项这一变长的字段，所以根据 HLEN 可以确定首部和数据的分界。TCP 段首部的定长部分为 20 个字节，即 5 个单位的长度，因此，不带选项和填充字段的 IP 数据报的首部长度应该是 5。4 比特的首部长度决定了除去定长部分后，选项和填充不能超过 10 个单位长度(40 字节)。
- 保留字段长度为 4 比特，留作将来使用。
- 保留字段后面是 8 比特长的控制字段，控制字段的每一位都有特定的含义，指出段的目的与内容。

CWR 位和 ECE 位与 IP 协议的区分业务字段中的显式拥塞通告(ECN)字段配合以便拥塞发生(因拥塞而丢弃数据报)之前进行拥塞控制。

ECE 位是 ECN 响应标志，信宿主机收到 IP 首部的 ECN 被设置为 11 的 TCP 报文段后，在随后的 TCP 报文段的首部设置 ECN 响应标志，通知信源主机进行拥塞窗口调整。

CWR 位是拥塞窗口缩减标志(Congestion Window Reduced)，用于信源主机收到 ECN 响应标志置 1 的 TCP 报文段后向信宿主机报告：已收到 ECE 标志并已缩减拥塞窗口。

URG 位为紧急标志，和紧急指针字段配合使用，当 URG 位置 1 时，表明此报文要尽快传送，而不按原排队次序发送，此时紧急指针字段有效，紧急指针指出本报文段中紧急数据的最后一个字节的序号。紧急数据是插入到正常数据前面(当前报文段数据的最前面)发送的。

ACK 位为确认标志，和确认号字段配合使用，当 ACK 位置 1 时，确认号字段有效。

PSH 位为推送(push)标志,当 PSH 位置 1 时,发送方将立即发送缓冲区中的数据,而不等待后续数据构成一个更大的段,接收方一旦收到 PSH 位为 1 的段,就立即将接收缓冲区中的数据提交给应用程序,而不等待后续数据的到达。

这里要注意的是 PSH 位和 URG 位的差异。PSH 位在 Telnet 中用得较多,每当用户从键盘上输入一个字符后,都希望立即发送给服务器,并立即提交给应用程序。此时将 PSH 位置 1,就可以使发送方 TCP 不必等待更多的数据以构成特定大小的段,接收方同样也是根据 PSH 位立即将缓冲区中的数据提交给应用程序。尽管如此,数据的发送和提交仍是按数据的先后次序进行处理的。而紧急操作则不同,当 URG 位置 1 时,要求优先发送紧急数据,并在接收方优先提交。例如,当发送方发现前面的操作存在问题,需要紧急停止操作时,可以通过 URG 位置 1 的数据段发出终止操作命令(Control+C),紧急数据将被插入到当前段的最前面进行发送,接收方根据紧急指针将紧急数据抽取出来立即提交给应用程序,而不必进行排队等待处理。也就是说紧急数据可以不按顺序排队,而直接进行优先处理。

RST 位为复位标志,当 RST 位置 1 时,表明有严重差错,必须释放连接。

SYN 位为同步标志,当 SYN 位置 1 时,表示请求建立连接。

FIN 位为终止标志,当 FIN 位置 1 时,表明数据已经发送完,请求释放连接。

- 窗口大小字段长度为 16 比特,用于向对方通告当前本机的接收缓冲区的大小(以字节为单位)。
- 校验和字段长度为 16 比特。校验和的校验范围包括段首部、数据以及伪首部。其计算方法与 IP 数据报首部校验和的计算方法相同。

在计算校验和时引入伪首部的目的是验证 TCP 数据段是否传送到了正确的信宿端。由于 TCP 数据段本身只包含目的端口号,不能构成一个完整的信宿端应用进程的标识,所以要通过伪首部来补充其他信息。TCP 伪首部的格式如图 8-3 所示。

0 8	16	31
源 IP 地址(32比特)		
目的 IP 地址(32比特)		
全 0(8比特)	协议(8比特)	TCP总长度(16比特)

图 8-3 TCP 伪首部格式

TCP 伪首部的信息来自于 IP 数据报的首部,协议字段指明当前协议为 TCP,TCP 协议的值为 6。TCP 段的发送方和接收方在计算校验和时都会加上伪首部信息。若接收方验证了校验和是正确的,则说明数据到达了正确主机上正确协议的正确端口。在 TCP/IP 协议栈中,TCP 校验和是保证数据正确性的唯一手段。

- TCP 选项是变长字段,当前 TCP 使用的选项格式如图 8-4 所示。

选项结束标志为单字节选项,代码为 0,用于表示选项结束。它只能用于最后一个选项,而且只能出现一次。

无操作选项为单字节选项,代码为 1,用于选项的填充,实现 32 比特对齐。无操作选项可以多次使用。

最大段大小(MSS)选项为多字节选项,代码为 2,长度为 4 字节,最后两个字节用于标

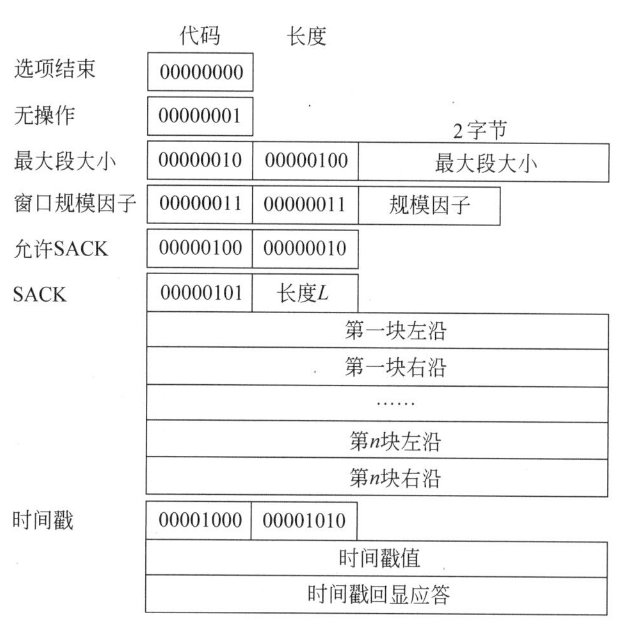

图 8-4　TCP 选项格式

识本机能够接收的段的最大字节数。该值范围为 0～65 535，默认值为 536。

窗口规模因子选项为多字节选项，代码为 3，长度为 3 字节。在 TCP 段的首部存在 16 比特的窗口大小字段，但在高吞吐率和低延迟的网络中，65 535 字节的窗口仍然嫌小。通过在选项中采用窗口规模因子，可以增加窗口的大小。扩展后的窗口大小为：

$$W_n = W_o \times 2^f$$

式中，W_n 为新的窗口大小，W_o 为 TCP 首部窗口大小字段的值，f 为窗口规模因子。

允许 SACK 和 SACK 选项是在 TCP 协议发展过程中为改善性能而引入的新功能选项。TCP 原有的确认采用的是累计确认，无法向信源报告失序到达的数据字节，也不报告重复的报文段。数据丢失会造成超时重发，重发时可能造成重复数据，重复数据虽然不会引发什么问题，但对系统的性能还是有影响的。选择确认(SACK)可以让信源了解报文段的丢失、失序到达以及重复情况。

允许 SACK 选项是两字节的定长选项。代码为 4，长度为 2。

SACK 选项是变长选项。代码为 5，长度＝块数×8＋2。SACK 选项主要包含一个失序到达数据块的列表，每个表项由块的左沿和右沿构成，左沿和右沿各占 4 个字节。SACK 选项的第一个块可以用来报告重复的报文段(这个功能取决于具体的实现)。

SACK 选项使用前，要在建立 TCP 连接时协商是否允许 SACK。发起连接的一方在 SYN 报文段中使用允许 SACK 选项，对方以 SYN＋ACK 应答时也使用允许 SACK 选项即完成了 SACK 协商，此后双方传输数据时就可以使用 SACK 选项了。

时间戳选项为多字节选项，代码为 8，长度为 10 字节。时间戳值字段由信源端在发送数据段时填写，信宿端收到后，在确认数据段中将收到的时间戳值填入时间戳回显应答字段中，信源端根据该时间戳值和当前时间戳可以计算出数据段的往返时间。而且时间戳选项还可以用于防止序号绕回。

8.3 TCP 连接的建立和拆除

8.3.1 TCP 连接的建立

为了实现数据的可靠传输，TCP 要在应用进程间建立传输连接。它是在两个传输用户之间建立一种逻辑联系，使得通信的双方都确认对方为自己的传输连接端点。

从理论上讲，建立传输连接只需要一个请求和一个响应就可以了。但是由于通信子网的问题，请求有可能丢失，为了解决请求的丢失问题，常用的办法是超时重传。客户发出连接请求时，启动一个定时器，请求或响应的丢失会造成定时器超时溢出。一旦定时器超时，客户将被迫再次发起连接请求，通过重传连接请求来建立连接。但这一办法又带来了新的问题，如果第一个请求并没有丢失，而是因传输延迟而未能及时到达信宿端，当重发的请求导致建立连接、传输数据并拆除连接后，第一个请求才到达信宿，这时就会导致重复连接。

解决重复连接的办法是在建立连接时采用三次握手(three-way handshaking)方法。该方法要求对所有报文进行编号，TCP 采用的方法是赋予每个字节一个 32 比特的序号，每次建立连接时都产生一个新的初始序号。由于序号字段的位数是定长的，所以序号是循环使用的，因为序号字段的位数较长，当序号循环一周回来时，使用同一序号的旧报文段早就传输完了。这样，网络中就不会同时出现来自同一源主机的具有相同序号的两个不同报文段。

建立连接前，服务器端首先被动打开其熟知的端口，对端口进行侦听。当客户端要和服务器建立连接时，发起一个主动打开端口的请求(该端口一般为临时端口)。然后进入三次握手法的过程：

第一次握手是由要建立连接的客户向服务器发出连接请求段，该段首部的同步标志 SYN 被置为 1，并在首部中填入本次连接的客户端的初始段序号 SEQ(例如 SEQ=26 500)。

第二次握手是服务器收到请求后，发回连接确认(SYN+ACK)，该段首部中的同步标志 SYN 被置为 1，表示认可连接，首部中的确认标志 ACK 被置为 1，表示对所接收的段的确认，与 ACK 标志相配合的是准备接收的下一序号(ACK 26 501)，该段还给出了自己的初始序号(例如 SEQ=29 010)。对请求段的确认完成了一个方向上的连接。

第三次握手是客户向服务器发出的确认段，段首部中的确认标志 ACK 被置为 1，表示对所接收的段的确认，与 ACK 标志相配合的准备接收的下一序号被设置为收到的段序号加 1(ACK 29 011)。对服务器初始序号的确认，完成了另一个方向上的连接。

图 8-5 给出了通过三次握手建立连接的过程。

由于客户对报文段进行了编号，它知道哪些序号是期待的，哪些序号是过时的。当客户发现报文段的序号是一个过时的序号时，就会拒绝该报文段，这样就不会造成重复连接。

三次握手的前两次(SYN 和 SYN+ACK)都消耗一个序号，而第三次握手(ACK)不消耗序号。

8.3.2 TCP 连接的拆除

当前连接的双方都可以发起拆除连接操作。但简单地拆除连接可能会造成数据丢失。

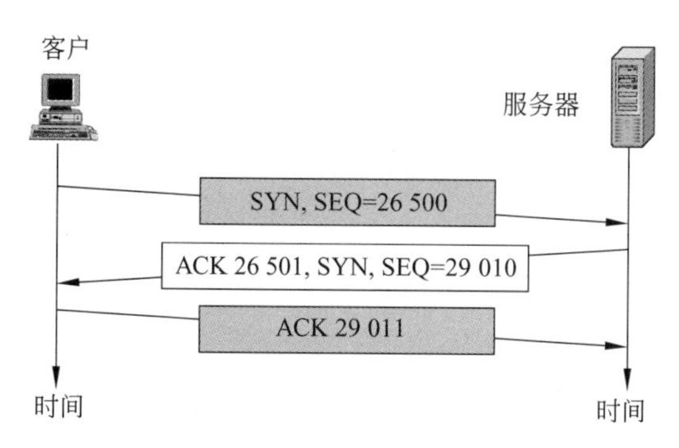

图 8-5　三次握手建立连接

例如，假设 A、B 两主机已建立连接并传输报文，主机 A 在主机 B 没有准备的情况下，单方面发出断开连接请求，并停止接收该连接上的数据。但断开连接请求的传输要有一段时间，而在主机 B 未收到断开连接请求之前，随时可能向主机 A 发送数据，若主机 A 发出断开连接请求后便停止接收数据，就会有丢失数据的可能性（如图 8-6 所示）。

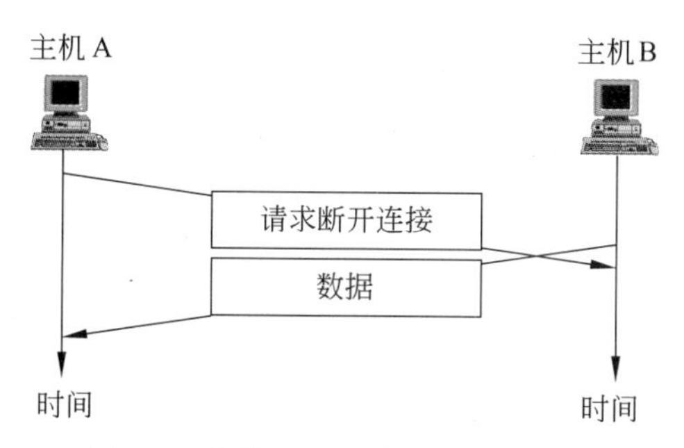

图 8-6　简单断开连接可能丢失数据

为了解决这个问题，TCP 采用和三次握手类似的方法即四次握手的方式拆除连接。这里可以将断开连接操作视为由两个方向上分别断开连接的操作构成。一方发出断开连接请求后并不马上拆除连接，而是等待对方的确认，对方收到断开连接请求后，发送确认报文，这时拆除的只是单方向上的连接（半连接）。发出断开连接请求的一方不再发送数据，但仍然可以接收对方发来的数据。对方发送完数据后，再通过发送断开连接请求来断开另一个方向上的半连接。其过程如图 8-7 所示。

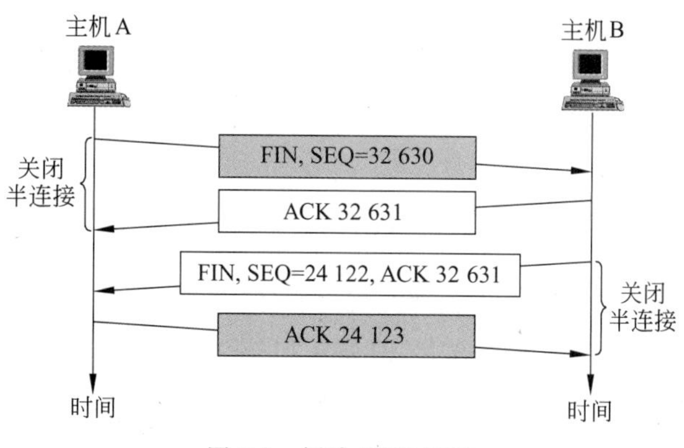

图 8-7　拆除 TCP 连接

有些断开连接的实现也采用三次握手。第一次 FIN;第二次 FIN+ACK;第三次 ACK。这里实际上是把中间的两次握手合并了,效果还是等同于四次握手。

8.4 TCP 流量控制

TCP 除了提供进程通信能力外,还具有高可靠性。TCP 在发送方与接收方之间建立一条连接,报文需要得到接收方的确认。TCP 传输的是一个无报文丢失、重复和失序的正确的数据流。TCP 流是无结构的字节流,流中的数据是一个个字节构成的序列。

TCP 采用的最基本的可靠性技术包括流量控制、拥塞控制和差错控制。

在面向连接的传输过程中,发送方与接收方在发送报文的速率方面要协调一致。若发送方不考虑对方对数据报的确认与否,一味地向网络注入数据,则可能造成网络拥塞或因接收方来不及处理而丢失数据,从而影响数据传输的可靠性。若发送方每发出一个报文都等待对方的确认,势必造成效率低下,网络资源得不到充分的利用。

滑动窗口协议是解决上述问题的理想方案。采用滑动窗口协议既能够保证可靠性,又可以充分利用网络的传输能力。这种方案允许连续传输多个报文而不必等待各个报文的确认,能够连续发送的报文数受到窗口大小的限制。

滑动窗口协议通过发送方窗口和接收方窗口的配合来完成传输控制,发送方的缓存和窗口如图 8-8 所示。

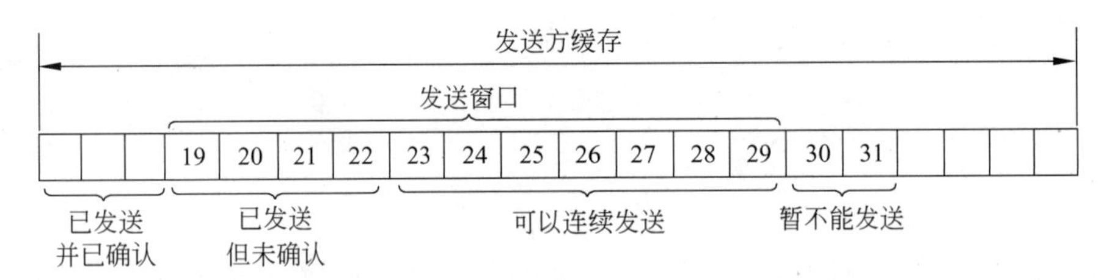

图 8-8 TCP 连接发送方缓存与窗口

在发送方的发送缓存中是一组按顺序编号的字节数据,这些数据的一部分在发送窗口中,另一部分在发送窗口外。图中发送缓存左端和右端空白处表示可以填入数据的空闲缓存,实际上可以将缓存视为左端和右端相连的环。窗口前面是已经发送而且收到确认的数据,因此,缓存被释放。在发送窗口中,左边是已经发送但尚未得到确认的数据,右边是尚未发送但可以连续发送的数据。窗口外的数据是暂不能发送的数据。

一旦窗口内的部分数据得到确认,窗口便向右滑动,将已确认的数据移到窗口的外面。这些数据所对应的缓冲单元成为空闲单元。窗口右边界的移动使新的数据又落入到窗口中,成为可以连续发送的数据的一部分。

接收方的窗口反映当前能够接收的数据的数量。图 8-9 给出了接收方缓存与窗口的示意图。

接收方窗口的大小 W 对应接收方缓存可以继续接收的数据量,它等于接收方缓存大小 M 减去缓存中尚未提交的数据字节数 N,即 W=M-N。

接收方窗口的大小取决于接收方处理数据的速度和发送方发送数据的速度,当从缓存中取出数据的速度低于数据进入缓存的速度时,接收窗口逐渐缩小,反之则逐渐扩大。接收

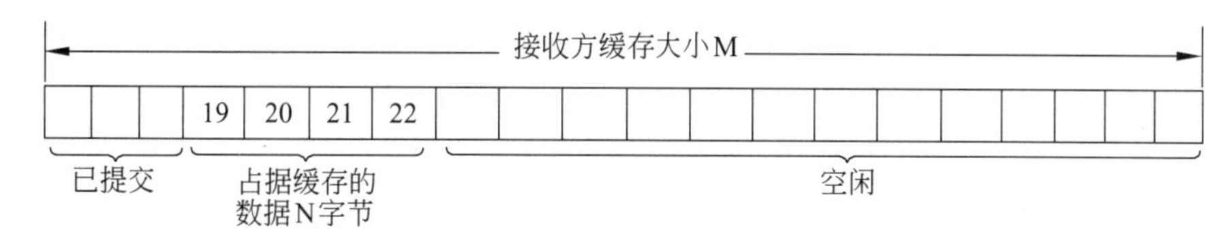

图 8-9　TCP 连接接收方缓存与窗口

方将当前窗口大小通告给发送方(利用 TCP 段首部的窗口大小字段),发送方根据接收窗口调整其发送窗口,使发送方窗口始终小于或等于接收方窗口的大小。

通过使用滑动窗口协议限制发送方一次可以发送的数据量,就可以实现流量控制的目的。这里的关键是要保证发送方窗口小于或等于接收方窗口的大小。当发送方窗口大小为 1 时,每发送一个字节的数据都要等待对方的确认,这便是简单的停等协议。

流量控制可以在网络协议的不同层次上实现,TCP 的流量控制是在传输层上实现的端到端的流量控制。

8.5　TCP 拥塞控制

流量控制是由于接收方不能及时处理数据而引发的控制机制,拥塞是由于网络中的路由器超载而引起的严重延迟现象。拥塞的发生会造成数据的丢失,数据的丢失会引起超时重传,而超时重传的数据又会进一步加剧拥塞,如果不加以控制,最终将会导致系统崩溃。从中可以看出,拥塞造成的数据丢失,仅仅靠超时重传是无法解决的。因此,TCP 提供了拥塞控制机制。

在 TCP 的拥塞控制中,仍然是利用发送方的窗口来控制注入网络的数据流的速度。减缓注入网络的数据流后,拥塞就会自然被解除。

发送窗口的大小取决于两个方面的因素,一个是接收方的处理能力,另一个是网络的处理能力。接收方的处理能力由确认报文所通告的窗口大小(即可用的接收缓存的大小)来表示;网络的处理能力由发送方所设置的变量——拥塞窗口来表示。发送窗口的大小取通告窗口和拥塞窗口中较小的一个。

发送窗口大小＝min(接收方通告窗口大小,拥塞窗口大小)

和接收窗口一样,拥塞窗口也处于不断的调整中。一旦发现拥塞,TCP 将减小拥塞窗口,进而控制发送窗口。

为了避免和消除拥塞,TCP 周而复始地采用 3 种策略来控制拥塞窗口的大小。

首先是使用慢启动策略,在建立连接时拥塞窗口被设置为一个最大段大小 MSS。对于每一个段的确认都会使拥塞窗口增加一个 MSS,实际上这种增加方式是指数级的增加。例如,开始时只能发送一个数据段,当收到该段的确认后拥塞窗口加大到两个 MSS,发送方接着发送两个段,收到这两个段的确认后,拥塞窗口加大到 4 个 MSS,接下来发送 4 个段,依此类推。

当拥塞窗口加大到门限值(拥塞发生时的拥塞窗口的一半)时,进入拥塞避免阶段,在这一阶段使用的策略是,每个收到确认的往返延迟,拥塞窗口加大 1 个 MSS,即使确认是针对多个段的,拥塞窗口也只加大 1 个 MSS,这在一定程度上减缓了拥塞窗口的增长。但在此阶段,拥塞窗口仍在增长,最终可能导致拥塞。

拥塞使重传定时器超时,发送方进入拥塞解决阶段。发送方在进行重传的同时,将门限值调整为拥塞窗口的一半,并将拥塞窗口恢复成一个 MSS,然后进入新一轮的循环。

拥塞窗口的变化如图 8-10 所示。图中一个单位的往返时间表示收到一个确认的时间间隔。

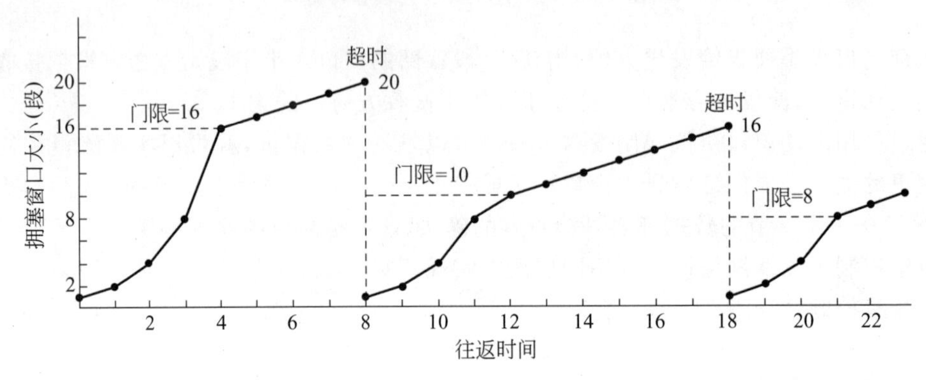

图 8-10　TCP 拥塞窗口与门限的变化

8.6　TCP 差错控制

差错控制是 TCP 保证可靠性的手段之一。TCP 的差错控制包括检错和纠错。TCP 处理的差错有数据被破坏、重复、失序和丢失。

数据被破坏可以通过 TCP 的校验和检测出来,接收方丢弃出错的数据,而且不给出确认,发送方定时器超时后,重发该数据使错误得到恢复。

重复数据段一般是由超时重传造成的,接收方可以根据序号判断是否是重复数据段,对于重复数据段只需要简单地丢弃即可。

数据失序是由于 TCP 下面的 IP 协议是无连接的数据报协议,不能保证数据报的按序到达。TCP 对于提前到达(前面的数据还未到达)的数据暂不确认,直到前面的数据到达后再一起确认。若超时的时候发送方仍未收到确认,发送方将重发该数据段,造成接收方收到重复数据段,接收方只需要简单地丢弃重复段即可。

对于数据丢失错误也是通过超时重传来进行恢复的。但是确认报文段的丢失一般不会造成任何影响,因为 TCP 采用的是累计确认,TCP 确认针对流中的字节序号,而不是段号。一般情况下,接收方确认已正确收到的、连续的流前部。对于接下去的数据段的确认也就包含了对前面数据的确认。若下一个确认未能在重传定时器超时之前到达发送方,则会出现重复报文段。重复数据会被接收方鉴别出来(根据序号),并被丢弃。

影响超时重传最关键的因素是重传定时器的定时时间片的大小。由于在因特网这种大型网络中传输延迟变化范围很大,因此从发出数据到收到确认所需的往返时间(round trip time,RTT)是动态变化的,很难确定。

为了适应传输延迟的动态变化,TCP 的重传定时值也要不断调整。TCP 通过测试连接的往返时间,对重传定时值进行修正。

传统的 TCP 重传定时值可以根据下式进行计算：

$$Timeout = \beta \times RTT \tag{1}$$

β 为大于 1 的常数加权因子(推荐 $\beta=2$),RTT 为估算的往返时间。

RTT 根据下式进行计算：

$$RTT = \alpha \times RTTo + (1-\alpha) \times RTTn \tag{2}$$

$RTTo$ 是上一次往返时间的估算值,$RTTn$ 是实际测出的前一个段的往返时间。α 是加权因子,当 α 的取值趋向 0 时,RTT 主要考虑当前新测出的往返时间;当 α 的取值趋向 1 时,RTT 主要考虑历史的往返时间。α 加权因子实际上是为了在历史的 RTT 和新测得的 RTT 间进行折中。

一种新的重传定时值算法如下。

RTT_S 为 RTT 平滑;RTT_D 为 RTT 偏差;RTT_M 为 RTT 测量。

RTT 平滑的计算：

$$RTT_S(0) = RTT_M(0)$$

$$RTT_S(n) = (1-\alpha) \times RTT_S(n-1) + \alpha \times RTT_M(n)$$

通常 α 取值 1/8。

RTT 偏差的计算：

$$RTT_D(0) = RTT_M(0)/2$$

$$RTT_D(n) = (1-\beta) \times RTT_D(n-1) + \beta \times | RTT_S(n) - RTT_M(n) |$$

通常 β 取值 1/4。

重传超时的计算与当前的 RTT 平滑和 RTT 偏差有关：

$$Timeout = RTT_S(n) + 4 \times RTT_D(n)$$

8.7　TCP 状态转换图

TCP 建立连接、传输数据和断开连接是一个复杂的过程。为了准确地描述这一过程,可以采用有限状态机。有限状态机包含有限个状态,在某一时刻,机器必然处于某一特定状态,当在一个状态下发生特定事件时,机器会进入一个新的状态。在进行状态转换时,机器可以执行一些动作。图 8-11 是 TCP 的有限状态机,图中状态用方框表示,状态转移用带箭头的线表示,线旁的说明用斜线分为两部分,斜线前是引起状态转移的事件,斜线后是状态转移时所发出的动作。

图 8-11 中各状态的含义如下：

- CLOSED：无连接状态。
- LISTEN：侦听状态,等待连接请求 SYN。
- SYN-SENT：已发送连接请求 SYN 状态,等待确认 ACK。
- SYN-RCVD：已收到连接请求 SYN 状态。
- ESTABLISHED：已建立连接状态。
- FIN-WAIT-1：应用程序要求关闭连接,断开请求 FIN 已经发出状态。
- FIN-WAIT-2：已关闭半连接状态,等待对方关闭另一个半连接。
- CLOSING：双方同时决定关闭连接状态。

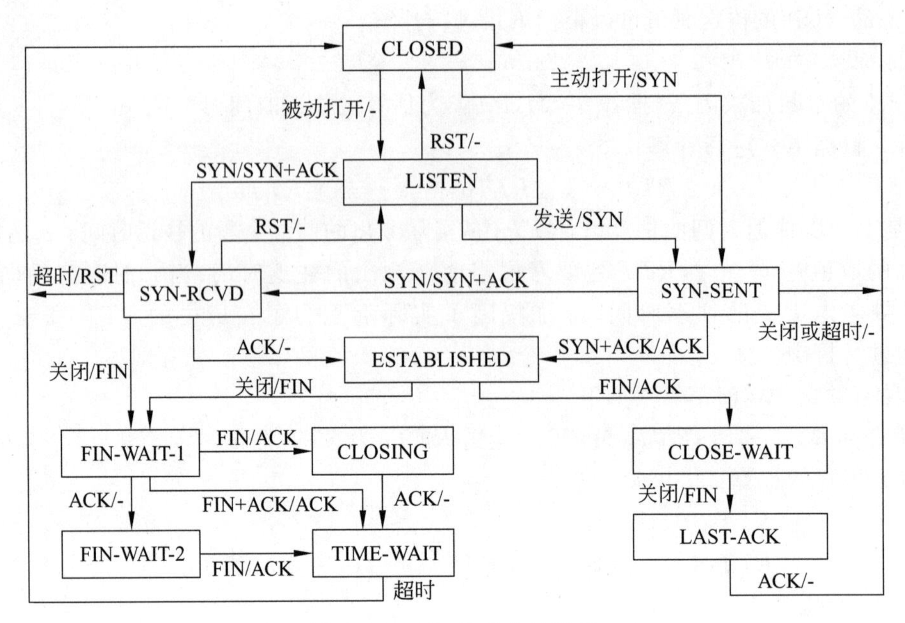

图 8-11　TCP 的状态转换图

- TIME-WAIT：等待超时状态。
- CLOSE-WAIT：等待关闭连接状态，等待来自应用程序的关闭要求。
- LAST-ACK：等待关闭确认状态。

图 8-11 包含了客户和服务器的状态和转移，如果将客户端和服务器的状态转换图分开，再加入一些交互式的报文描述，就可以更清楚地看到通信双方连接的建立、使用和关闭过程。图 8-12 给出了一种正常操作时客户端和服务器各自的状态转换图。从图中可以清楚

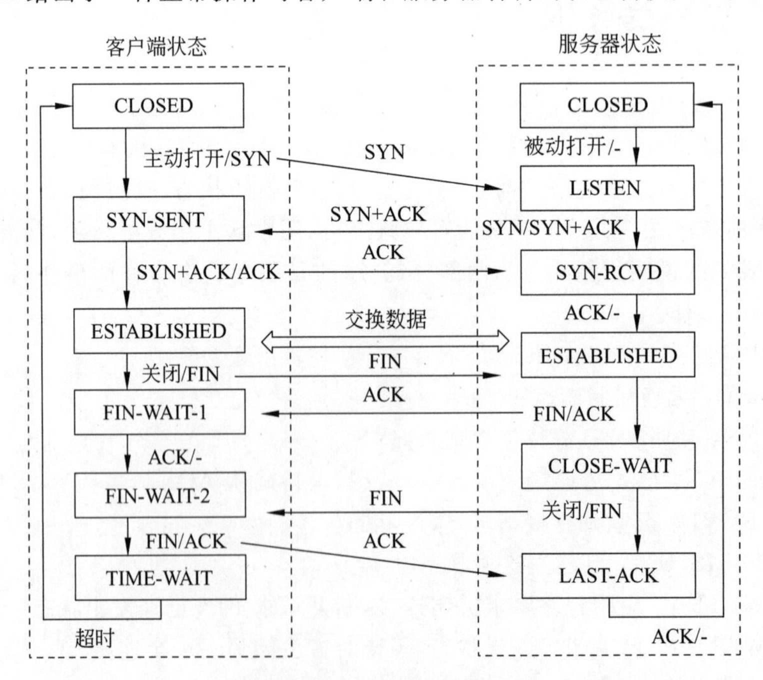

图 8-12　客户/服务器交换数据时的状态转换图

地看出服务器被动打开，客户端主动打开，经过三次握手建立连接，然后交换数据，最后经过四次握手断开连接的完整过程。

8.8　用户数据报协议

用户数据报协议 UDP(user datagram protocol)是 TCP/IP 传输层的另一个协议。TCP/IP 同时提供 TCP 服务和 UDP 服务的目的是为了提供给用户更加灵活的选择。究竟是采用 TCP 还是采用 UDP 取决于应用的环境和需求。

UDP 同 IP 协议一样提供无连接数据报传输，UDP 在 IP 协议上增加了进程通信能力。UDP 除了提供进程间的通信能力外，还提供了简单的差错控制。但 UDP 不提供流量控制，也不对 UDP 数据报进行确认。

由于 UDP 不解决可靠性问题，所以 UDP 的运行环境应该是高可靠性、低延迟的网络。如果是运行在不可靠的通信网络上，那么 UDP 上面的应用程序必须能够解决报文损坏、丢失、重复、失序以及流量控制等可靠性问题。

UDP 最吸引人的地方在于它的高效率。UDP 是一个非常简单的协议，由于发送数据报时不需要建立连接，所以开销很小。UDP 往往用在交易型应用中，一次交易一般只需要一个来回的两个报文交换即可完成。

8.8.1　UDP 数据报格式

UDP 将应用层的数据封装成 UDP 数据报进行发送。UDP 数据报由首部和数据构成。UDP 采用定长首部，长度为 8 个字节。UDP 数据报格式如图 8-13 所示。

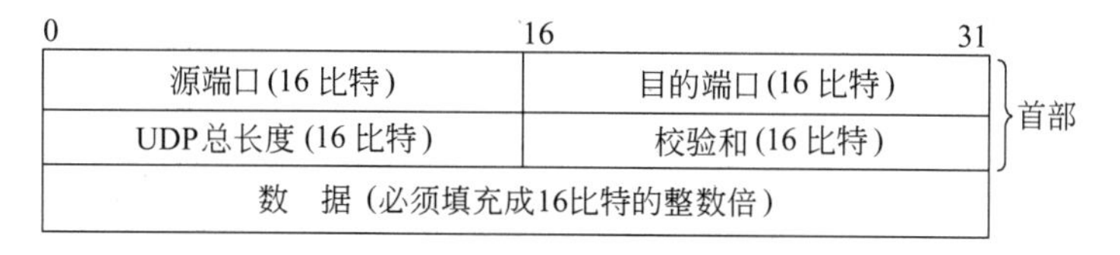

图 8-13　UDP 数据报格式

源端口字段长度为 16 比特，定义主机中发送本 UDP 数据报的应用程序的端口号。当不需要返回数据时，该字段置为 0。

目的端口字段长度为 16 比特，定义接收本 UDP 数据报的应用程序的端口号。

客户端的端口号一般用临时端口号，服务器一般采用熟知端口号。

UDP 总长度字段为 16 比特，以字节为单位指示整个 UDP 数据报的长度，其最小值为 8，是不含数据的 UDP 首部长度。

UDP 建立在 IP 之上，整个 UDP 数据报被封装在 IP 数据报中传输。虽然 16 比特的 UDP 总长度字段可以标识 65 535 字节，但由于 IP 数据报总长度为 65 535 字节的限制，并且 IP 数据报首部至少要占用 20 字节，因此实际 UDP 最大长度为 65 515 字节，其最大数据长度为 65 507 字节。

UDP 的校验和字段长度为 16 比特，是可选字段，置 0 时表明不对 UDP 进行校验。如果选择使用校验和而正好校验和的值为 0，则将其取反，即此时校验和的值用全 1。之所以可以这样处理,是因为按校验和的计算方法,不可能产生全 1 的校验和值。在 UDP/IP 这个协议栈中,UDP 校验和是保证数据正确性的唯一手段。

8.8.2 UDP 伪首部

UDP 数据报的校验和是一个可选的字段,用于实现有限的差错控制。UDP 校验和的计算与 TCP 相同,计算校验和时,除了 UDP 数据报本身外,它还加上一个伪首部。伪首部不是 UDP 数据报的有效成分,只是用于验证 UDP 数据报是否传到正确的信宿端的手段。

UDP 伪首部的格式如图 8-14 所示。

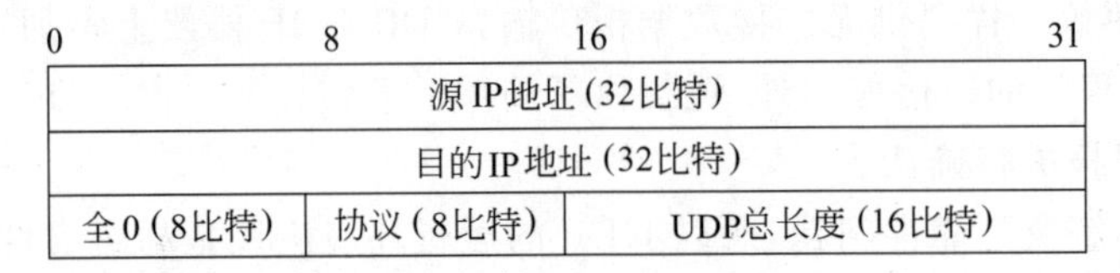

图 8-14 UDP 伪首部格式

UDP 伪首部的信息来自于 IP 数据报的首部,UDP 校验和的计算方法与 IP 数据报首部校验和的计算方法完全相同。在计算 UDP 校验和之前,UDP 首先必须从 IP 层获取有关信息。

UDP 数据报的发送方和接收方在计算校验和时都加上伪首部信息。若接收方验证校验和是正确的,则说明数据到达了正确主机上正确协议的正确端口。

8 比特全 0 字段起填充作用,目的是使伪首部的长度为 16 比特的整数倍。

协议字段指明当前协议为 UDP,UDP 协议的值为 17。

UDP 总长度字段以字节为单位指明 UDP 数据报的长度,该长度不包括伪首部在内。

传输控制协议 TCP 和用户数据报协议 UDP 各有其特点和适用的环境,两者的特点和比较如表 8-1 所示。

表 8-1 TCP 和 UDP 的特点比较

传输控制协议 TCP	用户数据报协议 UDP
面向连接	无连接
高可靠	高效率
一次传输交换大量报文	一次传输交换少量信息
复杂	简单

8.9 流控制传输协议 SCTP

随着 IP 网多业务化的迅速发展,TCP/IP 协议族也进行着不断的发展和完善以满足各种应用的需要。流控制传输协议(Stream Control Transmission Protocol,SCTP)就是为解决多媒体和流通信量而提出的一个新的传输层协议。

SCTP 是可靠的面向报文的传输层协议。用于在 IP 网络上传输 PSTN 信令消息,即通常所说的SS7 over IP。SCTP协议主要用于在IP网中传送PSTN(公用电话交换网)的信令消息和IP网内的信令消息。适用于完成7号信令系统与IP网互通的信令网关(SG)设备,以及IP网用于呼叫控制的软交换(Soft-Switch)交换机等设备。

SCTP之上的应用主要有H.323(IP电话)、SIP(IP电话)、H.248(媒体网关控制)等。

8.9.1 SCTP相关概念

传输层的UDP协议是面向报文的协议,以报文为单位传输,保留了报文的边界。但不可靠,报文有可能丢失、失序和重复。传输层的另一个协议TCP协议是面向字节的协议,以报文段为单位传输,不保留报文的边界,TCP是可靠的传输协议。SCTP协议结合了TCP和UDP的优点,是一个面向报文的可靠的传输协议。

SCTP涉及以下基本概念。

传送地址:传送地址是用网络层地址、传输层协议和传输层端口号定义的。SCTP在IP上运行,传送地址就是由IP地址加SCTP端口号来定义的(传输层协议就是SCTP)。SCTP使用了TCP的所有熟知端口,另外SCTP所支持的常用应用H.323使用端口号1718、1719、1720和11720,SIP使用端口号5060、H.248使用端口号2945。

SCTP端点(SCTP endpoint):SCTP端点是一个典型的逻辑实体,是数据报的逻辑发送者和接收者,在一个多归属的主机上,一个SCTP端点可以由对端主机表示为SCTP分组可以发送到的一组合格的目的传送地址,或者是可以收到SCTP分组的一组合格的源传送地址。一个传送地址唯一标识一个端点。而一个端点则可以由多个传送地址进行定义,但对于同一个目的端点而言,这些传送地址中的IP地址可以配置成多个,但必须使用相同的SCTP端口号。

SCTP偶联(association):SCTP偶联(又译为“关联”)实际上是在两个SCTP端点间的一个对应关系,它包括了两个SCTP端点、以及包括验证标志和传输序号等信息在内的协议状态信息。SCTP也是面向连接的,但在概念上,SCTP偶联比TCP连接更为广泛:TCP的连接只有一个源地址和一个目的地址,SCTP提供一种方式使得每个SCTP端点能为另一个对等端点提供一组传送地址,在任何时候两个SCTP端点间都不会有多于一个的偶联。

流(stream):流是在两个SCTP端点之间建立的一个单向逻辑通道,SCTP偶联中的流用来指示需要按顺序递交到高层协议的用户消息的序列,在同一个流中的消息需要按序进行提交。严格地说,一个偶联是由多个单向的流组成的。各个流之间相对独立,使用流ID进行标识,每个流可以单独发送数据而不受其他流的影响。

通路(path):通路是一个端点将SCTP分组发送到对端端点特定目的传送地址的路由。由于一个偶联的两个端点都可以有多个地址,一个偶联也就会包含多条通路。

首选通路(primary path):首选通路是在默认情况下,SCTP分组中发到对端端点的通路。

心跳(heart beat):SCTP定义了心跳消息。当某条通路空闲时,本端点SCTP用户要在该通路向对端端点发送心跳消息,对端端点收到后会立即发回对应的心跳确认消息。通过这种方式不仅可以测量往返延迟RTT,而且还可以监测偶联的可用情况,保持SCTP偶联的激活状态。

传输序号TSN(transmission sequence number):SCTP以数据块为基本传输单位,数

据块与来自进程的报文可以对应,也可以不对应(可以分片)。SCTP 利用 TSN 给每个数据块顺序编号,TSN 长度为 32 比特。接收端收到后对 TSN 进行确认。TSN 是基于偶联进行维护的,一个偶联的一端为本端发送的每个数据块顺序分配传输序号。控制块没有传输序号。

流标识符 SI(stream identifier):SCTP 的一个偶联可以包含多个流,每个流有其流标识符。流标识符 SI 长度为 16 比特。

流序号 SSN(stream sequence number):SCTP 为本端在这个流中发送的每个数据块顺序分配一个 16 位 SSN,以便保证流内的顺序传递。在偶联建立时,所有流中的 SSN 都是从 0 开始。当 SSN 到达 65535 后,则接下来绕回到 0。

分组(packet):SCTP 分组类似于 TCP 的报文段,是每次传输的封装单位。一个 SCTP 分组除通用首部外,包含若干控制块和数据块。分组没有编号。

图 8-15 给出了 SCTP 分组、流和数据块之间的关系。

第四分组	第三分组	第二分组	第一分组
通用首部	通用首部	通用首部	通用首部
控制块	控制块	控制块	控制块
TSN：1006 SI：2　SSN：1	TSN：1004 SI：1　SSN：1	TSN：1002 SI：0　SSN：2	TSN：1000 SI：0　SSN：0
TSN：1007 SI：2　SSN：2	TSN：1005 SI：2　SSN：0	TSN：1003 SI：1　SSN：0	TSN：1001 SI：0　SSN：1

图 8-15　SCTP 分组、流和数据块的关系

8.9.2　SCTP 功能

SCTP 的功能包括:偶联的建立和终止、流内顺序提交、用户数据分片、确认和拥塞避免、块绑定、分组验证、通路管理。

1. 偶联的建立和终止

偶联的建立由 SCTP 用户发起请求启动,为避免恶意攻击,在偶联建立过程中采用了 COOKIE 机制,偶联的建立通过四次握手完成。为提高效率,后两次握手是可以带数据的。

SCTP 提供了对活动偶联的正常终止功能,正常终止必须由 SCTP 用户的请求启动,通过 3 次握手完成。SCTP 也提供了非正常终止(ABORT)功能,非正常终止的执行既可以由用户的请求来启动,也可以由 SCTP 协议发现差错而启动。

SCTP 不支持半关闭状态(TCP 是可以的),一旦偶联的任一端点启动了终止程序,偶联的两端都应停止接受从上层用户发来的新数据,并且只传送队列中的数据。

2. 流内顺序提交

SCTP 中的流是需要按序提交到高层协议的用户报文序列,在同一个流中的报文需要按照其顺序进行提交。SCTP 用户可以在偶联建立时规定在一个偶联中所支持的流的数量,该数量是可以与对端进行协商的,用户报文通过流号来进行关联。在 SCTP 内部,每个通过 SCTP 的 SCTP 用户报文都分配一个流顺序号码。在接收端,SCTP 保证在给定的流中,报文可以按序提交给 SCTP 用户。但当一个流被闭塞时,期望的下一个后续的用户报文可以从另外的流上进行提交。

SCTP 也提供非顺序提交业务，接收到用户报文可以使用这种方式立即提交到 SCTP 用户，而不需要保证其发送时的顺序。

3. 用户数据分片

为确保用户报文发送到低层时，SCTP 分组长度符合通路 MTU 的要求，SCTP 在发送用户报文时可以对报文进行分片。到达接收方后，要把各分片重组成完整的报文后，再提交给 SCTP 用户。

4. 块绑定

SCTP 分组在发送到低层时要包含一个公共的分组首部，其后跟着一个或多个块。每个块可以包含用户数据，也可以包含 SCTP 控制信息。SCTP 用户可以请求是否把多个用户报文绑定在一个 SCTP 分组中进行发送。SCTP 的这种数据块绑定功能可以在发送端生成一个完整的 SCTP 分组，在接收端负责分解该 SCTP 分组。进行块绑定时，控制块必须放在数据块之前。

5. 确认和拥塞避免

SCTP 为每个用户数据块分配一个传输序号(TSN)，TSN 的分配独立于流一级分配的流序号。接收方对所有收到的 TSN 进行确认，尽管此时在接收序列中可能存在接收到的 TSN 不连续。通过这种处理，将可靠的提交功能与流的顺序提交分离开来。需要注意的是：确认号是针对数据块的，控制块如果需要确认，则通过其他控制块进行确认。

确认和拥塞避免功能使得在规定时间内未收到确认时对分组进行重发。分组的重发可以通过与 TCP 协议类似的拥塞避免程序来调节。

6. 分组验证

每个 SCTP 分组的通用首部都包含一个验证标志字段和一个校验字段。验证标志的值由偶联的端点在偶联启动时选择，如果收到的分组中未包含期望的验证标志值，则舍弃该分组。校验码则由 SCTP 分组的发送方产生，用来避免由网络造成的数据差错。接收方对包含无效校验码的 SCTP 分组予以丢弃。SCTP 采用的是 Adler-32 校验和算法，和 32 位 CRC 校验算法一样，都是保护数据防止意外更改的算法，但 Adler-32 校验和算法比 CRC 算法快。

7. 通路管理

发送方的 SCTP 用户能够使用一组传送地址作为 SCTP 分组的目的地。SCTP 通路管理功能可以根据 SCTP 用户的指令和当前合格的目的地集合的可达性，为每个发送的 SCTP 分组选择一个目的传送地址。当用分组流量不足以提供可达性信息时，通路管理可以通过 SCTP 的心跳功能来监视目的地址的可达性，并当任何远端传送地址的可达性发生变化时向 SCTP 用户提供指示。通路管理功能也用来在偶联建立时，向远端报告合格的本地传送地址集合，并且把从远端返回的传送地址报告给本地的 SCTP 用户。

在偶联建立后，需要为每个 SCTP 端点都定义一个首选通路，用来在正常情况下发送 SCTP 分组。

8.9.3　SCTP 分组

SCTP 分组的一般格式如图 8-16 所示。

与 TCP 和 UDP 一样，源端口字段和目的端口字段各 16 比特。

图 8-16　SCTP 分组格式

验证标志字段 32 比特，是与偶联相关的标志，但偶联的两个方向使用不同的验证标志，一个偶联的同一方向上传输的所有分组具有相同的验证标志。验证标志值是在建立偶联时双方确定下来的。

校验和字段 32 比特，由 Adler-32 校验和算法生成。校验范围为整个 SCTP 分组(包括通用首部和分组中的所有块)。

SCTP 分组的块包括控制块和数据块，控制块位于数据块之前。

控制块和数据块的基本结构如图 8-17 所示。

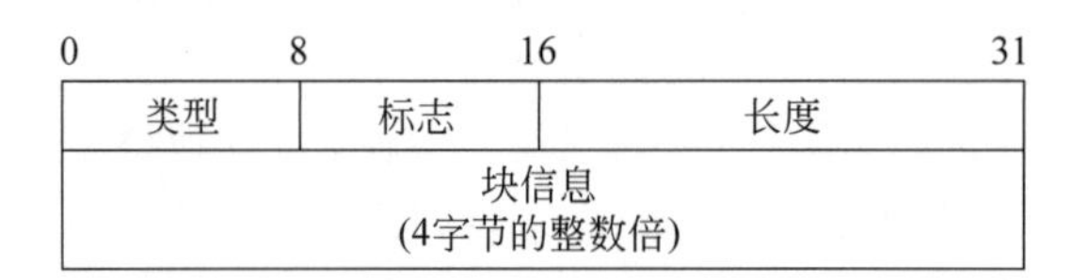

图 8-17　SCTP 块通用格式

类型字段 8 比特，指明块类型，数据块类型值为 0，控制块根据功能的不同有不同的类型值。

标志字段 8 比特，定义了特定块所需要的特殊标志，根据块类型值的不同标志具有不同的含义。

长度字段 16 比特，以字节为单位标识块长度，该长度不含为进行 4 字节对齐而加入的填充字节。

块信息字段不定长，而且根据块类型的不同而不同，具体结构可参见文档 RFC 2960。

DATA 块：数据块，类型为 0，用于携带用户数据，一个分组可以包含零到多个 DATA 块。除了这个 DATA 块是数据外，其他块都是控制块。

INIT 块：初始块，类型为 1，用于建立偶联的第一个块。携带这个块的分组不再携带其他块。携带这个块的分组的验证标志是 0，因为此时还未确定验证标志。

INIT ACK 块：初始确认块，类型为 2，是建立偶联时用于第二次握手的块。携带这个块的分组也不能再携带其他块。

COOKIE ECHO 块：类型为 10，是建立偶联时用于第三次握手的块。携带这个块的分组还可以携带数据块。也就是说，SCTP 在建立偶联期间就可以开始传输用户数据了。

COOKIE ACK 块：类型为 11，是建立偶联时用于第四次握手的块。携带这个块的分组也可以携带数据块。

SACK 块：选择确认块，类型为 3，用于对收到的数据进行确认。SACK 块可以给出累计确认、非按序到达块数和重复块数信息。

HEARTBEAT 块：心跳块，类型为 4，主要用于定期探测偶联的状态（测试对端是否活跃）。因为块中含时间信息，所以也可以用于测量往返延迟 RTT。

HEARTBEAT ACK：心跳确认块，类型为 5，作为 HEARTBEAT 块的应答块，用于配合对方完成偶联状态探测或测量往返延迟。

SHUTDOWN 块：关闭块，类型为 7，是正常终止当前的偶联的第一次握手的块。

SHUTDOWN ACK 块：关闭确认块，类型为 8，是正常终止当前的偶联的第二次握手的块。

SHUTDOWN COMPLETE 块：关闭完成块，类型为 14，是正常终止当前的偶联的第三次握手的块。

ABORT 块：异常关闭块，类型为 6，是异常终止当前偶联的块。当通信的一端发现致命错误时，会发送 ABORT 块终止当前的偶联。功能类似 TCP 的 RST 控制位。

ERROR 块：差错块，类型为 9，当通信的一端发现收到的分组存在差错时，会发送 ERROR 块，ERROR 块能指出一到多个差错原因。

8.9.4 SCTP 基本信令流程

1. 偶联的建立和发送流程

SCTP 建立偶联时需要进行四次握手。图 8-18 给出了建立偶联和发送数据的基本流程。

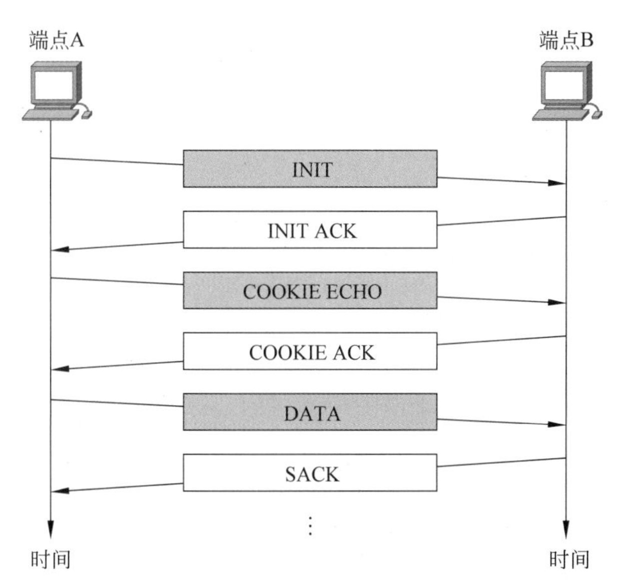

图 8-18 偶联建立与数据发送基本流程

端点 A 启动建立偶联，向端点 B 发送带控制块 INIT 的分组。

随后端点 B 向端点 A 发送 INIT ACK 块，这个控制块含端点 B 生成的 COOKIE 信息。

端点 A 通过 COOKIE ECHO 块将收到的 COOKIE 信息返回给端点 B。

端点 B 向端点 A 发送应答 COOKIE ACK 块。

通过四次握手完成了偶联的建立。后两次握手的分组是可以带 DATA 块的。

这里引入 COOKIE 信息的目的是为了防止恶意攻击。端点 B 收到端点 A 的 INIT 块后并不立即分配资源,而是要等到端点 A 发回的 COOKIE ECHO 块,确认端点 A 是合法的对端时才分配偶联资源。这样可以抵御消耗资源的洪泛攻击。

2. 偶联的关闭流程

关闭偶联分两种情况:异常关闭和正常关闭流程。偶联的异常关闭可以在任何未完成期间进行,偶联的两端都舍弃数据并且不提交到对端。此种方法不考虑数据的安全。

偶联的异常关闭比较简单,只要发起端点向对端端点发送 ABORT 块即可。发送的 SCTP 分组中必须填上对端端点的验证标志,而且不在这个分组中捆绑任何 DATA 块。接收端点收到 ABORT 块后,进行验证标志的检查。如果验证标志与本端验证标志相同,接收端点清除该偶联信息,并向 SCTP 用户报告偶联的终止。

偶联的任何一个端点执行正常关闭程序时,偶联的两端将停止接受从上层 SCTP 用户发来的新数据,并且在发送或接收到 SHUTDOWN 块时,把分组中的数据提交给 SCTP 用户。偶联的关闭可以保证所有两端的未发送、发送未证实数据得到发送和证实后再终止偶联。图 8-19 给出了偶联正常关闭的过程。

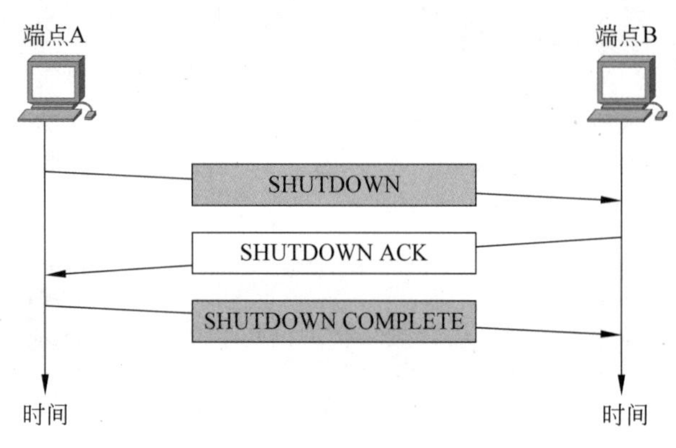

图 8-19　偶联正常关闭过程

本章要点

- 传输层承上启下,屏蔽通信子网的细节,向上层提供通用的进程通信服务。传输层是对网络层的加强与弥补。TCP、UDP 和 SCTP 是传输层的三个协议。
- 端口分配有两种基本的方式:全局端口分配和本地端口分配。
- 在因特网中采用一个三元组(协议,主机地址,端口号)来全局唯一地标识一个进程。用一个五元组(协议,本地主机地址,本地端口号,远程主机地址,远程端口号)来描述两个进程的关联。一个 SCTP 偶联的本端地址和远端地址都可以是多个地址,但两端只能各有一个端口号。
- TCP、UDP 和 SCTP 都是提供进程通信能力的传输层协议。它们各有一套端口号,三套端口号相互独立,都是从 0 到 65535。从 0 到 1023 的端口号为熟知端口;从 1024 到 49151 编号的端口为注册端口;从 49152 到 65535 编号的端口为动态端口。
- TCP 和 UDP 在计算校验和时引入伪首部的目的是为了能够验证数据是否传送到了正确的信宿端。

- 为了实现数据的可靠传输，TCP在应用进程间建立传输连接。TCP在建立连接时采用三次握手方法。在拆除连接时通常采用四次握手方法，有些实现也采用三次握手方法拆除连接。
- TCP连接建立前，服务器端首先被动打开其熟知的端口，对端口进行侦听。当客户端要和服务器建立连接时，发出一个主动打开端口的请求，客户端一般使用临时端口。
- TCP采用的最基本的可靠性技术包括流量控制、拥塞控制和差错控制。
- TCP采用滑动窗口协议实现流量控制，滑动窗口协议通过发送方窗口和接收方窗口的配合来完成传输控制。
- TCP的拥塞控制利用发送方的窗口来控制注入网络的数据流的速度。发送窗口的大小取通告窗口和拥塞窗口中较小的一个。
- TCP通过差错控制解决数据的损坏、重复、失序和丢失等问题。
- UDP在IP协议上增加了进程通信能力。此外UDP通过可选的校验和提供简单的差错控制。但UDP不提供流量控制和数据报确认。
- SCTP建立偶联时需要进行四次握手。SCTP正常关闭偶联使用三次握手，所以SCTP不支持半关闭状态。
- SCTP协议结合了TCP和UDP的优点，是一个面向报文的可靠的传输协议。

习题

8-1 为什么常用的服务器的端口号都采用熟知端口号，而客户端一般采用临时端口号？

8-2 TCP段首部中的序号和确认号的含义和作用是什么？

8-3 TCP段首部中的控制字段各位的含义和作用是什么？

8-4 TCP包含哪些选项？这些选项的作用是什么？

8-5 解释TCP是如何通过滑动窗口协议实现流量控制的。

8-6 为了避免和消除拥塞，TCP采用了哪些策略来控制拥塞窗口？

8-7 说明图8-12中客户端的状态转换过程。

8-8 UDP计算校验和时为什么不可能产生全1的校验和值？

8-9 SCTP心跳功能的作用是什么？

8-10 SCTP建立偶联时引入COOKIE的目的是什么？

第9章 域名系统

IP 地址实现了物理地址的统一，为主机提供了全局唯一的标识。但 IP 地址是点分十进制数字，对用户来说仍然非常抽象，难以理解和记忆。

为了方便一般用户使用因特网，TCP/IP 在应用层采用字符型的主机名称机制。这种字符型的主机名非常符合用户的命名习惯。

在 TCP/IP 的高层采用字符型名称机制后，TCP/IP 形成了 3 个层次的主机标识系统，位于底层的标识是物理地址，位于中间层的标识是 IP 地址，而位于高层的标识是主机名。这就要求协议在运行过程中不仅要进行 IP 地址与物理地址之间的映射，还要进行主机名与 IP 地址之间的映射。

因特网早期的名称系统采用主机文件，主机文件包括两个字段：主机名和 IP 地址。每台主机都存储有一个主机文件，并周期性地进行更新，网络中所有需要与本机进行通信的主机的名称及其 IP 地址都应该存在于该文件中。通过主机文件可以实现主机名称与 IP 地址的映射。

随着网络规模的扩大，主机文件这种映射机制无法满足主机文件更新所带来的开销。目前因特网上采用的是域名系统 DNS，在域名系统中，名称-IP 地址映射表被分为多个较小的子表存放在不同的负责进行名称解析的服务器中，当主机需要进行名称解析时，可以请求服务器为它完成解析。

9.1 命名机制与名称管理

因特网的命名机制要求主机名称具有全局唯一性，并便于进行管理和映射。网络中通常采用的命名机制有两种：无层次命名机制和层次型命名机制。

早期的因特网采用的是无层次(flat)命名机制，主机名用一个字符串表示，没有任何结构。所有的无结构主机名构成无层次名称空间。为了保证无层次名称的全局唯一性，命名采用集中式的管理方式，名称—地址映射通常通过主机文件完成。无层次命名不适合具有大量对象的网络，随着网络中对象的增加，中央管理机构的工作量也会增加，映射效率将会降低，而且容易出现名称冲突。

层次型命名机制将层次结构引入主机名称，该结构对应于管理机构的层次。

层次型命名机制将名称空间分成若干个子空间，每个机构负责一个子空间的管理。授权管理机构可以将其管理的子名称空间进一步划分，授权给下一级机构管理，而下一级又可以继续划分它所管理的名称空间。这样一来，名称空间呈一种树形结构，树上的每一个结点都有一个相应的标号。层次型名称空间如图 9-1 所示。

由于根是唯一的，所以不需要标号。树的叶结点是那些需要根据名称去寻址的主机(通常是网络上提供服务的服务器)。

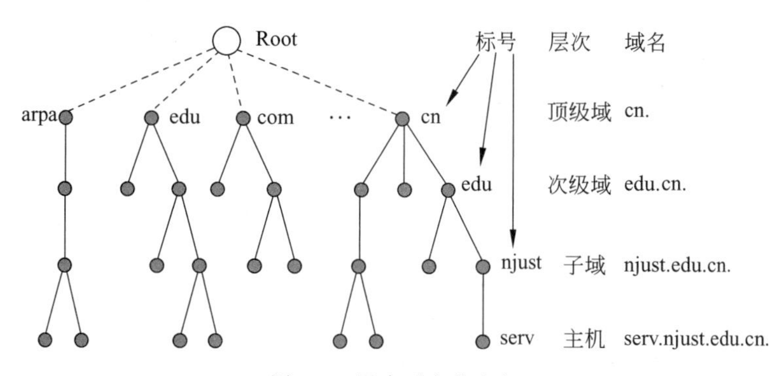

图 9-1 层次型名称空间

每个机构或子机构向上申请自己负责管理的名称空间，并向下分配子名称空间。在给结点命名标号(分配子名称空间)时，每个机构或子机构只要保证自己所管理的名称的下一级标号不发生重复就可以保证所有的名称不重复。

通过层次化的名称结构，将名称空间的管理工作分散到多个不同层次的管理机构，让它们去进行管理，这样，不仅减轻了单个管理机构的管理工作量，提高了效率，而且使得很多的名称解析工作可以在本地完成。极大地提高了系统适应大量且迅速变化的对象的能力。当前因特网采用的是层次型命名机制。

9.2 因特网域名

根据系统采用的是无层次命名机制还是层次型命名机制，主机名可以通过主机文件或者 DNS 进行转换。

在因特网发展的早期，采用主机文件进行名称解析。每个需要进行名称解析的主机都拥有一个 HOSTS 文件。现在的小型网络仍然可以采用这种方式进行名称解析。下面是 Windows 系统中的 HOSTS 文件。

```
# This is a sample HOSTS file used by Microsoft TCP/IP for Windows.
# This file contains the mappings of IP addresses to host names. Each entry should
# be kept on an individual line. The IP address should be placed in the first column
# followed by the corresponding host name.
# The IP address and the host name should be separated by at least one space.
# Additionally, comments (such as these) may be inserted on individual lines or
# following the machine name denoted by a '#' symbol.
# For example:
#       102.54.94.97      rhino.acme.com          # source server
#       38.25.63.10       x.acme.com              # x client host
127.0.0.1         localhost
```

随着因特网上主机数量的不断增加，主机文件的变更越来越频繁。域名系统 DNS (domain name system)是在 1984 年为取代 HOSTS 文件而创建的层次型名称系统。TCP/IP 所实现的 DNS 如图 9-1 所示。

从图 9-1 中可以看出，每个结点除了具有标号外，还对应一个域名，域名是由圆点“.”分开的标号序列所构成的。

若域名包含从树叶到树根的完整标号串并以圆点结束，则称该域名为完全符合标准的域名 FQDN(fully qualified domain name)。例如，serv1. njust. edu. cn. 就是一个 FQDN。而 serv1、serv1. njust、serv1. njust. edu 和 serv1. njust. edu. cn 都是部分符合标准的域名 PQDN(partially qualified domain name)。FQDN 又称为完全合格域名，PQDN 又称为部分合格域名。

下面给出了域名系统层次结构从高到低的组织：

根域(root)位于 DNS 的最高层，一般不出现在域名中。如果确实需要指明根，那么它将出现在 FQDN 的最后面，以一个句点"."表示。

顶级域(top level domain)又称为一级域，顶级域按照组织类型和国家划分，可以分为 3 个主要的域：通用顶级域名 gTLD(general top level domain)、国家代码顶级域名 ccTLD (country code top level domain)和 arpa 域。通用顶级域名如表 9-1 所示。

表 9-1 通用顶级域名

名 称	描 述
com	商业公司
org	非赢利机构
net	大型网络中心
mil	美国军事机构
gov	美国政府机构
edu	美国教育机构和大学
int	国际化机构

com、org 和 net 是向所有用户开放的 3 个通用顶级域名，也称为全球域名，任何国家的用户都可申请注册它们下面的二级域名。由于历史的原因，mil、gov 和 edu 3 个通用顶级域名只向美国的专门机构开放。int 是适用于国际化机构的国际顶级域名(iTLD, international top level domain)。

由于上述 7 个传统的通用顶级域供不应求，后来又新增加了 7 个顶级域，分别是 biz、info、name、pro、aero、coop 和 museum，即目前所说的新的顶级域名，表 9-2 中列出了这些顶级域。

表 9-2 新增加的通用顶级域名

名 称	描 述	名 称	描 述
biz	商业公司	aero	航空运输业
info	提供信息服务的企业	coop	商业合作机构
name	个人	museum	博物馆及相关的非赢利机构
pro	个体专业机构		

其中前 4 个是非限制性域，后 3 个是限制性域，限制性域只能用于专门的领域。

随着因特网的迅速发展,新的域名也不断出现,如 mobi(移动网络)、asia(亚洲地区)、tel(电话方面)、cat(为加泰罗尼亚语而设立)、jobs(面向招聘和求职市场)、travel(旅游公司)、firm(公司企业)、store(销售公司或企业)、web(WWW 活动单位)、club(俱乐部)、vip(尊享与特权)、ltd(有限公司专属)等。cc 本是小岛国 Cocos (Keeling) Islands 的国家代码域名,但由于 cc 可以理解为英文 Commercial Company 的缩写,所以,cc 也用于商业公司。

国家代码顶级域名用两个字母的国家或地区名缩写代码来表示。例如 cn 代表中国,uk 代表英国,hk 代表香港(地区),sg 代表新加坡。目前有 240 多个国家代码顶级域名。

顶级域名 arpa 是专用技术基础设施的顶级域名,最初是美国国防部的高级研究项目署的缩写,现在是作为 Address and Routing Parameter Area 的首字母缩写。目前 arpa 域下包含 in-addr 和 ip6,分别用于 IPv4 和 IPv6 的反向名字解析。

次级域(second level domain)又叫二级域,次级域与具体的公司或组织相关联。例如,在 Microsoft. com 中,次级域是 Microsoft。

cn 顶级域名下的次级域既可以按组织模式命名(如 gov、edu、net 和 com),也可以按行政区域命名,适用于我国的各省、自治区、直辖市的行政区域命名有 34 个,分别为: BJ——北京市;SH——上海市;TJ——天津市;CQ——重庆市;HE——河北省;SX——山西省;NM——内蒙古自治区;LN——辽宁省;JL——吉林省;HL——黑龙江省;JS——江苏省;ZJ——浙江省;AH——安徽省;FJ——福建省;JX——江西省;SD——山东省;HA——河南省;HB——湖北省;HN——湖南省;GD——广东省;GX——广西壮族自治区;HI——海南省;SC——四川省;GZ——贵州省;YN——云南省;XZ——西藏自治区;SN——陕西省;GS——甘肃省;QH——青海省;NX——宁夏回族自治区;XJ——新疆维吾尔自治区;TW——台湾;HK——香港;MO——澳门。

子域(subdomains)是次级域下面的域,子域是各个组织将名称空间进行的进一步划分。

主机名(host name)是最末级的名称。

每个域或子域对应图 9-1 中的一棵子树,而在实际的名称空间的管理中采用的是区域(zone)的概念,区域是 DNS 的管理单元,通常是指一个 DNS 服务器所管理的名称空间。区域和域是不同的概念,域是一棵完整的子树,而区域可以是子树中的任何一部分,区域可以是一个域,也可以不是一个域,区域不一定包含那部分 DNS 树中的所有子域。图 9-2 描述了区域和域的不同之处。B 区既是一个区域也是一个域,A 区则只是一个区域。

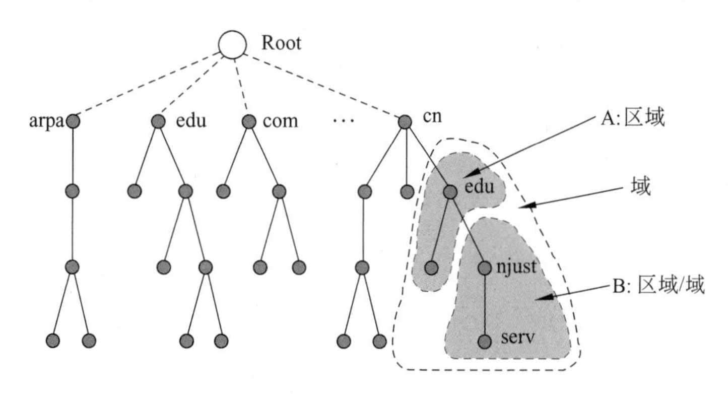

图 9-2 域和区域

区域是管理单元,每个区域都与某台 DNS 服务器中的一个区域文件相对应。因特网上的主机数量非常大,记录主机信息的数据库以区域文件的形式分布在许多不同的 DNS 服务器上。

区域文件数据库的分布不仅使得名称解析的负荷被分散在许多服务器中,而且可以方便地实现信息的冗余,在 DNS 结构中会有若干地点的服务器都有权利进行某一名称的解析。

DNS 主要由名称解析器(resolver)、域名空间(domain name space)和名称服务器(name server)3 个部分构成。名称解析器和名称服务器构成客户/服务器结构,名称解析器请求名称服务器的服务,名称服务器响应名称解析请求,域名空间是用树形结构组织的 DNS 数据库,DNS 数据库是名称服务器给出响应的依据。

9.3 DNS 服务器

DNS 服务器可以通过多种方法获取域名空间的部分信息。一是可以由管理员编辑一个原始区域文件,二是从其他名称服务器那里复制区域文件,三是通过向其他 DNS 服务器查询来获取具有一定时效的缓存信息。

在一台名称服务器主机上可以安装多个区域文件。它可以有一个区域文件的原始版本(主区域文件),或者是从其他名称服务器那里复制得到的区域文件(次区域文件)。无论一台名称服务器拥有的是一个主区域文件,还是一个复制的次区域文件,它都可以向与该文件相关的那部分 DNS 查询提供权威性的回答。

名称服务器的 3 种主要类型是主(primary)名称服务器、次(secondary)名称服务器和惟高速缓存(caching-only)名称服务器。

主名称服务器是拥有一个区域文件的原始版本的服务器。关于该区域文件的任何变更都在这个主名称服务器的原始版本上进行。当一个主名称服务器接收到关于它自己的区域文件中一个主机名的查询时,它将从该区域文件中检索该名称的解析。

次名称服务器从其他主名称服务器那里复制一个区域文件。该区域文件是主名称服务器上主区域文件的一个只读版本。关于区域文件的任何改动都在主名称服务器那里进行,次名称服务器通过区域传输(zone transfer)跟随主名称服务器上区域文件的变化。

惟高速缓存名称服务器上没有区域文件,它的职责是帮助名称解析器完成名称解析,并缓存解析结果,以便以后使用。惟高速缓存名称服务器对名称解析请求的响应是非权威性的。当一个惟高速缓存名称服务器第一次启动时,它没有存储任何 DNS 信息。它是在启动之后,通过缓存查询的结果来逐渐建立 DNS 信息的。缓存表项的生存时间 TTL(time-to-live)由提供授权解析结果的名称服务器决定。该服务器将查询的生存时间和名称解析一起返回。

9.4 域名解析

TCP/IP 的域名系统是一个有效的、可靠的、通用的、分布式的名称—地址映射系统。

域名解析包括正向解析和反向解析。正向解析是根据域名查询其对应的 IP 地址或其他相关信息。反向解析是根据 IP 地址查询其对应的域名。

DNS 服务器和客户端属于 TCP/IP 模型的应用层,DNS 既可以使用 UDP,也可以使用 TCP 来进行通信。DNS 服务器使用 UDP/TCP 的 53 号熟知端口。

DNS 服务器能够接收两种类型的解析:递归解析(recursive resolution)和反复解析(iterative resolution)。

9.4.1 递归解析

递归解析要求名称服务器系统一次性完成名称—地址变换。递归查询强制指定的 DNS 服务器对请求做出响应,该响应要么是一个失败响应,要么是一个包含相应解析结果的成功响应。客户端计算机的解析器通常会发出递归查询。

本地的 DNS 服务器可能需要通过再查询一些其他的 DNS 服务器才能完成解析。当 DNS 服务器从其他服务器得到响应后,再向客户端发送回答。典型的递归解析如图 9-3 所示。

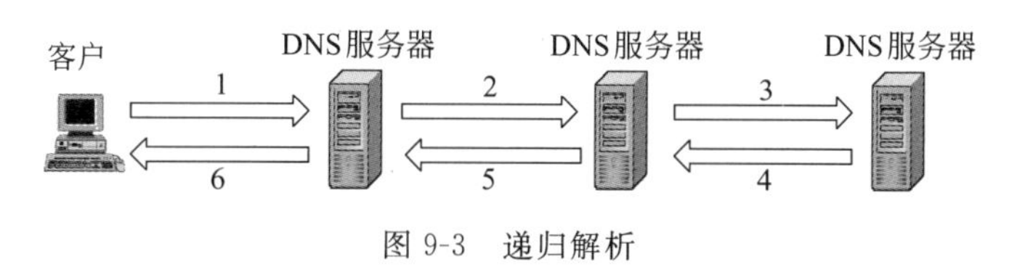

图 9-3 递归解析

9.4.2 反复解析

反复解析要求客户端本身反复寻求名称服务器的服务来获得最终的解析结果。在反复解析中,名称服务器收到请求后,若能够给出解析结果,则向客户端发回最终结果,若本名称服务器无法给出解析结果,则应向查询者提供它认为能够给出解析结果的服务器的 IP 地址。请求者收到该 IP 地址后,将向该地址发送解析请求,直到获得最终的解析结果或失败的响应。名称服务器在没有任何可以回答的信息时,将发回一个失败响应。典型的反复解析如图 9-4 所示。

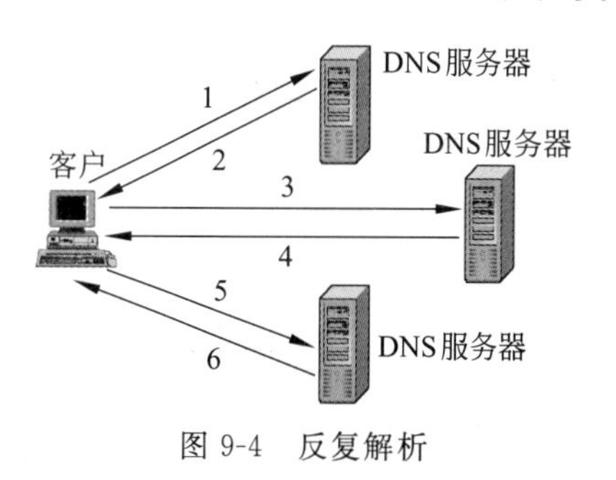

图 9-4 反复解析

当一个名称服务器试图找到它的本地域之外的名称时,往往会发送反复查询。为了解析名称,它可能必须查询许多外面的 DNS 服务器,一般从根域服务器开始自顶向下查找。

9.4.3 反向解析

名称解析中的反向解析是指由主机的 IP 地址得出其域名的过程。DNS 在名称空间中设置了一个称为 in-addr. arpa 的特殊域,专门用于反向解析。为了能够让反向解析使用与正向解析相同的方法进行解析,反向解析将 IP 地址的字节颠倒过来写,构成反向解析的“名称空间”。地址为 202. 119. 80. 126 的主机的域名为 126. 80. 119. 202. in-addr. arpa. ,如图 9-5 所示。

反向解析区域文件的最高层次(A、B 和 C 类网络的区域文件)由 InterNIC 维护。而各

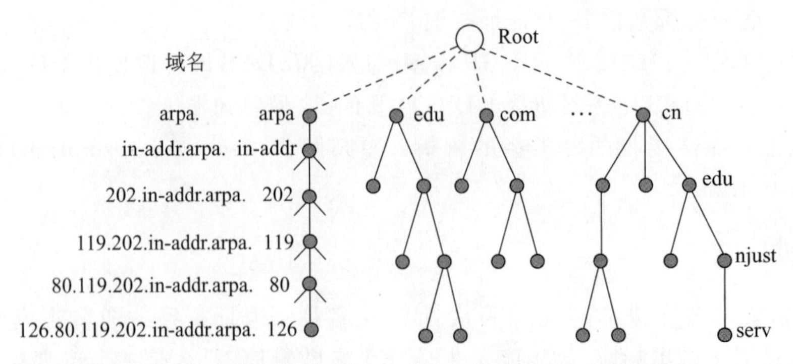

图 9-5　IP 地址为 202.119.80.126 的主机的反向解析域名

网络地址的所有者都具有他们自己子网的区域文件。

9.4.4　解析效率

严格的自顶向下方法可以保证在从树根到树叶的一次搜索中找到能解析本名称的服务器。但如果每次解析都进行一次自顶向下的搜索,显然效率不高,而且根服务器的负荷太重。

可以采用两步名称解析机制和高速缓存技术解决这一问题。

采用两步名称解析机制解析时,第一步先通过本地名称服务器进行解析,如果不行,再采用自顶向下的方法搜索。两步法既提高了效率,又保证了域名管理的层次结构。

在名称服务器中采用高速缓存技术,存放最近解析过的名称—地址映射和描述解析该名称的服务器位置的信息,可以避免每次解析非本地名称时都进行自顶向下的搜索,从而减小非本地名称解析带来的开销。

若授权名称服务器中的名称—地址映射已经发生了变化,而高速缓存未能作出相应刷新,则会带来有效性问题,高速缓存内容的失效会导致解析错误。

解决有效性问题的方法是服务器向解析器报告缓存信息时,必须注明该信息是非授权的信息,同时还要指出能够给出授权解析结果的名称服务器的地址。若解析器仅注重效率,它可以立即使用非授权的结果,若解析器注重解析的准确性,则可以立即向授权服务器发出解析请求,以便获得准确的结果。另外,高速缓存中的每一个映射表项都有一个生存时间 TTL,一旦某表项的 TTL 时间到期,便将它从缓存中删除。

实际上,由于域名—地址映射的稳定性,名称缓存机制还是非常有效的。

9.5　DNS 报文格式

DNS 报文包括请求报文和响应报文。请求报文和响应报文的格式是相同的,如图 9-6 所示。

DNS 报文的首部由 6 个字段构成。

标识字段长度为 16 比特,用于匹配请求和响应。

标志字段长度为 16 比特,划分为如图 9-7 所示的若干子字段。

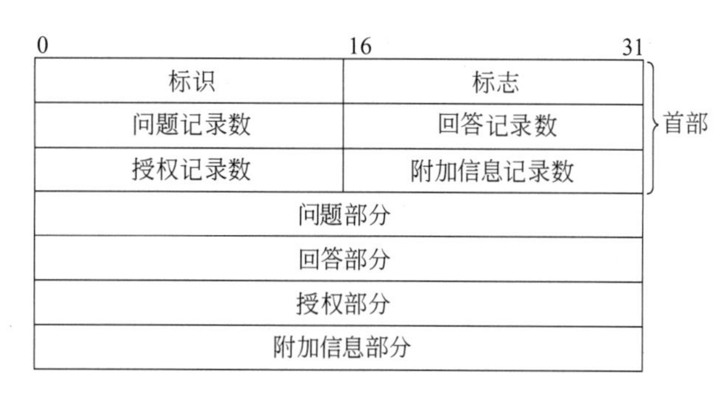

图 9-6　DNS 报文格式

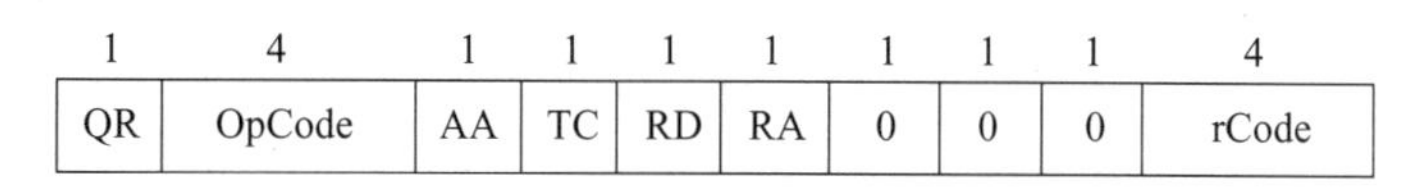

图 9-7　DNS 报文标志字段的格式

QR 子字段长度为 1 比特，用来区别请求和响应。0 表示请求报文，1 表示响应报文。

OpCode 子字段长度为 4 比特，用来定义操作类型。0 表示标准查询（正向解析），1 表示反向查询（反向解析），2 表示服务器状态请求。

AA 子字段是长度为 1 比特的授权回答标志，1 表示给出回答的服务器是该域的授权服务器。

TC 子字段是长度为 1 比特的截断标志，1 表示报文长度超过了 512 字节，并被截断成了 512 字节。

RD 子字段是长度为 1 比特的希望递归标志，1 表示请求服务器进行递归解析，0 表示反复解析。

RA 子字段是长度为 1 比特的可以递归标志，该子字段在服务器的响应中有效，1 表示服务器支持递归解析。

RA 子字段后面是 3 比特保留位，必须置为 0。

rCode 子字段长度为 4 比特，用来表示错误状态。0 表示没有错误，1 表示格式错，2 表示服务器故障，3 表示查询的域名不存在，4 表示是不支持的解析类型，5 表示管理上禁止。

问题记录数字段长度为 16 比特，表示问题部分所包含的域名解析查询的个数。

回答记录数字段长度为 16 比特，表示回答部分所包含的回答记录的个数。在请求报文中该字段被置为 0。

授权记录数字段长度为 16 比特，表示授权部分所包含的授权记录的个数。在请求报文中该字段被置为 0。

附加信息记录数字段长度为 16 比特，表示附加信息部分所包含的附加信息记录的个数。在请求报文中该字段被置为 0。

DNS 报文首部的后面是可变部分，包括 4 个小部分。

问题部分由一组问题记录组成，问题记录格式如图 9-8 所示。

查询名称段可变长，查询名由标号序列构成，每个标号前有一个字节指出该标号的字节长度。

查询类（query class）字段长度为 16 比特，1 表示因特网协议，其符号表示为 IN。

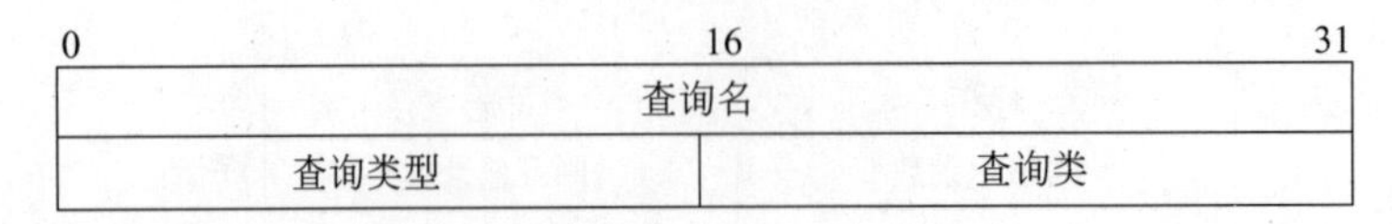

图 9-8 DNS 报文问题记录格式

查询类型(query type)字段长度为 16 比特,定义查询希望得到的回答类型。域名虽然主要针对主机而言,但由于域名系统的通用性,域名解析既可以用于获取 IP 地址,也可以用于获取名称服务器和主机信息等。为了区分这些不同类型的对象,域名系统中每一命名表项都被赋予类型属性。常用的类型如表 9-3 所示。

表 9-3 常用的类型

记录别名	数值	记录类型	描述
A	1	IPv4 地址	用于域名到 IPv4 地址的转换
NS	2	名称服务器	标识区域的授权名称服务器
CNAME	5	正规名	定义主机正规名的别名
SOA	6	授权开始	标识授权的开始
PTR	12	指针	指向其他域名空间的指针
HINFO	13	主机信息	标识主机使用的 CPU 和 OS
MX	15	邮件交换	标识用于域的邮件交换资源
AAAA	28	IPv6 地址	用于域名到 IPv6 地址的转换
AXFR	252	区域传输	请求传输整个区域
ANY	255	全记录请求	请求所有的记录

DNS 报文的其余 3 个部分是回答部分、授权部分和附加信息部分,附加信息包含回答部分和授权部分返回的资源所要求的附加信息(如 IP 地址)。这 3 部分均由一组资源记录组成,而且仅在应答报文中出现。一条资源记录描述一个域名,格式如图 9-9 所示。

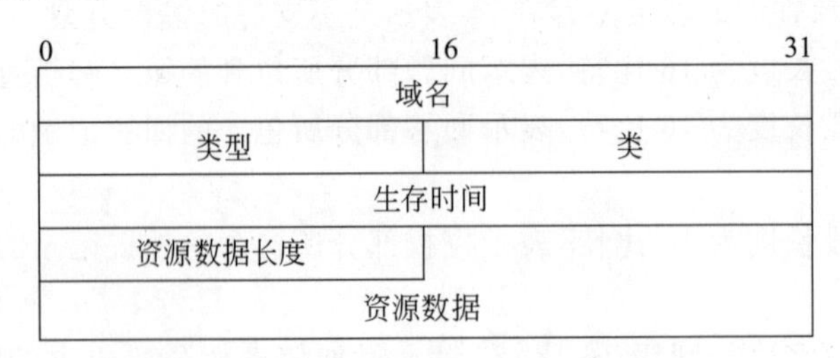

图 9-9 DNS 资源记录格式

在图 9-9 中,域名、类型和类与问题部分的 3 个字段的含义相同。

生存时间字段表示可以缓存该资源记录的秒数,通常为两天。

资源数据长度说明资源数据的字节数。

资源数据根据类型和类的不同,可以是 IP 地址、域名、指针或其他字符串。

由于域名称段是变长的,而在 DNS 报文中又没有描述域名长度的字段,所以只有采取特殊约定的方式来表达域名。在请求和响应报文中，域名的表达方式是不同的。

在请求报文中，域名一般由标号序列构成，每个标号的第一个字节指出该标号长度(以字节计，一个字节对应一个 ASCII 字符)，0 长度表示名称结束。例如，serv. njust. edu. cn 在请求报文中表示为：4serv5njust3edu2cn0。

在响应报文中，回答的域名往往与问题中的域名相同。为了节省响应报文的空间，服务器对回答的域名采用压缩格式，对相同的域名只存放一个复制件，其他的采用指针表示。当解析器软件从响应报文中抽取域名时，若发现开始的两个二进制位为 11，则接下去的 14 比特为指针，该指针指向存放在报文中另一位置的域名称符串；若开始的两个二进制位为 00，则接下去的 6 比特指出紧跟在计数字节后面的标号的长度。

图 9-10 和图 9-11 分别显示了解析域名 serv. njust. edu. cn 的请求报文和响应报文。

标志：QR 0　OpCode 0000　AA 0　TC 0　RD 1　RA 0　保留 000　rCode 0000 ⟹ 0x0100

0x1234 (标识)		0x0100 (标志)		首部
1 (问题记录数)		0 (回答记录数)		首部
0 (授权记录数)		0 (附加信息记录数)		首部
4	s	e	r	问题
v	5	n	j	问题
u	s	t	3	问题
e	d	u	2	问题
c	n	0		问题
1 (Type=A)		1 (Class=IN)		问题

图 9-10　DNS 请求报文

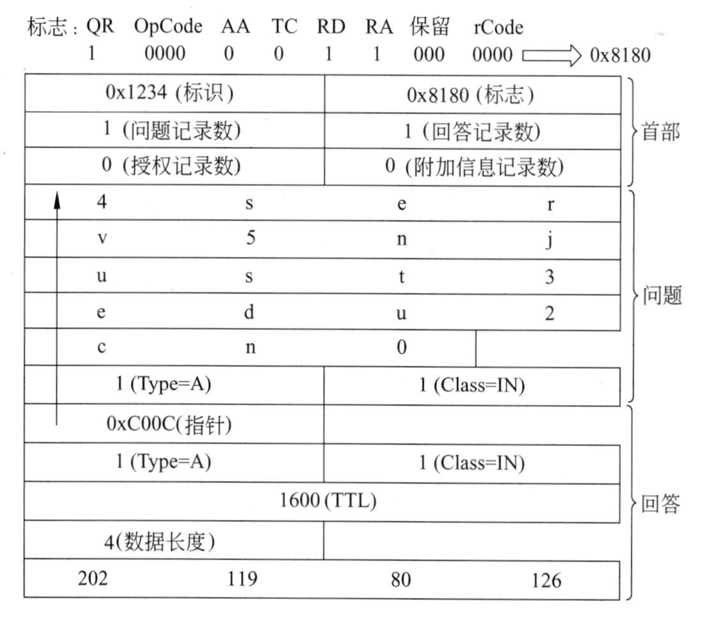

图 9-11　DNS 响应报文

通过指针简略地表示域名可以用在问题部分、回答部分、授权部分和附加信息部分。指针既可以指向完整的域名,也可以指向部分域名(域名的后面部分)。总之,只要是前面出现过的域名字符串,后面再出现时都会尽量使用指针来进行压缩表达。

9.6 DNS 资源记录

DNS 响应报文中的回答部分、授权部分和附加信息部分由资源记录构成,资源记录存放在名称服务器的区域文件中。DNS 具有 20 多种不同类型的资源记录,下面给出几种常用资源记录的格式。

授权开始(SOA)资源记录定义在域中充当主名称服务器的主机及相关参数。SOA 资源记录使用的语法如下:

```
@ IN  SOA  <source host><contact email> (
           <serial number>
           <refresh time>
           <retry time>
           <expiration time>
           <time to live>
           )
```

@符号指明名称服务器所负责的域,通过 DNS 引导文件可以查到域名。

IN 和 SOA 分别指明资源记录的类和类型。

<source host>指明存放域配置文件的主机的完全符合标准的域名 FQDN。<contact email>指明该配置文件管理者的电子邮件地址。<serial number>是配置文件的序列号,一般由日期加上当天的版本号构成,如 2005021601。序列号是决定是否需要进行区域传输的依据,当次名称服务器的序列号小于主名称服务器的序列号时,表明主名称服务器的配置文件已经更新,需要进行区域传输,以保持信息同步。<refresh time>指定次名称服务器与主名称服务器同步的时间间隔。<retry time>指定次名称服务器与主名称服务器同步失败时,进行重试的时间间隔。<expiration time>指定次名称服务器与主名称服务器无法进行同步时,次名称服务器的配置文件的有效期。<time to live>是资源记录在高速缓存中的生存时间。以上时间都以秒为单位。

名称服务器(NS)资源记录指明哪一个 DNS 服务器对于域是授权服务器。要确保在主名称服务器和次名称服务器内包含 NS 资源记录。NS 资源记录的语法如下:

```
<domain name>    IN   NS  <name server>
```

<domain name>指明名称服务器所对应的域的名称。<name server>指定域名的授权名称服务器的完全符合标准的域名 FQDN。

地址(A)资源记录指明主机的 IP 地址。地址资源记录的语法如下:

```
<host name>    IN    A    <IP address>
```

<host name>指明主机名。<IP address>定义主机的 IPv4 地址。如果地址为 IPv6

地址形式，则资源记录类型为AAAA。

正规名(CNAME)资源记录提供为主机创建别名的能力。通过使用别名，可以使提供多种服务的主机以不同的名称提供不同的服务，例如，提供Web服务的主机的别名通常是WWW。CNAME资源记录的语法如下：

```
<alias>    IN    CNAME    <host name>
```

<alias>指明主机的别名。<host name>定义实际主机名。

邮件交换(MX)资源记录描述该域的邮件服务器。一个域可以有多条MX资源记录，以便实现指定域的电子邮件服务的负载均衡和容错。MX邮件交换资源记录的语法如下：

```
<domain name>    IN    MX    <cost>    <mail server>
```

<domain name>是邮件交换服务器处理邮件的域名。<cost>是邮件交换服务器的代价值，代价值代表服务器的优先级。代价值越小，优先级越高。若两条MX记录具有相同的代价值，则在两台邮件交换服务器之间进行负载均衡。仅当低代价值的邮件交换服务器不可达时，才将邮件送往高代价的邮件交换服务器。<mail server>字段代表邮件交换服务器的主机名。

PTR资源记录用于反向解析，PTR也被称为指针记录，PTR资源记录是地址记录的逆向记录，作用是把IP地址解析为域名。DNS的反向区域(arpa域)负责从IP到域名的解析。PTR资源记录的语法如下：

```
<IP name>    IN    PTR    <domain name>
```

IP name是in-addr. arpa域中IP地址的域名表达格式，domain name是IP地址对应的域名。

Wireshark是一个网络封包分析软件，用Wireshark可以捕获网络上的封包并进行分析。图9-12给出了对名字ccna. cc00763-s01-02. tel. ccgslb. net进行解析的DNS响应报文。

从图中可以得到以下信息。回答部分显示：ccna. cc00763-s01-02. tel. ccgslb. net的IP地址是58. 215. 106. 32和58. 215. 107. 42。授权部分显示：负责tel. ccgslb. net区域的名字服务器有6台，分别是ns12. tel. ccgslb. net、ns13. tel. ccgslb. net、ns14. tel. ccgslb. net、ns15. tel. ccgslb. net、ns16. tel. ccgslb. net和ns18. tel. ccgslb. net。附加信息部分显示：名字服务器ns12. tel. ccgslb. net、ns13. tel. ccgslb. net、ns14. tel. ccgslb. net、ns15. tel. ccgslb. net、ns16. tel. ccgslb. net和ns18. tel. ccgslb. net的IP地址分别是58. 216. 30. 167、119. 84. 70. 36、116. 211. 123. 108、122. 228. 86. 71、183. 60. 177. 52、180. 153. 126. 128。通过对响应报文数据(查看16进制代码)的分析可以发现响应报文中反复使用了指针进行名字串的表示，指针的使用如图9-12中的箭头所示。

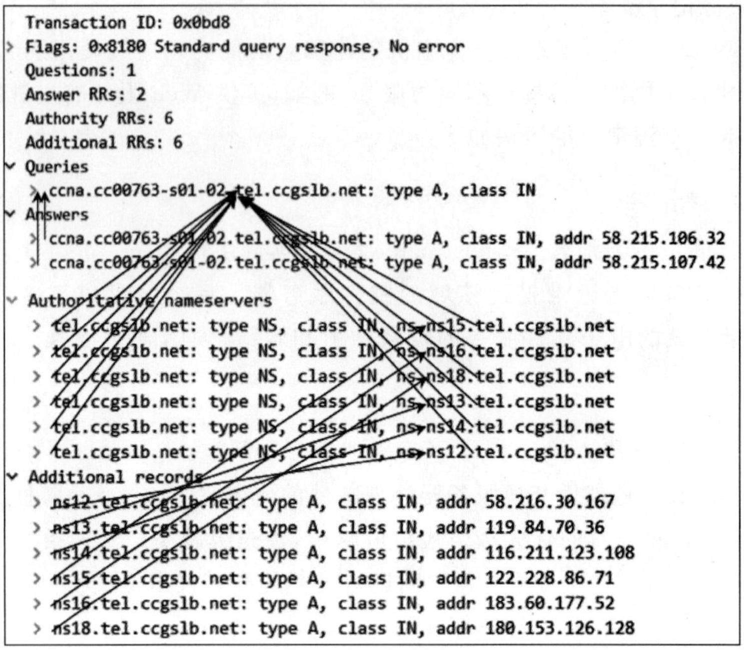

```
Transaction ID: 0x0bd8
> Flags: 0x8180 Standard query response, No error
  Questions: 1
  Answer RRs: 2
  Authority RRs: 6
  Additional RRs: 6
v Queries
  > ccna.cc00763-s01-02.tel.ccgslb.net: type A, class IN
v Answers
  > ccna.cc00763-s01-02.tel.ccgslb.net: type A, class IN, addr 58.215.106.32
  > ccna.cc00763-s01-02.tel.ccgslb.net: type A, class IN, addr 58.215.107.42
v Authoritative nameservers
  > tel.ccgslb.net: type NS, class IN, ns ns15.tel.ccgslb.net
  > tel.ccgslb.net: type NS, class IN, ns ns16.tel.ccgslb.net
  > tel.ccgslb.net: type NS, class IN, ns ns18.tel.ccgslb.net
  > tel.ccgslb.net: type NS, class IN, ns ns13.tel.ccgslb.net
  > tel.ccgslb.net: type NS, class IN, ns ns14.tel.ccgslb.net
  > tel.ccgslb.net: type NS, class IN, ns ns12.tel.ccgslb.net
v Additional records
  > ns12.tel.ccgslb.net: type A, class IN, addr 58.216.30.167
  > ns13.tel.ccgslb.net: type A, class IN, addr 119.84.70.36
  > ns14.tel.ccgslb.net: type A, class IN, addr 116.211.123.108
  > ns15.tel.ccgslb.net: type A, class IN, addr 122.228.86.71
  > ns16.tel.ccgslb.net: type A, class IN, addr 183.60.177.52
  > ns18.tel.ccgslb.net: type A, class IN, addr 180.153.126.128
```

图 9-12　用 Wireshark 捕获的 DNS 响应报文

9.7　DNS 配置及数据库文件

BIND(Berkeley Internet Name Daemon)软件是一个客户/服务系统,其客户端称为解析器(resolver)或转换程序,解析器产生域名信息的查询请求,并将信息发送给服务器,服务器回答解析器的查询。BIND 的服务器是一个称为 named 的守护进程。

BIND DNS 服务器的配置依赖于几个文本文件,可以用文本编辑器直接生成这些文件,或者通过修改基本模板而得到它们。DNS 必须配置的文件包括 DNS 配置文件(又称引导文件)、DNScache 文件、DNS 正向查询文件和 DNS 反向查询文件。

9.7.1　DNS 配置文件

BIND 的 DNS 服务器用配置文件 named. conf 来包含如下信息:

(1) 其他 DNS 文件所在的路径。

(2) 包含因特网根服务器映像的 cache 文件的名称。

(3) DNS 服务器授权的任何主域域名以及包含那个域的资源记录的数据库文件名。

(4) DNS 服务器授权的任何次域域名、包含那个域的资源记录的数据库文件名以及对应的主名称服务器的 IP 地址。

下面是 BIND-8. x 配置文件 named. conf 的一个例子。

```
options {
        directory "/etc/db";
};
```

```
zone "." {
     type hint;
     file "named.cache";
};
zone "njust.edu.cn"{
     type master;
     file "named.hosts";
};
zone "0.0.127.in-addr.arpa" {
     type master;
     file "named.local";
};
zone "85.119.202.in-addr.arpa"{
     type master;
     file "named.rev";
};
zone "net.njust.edu.cn" {
     type slave;
     file "slavenet.njust";
     masters {
            202.119.85.10;
              }
};
```

上例中的第一个 master 表明本机是 njust. edu. cn 域的主名称服务器。该域的数据是从 named. hosts 文件中加载的。第二个 master 语句指明进行环回地址反向解析的数据是从 named. local 文件中加载的。第三个 master 语句指明能将位于 202. 119. 85. 0 网络的 IP 地址映射为主机名的文件，它表明本服务器是反向域 85. 119. 202. in-addr. arpa 的主名称服务器，该域的数据是从文件 named. rev 中加载的。最后一个区域定义了本机作为 net. njust. edu. cn 的次名称服务器，net. njust. edu. cn 的主名称服务器由 202. 119. 85. 10 担当。

9.7.2　DNScache 文件

DNScache 文件包含一系列的根域名服务器。该文件应该随根域名服务器的不断更新而更新。以下是 DNScache 文件(named. cache)的一个版本。

```
;last update:   Aug 22,1997
;related version of root zone:   1997082200
;formerly NS.INTERNIC.NET
. 3600000      IN        NS       A.ROOT-SERVERS.NET.
A.ROOT-SERVERS.NET.        3600000      A     198.41.0.4
;formerly NS1.ISI.EDU
. 3600000                NS       B.ROOT-SERVERS.NET.
B.ROOT-SERVERS.NET.        3600000      A     128.9.0.107
. 3600000                NS       C.ROOT-SERVERS.NET.
C.ROOT-SERVERS.NET.        3600000      A     192.33.4.12
```

```
. 3600000              NS       D.ROOT-SERVERS.NET.
D.ROOT-SERVERS.NET.        3600000     A    128.8.10.90
. 3600000              NS       E.ROOT-SERVERS.NET.
E.ROOT-SERVERS.NET.        3600000     A    192.230.230.10
. 3600000              NS       F.ROOT-SERVERS.NET.
F.ROOT-SERVERS.NET.        3600000     A    192.5.5.241
. 3600000              NS       G.ROOT-SERVERS.NET.
G.ROOT-SERVERS.NET.        3600000     A    192.112.36.4
. 3600000              NS       H.ROOT-SERVERS.NET.
H.ROOT-SERVERS.NET.        3600000     A    128.63.2.53
. 3600000              NS       I.ROOT-SERVERS.NET.
I.ROOT-SERVERS.NET.        3600000     A    192.36.148.17
. 3600000              NS       J.ROOT-SERVERS.NET.
J.ROOT-SERVERS.NET.        3600000     A    198.41.0.10
. 3600000              NS       K.ROOT-SERVERS.NET.
K.ROOT-SERVERS.NET.        3600000     A    193.0.14.129
. 3600000              NS       L.ROOT-SERVERS.NET.
L.ROOT-SERVERS.NET.        3600000     A    192.32.64.12
. 3600000              NS       M.ROOT-SERVERS.NET.
M.ROOT-SERVERS.NET.        3600000     A    202.12.27.33
;End of File
```

9.7.3 DNS 正向查询文件

正向查询是指根据主机名查询其 IP 地址和其他信息。相关的资源记录数据保存在 DNS 正向查询文件中。这些正向查询文件的名称和它们所负责的区域都反映在配置文件 named.conf 中。

下面是一个典型的正向查询区域文件 named.hosts 的例子。

```
@    IN   SOA  serv.njust.edu.cn. hostmaster.njust.edu.cn.(
               1998030501        ;serial
               10800             ;refresh        3 hours
               3600              ;retry          1 hour
               604800            ;expire         7 days
               86480             ;TTL            1 day
               )
                    IN   NS     serv.njust.edu.cn.
                    IN   NS     msrv.njust.edu.cn.
serv.njust.edu.cn.  IN   A      202.119.80.126
msrv.njust.edu.cn.  IN   A      202.119.80.127
msrv1               IN   A      202.119.80.128
www                 IN   CNAME  serv.njust.edu.cn.
ftp                 IN   CNAME  serv.njust.edu.cn.
mail                IN   CNAME  msrv.njust.edu.cn.
njust.edu.cn.       IN   MX     10  msrv.njust.edu.cn.
```

```
njust.edu.cn.        IN    MX       20  msrv1.njust.edu.cn.
```

在上面的区域文件的例子中，名称服务器资源记录 NS 前面的域名被省略了，如果一条资源记录的第一个字段被省略，就认为它的值和前面第一个字段非空的记录具有相同的值，这里就是 njust.edu.cn。当资源记录的主机名使用的不是完全符合标准的域名 FQDN 时，如主机名 msrv1，当它被解释时，域名 njust.edu.cn 会被追加到主机名的后面。

9.7.4　DNS 反向查询文件

DNS 反向查询文件提供将一个 IP 地址转换为主机名的功能。

反向查询区的区域文件是根据 IP 网络的网络地址决定的。在反向查询区的区域文件里，IP 地址是逆序的。A 类、B 类和 C 类网络的命名方案如表 9-4 所示。

表 9-4　反向查询区域的命名

IP 网络类型	IP 地址格式	反向查询区域名
A 类	w.x.y.z	w.in-addr.arpa
B 类	w.x.y.z	x.w.in-addr.arpa
C 类	w.x.y.z	y.x.w.in-addr.arpa

如果一个网络的地址为 10.0.0.0，则命名其反向查询区为 10.in-addr.arpa。如果网络的地址为 172.16.0.0，则命名其反向查询区为 16.172.in-addr.arpa。

区域文件名可以是任何名称。为了便于记忆，通常的命名为 db.y.x.w.in-addr.arpa 或 named.rev。

在 DNS 反向查询区域文件中，通常至少配置两个反向查询区域。一个是环回地址 127.0.0.0 的反向查询区域，另一个是该域用的实际网络地址的反向查询区域。环回地址的反向查询配置文件如下：

```
0.0.127.in-addr.arpa. IN   SOA  serv.njust.edu.cn.  hostmaster.njust.edu.cn.(
                1998030501          ;serial
                10800               ;refresh           3 hours
                3600                ;retry             1 hour
                604800              ;expire            7 days
                86480               ;TTL               1 day
                )
                IN   NS      serv.njust.edu.cn.
1               IN   PTR     localhost.
```

njust.edu.cn. 域的反向查询区域文件配置如下：

```
80.119.202.in-addr.arpa. IN SOA serv.njust.edu.cn. hostmaster.njust.edu.cn.(
                1998030501          ;serial
                10800               ;refresh           3 hours
                3600                ;retry             1 hour
                604800              ;expire            7 days
                86480               ;TTL               1 day
```

```
                )
                IN  NS   serv.njust.edu.cn.
126             IN  PTR  serv.njust.edu.cn.
127             IN  PTR  msrv.njust.edu.cn.
128             IN  PTR  msrv1.njust.edu.cn.
```

地址资源记录要确保包含了所有在网络上经常被访问的主机的地址资源记录。而且要确保 SOA、NS 或者邮件交换(MX)资源记录中所列举的主机名的地址资源记录存在。

本章要点

- 字符型的名称系统为用户提供了非常直观、便于理解和记忆的方法,非常符合用户的命名习惯。
- 因特网采用层次型命名机制,该机制将名称空间分成若干子空间,每个机构负责一个子空间的管理。授权管理机构可以将其管理的子名称空间进一步划分,以授权给下一级机构管理。名称空间呈一种树形结构。
- 域名由圆点“.”分开的标号序列构成。若域名包含从树叶到树根的完整标号串并以圆点结束,则称该域名为完全符合标准的域名 FQDN。
- 常用的 3 个顶级域名为通用顶级域名、国家代码顶级域名和反向域的顶级域名。
- TCP/IP 的域名系统是一个有效的、可靠的、通用的、分布式的名称—地址映射系统。
- 区域是 DNS 服务器的管理单元,通常是指一个 DNS 服务器所管理的名称空间。区域和域是不同的概念,域是一个完整的子树,而区域可以是子树中的任何一部分。
- 名称服务器的 3 种主要类型是主名称服务器、次名称服务器和惟高速缓存名称服务器。主名称服务器拥有一个区域文件的原始版本,次名称服务器从主名称服务器那里获得区域文件的复制件,次名称服务器通过区域传输同主名称服务器保持同步。
- DNS 服务器和客户端属于 TCP/IP 模型的应用层,DNS 既可以使用 UDP,也可以使用 TCP 来进行通信。DNS 服务器使用 UDP 和 TCP 的 53 号熟知端口。
- DNS 服务器能够使用两种类型的解析:递归解析和反复解析。
- DNS 响应报文中的回答部分、授权部分和附加信息部分由资源记录构成,资源记录存放在名称服务器的区域文件中。
- 在 DNS 报文中可以通过指针简略地表示域名。指针可以用在问题部分、回答部分、授权部分和附加信息部分。指针既可以指向完整的域名,也可以指向部分域名(域名的后面部分)。只要是前面出现过的域名字符串,后面再出现时都会尽量使用指针来进行压缩表达。

习题

9-1 递归解析与反复解析有什么不同?

9-2 DNS 是如何实现 IP 地址到域名的反向解析的?

9-3　DNS 是如何提高解析效率的？

9-4　DNS 服务器的配置文件 named.conf 通常包含哪些信息？

9-5　DNS 正向查询区域文件通常包含哪些信息？

9-6　DNS 反向查询区域文件通常包含哪些信息？

9-7　利用网络封包分析软件 Wireshark 捕获 DNS 请求和应答报文并进行分析。

第10章　引导协议与动态主机配置协议

引导协议BOOTP(bootstrap protocol)是TCP/IP协议族的应用层协议,它的主要作用是使站点从服务器上获得IP地址和引导信息,现在常常使用DHCP协议完成这样的任务。

动态主机配置协议DHCP(dynamic host configuration protocol)是在BOOTP协议基础上发展起来的协议,它使客户机能够在TCP/IP网络上获得相关的配置信息,并在BOOTP协议的基础上添加了自动分配可用网络地址等功能。

10.1　BOOTP原理

引导协议BOOTP最初是针对网络上无盘结点而设计的启动协议,无盘结点启动时需要从网上获得3种信息:自己的IP地址、文件服务器的IP地址、可运行的初始内存映像。

本书第4章所讨论的RARP只能获得自己的IP地址,而BOOTP能使无盘客户机从服务器得到自己的IP地址、服务器的IP地址、启动映像文件名、网关IP等。

BOOTP协议工作过程如下:

(1) 由ROM芯片中的BOOTP启动代码启动客户机,此时客户机还没有IP地址,它便用有限广播形式以0.0.0.0的源IP地址向网络中发出BOOTP请求,这个请求中包含了客户机网卡的MAC地址。

(2) 网络中运行BOOTP服务的服务器接收到这个请求后,根据请求中的MAC地址在BOOTP数据库中查找这个MAC的记录,如果没有此MAC的记录,则不响应这个请求;如果有,就将有关信息发送回客户机。返回的响应中包含的主要信息有客户机的IP地址、服务器的IP地址、硬件类型、网关IP地址、客户机MAC地址和启动映像文件名。

(3) 客户机根据返回信息通过TFTP服务器下载启动映像文件,并将此文件模拟成磁盘,从这个模拟磁盘启动。

BOOTP协议的实现要点如下:

(1) 使用一个单独的报文交换信息,使用超时重发机制,直到发送方收到应答信息为止。请求和应答双方使用相同的报文字段结构格式,使用(尽可能最大长度的)定长字段,以满足简化结构定义和分析的需要。

(2) 客户端广播引导请求(boot request)报文,其中包含了客户端的硬件地址,如果知道,还包含它的IP地址。服务器单播引导应答(boot reply)报文。

(3) 请求可以包含客户端指定的响应服务器的名称。这样客户端可以强制从一个指定的主机引导。如果一个相同的引导文件存在多种版本或服务器属于一个远程网络/域,客户端就不必处理名称/域服务,而是由BOOTP服务器实现这种情况下的相应功能。

(4) 请求可以包含通用(generic)引导文件名。例如unix。但服务器发送引导应答时,它使用对应的引导文件的确切路径名称来取代这个字段。服务器查询客户端的地址和请求文件名相关的数据库,以使用客户端自定义的特定引导文件确定这个文件名称。如果引导请求文件名是空字符串，服务器则返回一个带有客户端加载的默认文件的文件名称段。

(5) 在客户端不知道自己 IP 地址的情况下，服务器必须有一个硬件地址和 IP 地址对应的数据库。此类客户端 IP 地址存放在引导应答的对应字段中。

(6) 某些网络拓扑可能在一个物理网上没有一个直接可以访问的 TFTP 服务器，例如某些网络的所有网关和主机都可能是无盘的，则 BOOTP 允许客户端通过使用相邻的网关从几跳以外的服务器上引导。这部分协议不需要客户端部分做特定的工作。BOOTP 协议实现这方面的功能是可选的，即在网关和服务器上添加一些额外的代码。

引导协议 BOOTP 的特点如下：

(1) BOOTP 协议基于传输层的 UDP，不和硬件直接打交道，易于实现且移植性好。

(2) 协议交换的信息量较大，可以充分利用硬件的能力。

BOOTP 与 RARP 的工作模式相同，两者均采用请求/应答的客户-服务器方式，从而具有很大的灵活性，能适应不同种类和不同环境下无盘结点的需要。

两者的不同之处在于，BOOTP 服务器是作为一个应用程序而存在的，请求/应答报文在同一个 IP 网络内实现，易于修改和移植。而 RARP 服务器存在于内核中，请求/应答报文在同一个物理网络内实现，修改和移植都很困难。

10.2　BOOTP 报文

10.2.1　BOOTP 报文格式

BOOTP 协议有请求和响应两种报文，它们都封装在 UDP 数据报中，如图 10-1 所示。

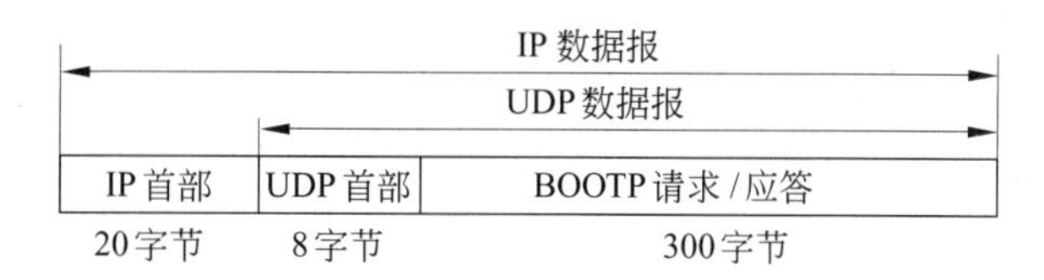

图 10-1　BOOTP 协议封装格式

图 10-2 显示了长度为 300 字节的 BOOTP 请求和应答的格式。

0　　　　8	8　　　　16	16　　　　24	24　　　　31
操作码 (1=请求，2=应答)	硬件类型 (1=以太网)	硬件地址长度 (以太网为 6)	跳数
事务标识			
秒数		未使用	
客户 IP 地址			
你的 IP 地址			
服务器 IP 地址			
网关 IP 地址			
客户主机硬件地址 (16字节)			
服务器主机名 (64字节)			
引导文件名 (128字节)			
特定厂商信息 (64字节)			

300字节

图 10-2　BOOTP 请求和应答格式

图 10-2 中各字段的含义如下：

- 操作码字段值为 1 表示请求，其值为 2 表示应答。
- 硬件类型字段表示物理网络，值为 1 表示以太网。
- 硬件地址长度字段与硬件类型对应，对于以太网，该字段的值为 6。
- 跳数字段由客户设置初始值为 0，当通过转发代理启动时可以供转发代理使用。
- 事务标识字段是由客户设置并由服务器返回的 32 位整数。客户用它对请求和应答进行匹配。对每个请求，客户应该将该字段设置为一个随机数。
- 秒数字段由客户在开始引导时设置一个时间值，服务器能够知道这个时间值，如果主服务器在这个时间值到期时仍然没有启动，则会启动备用服务器以响应客户的请求。
- 客户 IP 地址字段在客户已经知道自身 IP 地址的情况下写入，否则，它将该字段设置为 0。
- 你的 IP 地址字段请求中为 0.0.0.0，应答时服务器在该字段填客户端的 IP 地址。
- 服务器 IP 地址字段由服务器填写。
- 网关 IP 地址字段在使用代理服务器时由该服务器填写。
- 客户主机硬件地址字段是客户必须设置的。尽管这个值与以太网数据帧首部中的值相同，UDP 数据报中也设置这个字段，但是，一个进程通过查看 UDP 数据报来确定以太网帧首部中的该字段通常是很困难的，而任何接收这个数据报的用户进程都能很容易地获得它(例如一台 BOOTP 服务器)。
- 服务器主机名字段由服务器填写。
- 引导文件名字段通过服务器填入，其内容包括用于系统引导的文件名及其所在位置的路径全名。
- 特定厂商信息字段由两部分组成：第一部分叫做魔饼(magic cookie)，长度为 4 个字节，用于定义其后面部分内容的格式；第二部分是一个项目表，每个项目包含一个长度为 1 字节的类型域(type)，一个可选的 1 个字节的长度域(length)，以及一个由长度域定义的多字节的值域(value)。

10.2.2 BOOTP 报文传输

BOOTP 报文通过无连接 UDP 传输，因此其可靠性由应用程序完成。

下面从客户端传送、客户端重传、服务器接收引导请求、客户端接收、通过网关引导等方面来阐述 BOOTP 报文传输机制及其可靠性实现问题。

1. 客户端传送

客户在第一次建立数据包前，最好把整个包的缓冲区清零；这样可以将所有的字段设置成默认状态。

目的 IP 地址设置成 255.255.255.255(广播地址)或服务器的 IP 地址。

源 IP 地址设置成客户端 IP 地址，如果此时客户端 IP 地址未知，则置为 0。

UDP 首部使用适当的长度设置，源端口＝BOOTP 客户端端口(68)，目的端口＝BOOTP 服务器端口(67)。

操作码字段设置成 1，表示引导请求 BOOT REQUEST。

硬件类型字段设置成所在物理网络硬件地址类型。

硬件地址长度设置成硬件地址长度，例如，以太网是“6”。

事务标识字段设置成一个“随机”事务 ID。

秒数字段设置成客户端引导开始后经过的秒数。设置这个数值是为了让服务器知道客户端已经尝试的时间长度。如果客户端缺少一个适当的时钟，它可以使用循环定时器建立一个粗略的估计值。或者它可以选择简单发送方式使用一个固定值，如 100 秒。

客户 IP 地址字段和源 IP 地址值相同。

客户主机硬件地址字段填写客户端硬件地址。

如果客户端希望从一个特定服务器引导，客户端可以在服务器 IP 地址字段和服务器主机名字段中填入特定服务器的 IP 地址和服务器主机名。

客户端在填写引导文件名字段时有以下几种选择。

(1) 设置成空，即使用默认的文件来引导自己的机器；空文件名也意味着本客户机只对找到客户端/服务器/网关的 IP 地址感兴趣，而不在乎具体的文件名。

(2) 这个字段也可以是一般常用的名称，例如 unix 或 gateway，即采用命名程序配置来引导本客户机。

(3) 这个字段还可以是具体的目录路径名称。

特定厂商信息字段可以由客户端填写与设备厂商有关的字符串或结构。例如可以填写机器硬件类型或序列号。

如果使用了特定厂商信息字段，该字段中第一个表项为一个 4 字节的“魔饼”，以便让服务器确定在这个字段中是什么类型的信息。

2. 客户端重传

BOOTP 报文通过重传策略实现可靠性，主要包括时间片与重传技术。

如果在一段较长的时间内没有收到应答，客户端应该重传请求。

时间间隔必须仔细选择以免引起网络拥塞。BOOTP 推荐延迟一个随机时间(0～4 秒)，延迟算法采用二进制指数后退方法。

在每次重传前，客户端应该修改秒数字段。

3. 服务器接收引导请求

如果 UDP 目的端口与 BOOTP 服务器端口不匹配，则丢弃这个数据包。

如果服务器主机名字段为空(没有指定特定的服务器)，或者该字段是指定的并且匹配服务器名称或别名，就继续包的处理。

如果服务器主机名字段是指定的，但不匹配本服务器，则有多种选择：

(1) 可以选择简单丢弃这个包；

(2) 如果通过查询服务器主机名字段名称，显示其在某网络中，则丢弃这个包；

(3) 如果服务器主机名字段在不同的网络中，你可以选择转发这个包到那个地址。

如果这样，检查网关 IP 地址字段。如果其值为 0，填入本服务器地址或可以用来到达那个网络的网关地址。然后转发这个包。

如果客户 IP 地址是 0，那么客户端不知道自己的 IP 地址，此时，在本服务器的数据库中查找客户端的硬件地址，包括其类型、长度。一种结果是找到，发现该客户端 IP 地址，便填入你的 IP 地址字段。如果没有找到，即没有匹配，则丢弃这个数据包。

接着检查引导文件名字段。

(1) 如果客户端不关注文件名或想要默认引导文件,则这个字段为空;

(2) 如果这个字段非空,可以将它和客户端的 IP 地址作为数据库的查询关键字。

如果有默认的文件或通用文件(可能由客户端地址作为索引)或一个匹配的指定路径名称,则在引导文件名字段中填入选择的引导文件的指定的路径名称。

如果字段非空并且没有匹配,那么客户端需要一个本服务器没有的文件,并丢弃这个包,也许其他 BOOTP 服务器有这个文件。

然后检查特定厂商信息字段。如果提供一种可识别类型的数据,应该进行客户端指定的动作,并且回应要填入应答包中的特定厂商信息字段。

服务器 IP 地址字段填入本服务器对应值。设置操作码字段为 2,表示引导应答。

UDP 目的端口设置成 BOOTP 客户端(68)。如果客户端地址非 0,则把包发送到那里;否则,查看网关地址,如果网关地址非 0,设置 UDP 目的端口为 BOOTP 服务器端口(67),并把包发送到网关地址。

4. 客户端接收

客户端在以下情况下应该丢弃以下进入的包:IP/UDP 相关的端口不是引导定位端口;不是 BOOTP 引导应答;与自己的 IP 地址或硬件地址不匹配;与自己发出的事务标识 ID 不匹配。

除上述情况以外,客户端便收到一个成功的应答。

如果客户端以前不知道自己的 IP 地址,查询相关 IP 地址字段便知道自己的 IP 地址。

5. 通过网关引导

这部分是协议中的可选内容,需要增加网关和服务器配合的额外代码,但它允许跨越网关引导。

侦听 BOOTP 引导请求广播的网关可能确定是转发还是适当地再广播这些请求。转发可以立即开始,或等待客户端确定的秒数字段超过某个阈值时再开始。

当一个网关确定转发请求时,它依据的是网关 IP 地址字段。如果是 0,它就在这个字段中加入自己的 IP 地址(在接收的网络中)。也可以使用跳数字段来控制包可以转发多远,每次转发应该增加跳数,以便决定何时终止转发,例如,如果跳数超过 3,则应该丢弃包。

另外,在网上存在一些 BOOTP 转发代理引导客户端,这些代理可以适当地转发。这些服务可以和网关在一起,也可以不在一起。

10.3 启动配置文件

IP 地址是 IP 网络上唯一标识一个接入终端的最原始和最有效的标识符。网络设计的目的之一是为给定的网络主机和其他相关网络设备设计合适的 IP 地址,并提供分配方法。分配 IP 地址的方法有多种,例如自协商方式、用户静态配置、管理员统一配置等方式。

1. 自协商方式

自协商方式通过安装专门的客户端软件实现。其优点是安全性高。缺点是虽然不用用户自己动手操作,但是需要安装专门的软件,而且需要事先为服务器配置好用户的账号和密码,否则用户将无法上网。

2. 用户静态配置方式

用户静态配置方式适合于熟悉IP网络的用户，但普通用户难以自己配置，而且还须提防IP地址冲突的情况。

3. 管理员统一配置方式

管理员统一配置方式需要有管理员规划和维护整个网络，不仅成本高，而且管理员工作量太大。

更为重要的是，很多终端启动时不仅需要IP地址，而且还需要动态地获取更多的启动配置信息，例如无盘结点就需要获得启动配置文件名和简单文件传输服务器的IP地址等信息，其他一些特殊终端还需要获取其他一些特殊的信息。

这些动态信息是前面几种配置方式所无法完成的。上面几种配置方式都或多或少地存在着一些不足之处。

正是基于这种情况，才出现了以协议机制工作的配置方式。

前面介绍的BOOTP协议是最早的主机配置协议，主要用于无盘结点启动时从服务器上获取IP地址和引导文件名，一般与文件传输协议配合使用。

BOOTP服务器上有一个关于本网络上各个无盘结点的启动配置文件，启动配置文件既可用于无盘结点，也可用于希望用非本地操作系统启动的计算机。

若在BOOTP请求的引导文件名字段中填入UNIX等通用名称，服务器收到该请求后，便从启动配置文件中查找，当找出适合于该客户硬件体系结构的引导文件名时，便将其填入BOOTP响应的同一字段中，返回客户机。

采用启动配置文件有两大优点：

(1) 网络管理员可以对客户机的内存映像进行配置；

(2) 给客户机用户提供方便，使他们不必记住确切的引导文件名，也不必记住客户机的硬件体系结构。

配置文件为网络无盘结点或请求远程启动的结点提供了远程启动的方便性与灵活性。

BOOTP用于相对静态的环境，其中每个主机都有一个永久的网络连接，管理人员创建一个BOOTP配置文件来定义每个主机的BOOTP参数。

在计算机经常移动和实际计算机数目超过了可获得的IP主机地址时，那种只提供从主机标识到主机参数的静态映射就不适用了。

为此，发展了DHCP协议，但DHCP协议兼容BOOTP协议。

DHCP从两方面扩充了BOOTP：

(1) DHCP可使计算机用一个消息获取它所需要的所有配置信息；

(2) DHCP允许计算机快速动态地获取IP地址，即动态分配IP地址的机制。

DHCP支持3种类型的地址分配：

(1) 自动分配：DHCP给主机指定一个永久的IP地址。

(2) 动态分配：主机IP地址的动态性表现在，被分配的IP地址有时间限制或者自己可以明确表示放弃本地址，其他的主机可以马上应用该地址。

(3) 手工分配：网络管理员按照DHCP规则，将指定的IP地址分配给主机。

动态分配是唯一允许自动重用地址的机制。因此，这种方法适合于临时上网用户，而且在网络的IP地址不是很多的时候特别有用。而手工分配方式对于不希望使用动态IP地址的用户十分方便,不会和 DHCP 或者别的已经分配的地址发生冲突。

10.4 DHCP 基本概念

动态主机配置协议 DHCP 是在 TCP/IP 网络上使客户机获得配置信息的协议,它基于 BOOTP 协议,并在 BOOTP 协议的基础上添加了自动分配可用网络地址等功能。

有许多协议与 DHCP 的功能相似,也同时为 DHCP 提供服务。反向地址解析协议 RARP 用于发现网络地址和自动 IP 地址分配。简单文件传输协议 TFTP(trivial file transfer protocol)用于从启动服务器传送启动镜像。差错控制协议 ICMP 用于向主机发送有关附加路由器的信息。ICMP 还用于传送子网掩码信息和其他信息。主机也可能通过 ICMP 的路由选择功能定位路由器。

DHCP 网络中至少有一台服务器安装了 DHCP 服务,其他要使用 DHCP 功能的工作站也必须设置成利用 DHCP 获得 IP 地址。图 10-3 表示典型 DHCP 网络,主要包括 DHCP 客户和 DHCP 服务器。

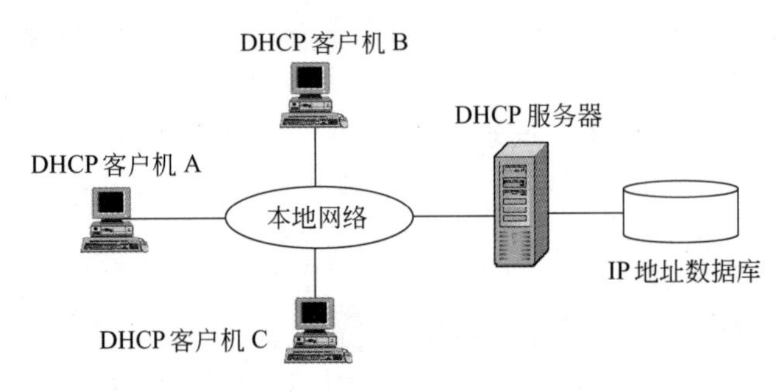

图 10-3　典型 DHCP 网络的组成部分

DHCP 的设计目标如下:

(1) DHCP 应该是一种机制而不是策略,它必须允许本地系统管理员控制配置参数,并对相关资源进行有效地管理;

(2) 客户不需要进行手工配置;

(3) 不需要对单个客户配置网络;

(4) DHCP 不需要在每个子网上配置服务器,DHCP 服务器必须可以与路由器和 BOOTP 转发代理一起工作;

(5) DHCP 客户必须可以对多台 DHCP 服务器提供的服务作出响应;

(6) DHCP 必须静态配置,而且必须以现存的网络协议实现;

(7) DHCP 必须能够和 BOOTP 转发代理互操作;

(8) DHCP 必须能够为现有的 BOOTP 客户提供服务;

(9) 几个客户不能同时使用一个网络地址;

(10) 在 DHCP 客户重新启动后仍然能够保留它原先的配置参数;

(11) 在 DHCP 服务器重新启动后仍然能够保留客户的配置参数;

(12) 能够为新加入的客户自动提供配置参数;

(13) 支持对特定客户永久固定分配网络地址。

DHCP 信息包的格式基于 BOOTP 包格式，这使得 BOOTP 客户可以访问 DHCP 服务器。DHCP 中使用了 BOOTP 的转发代理，这样就避免了在每个物理网段都配备一台 DHCP 服务器的情况。

图 10-4 定义了 DHCP 消息格式：

0	8	16	24　　31
操作码	硬件类型	硬件长度	跳数
事务标识			
秒数		标志	
客户 IP 地址			
你的 IP 地址			
服务器 IP 地址			
网关 IP 地址			
客户硬件地址(16字节)			
服务器名(64字节)			
引导文件名(128字节)			
选项(变长)			

图 10-4　DHCP 消息格式

表 10-1 给出了 DHCP 消息格式中各字段的含义。

表 10-1　DHCP 消息内容解释

字　段	字　节	描　　述
操作码	1	消息类型 1＝请求，2＝应答
硬件类型	1	硬件地址类型
硬件长度	1	硬件地址长度
跳数	1	初始为零，由转发代理填写
事务标识	4	随机数，用于匹配客户和服务器之间的请求和应答
秒数	2	指的是起始地址获取和更新进行后的时间
标志	2	第一位为广播标志，用于通知服务器以广播方式应答，其他位保留
客户 IP 地址	4	此字段仅当用户处于 BOUND、RENEW 或 REBINDING 状态和能够响应 ARP 请求时使用
你的 IP 地址	4	客户 IP 地址
服务器 IP 地址	4	用于 BOOTP 过程中的 IP 地址
网关 IP 地址	4	转发代理 IP 地址
客户硬件地址	16	客户主机硬件地址
服务器名	64	可选的服务器主机名
引导文件名	128	启动文件的名称
选项	可变	可选的参数字段

DHCP 定义了一个新的客户 IP 地址标识选项，它用来显式地将客户标识传送给 DHCP

服务器。

这个标记对于 DHCP 服务器来说并没有什么意义,它可以是硬件地址,总之,只要是对这个 DHCP 服务器管理的每个子网段内的客户是唯一的即可。

一旦客户在一个信息包中使用了这个选项,以后的信息包内的这个选项必须和第一次使用时的一致,这样 DHCP 服务器才可以正确地辨识客户。

使用 DHCP 的好处有:

(1) 安全而可靠的设置

DHCP 避免了因手工设置 IP 地址及子网掩码所产生的错误,同时也避免了把一个 IP 地址分配给多台工作站所造成的地址冲突。

(2) 降低了管理 IP 地址设置的负担

使用 DHCP 服务器大大缩短了配置或重新配置网络中工作站所花费的时间,同时通过对 DHCP 服务器的设置可以灵活地设置地址的租期。

同时,DHCP 地址租约的更新过程将有助于用户确定哪个客户的设置需要经常更新,而且这些变更由客户机与 DHCP 服务器自动完成,无需网络管理员人工干预。

10.5 DHCP 运行方式

本节从 DHCP 客户机运行机制、服务器运行机制、DHCP 服务器和客户机的交互过程 3 个方面阐述 DHCP 客户机的运行方式。

1. DHCP 客户机运行机制

所有支持 DHCP 协议并能够发起 DHCP 过程的终端都称之为 DHCP 客户机。DHCP 客户机自己必须能够发出 DHCPDISCOVER、DHCPREQUEST、DHCPDECLINE 等报文。

当 DHCP 客户机处于初始化状态即还没有获取 IP 地址的状态时,DHCP 客户机将会发出一个广播的 DHCP DISCOVER 报文,从而开始 DHCP 过程。

DHCP 客户机的 DHCP 过程状态图如图 10-5 所示。

当客户机第一次启动时进入初始化状态 INIT。为了开始获取一个 IP 地址,客户机先与本地网络上所有 DHCP 服务器联系,为此客户机广播一个 DHCPDISCOVER 报文并转移到 SELECTING 选择状态。

由于 DHCP 协议是对 BOOTP 的扩充,客户机在一个 UDP 数据报中发送 DHCPDISCOVER 报文,并且 UDP 数据报中目的端口设置为 BOOTP 端口,即端口 67。

本地网上所有 DHCP 服务器接收报文,那些被设计成能响应特定客户机的服务器发送 DHCPOFFER 报文。因此客户机可能收到零到多个响应。

处于 SELECTING 状态时,客户机从 DHCP 服务器收集 DHCPOFFER 响应。每个响应都提供了用于客户机的配置信息,还有服务器可提供租用给客户机的一个 IP 地址。客户机必须选择其中一个响应(如第一个到达的响应),并与服务器协商租用。

为此客户机发送给服务器一个 DHCPREQUEST 报文,并进入请求状态。

为了确认已接受请求并开始租用,服务器发出一个 DHCPACK 报文。客户机收到确认后转移到 BOUND 已绑定状态,此时客户机可开始使用此地址。

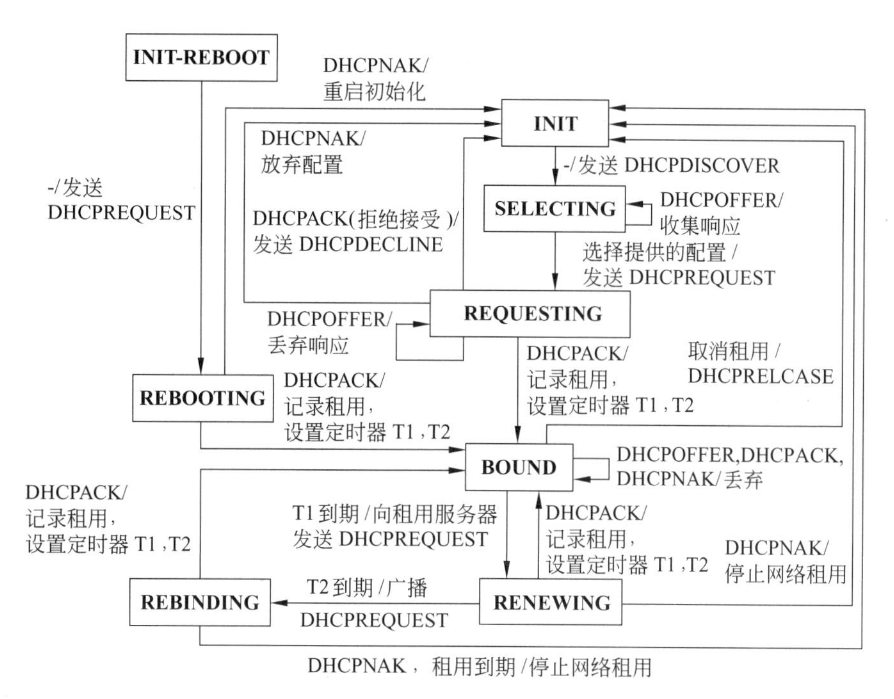

图 10-5　DHCP 客户机状态转换图

2. DHCP 服务器运行机制

DHCP 服务器提供了为 DHCP 客户机分配 IP 地址和配置相关初始配置信息的功能，即地址池管理功能。

地址池管理比较复杂，但不是 DHCP 协议本身所关注的范围。

DHCP 服务器的行为完全由 DHCP 客户端来驱动。因此，DHCP 协议的安全性比较差，且服务器相对简单，只需根据 DHCP 客户机请求报文来发出响应报文。具体表现在：

(1) 如果收到 DHCPDISCOVER 报文，则从地址池中分配一个空闲 IP，结合客户机请求参数，构造 DHCPOFFER 响应报文。

(2) 如果收到 DHCPREQUEST 报文，就会根据客户机的硬件地址，查找其地址分配表，如若找到则响应 DHCPACK 报文，否则响应 DHCPNAK 报文，DHCP 客户机会自动重新开始 DHCP 过程。

(3) 如果收到 DHCPRELEASE 报文，则会解除这个 IP 地址与某个 DHCP 客户机的绑定，等待重新分配。

(4) 如果收到 DHCPDECLINE 报文，会禁用报文中客户机 IP 地址字段的 IP 地址，并且不再分配这个 IP 地址。

3. DHCP 交互过程

DHCP 服务器和客户机的主要交互过程如图 10-6 所示。

图 10-6 中涉及的过程说明如下：

(1) 客户机发出 DHCPDISCOVER 广播报文，以便 DHCP 服务器能够知道客户机想要获得的各种参数。

(2) 所有的 DHCP 服务器都会为 DHCPDISCOVER 广播报文响应一个 DHCPOFFER

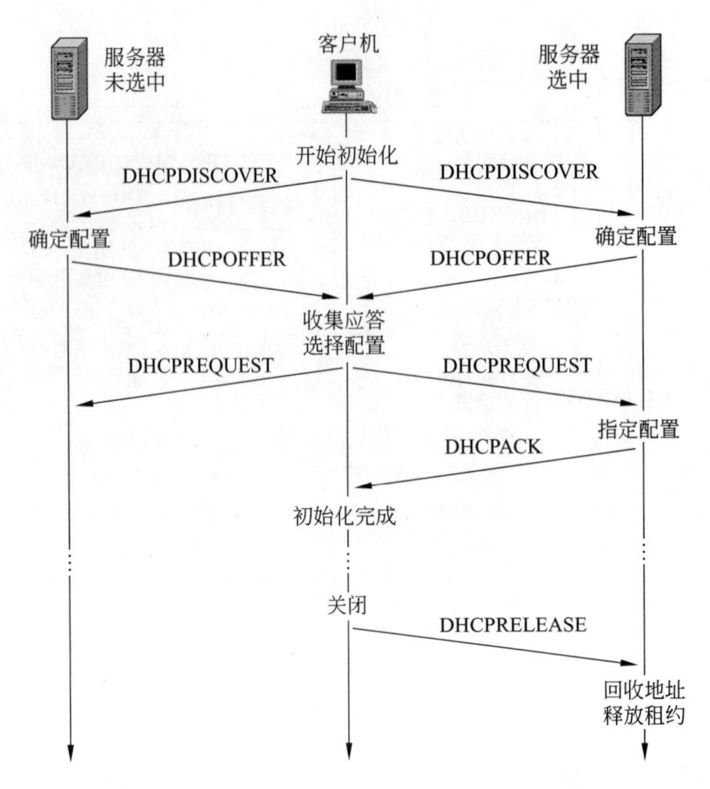

图 10-6　DHCP 服务器与客户机的标准交互过程

报文,同时,DHCP 服务器会保存已分配 IP 地址的记录。

(3) 客户机能够收到每个 DHCPOFFER 报文,但一次只能处理一个,一般处理最先收到的 DHCPOFFER 报文。接着,客户机发出 DHCPREQUEST 广播报文,广播的目的是通知所有的 DHCP 服务器进行相应的处理。

(4) DHCP 服务器收到 DHCPREQUEST 报文后,判断报文中服务器地址是否与自己的地址相同:如果不相同,则不做任何处理;如果相同,DHCP 服务器会响应 DHCPACK 报文,并在选项字段中增加 IP 地址使用租期选项。

(5) 客户机收到 DHCPACK 报文后,判断 DHCP 服务器分配给自己的 IP 地址是否一致,如果是,则表明客户机成功获得 IP 地址;如果不是,则通知 DHCP 服务器禁用这个 IP 地址以免引起 IP 地址冲突,然后客户机从第(1)步开始重新运行。

(6) 客户机在成功获取 IP 地址后,随时可以释放自己的 IP 地址,DHCP 服务器收到释放报文(DHCPRELEASE)后,会回收相应的 IP 地址进行重新分配。

如图 10-5 所示,客户机每次重新启动时都要进行续约,客户机向 DHCP 服务器发送 DHCPREQUEST 报文续延租期,如果成功,则重新设置续约定时器 T1 和 T2 的值;若失败,则重回初始状态 INIT。客户机在使用租约的过程中也要根据 IP 地址的使用租期自动启动续约过程,在使用租期过去的一定时刻 T1(租期的 50%),客户机向 DHCP 服务器发送 DHCPREQUEST 报文续延租期,如果成功,则租期相应向前延长,重新设置续约定时器 T1 和 T2;如果这次续约失败,则客户机继续使用这个 IP 地址。客户机一直等到租期达到 T2(租期的 87.5%)时,客户机进入到一种重新申请的状态,它向网络上所有的 DHCP 服务器广播 DHCPREQUEST 请求以更新现有的地址租约。如果有服务器响应客户机的请求，那么客户机使用该服务器提供的地址信息更新现有的租约。使用租期一到，客户机应自动放弃使用这个 IP 地址，并重新回到初始状态。

表 10-2 给出了 DHCP 选项的类型、长度和值字段的含义，这与 BOOTP 的选项是一致的。其中类型 53 是专门用于 DHCP 消息类型的选项。DHCP 消息类型如表 10-3 所示。

表 10-2　DHCP 选项

描　述	类　型	长　度	值
填充	0		
子网掩码	1	4	子网掩码
时间偏移	2	4	时间偏移值
路由器列表	3	变长	IP 地址列表
时间服务器列表	4	变长	IP 地址列表
DNS 服务器列表	6	变长	IP 地址列表
主机名	12	变长	主机名
引导文件大小	13	2	引导文件大小(512 字节块数)
请求的 IP 地址	50	4	DHCP 消息
租用时间	51	4	IP 地址租用时间(单位秒)
DHCP 消息类型	53	1	DHCP 消息类型(1-8)
DHCP 服务器标识	54	4	DHCP 服务器 IP 地址
参数请求表	55	变长	希望从服务器得到的信息的码表
厂商类型	60	变长	厂商类型标识
客户端	61	变长	客户端标识(硬件类型和 MAC 地址)
……	……	……	……
表结束	255		

表 10-3　DHCP 消息类型值、含义与方向

值	消　　息	方　　向
1	DHCPDISCOVER	客户→服务器
2	DHCPOFFER	服务器→客户
3	DHCPREQUEST	客户→服务器
4	DHCPDECLINE	客户→服务器
5	DHCPACK	服务器→客户
6	DHCPNAK	服务器→客户
7	DHCPRELEASE	客户→服务器
8	DHCPINFORM	客户→服务器

DHCPINFORM 用于客户端已有外部配置的 IP 地址时向服务器请求本地配置参数。

图 10-7～图 10-11 给出了 DHCP 报文的 Wireshark 封包分析截图。

Source	Destination	Protocol	Length	Info
0.0.0.0	255.255.255.255	DHCP	343	DHCP Discover - Transaction ID 0x44104ba9
192.168.1.1	192.168.1.103	DHCP	590	DHCP Offer - Transaction ID 0x44104ba9
0.0.0.0	255.255.255.255	DHCP	369	DHCP Request - Transaction ID 0x44104ba9
192.168.1.1	192.168.1.103	DHCP	590	DHCP ACK - Transaction ID 0x44104ba9

图 10-7　DHCP 报文分析截图

从图 10-7 可以看出，DHCPDISCOVER 和 DHCPREQUEST 使用了广播，而 DHCPOFFER 和 DHCPACK 则使用的是单播；获取 IP 地址的多个 DHCP 交互报文使用了相同的事务标识 0x44104ba9。

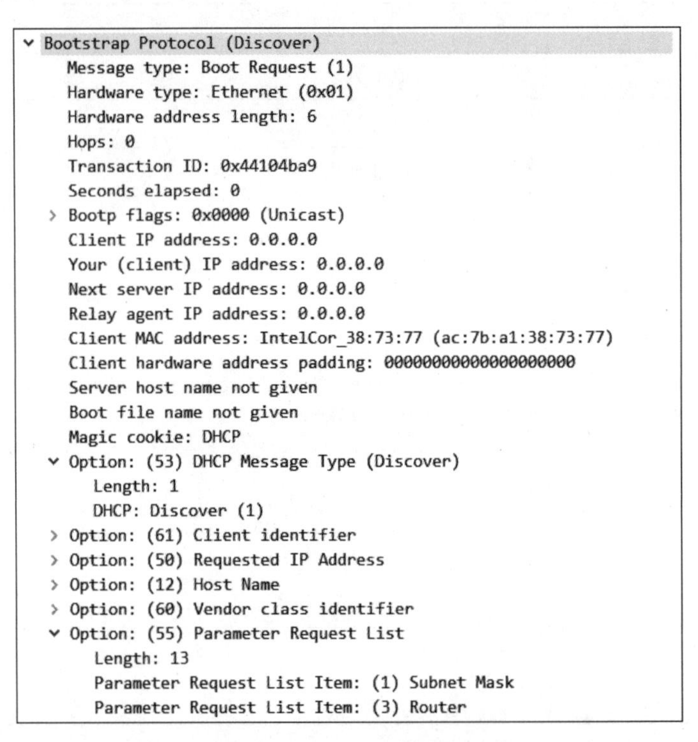

图 10-8　DHCPDISCOVER 报文分析截图

从图 10-8 可以看出，客户机硬件地址给出了客户端的 MAC 地址；DHCPDISCOVER 的消息类型是 1；选项参数请求表 55 带了 13 个参数(因图太长，截图中只截取了 2 个)。客户端虽然请求了 13 个参数，但服务器不一定给出所有请求的参数。

从图 10-9 可以看出，DHCPOFFER 提供给客户机的 IP 地址通过“你的 IP 地址”给出而不是通过选项给出；DHCPOFFER 的消息类型是 2；服务器提供的租用时间是 7200 秒。

从图 10-10 可以看出，DHCPREQUEST 的消息类型是 3；客户端标识通过选项 61 给出，包括硬件类型和 MAC 地址；请求的 IP 地址通过选项 50 给出；DHCP 服务器的标识通过选项 54 给出；选项 55 仍然是带了 13 个参数(因图太长，截图中只截取了前 5 个)。

```
> Internet Protocol Version 4, Src: 192.168.1.1, Dst: 192.168.1.103
> User Datagram Protocol, Src Port: 67 (67), Dst Port: 68 (68)
v Bootstrap Protocol (Offer)
    Message type: Boot Reply (2)
    Hardware type: Ethernet (0x01)
    Hardware address length: 6
    Hops: 0
    Transaction ID: 0x44104ba9
    Seconds elapsed: 0
  > Bootp flags: 0x0000 (Unicast)
    Client IP address: 0.0.0.0
    Your (client) IP address: 192.168.1.103
    Next server IP address: 0.0.0.0
    Relay agent IP address: 0.0.0.0
    Client MAC address: IntelCor_38:73:77 (ac:7b:a1:38:73:77)
    Client hardware address padding: 00000000000000000000
    Server host name not given
    Boot file name not given
    Magic cookie: DHCP
  v Option: (53) DHCP Message Type (Offer)
      Length: 1
      DHCP: Offer (2)
  > Option: (54) DHCP Server Identifier
  v Option: (51) IP Address Lease Time
      Length: 4
      IP Address Lease Time: (7200s) 2 hours
  > Option: (6) Domain Name Server
  > Option: (1) Subnet Mask
  > Option: (3) Router
  > Option: (255) End
```

图 10-9　DHCPOFFER 报文分析截图

```
    Magic cookie: DHCP
  v Option: (53) DHCP Message Type (Request)
      Length: 1
      DHCP: Request (3)
  v Option: (61) Client identifier
      Length: 7
      Hardware type: Ethernet (0x01)
      Client MAC address: IntelCor_38:73:77 (ac:7b:a1:38:73:77)
  v Option: (50) Requested IP Address
      Length: 4
      Requested IP Address: 192.168.1.103
  v Option: (54) DHCP Server Identifier
      Length: 4
      DHCP Server Identifier: 192.168.1.1
  v Option: (12) Host Name
      Length: 15
      Host Name: PC-20140320ZYFY
  > Option: (81) Client Fully Qualified Domain Name
  > Option: (60) Vendor class identifier
  v Option: (55) Parameter Request List
      Length: 13
      Parameter Request List Item: (1) Subnet Mask
      Parameter Request List Item: (3) Router
      Parameter Request List Item: (6) Domain Name Server
      Parameter Request List Item: (15) Domain Name
      Parameter Request List Item: (31) Perform Router Discover
```

图 10-10　DHCPREQUEST 报文分析截图

从图 10-11 可以看出，DHCPACK 的消息类型是 5；分配给客户端的 IP 地址通过“你的 IP 地址”给出；DHCP 服务器的标识通过选项 54 给出；选项 51 给出了租用时间 7200 秒；选项 6 给出了 2 个域名服务器的 IP 地址；还通过选项 1 和 3 给出了子网掩码和默认路由器。这里需要注意的是服务器并未按客户端的请求给出选项 55 中所要求的所有参数。

```
  Message type: Boot Reply (2)
  Hardware type: Ethernet (0x01)
  Hardware address length: 6
  Hops: 0
  Transaction ID: 0x44104ba9
  Seconds elapsed: 0
> Bootp flags: 0x0000 (Unicast)
  Client IP address: 0.0.0.0
  Your (client) IP address: 192.168.1.103
  Next server IP address: 0.0.0.0
  Relay agent IP address: 0.0.0.0
  Client MAC address: IntelCor_38:73:77 (ac:7b:a1:38:73:77)
  Client hardware address padding: 00000000000000000000
  Server host name not given
  Boot file name not given
  Magic cookie: DHCP
v Option: (53) DHCP Message Type (ACK)
    Length: 1
    DHCP: ACK (5)
> Option: (54) DHCP Server Identifier
v Option: (51) IP Address Lease Time
    Length: 4
    IP Address Lease Time: (7200s) 2 hours
v Option: (6) Domain Name Server
    Length: 8
    Domain Name Server: 218.2.135.1
    Domain Name Server: 61.147.37.1
> Option: (1) Subnet Mask
> Option: (3) Router
> Option: (255) End
```

图 10-11　DHCPACK 报文分析截图

10.6　DHCP/BOOTP 中继代理

DHCP/BOOTP 中继代理是一台因特网主机或路由器，它用于在 DHCP 客户和 DHCP 服务器间传送配置信息。

BOOTP 的中继代理可用来转发跨网的 DHCP 请求。DHCP 的消息格式是建立在 BOOTP 消息格式上的，这样可以利用 BOOTP 的中继代理功能来避免在每个物理网络都建立一台 DHCP 服务器，同时还允许现有的 BOOTP 客户使用 DHCP 服务器。

DHCP 报文中的跳数字段由 DHCP 客户设置为零，当通过中继代理启动时被中继代理使用。

DHCP 报文中的网关 IP 地址字段表示中继代理的 IP 地址，该字段用在通过中继代理启动时指定中继代理的 IP 地址。

图 10-12 是 DHCP/BOOTP 中继代理示意图。

如 10-12 图所示，子网 2 中的客户机 C 从子网 1 中的 DHCP 服务器上获得 IP 地址租

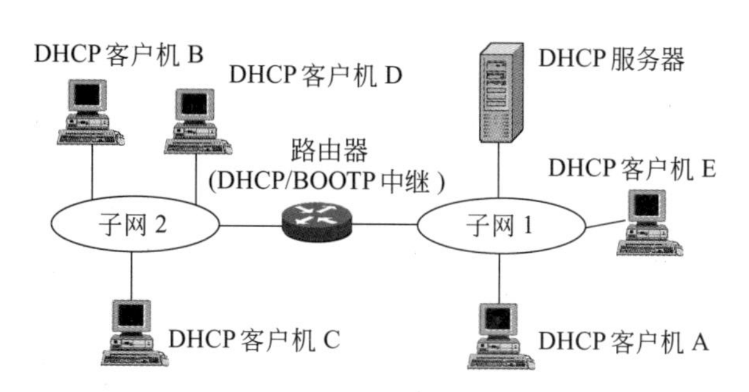

图 10-12　DHCP/BOOTP 中继代理示意图

约，并且：

(1) 客户机 C 通过子网 2 广播 DHCP/BOOTP 发现消息(DHCPDISCOVER)。

(2) 具有 DHCP/BOOTP 中继代理功能的路由器接收到这个消息后，检查包含在这个消息首部中的网关 IP 地址。如果 IP 地址为 0.0.0.0，则用中继代理或路由器的 IP 地址替换它，然后将其转发到 DHCP 服务器所在的子网 1 上。

(3) 子网 1 中的 DHCP 服务器收到这个消息后，开始检查消息中的网关 IP 地址是否包含在 DHCP 负责的地址范围内。如果 DHCP 服务器管理多个 DHCP 地址范围，则消息中的网关 IP 地址用来确定从哪个 DHCP 地址范围中挑选 IP 地址并提供给客户。

(4) DHCP 服务器将它所提供的 IP 地址租约(DHCPOFFER)直接发送到中继代理。

(5) 路由器将这个租约利用广播的形式转发给 DHCP 客户机。

本章要点

- BOOTP 协议是最早的主机配置协议，主要用于无盘结点启动时从服务器上获取 IP 地址和引导文件名，一般与文件传输协议配合使用来获取引导文件。
- BOOTP 协议是针对网络上无盘结点而设计的启动协议，网络启动时它需要从网上获得自己的 IP 地址、文件服务器的 IP 地址、可运行的初始内存映像。
- BOOTP/DHCP 协议有请求和应答两种报文，它们封装在 UDP 数据报中进行传输。
- 动态主机配置协议 DHCP 是在 TCP/IP 网络上使客户机获得配置信息的协议，它基于 BOOTP 协议，并在 BOOTP 协议的基础上添加了自动分配可用网络地址等功能。
- BOOTP/DHCP 客户端的 UDP 端口号为 68，BOOTP/DHCP 服务器的 UDP 端口号为 67。
- BOOTP 是一个静态配置协议，而 DHCP 是一个动态配置协议。

习题

10-1　简述 BOOTP 协议与 RARP 协议的异同。

10-2　BOOTP 协议和 DHCP 协议在报文格式上存在哪些主要区别，为什么？

10-3　DHCP 支持哪 3 种类型的地址分配？

10-4　简述 DHCP 服务器的运行机制。

10-5　DHCP/BOOTP 中继代理的作用是什么？

10-6　利用网络封包分析软件 Wireshark 捕获 DHCP 报文并进行分析。

第11章　IP 组播

1988年Deering提出在IP层引入组播功能机制的体系结构，称之为IP组播(IP multicast)。组播又称为多播。

IP组播技术有效地解决了单点发送多点接收的问题，实现了IP网络中点到多点的高效数据传送，能够大量节约网络带宽、降低网络负载。

目前致力于组播研究的国际研究组织很多，其中IETF(因特网工程任务组)下属的组播工作组有：IDMR(Internet Draft Multicast Remnants)、PIM(Protocol Independent Multicast)、MSEC(Multicast Security)、RMT(Reliable Multicast Transport)、MAGMA(Multicast & Anycast Group Membership)和SSM(Source-Specific Multicast)。

组播的RFC文件主要有：组管理(RFC 3376 IGMPv3、RFC 7761 PIM-SM、RFC 2189 CBTv2、RFC 1075 DVMRP、RFC 1584 MOSPF)；组播路由(RFC 3913 BGMP、RFC 1949可扩展的组播密钥分配、RFC 2627组播的密钥管理)；安全组播(RFC 3740安全组播框架、RFC 3830 MIKEY，即支持多媒体传输的密钥管理)；可靠组播(RFC 3453基于FEC18的可靠组播、RFC 3048针对大量数据传输的可靠组播)；指定源组播协议(RFC 3569指定源组播协议概述)等。

11.1　IP组播概念

传统的IP通信有以下两种方式：

(1) 在一台源IP主机和一台目的IP主机之间进行，即单播(unicast)。

(2) 在一台源IP主机和网络中所有其他的IP主机之间进行，即广播(broadcast)。

现在我们考虑将信息发送给网络中的多个主机而非所有主机的情形，根据上述两种通信方式，可以实现的方式包括：

(1) 采用广播方式，这种方法不仅会将信息发送给不需要的主机而浪费带宽，也可能由于路由回环而引起严重的广播风暴；

(2) 采用单播方式，源主机分别向多个主机以单播方式发送IP包，但IP包的重复发送会浪费掉大量带宽，也增加了网络服务设备的负载。

无论采用广播方式还是单播方式，都不能有效地解决单点发送多点接收的问题。

IP组播是源主机只发送一份数据，这份数据中的目的地址为组播组地址。组播组中的所有接收方都可接收到同样的数据副本，并且只有组播组内的目标主机可以接收该数据。这样，IP组播很好地解决了单点发送多点接收的问题。图11-1显示了IP组播的工作示意图。

从图中可见，IP组播的基本思想是多个接收方可以接收同一个发送方所发出的相同数据的一个副本。因而IP组播技术能够大量节约网络带宽、降低网络负载。但组播的意义不仅在于此。IP组播的主要优点还在于：

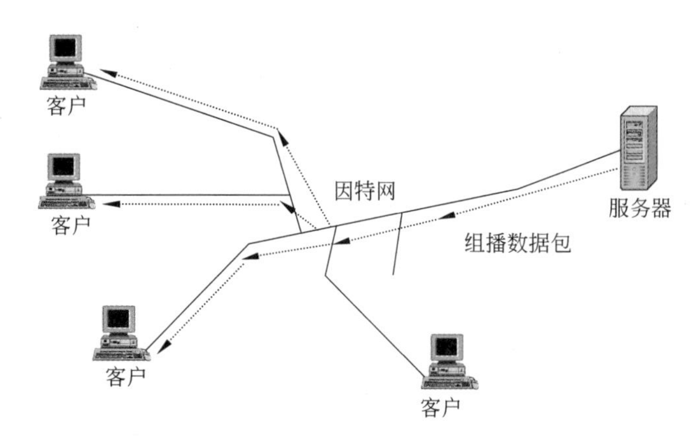

图 11-1　IP 组播的工作示意图

(1) 控制网络流量,降低服务器和 CPU 负载,增强网络效率;

(2) 消除流量冗余,使网络性能更优化;

(3) 支持分布式应用,使一点对多点、多点对多点、少数点对多点以及少数点对少数点的通信应用可行。

应用的实例包括:视频会议、共享公告板、“推送”技术(例如广告和信息订阅等)、远程学习、财务数据发布、服务器复制、分布式数据库等。

11.2　IP 组播模型

实现 IP 组播,需要对 IP 服务接口、IP 模块、本地网络服务接口以及本地网络模块分别进行扩展。标准 IP 组播模型定义了主机组和 IP 路由层应有的功能机制,以及为上层服务的组播业务形式。

主机组(host group)是 IP 组播模型的核心。主机组由多台主机组成。首先,源主机构造以一个 D 类 IP 地址(即 IP 组播地址)为目的地址的数据包,然后,以 IP 数据报尽力而为方式转发到对应主机组的各个主机。如果主机组所在网络是以太网、类似根据 IEEE 802.2 标准实现的环型网和总线型网,它们都直接支持组播,可以直接处理组播。

例如,以太网硬件地址是 48 比特,而 IP 地址是 32 比特,有效 IP 组播地址是 28 比特,以太网支持 IP 组播地址到以太网组播地址的映射,它们之间的映射很简单。

将 IP 组播地址的低 23 比特简单地代替特定的以太网地址 01.00.5E.00.00.00(十六进制)中的低 23 比特。例如,IP 组播地址 224.66.60.89(其二进制为:1110 0000.0100 0010.0011 1100.0101 1001)映射到以太网的地址为:01.00.5E.42.3C.59(十六进制)。

按此规则,IP 组播地址范围为 224.0.0.0～239.255.255.255,映射到以太网组播地址为 01.00.5E.00.00.00～01.00.5E.7F.FF.FF。可以看出 IP 组播地址数量是以太网组播地址的 32 倍,即 IP 组播地址到以太网组播地址的映射是多对一的映射。

如果主机组所在网络支持网络广播而不支持组播,则将 IP 组播地址简单映射为本地广播地址。对于点对点连接的两台主机(或者一台主机和支持组播的路由器),组播数据报将直接投递。对于存储-转发网络,如 ARPANET 或者公用 X.25 网络,IP 组播地址将映射为本地的 IP 组播路由器地址。

同普通路由器一样,组播路由器的作用是组播数据的寻路和转发控制,这类路由器及链路在网络中形成了一个控制组播数据传送的逻辑结构,称为组播传递结构(delivery structure),这种结构一般是树形结构,称为传递树。在传递树上,组播路由器接收、复制、转发组播数据,尽力将数据包转发到对应主机组。IP 组播模型如图 11-2 所示。

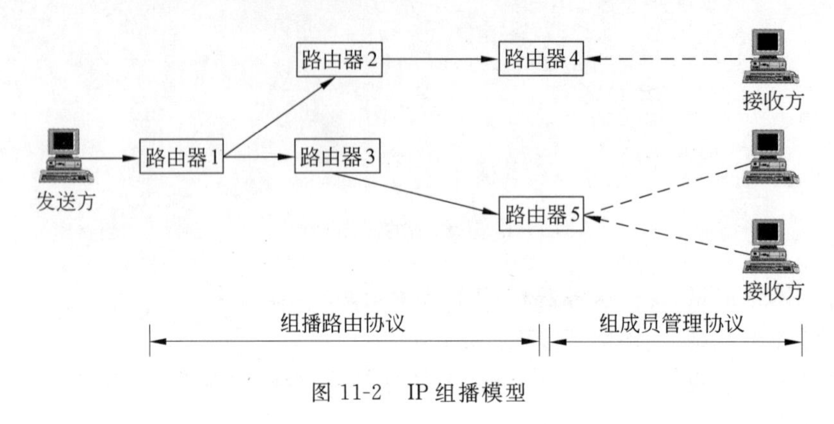

图 11-2　IP 组播模型

下面对图 11-2 作几点说明。

(1) 若干个接收方构成一个主机组,并定义一个组地址(group address),每个组地址代表发送方与接收方之间的一个会话(session);

(2) 主机组中的主机可以采用系统所定义的组地址告诉其所在组播路由器,实现加入(退出)某个组播组;

(3) 发送方发送以相应组播组地址为其目的地址的单个 IP 分组;

(4) 由组播路径上的路由器建立一棵以发送方为根的组播传递树,传递树延伸到所有的、其中至少有一个组播组成员的网络中。

组播协议分为主机-路由器之间的组成员关系协议和路由器-路由器之间的组播路由协议。因特网组管理协议 IGMP 是典型的组成员关系协议。组播路由协议分为域内组播路由协议和域间组播路由协议。典型的域内组播路由协议包括 MOSPF、PIM-SM、PIM-DM、DVMRP 等协议,MBGP 是典型的域间组播路由协议。

为了有效抑制组播数据在链路层的扩散,在链路层引入了 IGMP Snooping 协议。

IGMP Snooping 是运行在交换机上的组播约束机制,用于管理和控制组播组。运行 IGMP Snooping 的交换机通过对收到的 IGMP 报文进行分析,为端口和 MAC 组播地址建立起映射关系,并根据这样的映射关系转发组播数据。当交换机没有运行 IGMP Snooping 时,组播数据会在第二层被广播;当交换机运行了 IGMP Snooping 后,组播数据会在第二层被组播给指定的接收者。

11.3　因特网组管理协议

组成员关系协议主要是因特网组管理协议(IGMP),IGMP 有三个版本。RFC 1112 定义了 IGMPv1。RFC 2236 定义 IGMPv2,IGMPv2 是目前使用的主要版本。RFC 3376 定义了 IGMPv3。IGMPv1 中定义了基本的组成员查询和报告过程,IGMPv2 增加了特定组查询和组成员快速离开机制，IGMPv3 增加了对组播源的限制，组成员可以指定接收或指定不接收某些组播源的报文。

主机使用组播地址发送 IGMP 消息来通知本地的边缘组播路由器想加入的组，组播路由器通过 IGMP 协议来维护一个组播成员列表，并且定期发送“成员查询”消息以确认各个成员是否仍然存在。

1. IGMPv2 报文

IGMP 是 IP 层的一部分。IGMP 报文通过 IP 数据报进行传输。IGMP 报文长度固定，没有可选项。图 11-3 显示了 IGMP 报文如何封装在 IP 数据报中。

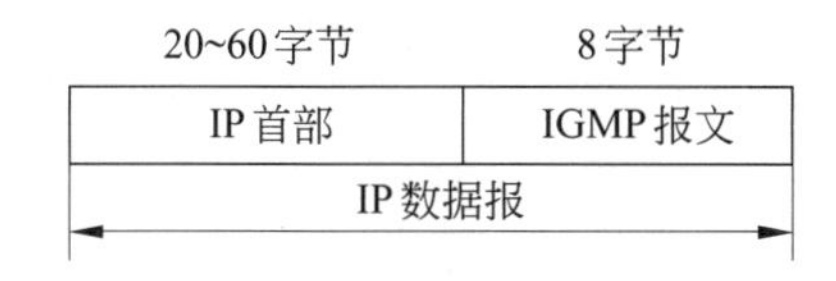

图 11-3　IGMPv2 报文封装

IP 首部中协议字段值为 2 表示所携带的是 IGMP 报文。

图 11-4 显示了版本 2 的 IGMP 报文格式。

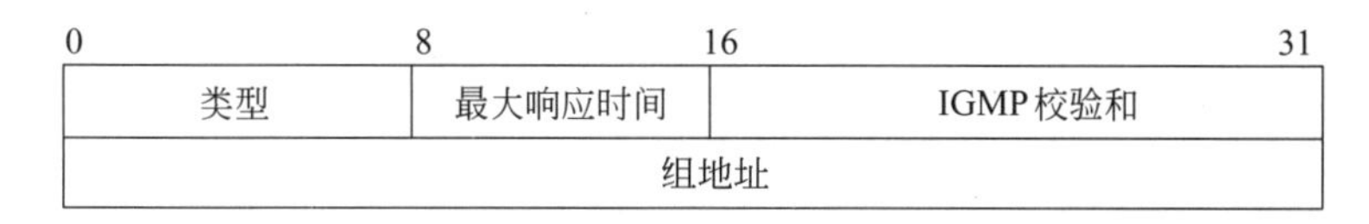

图 11-4　IGMPv2 报文格式

类型：有 3 种 IGMP 报文用于主机与路由器间的交互：0x11 为成员查询；0x16 为版本 2 成员报告；0x17 为离开组。有一个附加的报文类型用于与版本 1 兼容：0x12 为版本 1 成员报告。

最大响应时间：只用于成员查询报文，它规定了发送一个响应报文的最大允许时间，以 1/10 秒为单位。在其他的报文中，它由发送方置 0，而在接受方被忽略。

IGMP 校验和：为了计算校验和，该字段首先应该清 0。当在网络中传输数据包时，计算校验和并插入该字段中，当数据包到达时，又重新计算校验和，如果两次计算的校验和不匹配，则表示有错误发生。

组地址：在一个成员查询报文中，当发送一个普通查询时，该字段置 0，当发送特定的组查询时，该字段置为要查询的组地址。在成员报告或离开组报文中，该字段保留了被报告或离开的 IP 组地址。

2. IGMPv2 协议工作过程

(1) 加入组播组

运行 IGMP 的路由器为其直接连接的主机申请组成员资格，主机也可以用来通知其直接连接且支持组播的路由器，表示该主机希望接收地址为某个特定组播组地址的 IP 分组。主机通过组地址和接口来识别一个组播组。主机拥有包含所有至少含有一个进程的组播组以及组播组中进程数量的一张表。

路由器使用 IGMP 查询和报告报文，对每个接口维护一张表，表中记录接口上相关主机的组播组信息。

加入组播组就是一个进程在该主机的给定接口上同某组播组进行关联,给定接口上的组播组中的成员主机是动态的,随着进程加入和离开组播组而变化。

(2) IGMP 报告和查询

支持组播的路由器使用 IGMP 来管理与该路由器相连网络中组成员的变化。主要实现规则如下:

- 一个进程在该主机的给定接口上希望加入一个组播组时,主机就发送一个 IGMP 报告。如果一个主机的多个进程加入同一组,则只发送一个 IGMP 报告,并且利用的是同一个接口。
- 主机知道在确定的组中已不再拥有组成员资格时,在随后收到的路由器的 IGMP 查询中就不再发送报告报文。
- 路由器首先利用一个可寻址到所有主机的组地址(即 244.0.0.1)发送一条 IGMP 主机成员资格查询(IGMP host membership query)报文。
- 若一个主机希望加入某组播组,它就利用该组播组的组地址响应一条 IGMP 主机成员资格报告(IGMP host membership report)消息,对每个至少还包含一个进程的组均要发回 IGMP 报告。

当路由器收到要转发的组播数据报时,它只将该数据报转发到(使用相应的组播链路层地址)还属于那个组的主机的接口上。

在图 11-5 显示了主机发送的 IGMP 报告和路由器发送的 IGMP 查询报文,因为路由器希望主机对它加入的每个组播组均发回一个 IGMP 报告,所以此时报文中 IGMP 组地址和目的 IP 地址均为组地址,源 IP 地址为主机的 IP 地址。

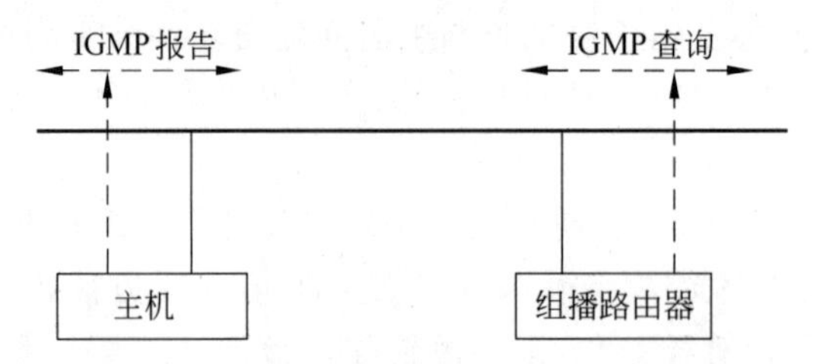

图 11-5 主机与路由器之间的 IGMP 报文

路由器 IGMP 普通查询报文中的 IGMP 组地址被设置为 0,目的 IP 地址为组播地址 224.0.0.1,源 IP 地址为路由器 IP 地址。

图 11-5 中,IGMP 报告和查询的生存时间(TTL)均设置为 1(这是默认值),将使组播数据报仅局限在同一子网内传送。

(3) 改善 IGMP 实现的技术

具体实现 IGMP 协议时,有许多可以实现改善其效率的技术。

- 主机发送 IGMP 报文间隔在 0~10 秒范围内随机选择。因为当一台主机首次发送 IGMP 报告,也就是说第一个进程加入一个组播组时,采用的是 IP 协议尽力而为的策略,所以并不保证该报告能够被可靠接收,IGMP RFC 文档建议在发出 IGMP 组成员报告后,延迟一个短的随机时间后,再发送一次这个组成员报告。
- 主机对路由器 IGMP 查询报文的响应也是经过一定的时间间隔后才发出的,并不立即响应，这样可以减少响应报文，减轻网络负载。

组播路由器最关心的是某组播组是否还拥有主机，即它仅仅想知道在给定接口上的组播组中是否还至少有一台主机。

图 11-5 所示 IGMP 报告中的目的地址是组地址，同一组播组的多台主机均能发送一个报告，应该将它们的发送间隔设置为随机时延。而且，同一个物理网络中的所有主机将收到同组其他主机发送的所有报告，因此，如果一个主机在等待发送报告的过程中，却收到了发自其他主机的相同报告，则不必发送该主机的响应，这样就减少了响应报文，减轻了网络负载。

另外 IGMP 版本 2 还引入了一些增强的新功能来提高 IGMP 的效率。

- 在 LAN 上实现协议时，增加组播查询者（multicast querier）的选择功能，可以处理一个 LAN 上有两个或多个查询者的情况。
- 引入了特定组查询（group-specific query）和脱离组（leave group）两种新消息。它们使组播查询者能够查询任何一个属于某特定组播组的主机，并且可使主机能够立即离开一个指定的组播组，降低了所谓的“脱离延迟（leave latency）”，而不需要等待一段超时时间。

IGMPv2 的查询者选择过程是借助于 IGMP 普通查询报文来实现的。连接多个路由器的网络上的每个路由器都假定自己是查询者并发出普通查询报文，该报文的 IP 目的地址采用指向本网络所有设备的组播地址（224.0.0.1），发送源 IP 地址为路由器在该网络的接口地址。显然，本网络的所有路由器都将接收到这个查询，各路由器将查询报文的源 IP 地址和它自己的接口地址作比较，具有最低 IP 地址的 IGMPv2 路由器将成为查询路由器。然后，所有非查询路由器启动一个查询计时器，无论何时只要收到来自当选的查询路由器的普通查询报文，计时器就被重新置位。默认的计时器持续时间是查询间隔的两倍。若查询计时器超时，就认为当选的查询路由器已经发生故障，此时须重新进行查询者选择过程。

3. IGMPv3

IGMPv3 在 IGMPv2 的基础上增加了源过滤功能。在 IGMPv2 中，主机一旦加入某个组，就会自动接收任何一个源发送给该组地址的组播流。而使用 IGMPv3 的主机可以选择只接收某些特定源发给该组地址的组播流，或者选择拒绝某些特定源发给该组地址的组播流。因此，IGMPv3 定义了两种过滤模式，INCLUDE 过滤模式和 EXCLUDE 过滤模式。INCLUDE 表明 IGMPv3 主机希望接收的源，而 EXCLUDE 则表明 IGMPv3 主机拒绝接收的源。

IGMPv3 主机在报告所希望加入的组播组时，同时还通告该主机所希望接收的组播源的 IP 地址。主机可以通过一个包括源地址列表或一个排除源地址列表来指明希望或拒绝的源。IGMPv3 引入源过滤功能带来的好处是避免不需要的、非法的组播数据流占用网络带宽，这在多个组播源共用一个组播地址的网络环境中表现尤其明显。

IGMPv3 向下兼容 IGMPv1 和 IGMPv2。IGMPv3 报文被封装在 IP 数据报中时的协议值和 IGMPv2 一样，仍然是 2，TTL 值也是 1，IGMPv3 的工作过程与 IGMPv2 类似。

IGMPv3 的成员查询报文增加了对特定源组查询的支持。其查询报文的类型仍然是 0x11。查询报文呈现下面三种形式。

（1）普通查询报文，该报文既不携带组地址，也不携带源地址；

(2) 特定组查询报文,该报文携带要查询的组地址,但不携带源地址;

(3) 特定组和源查询报文,该报文不仅携带要查询的组地址,而且携带一个或多个源地址。

IGMPv3 的普通查询报文被封装在 IP 数据报中时的目的地址为 224.0.0.1,特定组查询报文与特定组和源查询报文被封装在 IP 数据报中时的目的地址为特定组的组地址。

每个 IGMPv3 主机都为自己的每个接口维持一个接口状态表,该接口状态表描述了通过该接口接收的组播地址、定时器、源过滤模式及源地址等信息。每当接口状态发生变化或收到查询报文时,主机将向查询者发出组成员报告报文。IGMPv3 组成员报告报文可以携带一个或多个组记录。在每个组记录中,包含有组播组地址和组播源地址列表。组记录分为 6 种类型。

类型 1: MODE_IS_INCLUDE,表示接口针对这一特定组的源过滤模式为 INCLUDE 模式,即接口只接收从指定组播源列表发往该组播组的组播数据。

类型 2: MODE_IS_EXCLUDE,表示接口针对这一特定组的源过滤模式为 EXCLUDE 模式,即接口只接收从指定组播源列表之外的组播源发往该组播组的组播数据(拒绝指定组播源列表中的组播源发往该组播组的组播数据)。

类型 3: CHANGE_TO_INCLUDE_MODE,表示接口针对这一特定组的源过滤模式改变为 INCLUDE 模式,报文中的源列表给出这一特定组新的过滤源地址列表。

类型 4: CHANGE_TO_EXCLUDE_MODE,表示接口针对这一特定组的源过滤模式改变为 EXCLUDE 模式,报文中的源列表给出这一特定组新的过滤源地址列表。

类型 5: ALLOW_NEW_SOURCES,表示接口针对这一特定组在现有过滤状态的基础上,还希望从某些组播源接收组播数据。如果当前的过滤模式为 INCLUDE,则向现有组播源列表中添加这些组播源;如果当前的过滤模式为 EXCLUDE,则从现有组播源列表中删除这些组播源。

类型 6: BLOCK_OLD_SOURCES,表示接口针对这一特定组在现有过滤状态的基础上,不再希望从某些组播源接收组播数据。如果当前的过滤模式为 INCLUDE,则从现有组播源列表中删除这些组播源;如果当前的过滤模式为 EXCLUDE,则向现有组播源列表中添加这些组播源。

类型 1 和类型 2 是当前状态记录,报告接口当前的接收状态;类型 3 和类型 4 是改变过滤模式记录,将过滤模式从 INCLUDE 改变为 EXCLUDE 或从 EXCLUDE 改变为 INCLUDE;类型 5 和类型 6 是改变源列表记录,报告接口对组播源列表中地址的增删。

IGMPv3 组成员报告报文被封装在 IP 数据报中时的目的地址为 224.0.0.22。

组播是一种将报文发往多个接收方的通信方式。在许多应用中,它比广播更好,因为组播降低了不参与通信的主机的负担。简单的因特网组管理协议(IGMP)是组播的基本模块。

11.4 组播路由

组播是向组播组发送数据包,而单播是向目标主机发送数据包,所以组播路由器不能简单地根据 IP 分组首部中的目的地址向单一接口转发数据包,而必须将组播数据包转发到多个外部接口上，以便处于不同组播组的成员都能接收到各自的数据包。

组播转发比单播转发更加复杂，具体表现在：

(1) 需要发现上游接口和离源最近的接口

由于组播源是向组播组而不是向单播模型中的具体目标主机发送数据包，单播路由只需要知道下一跳的地址，就可以进行报文的转发。而组播是把报文从组播源发送给组目标。

支持组播的路由器必须从多个接口上发出一个包的多份拷贝。如果出现环路，那么组播数据包会返回到其输入接口，并不断在路由器或交换机间复制，直到 TTL 减为 0，从而导致组播风暴。

为了克服组播风暴，组播路由器必须知道组播包的源，保证不从进入接口发出组播包，并且要知道上游接口，以分辨出数据包的流向。

(2) 决定(源网络 S，组 G)对的下游接口

组播路由器除了关心上游接口外，还要关心(S，G)下游接口。这里，根是源主机直连的路由器，而树枝是通过 IGMP 发现的有组员的子网直连的路由器。

通过(S，G)对来决定真正的下游接口，当所有的路由器都知道了它们的上下游接口时，便形成组播树。

(3) 管理组播树

组播树把组播分组转发到组播组的成员网络中。主要的算法有反向通路转发(RPF)、基于核心的树(CBT)。

• 反向通路转发(RPF)

当组播数据包到达路由器时，路由器作 RPF 检查，以决定是否转发或丢弃该数据包，若成功则转发，否则丢弃。图 11-6 显示了 RPF 的工作原理，RPF 检查过程如下：

路由器 A 在接口 I1 上收到一个来自源 S.1 的组播分组，取出分组的源地址，将此源地址看作目的地址去查路由表，若存在去往这台源主机的路由表项，且输出接口就是路由器收到这个分组的接口，则表明这个组播分组是通过路由表所指明的最短路径进来的分组，那么路由器 A 就把这个组播分组转发到所有其他的接口上(图 11-6 中的 I2、I3 和 I4)。否则，丢弃该分组。

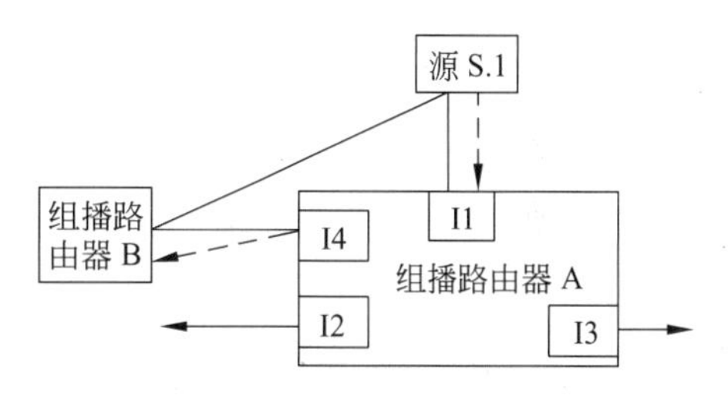

图 11-6 反向通路转发(RPF)工作原理图

反向通路转发的基本思想是：路由器只转发来自源且通过最短路径接口进入的报文。方法是利用路由表判断该接口是否是去往源结点的输出接口，也就是将源地址作为目的地址去查路由表中对应的输出接口，与当前的输入接口比较，如果相同，则向输入接口以外的其他接口转发，否则，不转发该报文。

每个组中的每个源对应一棵树。源和组的组合决定了生成树的个数。若有 N 个组，每个组有 M 个不同的源，则对应有 $N\times M$ 棵生成树。

反向通路组播(RPM)是反向通路转发的改进和完善协议。基于 RPF 方法的协议有：DVMRP(距离向量组播路由协议)、MOSPF(OSPF 组播扩展)、PIM-DM(协议无关组播-密集模式)。

但是，如果对每一个输入组播数据包都进行 RPF 检查，则会导致较大的路由器性能损

失。因此,通常由组播路由确定 RPF 接口,然后将 RPF 接口变成组播转发缓存项。一旦 RPF 检查程序使用的路由表发生变化,必须重新计算 RPF 接口,并更新组播转发缓存项。

- 基于核心的树(CBT)

CBT 系统中的每个组共享相同的树,组中的一个路由器被选作核心路由器,包含有组成员的所有下行路由器都需要向核心路由器发送显式的加入消息。

首先需要建立一个单一的特定组传递树(group-specific delivery tree),其根位于核心路由器,以其他组成员为叶构成全组共享的生成树,若有 N 个组,则对应有 N 棵生成树。

加入和建立树的过程与任何发送源或组播分组的存在无关。组播组的发送源将所有组播数据转发到核心路由器,核心路由器再把组播流量注入到特定组传递树上。

基于 CBT 方法的协议有: CBT(基于核心的树)、PIM-SM(协议无关组播-稀疏模式)。

11.5 组播路由协议

组播路由协议的主要任务就是构造组播的分布树,使组播分组能够传送到相应的组播组成员。目前已定义了多种组播路由协议,一般可归结为密集模式(dense-mode)和稀疏模式(sparse-mode)两大类。

密集模式通常采用广播和修剪方式,用于具有较高带宽且组成员较为集中、相互间较接近的网络环境。这种模式的路由协议包括: 距离向量组播路由协议(DVMRP)、OSPF 组播扩展(MOSPF)和协议无关组播-密集模式(PIM-DM)。

DVMRP 用于组播主干(MBONE)路由器,它使用反向通路组播算法(RPM),DVMRP 的扩展性不好,因为它依靠转发,但它使用隧道方法使没有组播功能的路由器也能转发组播分组。

MOSPF 依赖于它集成的 OSPF,适用于单独的路由域,MOSPF 把组播信息加入 OSPF 链路状态发布,在一个 OSPF/MOSPF 网络中,每个路由器基于链路状态信息维护一个详细的网络拓扑、信息构造传递树。

PIM-DM 和 DVMRP 相似,适用于发送方和接收方距离很近的情况,也适用于具有很少的发送方和很多的接收方,以及流量很高的情况。

稀疏模式用于每个组播只有很少几个路由器的情况,它意味着组播组成员广泛分散,例如因特网,稀疏模式还假设网络带宽很有限。其组播路由协议包括协议无关组播-稀疏模式(PIM-SM)和基于核心的树版本 2(CBTv2)。

PIM-SM 适用于只有较少的接收方,以及流量不频繁的场合,这个协议可以同时处理几个组播数据流,非常适合应用于 WAN 或者是因特网。

在 CBT 环境中,以一个中心路由器为根构造一个共享分布树,所有的组播流量都由这个中心路由器转发。

组播路由协议通常采用两种基本算法创建传递树,即反向通路组播(RPM)和基于核心的树(CBT)。

运行反向通路组播(RPM)的路由器必须为每个{源主机,组地址}对保存 O(S * G)的信息,其中 S,G 分别代表源主机和组地址数量,不易进行扩展和升级。

CBT 算法扩展性较好,因为相应的路由器将自己与一个统一的基于核心的传递树相关联，而不使用 RPM 的广播和修剪方式构造传递树，这种方法可以使相同组播组内的多个发送源共享同一棵传递树，CBT 又称为共享树协议，共享树又分为单向和双向共享树，双向共享树能在其结点中产生许多合并点，而单向共享树只能产生单个合并点，即共享树根本身。单向共享树和双向共享树的非成员源封装了流向结点根的数据，数据便在根部被解封，即使在 IP 交换中，组播数据大多在第三层被封装和解封装。表 11-1 是采用了这两种基本算法得到的组播路由协议的基本信息。

表 11-1　组播路由协议比较

性能＼协议	DVMRP	MOSPF	PIM-DM	PIM-SM	CBTv2
类别	密集模式	密集模式	密集模式	稀疏模式	稀疏模式
算法	RPM	链路状态	RPM	RPM/CBT	CBT
单播依赖性	是	是	否	否	否
树类型	源/共享	源	源	源/共享	共享
单向/双向	N/A	N/A	N/A	单	双
封装	否	否	否	是	是
RFC	1075	1584		2117	2189
应用环境	内部网	内部网	内部网	内部网/因特网	内部网/因特网

11.5.1　距离向量组播路由选择协议

距离向量组播路由选择协议(distance vector multicast routing protocol，DVMRP)是第一个在 MBONE(组播试验床)上普遍应用的组播路由协议。

DVMRP 起源于基本的路由选择信息协议(RIP)，它使 RIP 中的许多特性和截断反向路径广播(truncated reverse path broadcasting，TRPB)算法相结合，使用“隧道”机制解决穿越不支持多播网络的问题。它也是一种内部网关协议，所以不能应用于不同自治系统之间的路由，仅仅适合于同一自治系统内使用。它运行两个分离的路由选择进程，解决了其不适合于单播数据报路由的限制，扩充了既能为组播数据报又能为单播数据报选择路由的功能。

DVMRP 数据报由两部分组成：一个小型定长的 IGMP 首部和一个标志数据流。

图 11-7 显示了 DVMRP 数据报格式。

图 11-7　DVMRP 数据报格式

图 11-7 中各字段的含义如下：

版本：版本号为 1。

类型：DVMRP 类型为 3。

子类型：响应 1,提供目标路径;请求 2,请求到达目标路径;非成员报告 3,提供非成员报告;非成员取消 4,取消先前的非成员报告。

校验和：除了不计算 IP 首部外,校验和会计算整个报文。校验和的初始值为 0。

最后,DVMRP 是基于反向通路转发(RPF)的路由协议。在 DVRP 中,每个路由器并不知道最短路径树的情况,但知道去往某目的地的最佳接口。路由是在包的传递过程中逐步形成的。最优树也是在包的转发过程中逐步形成的。协议必须保证：

- 避免形成环路;
- 避免重复包;
- 路径最短;
- 支持动态组成员。

11.5.2 开放式组播最短路径优先协议

开放式组播最短路径优先协议 MOSPF(multicast open shortest path first)是一种基于链路状态的路由协议,是在原 OSPF 第二版本的基础上作了改进使之支持 IP 组播路由的协议。同 OSPF 类似,MOSPF 定义了 3 种级别的路由：

(1) MOSPF 区域内组播路由

区域内 MOSPF 是利用 OSPF 链路状态通告中包含的组播信息来工作的,通过加入新的链路状态通告类型,MOSPF 可以知道哪个组播组在起作用。

路由器使用 Dijkstra 算法构造(S,G)对,建立一棵分配树并且为发送源到组确定一棵树。

(2) MOSPF 区域间组播路由

实际上,OSPF 链路状态数据库提供了一套关于自治系统拓扑的完整描述。MOSPF 区域间组播路由不但用于统计分析区域内的成员关系,并在自治系统(AS)主干网(区域 0)上发布组成员关系记录通告,实现区域间组播路由。

(3) MOSPF 自治系统间组播路由

MOSPF 自治系统间组播路由能够实现跨 AS 的组播包转发。就像 OSPF 是内部网关协议一样,MOSPF 本质上也是用于自治系统内部的协议,当将 MOSPF 用于跨自治系统的组播分组转发时,MOSPF 必须与自治系统间路由协议工作方式一致。

运行 MOSPF 的路由器可以与非组播 OSPF 路由器混合使用,并且当转发单播 IP 数据包时,两种类型的路由器可以互操作。

MOSPF 继承了 OSPF 对网络拓扑的变化响应速度快的优点,但拓扑变动使所有路由器的缓存失效,从而会消耗大量的路由器 CPU 资源。所以 MOSPF 适用于网络连接状态比较稳定的环境,而不适合于组成员关系变化大、链路不稳定的高动态性网络。

与 DVMRP 相比,MOSPF 的主要优点是路由开销较小,链路利用率高。但另一方面,Dijkstra 算法计算量大。因此,MOSPF 执行的是一种按需计算方案,即当且仅当路由器收到组播源的第一个组播数据包后,才计算(S,G),否则利用缓存中的(S,G),这样便减少了路由器的计算量。

另外,对于有大量组播源子网络的网络而言,MOSPF 的扩展性问题有待于进一步研究。

11.5.3　与协议无关的组播

与协议无关的组播 PIM(protocol independent multicast)有两种模式：稀疏模式(PIM-SM)和密集模式(PIM-DM)。

1. 稀疏模式(PIM-SM)

协议无关组播稀疏模式 PIM-SM 将多点传送包发送给多点传送组，能够建立一棵根为某聚合点(rendezvous point，RP)路由器的共享树，并且在需要更高性能的情况下，它能够动态地将共享树切换到一棵以源为根的最短路径树中。

图 11-8 表示 PIM-SM 工作示意图，由图中可见，每一个组都有一个聚合点 RP，组播源沿最短路径向 RP 发送数据，再由 RP 沿最短路径将数据发送到各个接收方。

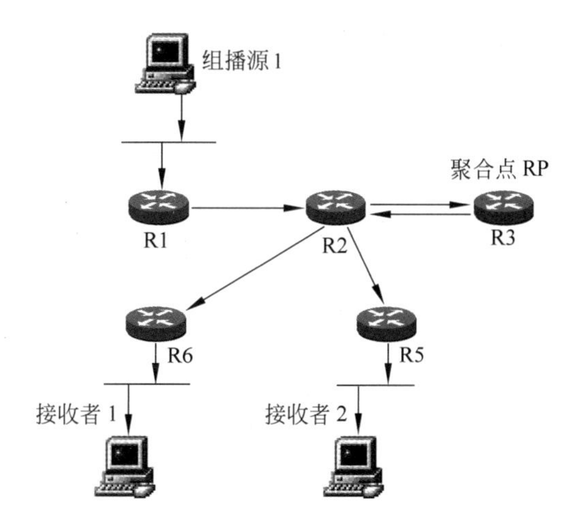

图 11-8　PIM-SM 工作示意图

PIM-SM 一般应用于如下环境：

(1) 组播存在域或自治系统的数目远小于整个互联网上的域或自治系统数目。

(2) 组成员分布范围广，超出了中继的范围，或超出了其他的多点传送的范围限制，同时整个网络类似于广域网中的环境。

(3) 网络并没有充足的带宽适合于密集模式方案协议，即该网络的资源不足以应付那些协议的开销。

虽然也可以用于局域网环境，但它们在广域网中更有效率，适用于组播组中接收方较少、间歇性组播流量的情况。

设计 PIM-SM 协议必须考虑以下要点：

(1) 按照 IP 多点传送服务模型设计，组播源只需要将包放到最近的中继网上，而不需要任何信令。接收方通过向路由器发送信令报文，加入组播传送组中。

(2) 保持主机模型不变。因为 PIM-SM 只需要在网络中配置路由器，不需要对主机执行任何升级处理。

(3) 支持共享和资源分配树。对于共享树，PIM-SM 使用称为 RP 的核心路由器作为共享树的根。组播源沿最短路径向 RP 发送数据，再由 RP 沿资源树即最短路径将数据发送到各个接收方。

(4) 保持对任意特定的单播路由协议的独立,这也是“与协议无关”的体现。

(5) 路由器短期状态配置的软状态机制,适应不断变化的网络环境和多点传送组。

图 11-9 显示了 PIM-SM 协议格式(1998 年 RFC 2362)。

0 PIM 版本	4 类型	8 保留	16 校验和 31

图 11-9 PIM-SM 协议格式

图 11-9 中各字段的含义如下:

PIM 版本:当前 PIM 版本号为 2。

类型:特定 PIM 信息类型。

保留:该字段值设置为 0,在接收方忽略。

校验和:16 比特字段,是整个 PIM 信息的总和形式,但是 PIM 信息格式为注册(register)类型时,不计算其数据部分。

2. 密集模式(PIM-DM)

PIM-DM 能够使用由 OSPF、IS-IS、BGP 等组装的单播路由表,同时在执行 RPF 检查时,PIM-DM 也能够通过配置使用由 MBGP 组装的指定组播 RPF。

图 11-10 显示了 PIM-DM 工作示意图。

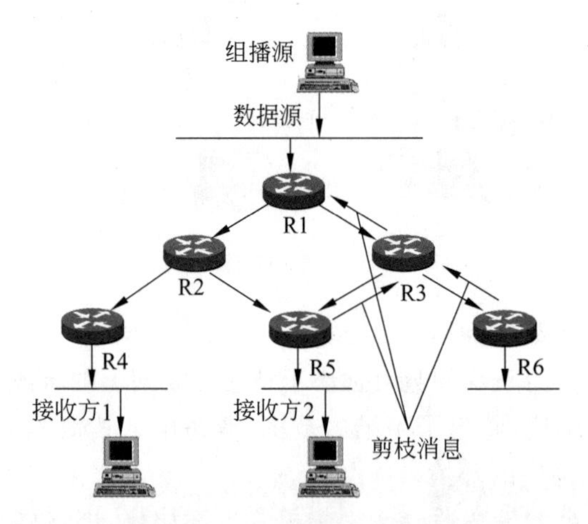

图 11-10 PIM-DM 工作示意图

PIM-DM 协议格式与 PIM-SM 相同。

PIM-DM 与 DVMRP 很相似,都属于密集模式协议,都使用反向通路组播机制来构建分布树。同时,假定带宽不受限制,每个路由器都想接收组播数据包。主要不同之处在于 DVMRP 使用内建的组播路由协议,PIM-DM 主要采用协议独立观念,使用由任意下行单播路由协议组装的路由表执行反向通路转发(RPF)检查。

PIM-DM 主要设计用于局域网环境,而 PIM-SM 用于广域网中会更有效率。

11.5.4 基于核心的树

基于核心的树 CBT(core-based trees)(RFC 2201)协议以一个中心路由器为根构造一棵共享分布树,所有的组播流量都经由这个中心路由器转发。

CBT 的基本目标是减少网络中路由器组播状态，以提供组播的可扩展性。

所有组播源使用同一棵组播树。CBT 工作过程如下：

(1) CBT 首先选定一个核心路由器，并将其单播地址通告所有的路由器，包括组成员的所有路由器都需要向核心路由器发送显式的加入消息。

(2) 主机向这个核心发送加入命令。

(3) 每个中间路由器都能接收到主机加入命令，获得发送方的地址和包进入的接口，并把该接口标记为属于这个组的树。

(4) 如果中间路由器已是树中的一个成员，则再标记一次该接口属于该组；如果路由器第一次收到加入命令，就向核心路由器转发该加入命令，同时保留一份属于每个组的状态信息。

(5) 核心路由器收到所有的加入信息后，就建立起一棵根位于核心路由器，并且分支到(也只分支到)那些具有组成员的路由器上的特定组传递树(group-specific delivery tree)。这样，当组播数据到达一个在 CBT 树上的核心路由器时，核心路由器可以保证数据发送到组的所有成员。

(6) 任何发送源都可以发送组播包到组成员。CBT 从叶结点形成树，DVMRP 从根结点形成树。

DVMRP 先通过广播形成树，然后进行修剪(pruning)，即路由器利用 IGMP 协议，向上游路由器(向树根方向)发送修剪消息，上游路由器将该路由器从树中修剪掉。CBT 通过加入嫁接(grafting)形成树。当没有组成员的路由器发出了修剪消息后，又发现它所连接的网络中有成员希望接收组播包时，该路由器会发送嫁接消息，使网络能够重新接收到上游路由器的组播包。CBT 和 PIM-SM 一样都工作于稀疏模式下，但 CBT 使用以某个核心路由器为根的双向共享树；PIM-SM 中的共享树是单向的，将组播数据转发到 RP。

上面介绍的主要是域内组播路由协议。而多协议边界网关协议 MBGP 是对 BGP-4 的多协议扩展，MBGP 不仅能携带 IPv4 单播路由信息，也能携带其他网络层协议(如组播、IPv6 等)的路由信息。因此，MBGP 可以看作是增强版的携带 IP 组播路由的 BGP。

本章要点

- IP 组播是源主机只发送一份数据，这份数据中的目的地址为组播组地址，它很好地解决了单点发送多点接收的问题。
- 标准 IP 组播模型定义了主机组和 IP 路由层应有的功能机制，以及为上层服务的组播业务形式。
- 按照协议的作用范围，组播协议分为主机-路由器之间的组管理协议和路由器-路由器之间的各种路由协议。
- 组成员管理协议主要是因特网组管理协议(IGMP)，RFC 1112 给出了 IGMP 的定义。
- 组播路由协议的主要任务就是构造组播的分布树，使组播分组能够传送到相应的组播组成员。目前已定义了多种组播路由协议，一般可归结为密集模式和稀疏模式两大类。

- 组播路由协议通常采用两种基本算法创建传递树，即反向通路组播(RPM)和基于核心的树(CBT)。
- 距离向量组播路由选择协议 DVMRP 是第一个在 MBONE(组播试验床)上普遍应用的组播路由协议。
- 开放式组播最短路径优先协议 MOSPF 是一种基于链路状态的路由协议，它定义了 3 种级别的路由：MOSPF 区域内组播路由、MOSPF 区域间组播路由和 MOSPF 自治系统间组播路由。
- 与协议无关的组播 PIM 有两种模式：稀疏模式(PIM-SM)和密集模式(PIM-DM)。
- 基于核心的树 CBT 协议以一个中心路由器为根构造一棵共享分布树，所有的组播流量都经由这个中心路由器转发。

习题

11-1　说明组播地址的范围，并查阅相关资料指出 DVMRP 路由器、OSPF 路由器和 PIM 路由器的工作原理。

11-2　举例说明第 2 层的组播地址(组播 MAC 地址)可以从 IP 组播地址中衍生实现。

11-3　阐述组播协议体系结构。

11-4　比较稀疏模式和密集模式。

11-5　IP 组播的主要优点有哪些?

11-6　试比较 MOSPF 与 DVMRP 这两种协议。

第12章　文件传输协议

文件是计算机系统中信息存储、处理和传输的主要形式，大多数计算机系统都支持网络文件访问功能。网络文件访问包括文件访问和文件传输两个独立的方面。在在线访问(online access)即文件访问中，应用程序与对象文件之间是多对一的关系；而在全文复制(whole-file copy)即文件传输中，应用程序与对象文件之间则是一对一的关系。

文件传输提供的用户服务相对简单，用户可将远程文件复制到本地系统，或将本地文件复制到远程系统。文件访问允许多个(远程)程序同时访问单个文件，任何一个程序都不需要被访问文件的复制件，而是直接在原文件上进行操作，某个程序对原文件的修改会立即在原文件上表现出来，并为访问它的其他程序所感知。

本章主要讲解文件传输及其相关协议。

12.1　TCP/IP 文件传输协议

文件传输协议(file transfer protocol，FTP)是 TCP/IP 的一种具体应用，最初 FTP 是 ARPANET 网络中计算机间高速可靠的文件传输协议。FTP 工作在 TCP/IP 模型的第 4 层，即应用层，其底层传输协议是 TCP 而不是 UDP，FTP 是面向连接的协议，为数据传输提供可靠的保证。第一个 FTP 的 RFC(RFC 114)由 A. K. Bhushan 在 1971 年提出，同时由 MIT 与 Harvard 实验实现。

1. FTP 的目标

FTP 的目标有以下几点：

(1) 在主机之间共享计算机程序或数据；

(2) 让本地主机间接地使用远程计算机；

(3) 向用户屏蔽不同主机中各种文件存储系统的细节；

(4) 可靠和高效地传输数据。

2. FTP 的主要特征

FTP 的主要特征如下：

(1) 控制连接

是建立在用户协议解释器和服务器协议解释器之间用于交换命令与应答的通信链路。

(2) 数据连接

是传输数据的全双工连接。

(3) 文件类型

- ASCII 类型，这是默认类型，发送方把数据从内部表示格式转换成标准的 8 比特 NVT ASCII 格式。接收方再将数据从标准格式转变成自己的内部格式。其中，用 NVT ASCII 码传输的每行都带有一个回车符(CR)，其后是一个换行符(LF)，这意味着接收方必须扫描每个字节，查找 CR 和 LF 对，以确定一行的结束。

- EBCDIC 类型，使用 EBCDIC(extended binary-coded decimal interchange code)字符编码,该编码采用 8 位二进制进行编码,共有 256 个编码状态,目前世界上只有美国 IBM 公司的系列机和日本富士通公司的 M 系列机采用 EBCDIC 码。它是作为 ASCII 的另一种方法在主机间传送数据的数据类型。EBCDIC 和 ASCII 很相像,仅在类型的功能描述上有一些差别。
- 图像类型(也称为二进制类型)，在此类型下传送的数据被看作连续的二进制位。因为结构需要对传送数据增加填充位,填充位必须全部是 0,且只能放在文件(记录)的末尾。这些填充位能够被标识,在接收方收到时会剥离填充位。它用于传送二进制数据和有效地传送和存储文件。
- 本地类型,用在字节大小不是 8 比特的环境下。该方式用于在具有不同字节大小的主机间传输二进制文件,每字节的位数由发送方指定。对使用 8 位字节的系统来说,本地文件以 8 位字节传输就等同于图像文件传输。

(4) 格式控制

只有 ASCII 和 EBCDIC 文件类型设置了格式控制。另外,非打印(默认选择)文件中不含有垂直格式信息(垂直格式信息被编码到文件中,用来指示一个新页的开始等);远程登录格式控制文件含有向打印机解释的远程登录垂直格式控制。

(5) 传输模式

FTP 的传输模式有流模式、块模式和压缩模式。

- 流模式

数据以字节流的形式传送,并且允许记录结构。如果是文件结构,接收到的所有数据就是文件内容。

- 块模式

文件以块形式传送,块带有自己的首部。首部包括 16 比特字节计数字段和 8 比特描述子代码字段。其结构如图 12-1 所示。

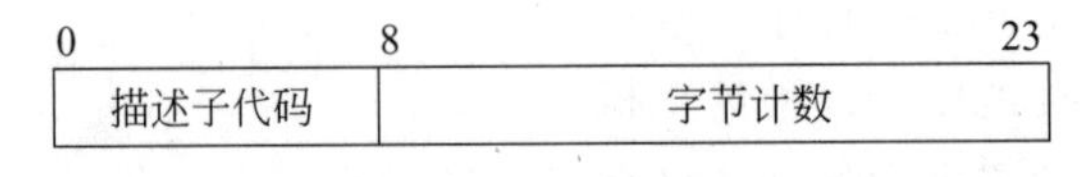

图 12-1　块模式首部字节的结构

字节计数字段说明了数据块的字节数,描述子代码由字节中的位标记说明,表 12-1 列出了 4 种代码及其意义。

表 12-1　描述子代码字段的 4 种代码及其意义

代　码	意　　义
128	数据块结束是由于记录结束(EOR)(此数据块文件具有记录结构)
64	数据块结束是由于文件结束(EOF)
32	数据块内怀疑有错误
16	数据块是重新开始标记

- 压缩模式

在压缩模式中，因为数据是压缩过的，因此对于增加带宽有很多好处。

(6) 数据结构

FTP 可以定义文件的结构，文件可以是下面的三种结构之一。

- 文件结构(file structure)

将文件视为字节流，无内部结构。文件结构是 FTP 的默认数据结构。

- 记录结构(record structure)

将文件划分为记录，用于文本文件。

- 页结构(page structure)

将文件划分为独立的页，每页有页号和页头。可以进行随机存取或顺序存取。

3. FTP 的客户—服务器模型

图 12-2 显示了 FTP 客户—服务器模型，客户和服务器之间是利用 TCP 建立连接的。

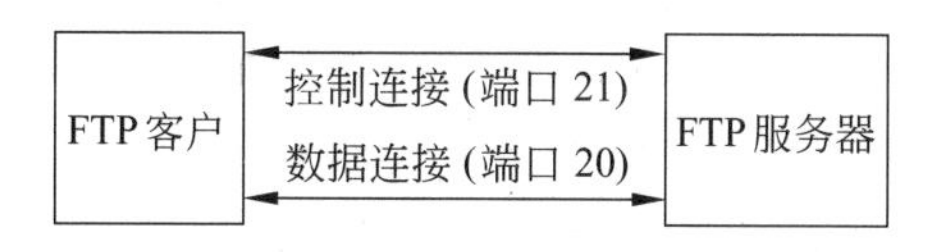

图 12-2 FTP 客户—服务器模型

FTP 客户与服务器之间要建立双重连接，一个是控制连接，一个是数据连接。其原因在于 FTP 是一个交互式会话系统，客户每次调用 FTP，都会与服务器建立一个会话，会话以控制连接来维持，直至退出 FTP。在此基础上，客户每提出一个数据传输请求，服务器就再与客户建立一个数据连接，进行实际的数据传输。一旦数据传输结束，数据连接相继关闭，但控制连接依然存在，客户可以继续发出命令。最后，客户可以撤销控制连接(close 命令)，也可以退出 FTP 会话(quit 命令)。

4. FTP 的缺点

FTP 具有保证可靠性、允许远程访问文件等优点，但也具有一些缺点：

(1) FTP 用户密码和文件内容都使用明文传输，可能产生不希望发生的窃听；

(2) 由于必须开放一个随机的端口以建立连接，当防火墙存在时，客户端很难过滤处于主动模式下的 FTP 数据流；

(3) 服务器可能会被告知连接一个用户计算机的保留端口。

12.2 FTP 进程模型

FTP 服务的实现是由一组 FTP 进程完成的。服务器 FTP 进程是和用户 FTP 进程一起工作的，服务器 FTP 进程由协议解释器 PI 和数据传输进程 DTP 组成；用户 FTP 进程则是由 PI、DTP 和用户接口组成的。

传输与控制采用独立的连接方式，它具有以下三方面的优点：

(1) 该方案使 FTP 协议更加简单并且更容易实现，例如控制连接可以直接采用 Telnet 协议实现，数据连接不会与 FTP 命令混淆起来。

(2) 在数据连接结束后，控制连接仍然适当地保留着，它能够在重新建立新的数据连接时被继续使用,直到客户发送请求终止控制连接。

(3) 发送方在所有的数据都发送后,可以在数据连接上用文件结束条件来通知接收方,从而完成数据传输的功能。

12.2.1 FTP 控制连接

FTP 仅仅在发送命令和接收应答时使用控制连接。

图 12-3 表示主动模式下客户与服务器之间的控制连接和数据连接。

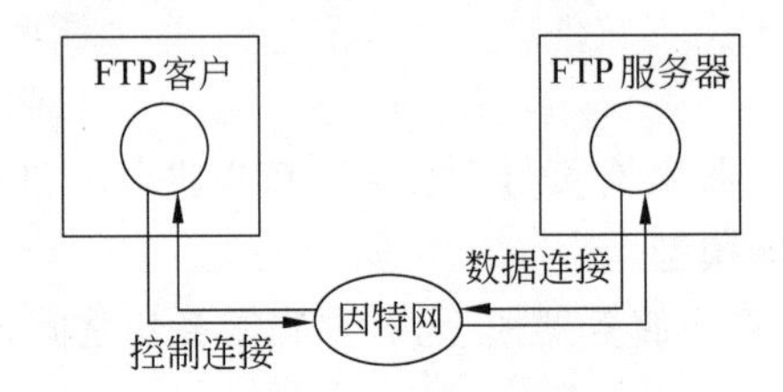

图 12-3 客户与服务器之间的控制连接和数据连接

在图 12-3 中,箭头方向表示连接是由哪一方发起的,例如控制连接的箭头从客户指向服务器,这表明客户向服务器发出请求命令,形成控制连接。数据连接却是按相反的方向形成的。

如果用户请求另一个数据传输,那么客户与服务器之间将建立一个新的数据连接。为了避免在控制连接与数据连接之间发生冲突,FTP 对于两者使用不同的协议端口号。

FTP 协议要求数据传输在传输前打开控制连接。尽管数据连接频繁地出现和消失,但是控制连接却在整个会话中一直保持着。在完成 FTP 服务后由用户发出中止控制连接命令,服务器具体执行这些命令以中止控制连接。

如果控制连接被关闭,数据连接也会被关闭。一旦传输完成,客户与服务器都将关闭数据连接,但控制连接是可以继续使用的。

FTP 和 Telnet 的关系值得注意,FTP 要使用 Telnet 协议进行控制连接,可有两种方法实现:一种是用户 PI 或服务器 PI 在自己的过程中实现 Telnet 协议的功能;第二种方法是直接利用系统中现有的 Telnet 模块。

12.2.2 FTP 数据连接

1. 数据连接机制

数据连接可以用文件结束来终止传输过程。这样做的好处是可以改变所传输文件的大小。例如,当服务器中应用程序正在写入文件时,如果 FTP 也同时在将这个文件的副本传输给客户,由于数据传输是单独的,因此,服务器不必利用控制连接告诉客户方所传输文件的大小,只需要用数据连接的文件结束来终止传输。

FTP 根据数据连接时发起 TCP 连接的发起方是服务器还是客户端,将数据连接分为主动模式和被动模式。

主动模式(又称为 Active 或 Standard 模式)由服务器发起 TCP 连接的三次握手,被动模式(又称为 Passive 模式)由客户端发起 TCP 连接的三次握手,也就是说主动还是被动是站在服务器的角度而言的。

当 FTP 工作在主动模式下时，服务器数据传输进程是数据连接的请求方，客户数据传输进程是数据连接的接收方。无论是文件的上传还是下载，进行文件传输的发起方都是客户端。当客户端要进行数据传输时，首先启动客户数据传输进程，从系统获得一个临时端口号，并对端口进行监听，然后通过已存在的控制连接发送 PORT 命令到 FTP 服务器，PORT 命令所带的参数包含了客户端的 IP 地址和监听的端口号，FTP 服务器收到 PORT 命令后，启动服务器数据传输进程，并在其 20 端口上和客户数据传输进程的临时端口建立数据连接，然后在数据连接上完成数据传输。

当 FTP 工作在被动模式下时，客户数据传输进程是数据连接的请求方，服务器数据传输进程是数据连接的接收方。当客户端要进行被动模式数据传输时，FTP 客户端通过控制连接发送 PASV 命令到服务器。服务器得知客户端要用被动模式进行数据传输后，启动服务器数据传输进程，并从系统获得一个临时端口号，监听该端口，然后利用对 PASV 命令的 227 响应(通过控制连接发送)，将服务器的 IP 地址和数据端口传给客户端。客户端启动数据传输进程，获取一个临时端口号，利用这个端口号与服务器的数据端口建立数据连接，然后在数据连接上完成数据传输。

2. 数据连接管理

通常连接因特网的机构在内网和外网之间都会部署防火墙。出于安全考虑，很多防火墙在设置安全策略的时候都不允许接受从外部发起的连接。此时，如果 FTP 以主动模式工作，位于防火墙外的 FTP 服务器就无法和位于防火墙内的客户端建立数据连接，造成无法工作。所以，这时需要使用被动模式。

在被动模式下，FTP 的数据连接和控制连接方向一致，都是由客户端向服务器发起连接。

FTP 的数据传输机制包括在合适的端口上建立数据连接和选择传输参数。用户数据传输进程和服务器数据传输进程都有其默认数据端口。用户数据传输进程的默认端口就是其控制连接的端口，服务器数据传输进程的端口是其控制连接的端口号减 1，即 20 端口(见 RFC 959)。

所有的 FTP 实现必须支持默认数据连接端口。不过用户控制进程可以通过与服务器控制进程协商初始化非默认数据连接端口的使用。

实际上从目前的多数实现来看，FTP 服务器只有在主动模式下才使用默认数据连接端口 20。客户端的数据端口和被动模式下的服务器数据端口一般都使用非默认端口。

在主动模式下，客户使用 PORT 命令向服务器通告客户的非默认端口。

在被动模式下，服务器用对 PASV 命令的 227 响应向客户通告服务器的非默认端口。

3. 数据连接的关闭

关闭数据连接由服务器完成，满足关闭连接的条件是：用户端发送 ABORT 命令；服务器文件传输结束表示的数据发送结束；控制连接关闭；发生不可恢复的错误。

12.2.3　通信

网络应用协议 FTP 使用客户/服务器模式。涉及 5 个进程和两个相关，图 12-4 描述了 FTP 的进程模型。

FTP 服务器首先启动，使用 FTP 的客户端运行 ftp 程序进入用户 FTP 控制台命令状

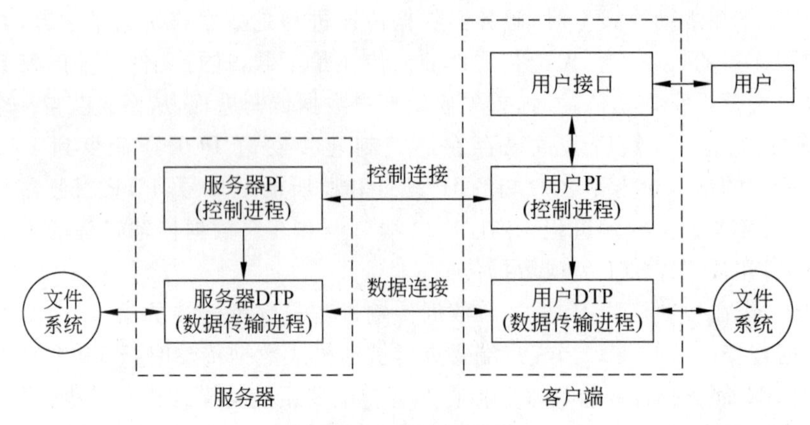

图 12-4 FTP 进程模型

态,在此状态下通过 open 命令建立客户端控制进程与服务器控制进程之间的控制连接。控制连接是由用户 PI 发起的,基于此控制连接客户端和服务器进行 FTP 命令和应答的交互。

当客户端要发起数据传输(或列服务器目录,或上传文件,或下载文件)时,客户端选择主动/被动模式,定义数据连接参数(数据端口、文件类型、传输模式、数据结构),文件操作方式(上传、下载、附加、删除等)。根据主动/被动模式的不同,数据连接的建立过程和端口号的确定也有所不同,具体过程如前所述。

数据传输结束后,关闭数据连接,双方的数据传输进程结束,但控制进程仍然存在,以后可以再重新发起新的数据传输服务。

数据连接和控制连接都是双向的,控制连接相对稳定,数据连接不必一直存在。

12.3 FTP 命令与响应

1. FTP 命令

FTP 命令主要用于控制连接,可以直接采用 Telnet 协议实现,所以 FTP 命令与 Telnet 命令相同,这些命令包括中断进程、Telnet 的同步信号、查询服务器、带选项的 Telnet 命令等。

命令以 NVT ASCII 码形式传送,要求在每行结尾(也就是在每个命令和每个响应后)都要有 CR/LF 对。

FTP 命令有很多种,建议读者查阅相关手册,表 12-2 给出了一些常用命令及其描述。

表 12-2 FTP 常用命令

命 令	描 述
ABOR	中断数据连接程序
ACCT<account>	系统特权账号
ALLO<bytes>	为服务器上的文件存储器分配字节
APPE<filename>	让服务器准备接受一个文件,并指示它把这些数据附加到指定的文件上,如果文件名不存在就创建它

续表

命　　令	描　　述
CDUP	返回上一级目录
CWD<dirpath>	改变当前的工作目录
DELE<filename>	删除服务器上的指定文件
HELP<command>	请求帮助信息
LIST<name>	如果是文件名，则列出文件信息；如果是目录，则列出文件列表
MKD<directory>	在服务器上创建指定目录
MODE<mode>	指定传输模式(S=流模式，B=块模式，C=压缩模式)
NLST<directory>	列出指定目录内容
NOOP	无动作，获得服务器确认，了解服务器是否处于活动状态
PASS<password>	向服务器发送用户的密码
PASV	被动模式命令，请求服务器侦听端口等待连接
PORT<address>	主动模式，向服务器通告客户端 IP 地址和数据连接端口
PWD	显示当前工作目录
QUIT	从 FTP 服务器上退出登录
REIN	重新初始化登录状态连接
REST<offset>	标识出文件内的数据点，将从这个数据点开始继续传送文件
RETR<filename>	给客户传送一份在路径中指定的文件的副本
RMD<directory>	删除一个在路径名中指定的目录
RNFR<oldpath>	指定要重命名的文件的旧绝对路径和文件名
RNTO<newpath>	指定要重命名的文件的新路径和文件名
SITE<params>	由服务器提供的站点特殊参数
SMNT<pathname>	安装文件系统数据结构
STAT<directory>	使一个状态响应以应答的形式通过控制连接发送给客户
STOR<filename>	让服务器接受一个来自数据连接的文件
STOU<filename>	让服务器准备接受一个文件，并用一个唯一的文件名保存到目录
STRU<type>	指定传送数据的结构类型(F=file，R=record，P=page)
SYST	让服务器返回使用的操作系统
TYPE<filetype>	确定传输的数据类型(A=ASCII，E=EBCDIC，I=binary，L=local byte)
USER<username>	指定登录的用户名称(与 PASS 连用)

2. FTP 响应

响应都是 ASCII 码形式的 3 位十进制数字，也是以 NVT ASCII 码形式传送的，要求在每行结尾都要有 CR/LF 对，3 位响应码后面通常会跟字符串解释。

表 12-3 给出了响应代码的含义。

表 12-3 响应代码的含义

响应代码	解释说明	响应代码	解释说明
110	新文件指示器上的重启标记	332	必须指定账号
120	在短时间内服务器将准备就绪	350	文件行为暂停
125	数据连接已打开,开始传输	421	服务不可用,关闭控制连接
150	文件状态正常,将打开数据连接	425	无法打开数据连接
200	命令被成功执行	426	结束连接
202	命令未执行	450	文件不可用
211	系统状态回复	451	本地错误
212	目录状态回复	452	磁盘空间不足
213	文件状态回复	500	无效命令
214	帮助信息回复	501	错误参数
215	系统类型回复	502	命令没有执行
220	服务器准备就绪	503	错误指令序列
221	服务关闭控制连接	504	无效命令参数
225	打开数据连接	530	登录失败
226	结束数据连接	532	存储文件需要账号
227	进入被动模式(IP 地址、ID 端口)	550	文件不可用
230	登录网络成功	551	不知道的页类型
250	文件行为完成	552	超出了分配的存储空间
257	路径名建立	553	文件名不允许
331	必须指定密码		

上述命令和响应是由 RFC 959 文档所定义的。随着 FTP 的发展,在 RFC 959 的基础上对 FTP 的命令及响应又进行了扩展。主要扩展是关于安全方面的,如用户认证、服务器认证、会话参数协商、加密算法、密钥交换算法、控制连接保护、数据保护(完整性保护、机密性保护)等。其他扩展还有支持国际化的编码和语言、FTP 命令扩展的注册等。具体内容详见 RFC 2228、RFC 2640、RFC 2773、RFC 3659、RFC 5797 和 RFC 7151。

12.4 匿名 FTP

1. 匿名 FTP 的用途

由上面的讨论可知,使用 FTP 时必须首先利用 Telnet 协议登录,获得远程主机相应的权限,才能上传或下载文件。本地主机必须具有用户 ID 和密码,以获得远程主机的适当授权,否则便无法传送文件。因特网上的 FTP 主机很多,不可能要求每个用户都拥有账号。

匿名FTP无需本地主机成为远程主机的注册用户，从而解决了这个问题。

2. 匿名FTP机制

远程主机建立了名为anonymous的特殊用户ID，这样因特网上的任何人在任何地方都可使用该用户ID下载文件，而无需成为其注册用户。

连接匿名FTP主机的方式同连接普通FTP主机的方式差不多，只是在要求提供用户标识ID时必须输入anonymous，其密码可以是客户自己喜欢的任意字符串。当然，匿名FTP仅仅适用于提供了这项服务的所有因特网主机。

可以想象，因特网中存在数目巨大的匿名FTP主机以及很多的文件，文件搜索服务器可以自动在FTP主机中进行搜索，以帮助客户获取某一特定文件所在匿名FTP主机的相应目录。

3. 匿名FTP的使用

因特网是世界上最大的信息库，有成千上万台匿名FTP主机，这些主机上存放着海量的文件，供用户复制使用。匿名FTP是因特网上发布软件和其他信息内容的常用方法。通过匿名FTP发布的文件，任何人都可以获取它们，达到广泛传播的目的。

4. 匿名FTP的安全

当远程主机提供匿名FTP服务时，会指定某些目录向公众开放，允许匿名访问。系统中的其余目录则处于隐匿状态。

作为一种安全措施，大多数匿名FTP主机都允许用户从其上下载文件，而不允许用户向其上传文件。即使有些匿名FTP主机确实允许用户上传文件，用户也只能将文件上传至某一指定上传目录中。系统管理员会去检查这些上传文件，会将这些文件移至一个公共下载目录中，供其他用户下载，同时也保护自己免受病毒侵害。

12.5 简单文件传输协议

1. 简单文件传输协议TFTP简介

简单文件传输协议TFTP(trivial file transfer protocol)是网络应用协议，与FTP相比，它比较简单、功能也较少。RFC 1350是第2版TFTP的正式规范。TFTP客户与服务器之间的通信使用的是UDP。

TFTP服务器必须提供一定形式的并发，因为UDP和TCP一样在客户与服务器之间并不提供唯一连接。TFTP服务器通过为每个客户提供一个新的UDP端口来提供并发，这允许不同的客户连接服务器，然后由服务器中的UDP模块根据目的端口号进行区分。

TFTP协议没有提供安全特性，很多安全特性都必须由TFTP服务器系统管理员来限制客户对指定文件的访问来保证。

2. TFTP的用途

简单文件传输协议的应用包括：

(1) 利用TFTP为打印机、集线器和路由器下载初始化代码

例如存在这样的设备，它具有一条网络连接和小容量的固化了TFTP、UDP和IP的只读存储器(Read-Only Memory，ROM)。通电后，设备执行ROM中的代码，在网络上广播一个TFTP请求。网络上的TFTP服务器响应包含可执行二进制程序的文件，设备收到文

件后,将它载入内存中,然后开始运行程序。虽然 TFTP 在无盘终端或工作站上是有用的,但它通常不用于机器之间的文件传输。

(2) 路由器的信息设置

路由器可以在指定的 TFTP 服务器上存储设置参数,如果这个路由器瘫痪了,可以把正确的设置信息从 TFTP 服务器上下载到一个修复的路由器或者一个替代的路由器上,这便为路由器提供了一种容错能力。

(3) 引导协议(BOOTP)主机的信息设置

在一个 TFTP 服务器中可以包含 BOOTP 客户的设置信息文件,当从 BOOTP 服务器上获得 TFTP 服务器的 IP 地址、引导文件路径和文件名后,通过 TFTP 协议从 TFTP 服务器下载引导文件,这样,充分利用 TFTP 传输数据的高效率。

12.6 TFTP 报文

TFTP 传输的数据使用固定长度的分组报文,它们有 512 个字节。如果一个分组报文的数据字段小于 512 字节,就表明这是数据传输的最后一个分组报文。当一个数据的分组报文被发送到目标主机之后,发送方数据将在一个缓冲区域内保存直到接收到一个确认信号,该信号表明数据已经被成功地接收了。如果在发送时间失效之前,发送主机没有接收到确认信号,那么数据分组报文将被重新发送。

图 12-5 显示了 TFTP 协议的封装形式和 5 种消息格式。

操作码 (1=RRQ)(2=WRQ)	文件名	0	模式	0
2字节	N字节	1	N字节	1

操作码 (3=DATA)	块编号	数据
2字节	2字节	0~512字节

操作码 (4=ACK)	块编号
2字节	2字节

操作码 (5=ERROR)	差错码	差错信息	0
2字节	2字节	N字节	1

图 12-5　TFTP 协议的封装形式和消息格式

TFTP 报文的头两个字节表示操作码。文件名字段指明正在从 TFTP 服务器上上传或下载的文件名,它是一个可变长的段,0 指明文件名结束。模式字段是一个 ASCII 码串 netascii 或 octet(可任意组合大小写),同样以 0 结束。netascii 表示数据是以成行的 ASCII 码字符组成,以回车字符后跟换行字符作为行结束符。这两个行结束字符在这种格式和本地主机使用的行定界符之间进行转换。octet 则将数据看作 8 位一组的字节流而不作任何解释。

TFTP 协议的 5 种消息分别是:读请求(RRQ)、写请求(WRQ)、数据(DATA)、确认

(ACK)、出错(ERROR)。

(1) 读请求(RRQ)和写请求(WRQ)

读请求(RRQ)和写请求(WRQ)都使用相同的格式。操作码：1 为读请求；2 为写请求。

(2) 数据(DATA)

使用 TFTP 传输实际数据时，使用 DATA 消息格式。DATA 消息将包含实际文件的内容，操作码设置成 3，表明数据在以 TFTP 消息传输。块编号设置为 1，表示初始的 DATA 分组报文，随后的每个附加的分组报文将增加 1，直到整个文件结束，它将在确认分组中使用。数据字段可有 512 字节长，如果少于 512 字节(0～511)，则为文件的最后一个数据块。

(3) 确认(ACK)

确认(ACK)分组报文的操作码值为 4。块编号字段包含正在被确认的 DATA 分组报文的块编号。

如果此确认信号是应答一个写请求的，则将这个块编号设置成 0，以指示可以开始数据的传输。

(4) 出错(ERROR)

出错(ERROR)操作码设置为 5。差错码给出出错的类型值。差错信息以 netascii 格式存储，是一个文本描述，可以帮助了解 TFTP 差错的具体情况。差错信息是可变长的，所以出错消息总是以一个 0 作为结尾标志。表 12-4 是差错码的描述。

表 12-4 差错码的描述

代码	描述
0	没有定义的错误，出错信息将提供其他附加信息
1	文件没有找到，所给的文件名有误
2	访问非法，安全权限不足
3	磁盘已满或者分区表溢出
4	非法的 TFTP 操作
5	未知的传输 ID(端口)
6	文件已经存在
7	没有这个用户

12.7 TFTP 与 FTP 的比较

TFTP 用于从服务器请求文件然后传输文件。使用 TFTP 与使用电子邮件非常相似：首先由客户发出一个请求文件的消息，然后服务器把文件返回到本地客户系统上。

1. TFTP 协议的优势

尽管与 FTP 相比 TFTP 的功能要弱得多，但是 TFTP 仍具有两个优点：

(1) TFTP 能够用于那些有 UDP 而无 TCP 的环境；

(2) TFTP 代码所占的内存要比 FTP 小。

尽管这两个优点对于普通计算机来说并不重要,但是对于那些不具备磁盘来存储系统软件的自举硬件设备来说 TFTP 特别有用。

2. TFTP 协议与 FTP 协议的相同点

TFTP 协议的作用和我们经常使用的 FTP 大致相同,都是用于文件传输,可以实现网络中两台计算机之间的文件上传与下载。可以将 TFTP 协议看作是 FTP 协议的简化版本。

3. TFTP 协议与 FTP 协议的不同点

两者的区别主要在于:

(1) TFTP 协议不需要验证客户端的权限,FTP 需要进行客户端验证。

(2) TFTP 协议一般多用于局域网以及远程 UNIX 计算机中,而常见的 FTP 协议则多用于互联网中。

(3) FTP 客户与服务器间的通信使用 TCP,而 TFTP 客户与服务器间的通信使用的是 UDP。

(4) TFTP 只支持文件传输。也就是说,TFTP 不支持交互,而且没有一个庞大的命令集。最为重要的是,TFTP 不允许用户列出目录内容或者与服务器协商来决定哪些是可得到的文件。

本章要点

- FTP 客户和服务器之间的连接是可靠的,而且面向连接,为数据传输提供了可靠的保证。
- FTP 根据数据连接时发起 TCP 连接的发起方是服务器还是客户端,将数据连接分为主动模式和被动模式。主动模式下,客户使用 PORT 命令向服务器通告客户的非默认端口。被动模式下,服务器用对 PASV 命令的 227 响应向客户通告服务器的非默认端口。
- FTP 在建立数据连接时,要定义数据连接参数。数据连接文件类型有 4 种(A/E/I/L),传输模式有 3 种(S/B/C),数据结构有 3 种(F/R/P)。
- FTP 客户与服务器之间要建立双重连接,一个是控制连接,一个是数据连接。
- FTP 服务的实现是由一组 FTP 进程完成的。服务器 FTP 进程是和用户 FTP 进程配合工作的,服务器 FTP 进程由协议解释器 PI 和数据传输过程 DTP 组成;用户 FTP 进程则由 PI、DTP 和用户接口组成。
- 用户在两台主机间建立控制连接,然后进行数据连接,FTP 并不通过控制连接来传送数据,客户与服务器为每个文件传输建立一条单独的数据连接。
- FTP 命令和响应以 NVT ASCII 码形式通过控制连接传送。命令可以带参数,响应码后面通常会跟字符串解释。
- 远程主机建立了名为 anonymous 的特殊用户 ID,任何人都可以使用该用户 ID 下载文件,而无需成为其注册用户。
- 简单文件传输协议 TFTP 是网络应用协议,与 FTP 相比,它比较简单、功能比较少。

- TFTP 协议的 5 种消息分别是：读请求（RRQ）、写请求（WRQ）、数据（DATA）、确认（ACK）、出错（ERROR）。

习题

12-1　阐述简单文件传输协议 TFTP 和文件传输协议 FTP 的不同点。

12-2　指出文件传输协议 FTP 的文件类型。

12-3　描述 FTP 进程模型的 5 个进程和两个连接。

12-4　TFTP 协议具有哪 5 种消息？

12-5　FTP 要实现的目标是什么？

12-6　FTP 中传输与控制为什么采用独立的连接？

第 13 章　邮件传输协议

简单邮件传输协议 SMTP(simple mail transfer protocol)(RFC 821)和电子邮件报文格式 MAIL(RFC 822)最早出现在 1982 年，是 ARPANET 上的电子邮件标准，现在它们都已成为因特网的正式标准。两年以后，CCITT 制定了报文处理系统 MHS 的标准，即 X. 400 建议书，X. 400 是一个功能很强的电子邮件标准。1988 年，CCITT 修改了 X. 400。因特网的 SMTP 只能传送可打印的 ASCII 码邮件，1993 年又制定了新的电子邮件标准(RFC 1521、1522)，即“多用途因特网邮件扩充” MIME (multipurpose Internet mail extensions)。MIME 在其邮件首部中说明了邮件的数据类型(如文本、声音、图像、视频等)。MIME 邮件可同时传送多种类型的数据。

经过 10 年的发展，全世界都已广泛地使用了因特网的电子邮件系统。

13.1　概述

通常情况下，一封电子邮件的发送需要用户代理、客户邮件服务器和服务器端邮件服务器 3 个程序的参与，并使用各种电子邮件协议(如 SMTP、POP3 或 IMAP)。

图 13-1 显示了电子邮件的工作过程。

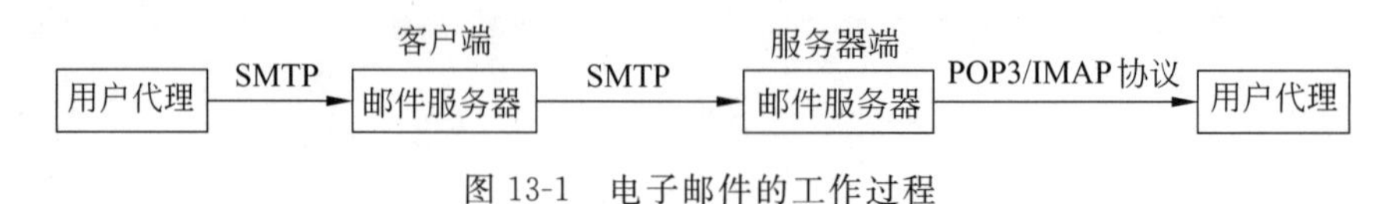

图 13-1　电子邮件的工作过程

当用户发送一封电子邮件时，他并不能直接将邮件发送到对方邮件地址指定的服务器上，而是必须首先试图寻找自己的客户邮件服务器。客户邮件服务器得到了邮件后，首先将它保存在自身的缓冲队列中，然后，根据邮件的目的地址，查询到负责这个目的地址的服务器端邮件服务器，这是通过 DNS 服务实现的，最后通过电子邮件协议进行邮件传送。例如，有一封邮件的目的地址是 yourmail@yourserver. com，那么，邮件服务器首先确定这个地址是用户名(yourmail)和机器名(yourserver)的格式，然后，通过查询 DNS 把邮件投递给该服务器端邮件服务器。

服务器端邮件服务器接收到邮件之后，将其存储在本地缓冲区中，直到电子邮件的接收者查看自己的电子信箱。

所以，邮件是从客户服务器传输到服务器端邮件服务器的，而且每个用户必须拥有服务器上存储信息的空间(称为信箱)才能接受邮件。但是每个发送邮件的用户在发送时，不必在客户端服务器上拥有专用的存储信息的空间。

1. 用户代理

用户代理 UA(user agent)是用户与电子邮件系统的接口，在大多数情况下它是一个在用户 PC 中运行的程序。用户代理接受用户输入的各种指令,将用户的邮件传送至其邮件服务器,或者通过 POP、IMAP 将邮件从其邮件服务器接收到本机上。常见的用户代理有"foxmail"、"outlook express"等邮件客户程序。

用户代理除了发送和接收邮件外,至少还应当具有以下 3 个功能:

(1) 撰写

给用户提供很方便的编辑邮件的环境。邮件客户程序使用户代理能够使用友好的接口来发送和接收邮件。

(2) 显示

能方便地显示出邮件(包括声音和图像)。

(3) 处理

收件人应能根据情况按不同方式对接收到的邮件进行处理。例如阅读后删除、存盘、打印、转发;读取邮件之前最好先查看邮件的发件人和长度,对于不愿接收的邮件,可直接在邮箱中删除。

2. 邮件服务器

邮件服务器是电子邮件系统的核心组件。邮件服务器的功能是发送和接收邮件,同时还要向发件人报告邮件传送的情况(已交付、被拒绝、丢失等)。

邮件服务器的服务器端侦听 25 号默认端口,当接受用户的请求时,它一般不需要了解用户的真实身份,或者说不需要身份验证。因此用户不需要提交用户密码就可以发出电子邮件,这意味着任何用户都可以冒充成另外一个用户发出假的电子邮件,这是电子邮件原始设计时引入的一个安全性问题。新的 SMTP 扩展解决了这一问题,提供了对发件人的鉴别功能。

随着 WWW 技术的推广应用,人们使用电子邮件的模式也有所变化,一种利用浏览器和提供邮箱服务的网站进行邮件收发的模式逐渐成为新的模式。这种模式和传统的邮件使用模式也逐渐融合。图 13-2 给出了当前邮件系统的应用模型。

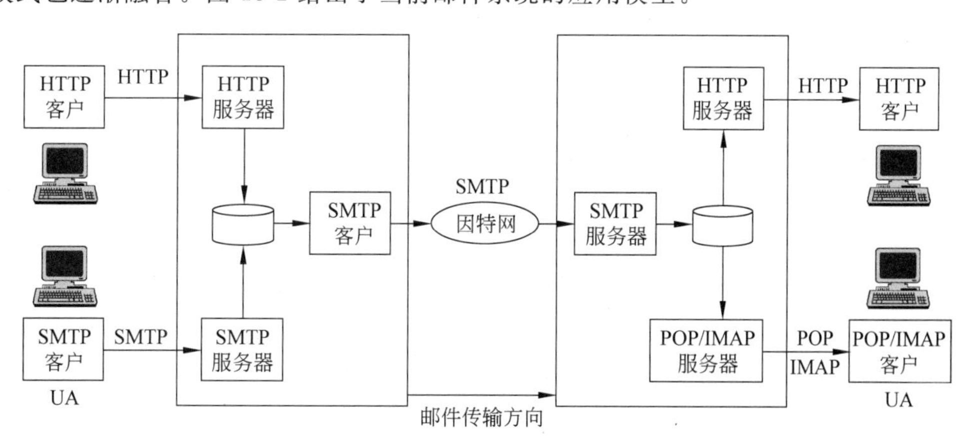

图 13-2　因特网邮件系统应用模型

13.2　电子邮件地址

一个电子邮件地址是一个字符串,用@分为两部分。第一部分是邮箱标识,第二部分给出了邮箱所在的计算机名(域名)。

电子邮件地址通常的形式为:me@dns. njust. edu. cn,表明这台计算机在中国(cn),隶属于教育机构(edu)下的南京理工大学(njust),机器名是 dns。在@符号的左边是用户的登录名:me。

有些软件系统允许用户选择邮箱名,而另一些系统需要一个与用户登录所用的标识相同的用户邮箱标识。用户通常采用将姓的字母、中间名的首字母,以及名字字母用下划线连接起来的方式生成邮箱标识。例如,Yahoo 公司中 yu nan jing 的电子邮件地址可能是:yu_nan_jing@yahoo. com。有的系统需要使用用户登录标识构成邮件地址,例如,Nonexistent 公司计算机的登录账户的个人电子邮件地址就可能是:912743. 253843@nonexist. com。

13.3 邮件转发与网关

1. 邮件转发

许多邮件系统包含一个邮件分发器(mail exploder)或邮件转发器(mail forwarder),这是一个能转发信息副本的程序软件。邮件转发软件在本地网点中将邮件中使用的邮件地址映射为一个或多个新的邮件地址即别名。使用别名增加了邮件系统的功能并为用户带来了方便,别名映射可以是多对一或一对多的关系。

(1) 多对一映射:映射一组标识符到单个人,即允许单个用户拥有多个邮件标识符。

(2) 一对多映射:将多个收件人与一个标识符相关联。可建立一个邮件分发器,即接收到一个邮件就将其发送给一大批收件人。与这样一批收件人集合相关联的是一个标识符,称为邮件发送列表(mailing list)。邮件列表通常放在数据库中,其中的每一项是一组电子邮件地址。

在邮件发送列表中的收件人不一定都必须在本地,一个邮件发送列表中的收件人即使都在其他网点也是可以的。

因特网上有许多邮件发送列表是开放的,任何人都可自由地将自己的电子邮件地址加入到某个邮件发送列表中,以便今后在自己的邮箱中自动收到所需信息的邮件。

当电子邮件到达时,邮件分发器检查目的地址,如果在邮件列表中存在,分发器就将邮件转发给表中对应列表内容中的每个地址。表 13-1 显示了一个邮件分发器数据库的实例。

表 13-1 邮件分发器数据库实例

列　表	内　容
friends	Joe@foobar. com,Jill@bar. gov,Tim@StateU. edu, Mary@acollege. edu,Hank@nonexist. com
customers	george@xyz. com,VP_Marketing@news. com
bball-interest	Hank@nonexist. com,Linda_S_Smith@there. com, John_Q_Public@foobar. com,Connie@foo. edu,

表中数据库包括 3 个邮件列表。第一列 friends 说明了 5 个接收方(Joe、Jill、Tim、Mary 和 Hank),他们分别处于不同的位置;第二列 customers 说明了两个接收方;第三列 bball-interest 说明了 4 个接收方。

如果分发器是运行在计算机 wit. com 上的，则第一个邮件列表全名为：friends@wit. com。这样，如果有人向 friends@wit. com 发送信息，分发器就将副本转发给这 5 个接收方。

2. 邮件网关

虽然邮件分发器可以在任何计算机上工作，但若邮件发送列表很大，那么向邮件发送列表中的每一个收件人转发邮件仍需很长的处理时间。因此人们往往采用称为电子邮件网关(e-mail gateway)或电子邮件中继(e-mail relay)的计算机专门处理邮件发送列表。电子邮件网关在没有人工干预的情况下利用计算机程序自动处理邮件，这种程序称为列表管理程序(list manager)。图 13-3 显示了用户向网关机器上的邮件列表发送邮件时程序的工作过程。

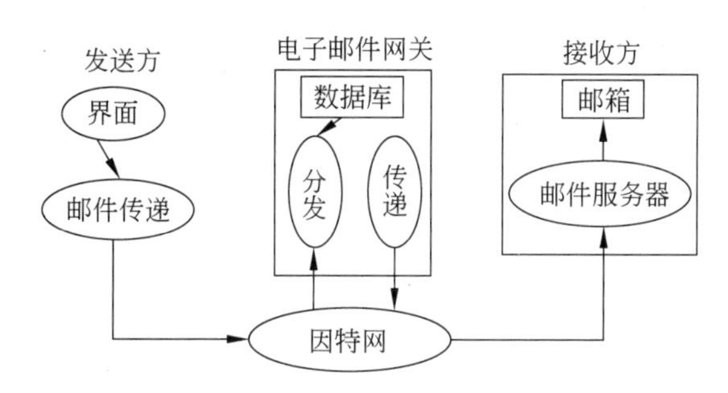

图 13-3　用户向网关机器上的邮件列表发送邮件时程序的工作过程

如图 13-3 所示，信息至少需要通过因特网两次。开始时，用户利用发送方计算机将单个副本从发送方的计算机传送到中间电子邮件网关。电子邮件网关在查询邮件列表的数据库后，邮件分发器或邮件转发器生成一个发送信息副本的请求。网关计算机上的邮件传输程序将生成的每个副本通过因特网传送给接收方的计算机。最后，接收方计算机利用服务器将副本存放进接收方的邮箱中。

13.4　电子邮件信息格式

电子邮件信息的格式很简单，它们由 ASCII 文本组成。一个电子邮件分为信封和邮件消息内容两大部分。信封包括发送方、接收方、发送日期等。邮件消息内容由首部和信体(body)构成。RFC 822 只规定了邮件消息内容中的首部格式，而对于信体部分则让用户自由撰写，可以包含任意文本。用户写好首部后，邮件系统将自动把信封所需的信息从首部中提取出来并写在信封上，用户不需要填写电子邮件信封上的信息。RFC 2822 对邮件消息格式作了进一步完善。

首部由多个首部行构成，每个首部行由一个关键字，一个冒号和附加的信息构成。图 13-4是一个电子邮件信息的实例。

在图 13-4 中，关键字是 From、To、Date、Subject。

From：表示发件人的电子邮件地址。一般由邮件系统自动填入。

To：后面填入一个或多个收件人的电子邮件地址。在用户代理软件中，用户可以将经常通信的对象姓名和电子邮件地址写到地址簿中。当撰写邮件时，只需打开地址簿，单击收

```
From: John_O_Public@foobar.com
To: 912743.253843@nonexist.com
Date: Fri, 1 Jan 99 10:21:32 EST
Subject: lunch with me?

Bob,
    Can we get together for lunch when you visit next
week? I'm free on Tuesday or Wednesday --just let me
know which day you would prefer.

John
```

图 13-4　电子邮件信息的实例

件人名字,就会自动把收件人的电子邮件地址填入到合适的位置上。

Date:发信日期。一般由邮件系统自动填入。

Subject:邮件的主题,它反映了邮件的主要内容。主题便于用户查找邮件。

表 13-2 列出了一些在因特网电子邮件中可以找到的常见关键字,以及使用它们的目的。

表 13-2　常见关键字及其含义

关 键 字	含 义	关 键 字	含 义
From	发送方(作者)地址	Reply-To	回复地址
To	接收方地址	Comments	注释
Cc	抄送地址	Return-Path	信息源回朔路径
Bcc	暗抄送地址	Received	邮件转发点信息
Date	发送日期	In-Reply-To	父消息 ID
Subject	主题	Keywords	关键词(逗号分隔)
Sender	发送者	References	所有父消息 ID
Message-ID	消息 ID	X-	自定义关键字

表 13-2 中有三个关键字涉及消息 ID,Message-ID 是本邮件的消息 ID,In-Reply-To 是回复的对方邮件的消息 ID,References 是在双方来回回复时前面的那些邮件的消息 ID。From 和 Sender 的区别是:From 指明负责写邮件的作者或系统的邮箱,而 Sender 指明负责邮件发送的代理的邮箱。X-用于厂商自定义现有关键字以外的邮件关键字。

一些系统允许接收者重新引入并转发信息,重发时保留原有的邮件头,并添加些新的与重发相关的字段,这些重发相关字段以"Resent-"为前缀。如 Resent-date/Resent-from/Resent-sender/Resent-to/Resent-cc/Resent-bcc/Resent-msg-id。使用 Resent- 字段可使邮件在收件人处看似是由原始发件人直接发来的邮件。收件人可以通过查看该邮件首部来了解邮件重发者的一些信息。

13.5　简单邮件传输协议

简单邮件传输协议(SMTP)的目标是可靠高效地传送邮件，它独立于传送子系统，而且仅要求一条可以保证传送数据单元的通道。

SMTP 命令定义了邮件传输和由用户定义的系统功能，规定了 14 条命令和 21 种响应信息。每条命令由 4 个字母组成，而每一种响应信息一般只有一行信息，由一个 3 位数字的代码开始，后面附上(也可不附)很简单的文字说明。表 13-3 给出了 SMTP 的最小命令集及其功能。

表 13-3　SMTP 的最小命令集及其功能

命　令	含　义
HELO	客户 SMTP 向服务器 SMTP 所做的提示
MAIL FROM	启动邮递(mail)处理
RCPT TO	识别邮件接收者
DATA	DATA 后面内容表示邮件数据，以<CR><LF>.<CR><LF>结尾
REST	退出(或复位)当前的邮递处理，返回 OK 应答表示过程有效
NOOP	用于用户测试，仅返回 OK
QUIT	接收端返回 OK 应答并关闭传输连接
VRFY	用于验证指定的用户/邮箱是否存在
EXPN	验证给定的邮箱列表是否存在，返回邮列表
SEND FROM	指明邮件交付到收件人的终端
SOML FROM	指明邮件交付到收件人的终端或邮箱
SAML FROM	指明邮件交付到收件人的终端和邮箱
HELP	返回 SMTP 服务所支持的命令列表
TURN	允许客户端和服务器交换角色，并在相反的方向发送邮件

SMTP 命令还在不断扩展，以前 SMTP 客户向 SMTP 服务器的提示都是使用 HELO，但这种提示不支持用户鉴别。EHLO 命令是对 HELO 的扩展，即 extend helo，EHLO 可以支持用户鉴别(authorization)。

表 13-4 给出了 SMTP 的应答码及其含义。

SMTP 应答可以支持一次多行应答。非最后一行应答的应答码和短语之间用短画线(-)连接。多行的最后一行用空格分开应答码和短语。

表 13-4 SMTP 的应答码及其含义

应答码	含 义	应答码	含 义
211	系统状态或帮助应答	500	语法错误;不能识别的命令
214	帮助报文	501	参数或变量语法错
220	<域>服务准备好	502	命令未实现
221	<域>服务关闭传输信道	503	命令序列不正确
250	请求的邮递操作已完成	504	命令参数未实现
251	用户不是本地的;报文将被转发	550	请求失败;邮箱不可用(如邮箱未找到或不能访问)
354	开始邮件输入,以<CRLF>.< CRLF >结束	551	用户不是本地的
421	<域>服务不可用;关闭传输信道	552	请求动作异常中止
450	请求邮递失败;邮箱不可用(如邮箱忙)	553	请求动作未发生;邮箱名不可用
451	请求失败;处理出错	554	处理失败
452	请求失败;存储空间不足	555	MAIL FROM/RCPT TO 参数不可识别或不可执行

下面是一个利用 EHLO 命令进行鉴别登录的实例,例中 S:代表服务器,C:代表客户端。

```
S:220 Welcome to my smtp server……
C:ehlo
//用 ehlo 提示,表示自己需要身份验证
S:250-Welcome to my smtp server……
S:250-AUTH LOGIN PLAIN
S:250-AUTH=LOGIN PLAIN
S:250-PIPELINING
S:250-SIZE 10485760
S:250 8BITMIME
//这里服务器使用了多行应答,表明服务器支持对用户的认证、支持命令流水等
C:auth login
//用这个命令表示身份验证开始(扩展命令)
S:334 VXNlcm5hbWU6
//这句是服务器返回的用 base64 编码过的“Username:”
C:********
//这里是用户名,用户名经过 base64 编码后发送
S:334 UGFzc3dvcmQ6
//这句是服务器返回的用 base64 编码过的“Password:”
C:********
//这里是用户密码,经过 base64 编码后发送
S:235 Authentication successful
C:mail from:abc@xyz.com
//声明邮件来源 email 地址
S:250 ok
C:rcpt to:xyz@abc.com
```

```
//声明邮件目的 email 地址
……
```

应答码 334 是服务器给出的继续输入要求，这里分别要求客户端输入用户名和口令。应答码 235 是服务器对客户鉴别成功的应答。

1. SMTP 模型

图 13-5 表示了 SMTP 的工作模型。当用户发出邮件传送请求时，SMTP 发送者建立与 SMTP 接收者之间的一条双向传送通信通道。SMTP 接收者可以是最终接收者，也可以是中间传送者。

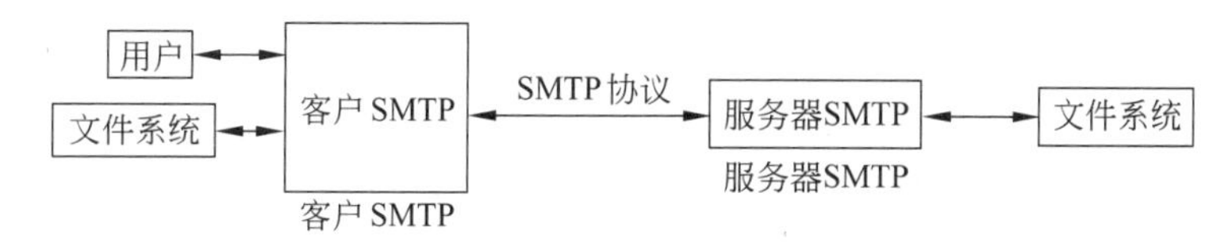

图 13-5　SMTP 模型

SMTP 命令由 SMTP 发送者发出，由 SMTP 接收者接收，而应答则反方向传送。

2. SMTP 的使用

下面讲解 SMTP 通信过程中的连接建立、邮件传送、连接释放 3 个阶段，通过介绍其最主要的命令和应答信息来展示 SMTP 的使用。

(1) 连接建立

SMTP 连接是在发送主机的 SMTP 客户和接收主机的 SMTP 服务器之间建立的。SMTP 客户每隔一段时间对邮件缓存扫描一次。如发现有邮件，就使用 SMTP 的熟知端口号(25)与目的主机的 SMTP 服务器建立 TCP 连接。不管发送方和接收方的邮件服务器相隔有多远，也不管在邮件的传送过程中要经过多少个路由器，TCP 连接总是在发送端和接收端这两个邮件服务器之间直接建立，而不会使用中间的邮件服务器。

在连接建立后，SMTP 服务器要发出“220 服务准备好”。然后，SMTP 客户向 SMTP 服务器发送 HELO 命令，并附上发送方的主机名。SMTP 服务器若有能力接收邮件，则回答：“250 请求的邮递操作已完成”，表示已准备好接收。若 SMTP 服务器不可用，则回答“421 服务不可用”。

如在一定时间内(例如 1 天)发送不了邮件，则将邮件退还给发件人。

(2) 邮件传送

SMTP 客户服务器获得接收服务器的肯定回复后，利用 MAIL 命令进行邮件传送。MAIL 命令后面有发件人的地址。如：MAIL FROM：abc@publicl. ptt. js. cn。

若 SMTP 服务器已准备好接收邮件，则回答“250 请求的邮递操作已完成”。否则，返回一个代码，指出原因。如：451(处理出错)、452(存储空间不足)、500(不能识别的命令)等。

这样的传输是最简单的要求。除此之外，SMTP 协议的 RCPT 命令判断接收方系统是否已做好接收邮件的准备，并将同一个邮件发送给一个或多个收件人，其格式为：RCPT TO：＜收件人地址＞，每发送一个命令，都会从 SMTP 服务器返回相应的信息，如：“250 请求的邮递操作已完成”，表示指明的邮箱在接收方的系统中；或“550 邮箱不可用”，即不存在此邮箱。

SMTP 协议的 DATA 命令表示开始传送邮件内容。SMTP 服务器返回的信息是：

“354 开始邮件输入”。若不能接收邮件,则返回 421(服务不可用)、500(不能识别的命令)等。接着 SMTP 客户就发送邮件的内容。发送完毕再发送<CRLF>,表示邮件内容结束。若邮件收到了,则 SMTP 服务器返回信息“250 请求的邮递操作已完成”,或返回错误代码。

(3) 连接释放

SMTP 客户应发送 QUIT 命令,表示客户邮件发送完毕。SMTP 服务器返回的信息是“250 请求的邮递操作已完成”。SMTP 客户再发出释放 TCP 连接的命令,待 SMTP 服务器应答后,全部过程结束,释放 SMTP 连接。

13.6 邮件获取协议

SMTP 用于发送邮件,MIME 用于编码,POP3 用于从邮件服务器接收邮件,IMAP 提供了在远程服务器上管理邮件的手段,它与 POP3 协议相似,但功能比 POP3 要多,其主要功能包括:下载邮件的标题、建立多个邮箱以及在服务器上建立保存邮件的文件夹等。

13.6.1 POP3 邮局协议-版本 3

1. 简介

邮局协议 POP(post office protocol)是一个非常简单、功能有限的邮件读取协议。对于网络上比较小、功能比较弱的结点,要求它们支持消息传输系统(MTS)是不实际的。因为它不具有充足的资源保持 SMTP 服务器和本地邮件传送系统持续运行。但是,在这样的小结点上允许管理邮件并且使这些结点支持一个用户代理或客户邮件服务器又是十分有用的。邮局协议版本 3 即 POP3 就是使这样的小结点工作站可以用一种比较简单的方法来访问存储于服务器上的邮件,即工作站可以从服务器上取得邮件,而服务器为它暂时保存邮件。

邮局协议 POP 最初公布于 1984 年的 RFC 918 中,现在使用的是它的第三个版本 POP3(RFC 1939),并且已成为因特网的标准,大多数 ISP 都支持 POP。

2. POP3 命令及应答

POP3 也使用客户/服务器的工作方式。在接收邮件的用户 PC 中必须运行 POP 客户程序,而在 ISP 的邮件服务器中则运行 POP 服务器程序。

POP3 命令由一组命令和一些参数组成。所有命令以一个 CR/LF 对结束。命令和参数由可打印的 ASCII 字符组成,它们之间由空格分隔。命令一般是 3~4 个字母,每个参数却可长达 40 个字符。表 13-5 给出了 POP3 最小命令集。

表 13-5 POP3 最小命令集

命令	含义	命令	含义
USER	用户标识	RETR	从邮箱取出报文
PASS	用户/服务器密码	DELE	删除报文标记
QUIT	关闭连接	NOOP	服务器返回一个空响应
STAT	服务器返回邮箱的报文数和报文大小	LAST	服务器返回访问的最大报文数
LIST	返回报文标识和大小	RSET	去除待删除报文的标记

POP3 响应一般由状态字符串(+OK/-ERR)后跟附加信息组成。响应也是由 CR/LF 对结束。对于特定命令的响应是由许多字符组成的。

```
S:  <在默认端口 110 上等待 TCP 连接>
C:  <打开连接>
S:  +OK POP3 server ready
C:  USER 用户名
S:  +OK Password required
C:  PASS 口令
S:  +OK Logged in
C:  STAT
S:  +OK 2 320
C:  LIST
S:  +OK 2 messages (320 octets)
S:  1 120
S:  2 200
S:  .
C:  RETR 1
S:  +OK 120 octets
S:  <POP3 服务器发送消息 1>
S:  .
C:  DELE 1
S:  +OK message 1 deleted
C:  RETR 2
S:  +OK 200 octets
S:  <POP3 服务器发送消息 2>
S:  .
C:  DELE 2
S:  +OK message 2 deleted
C:  QUIT
S:  +OK Bye-bye
C:  <关闭连接>
S:  <等待下次连接>
```

3. 工作模式

POP3 有两种工作模式：删除模式和保持模式。删除模式表示一旦邮件交付给用户的 PC,POP 服务器就不再保存这些邮件。保持模式指在收件人读取邮件后,此邮件仍保留在 POP 服务器上。用户在取回邮件并中断与 POP 服务器的连接后,可在自己的 PC 上慢慢处理收到的邮件。因此 POP 实际上是一个脱机协议。

4. 基本操作

首先,服务器通过侦听 TCP 端口 110 开始 POP3 服务。POP3 客户和服务器建立 TCP 连接后,会话进入身份验证状态,在此状态中,客户必须向 POP3 服务器确认自己是其客户。若身份验证成功,则服务器就打开客户的邮箱,会话即进入处理状态。在处理状态中,客户请求服务器提供信息(如邮件列表)或完成动作(如取走指定的邮件报文)等服务。最后,当客户发出 QUIT 命令时,会话就进入更新状态,连接立即终止。

13.6.2 因特网报文访问协议

因特网报文访问协议 IMAP 是斯坦福大学在 1986 年开发的,它是一个开放的标准。IMAP 标准的最新版是 IMAP 第 4 版修订版 1(RFC 3501)。有关 IMAP4 标准的详细信息,请参见华盛顿大学的 IMAP 主页(www.washington.edu/imap)。

1. 工作原理

IMAP4 的工作模式有 3 种:离线、在线和断开连接方式。

(1) 离线工作模式

离线方式与 POP3 相同。客户软件把邮件存储在本地硬盘上以进行读取和撰写信息的工作。当需要发送和接受消息时,用户才连接服务器。

(2) 在线工作模式

虽然邮件由客户软件处理,但是用户在线访问的邮件存储在邮件服务器上。在线方式主要是由位置固定的用户使用,一般在快速 LAN 连接下进行。

(3) 断开连接工作模式

客户软件把用户选定的邮件复制或缓存到本地磁盘上,而原始副本则保留在邮件服务器上。用户可以自己处理缓存的邮件,当以后用户重新连接邮件服务器时,这些邮件可以与服务器进行再同步。当前,该特性主要由邮件服务器实现,很少有客户软件支持断开连接方式。

2. 与 POP3 的简单比较

(1) 相同点

IMAP 和 POP 都以客户/服务器方式工作。

对于 POP3 和 IMAP4 协议,要接收的邮件都存储在邮件服务器上。用户使用遵循协议的邮件客户软件连接到邮件服务器上,先进行身份验证,验证登录名和密码,然后用户才获得访问邮箱的权限。

有些 POP3 服务器也提供了在线功能,但是,它们没有达到 IMAP4 的性能。

(2) 不同点

POP3 邮件的接收过程是在用户计算机上建立邮件的一份副本,邮箱中仍会存放这些邮件。如果用户用 DELE 命令删除这些邮件,这些邮件并不会立即从服务器上删除,它们只是被标上了一个删除标记。当用户断开同服务器的连接后,它们才真正从服务器上删除。如果用户并不对邮件执行删除处理,此邮件仍保留在 POP 服务器上。

IMAP 通过客户机的电子邮件程序可在服务器上创建并管理邮件文件夹或邮箱、删除邮件、查询某封邮件的一部分或全部内容,完成所有这些工作时都不需要把邮件从服务器上下载到本地计算机上。

在使用 IMAP 时,所有收到的邮件同样是先送到 ISP 的邮件服务器的 IMAP 服务器。而在用户的 PC 上运行 IMAP 客户程序,然后与 ISP 的邮件服务器上的 IMAP 服务器程序建立 TCP 连接。用户在自己的 PC 上就可以操纵 ISP 的邮件服务器的邮箱,就像在本地操纵一样,因此 IMAP 是一个联机协议。

虽然 IMAP 比 POP3 具有更好的特性,但是它的应用远没有 POP3 普及,一般都是群件产品厂商支持 IMAP4。

IMAP 也有自己的缺点，如果用户没有将邮件复制到自己的 PC 上，则邮件将一直存放在 IMAP 服务器上。因此用户需要经常与 IMAP 服务器建立连接(因而许多用户要考虑所花费的上网费)。

13.7 多用途因特网邮件扩充

多用途因特网邮件扩充 MIME 可以在一封电子邮件中附加各种其他格式的文件一起发送，用以克服电子邮件协议 SMTP 的一些缺点，这些缺点如下：

(1) SMTP 不能传送可执行文件或其他二进制对象。

(2) SMTP 限于传送 7 位的 ASCII 码，而无法传送许多其他非英语国家的文字。

(3) SMTP 服务器会拒绝超过一定长度的邮件。

(4) 某些 SMTP 的实现并没有完全遵循 RFC 821 的 SMTP 标准。

1. MIME 概述

MIME 并没有改动 SMTP 或取代它，而只是一个补充协议，它使得非 ASCII 数据可以通过 SMTP 传送。MIME 继续使用目前的 RFC 822 格式，但增加了邮件信体的结构，并定义了传送非 ASCII 码的编码规则。

MIME 邮件可在现有的电子邮件程序和协议下传送。MIME 主要包括以下 3 部分内容(RFC l521、1522)：

(1) 5 个新的邮件首部字段，这些字段提供了有关邮件信体的信息；

(2) 定义了许多邮件内容的格式，对多媒体电子邮件的表示方法进行了标准化；

(3) 定义了传送编码，可对任何内容格式进行转换，而不会被邮件系统改变。

为适应任意数据类型的表示，每个 MIME 报文都包含告知收件人数据类型和使用编码的信息。MIME 将增加的信息加入到邮件首部中。

MIME 增加的 5 个新的邮件首部如下(有的是可选的)：

(1) MIME-Version：标识 MIME 的版本。规定代理支持的 MIME 版本，防止用户使用不兼容的 MIME 版本误译 MIME 报文。

(2) Content-Description：内容描述(可选)，这是可读字符串，说明此邮件的内容(图像、语音、视频)，和邮件主题类似，它允许用户添加关于报文体的说明性信息。

(3) Content-Id：邮件的唯一标识符(可选)，用户代理可用其值识别 MIME 的入口。

(4) Content-Transfer-Encoding：内容传送编码，表明在传送时邮件的信体是如何编码的。

(5) Content-Type：说明邮件的性质，共有 7 个基本内容类型和 15 种子类型。

2. 内容传送编码

由表 13-6 可知，MIME 可传输 5 种编码格式：

(1) 7bit 编码，ASCII 码(短行)，每行不能超过 1000 个字符。7 位 ASCII 码是因特网电子邮件报文的默认格式。

(2) quoted-printable 编码(引用可打印编码)，当数据大部分由 ASCII 码字符和小部分由非 ASCII 码构成时，使用 quoted-printable 编码效率较高。

表 13-6 内容传送编码格式

编码格式	含义
7bit	NVT ASCII 短行(默认格式)
quoted-printable	仅将 8 位的非 ASCII 码转换为 3 个可打印字符
base64	将 3 个数据字节编码为 4 个 6 位
8bit	非 ASCII 字符短行
binary	没有行间隔的 8 位数据,不限长

任何一个 8 位的字节值可编码为 3 个字符:一个等号=后跟随两个十六进制数字表示该字节的数值。例如,ASCII 码换页符(十进制值为 12)可以表示为=0C,除了可打印 ASCII 字符与换行符以外,所有字符必须表示为这种格式。因为=在这里用作转义,所以数据中的等号=(十六进制码为 3D)必须编码为=3D。采用 quoted-printable 编码时,一个非 ASCII 字符用三个 ASCII 字符传送。等号=以外所有可打印 ASCII 字符(十进制值的范围为 33 到 126)都可以用 ASCII 字符编码来直接表示。ASCII 的水平制表符与空格符如果不出现在行尾则可以用其 ASCII 字符编码直接表示,如果这两个字符出现在行尾,则必须用 quoted-printable 编码表示为=09(tab)或=20(space)。

如果数据中包含有意义的行结束标志,必须转换为 ASCII 回车(CR)换行(LF)序列;相反,如果字节值 13 与 10 不是行结束的含义,它们必须编码为=0D 与=0A。

quoted-printable 编码的数据的每行长度不能超过 76 个字符。为满足此要求又不改变被编码文本,在 quoted-printable 编码结果的每行末尾加上软换行。即在每行末尾加上一个=,但软换行不会出现在解码得到的文本中。

汉字“中国”的 GB2312 编码是:1101011011010000 1011100111111010,其十六进制数表示为:D6D0B9FA,用 quoted-printable 编码就是:=D6=D0=B9=FA。

(3) base64 编码,当要发送的数据由字节组成且最高位不一定是 0 时,base64 编码可以把这类数据转换为可打印字符发送。base64 编码方法将每 3 个字节的数据变换为 4 个字节的 ASCII 码,具体方法如下。将数据每 3 个字节划分为一组,再将这 24 比特的代码划分为 4 个 6 比特组。6 比特组的二进制代码共有 64 种不同的值,从 0 到 63。将 64 个值对应到 64 个 ASCII 码。base64 编码的码表如表 13-7 所示。将每个 6 比特组按码表转换为一个 ASCII 码便完成了到 base64 编码的转换。若原信息的最后不满三字节,则按以下方法处理,若剩一个字节,8 比特信息后补 4 比特的 0,形成 2 个 6 比特组,转换成 2 个 ASCII 码,再补上 2 个等号=构成 4 个字节的 ASCII 码。若剩两个字节,则将 16 比特信息后补 2 比特的 0,形成 3 个 6 比特组,转换成三个 ASCII 码,再补上 1 个等号=构成 4 个字节的 ASCII 码。根据转换后的 base64 编码尾部等号的个数,可以判断原始信息最后剩余的是 0 字节、1 字节或 2 字节。

信息 base 的二进制 ASCII 码为“01100010,01100001,01110011,01100101”,划分为 6 比特组“011000,100110,000101,110011,011001,010000 ”,十进制值为 24,38,5,51,25,16 对应编码表中的“YmFzZQ”,所以信息 base 经 base64 编码后为 YmFzZQ==。

表 13-7　base64 编码表

值	代码	值	代码	值	代码	值	代码	值	代码	值	代码
0	A	11	L	22	W	33	h	44	s	55	3
1	B	12	M	23	X	34	i	45	t	56	4
2	C	13	N	24	Y	35	j	46	u	57	5
3	D	14	O	25	Z	36	k	47	v	58	6
4	E	15	P	26	a	37	l	48	w	59	7
5	F	16	Q	27	b	38	m	49	x	60	8
6	G	17	R	28	c	39	n	50	y	61	9
7	H	18	S	29	d	40	o	51	z	62	+
8	I	19	T	30	e	41	p	52	0	63	/
9	J	20	U	31	f	42	q	53	1		
10	K	21	V	32	g	43	r	54	2		

采用 base64 编码时，每三个字节要转换为四个字节。和 quoted-printable 编码相比 base64 编码更适用于信息中 ASCII 码不多的情况。

(4) 8bit 编码，非 ASCII 码(短行)，每行不能超过 1000 个字符，但实际上 8 位邮件传输是不存在的。

(5) binary 编码，二进制码，不限长度行，每行可以超过 1000 个字符。

3. 内容类型

MIME 标准规定 Content-Type 说明必须含有两个标识符，即内容类型(type)和子类型(subtype)，中间用"/"分开，例如 text/plain。RFC 1521 定义了 7 种基本内容类型和 15 种子类型，如表 13-8 所示。

表 13-8　7 种基本内容类型和 15 种子类型

内容类型	子类型	说明
Text	Plain	无格式文本
	Richtext	有少量格式命令的文本
Image	Gif	GIF 格式的静止图像
	Jpeg	JPEG 格式的静止图像
Audio	Basic	可听见的声音(8 KHz 的单通道声音)
Video	Mpeg	MPEG 格式的影片
Application	Octet-stream	不间断字节序列
	Postscript	Postscript 可打印文档

续表

内容类型	子类型	说明
Message	Rfc 822	MIME RFC 822 邮件
	Partial	为传输将邮件分割开,邮件的一部分
	External-body	邮件必须从网上获取(引用)
Multipart	Mixed	按规定顺序的几个独立部分
	Alternative	不同格式的同一邮件
	Parallel	必须同时读取的几个部分
	Digest	每个部分是一个完整的 RFC 822 邮件

类型/子类型 text/richtext 后来修改为 text/enriched。除了标准类型和子类型,MIME 允许发件人和收件人定义专用的内容类型。但为避免可能出现名字冲突,标准要求为专用的内容类型选择的名字要以字符串 x-开始。

MIME 的内容类型中的 multipart 使邮件增加了相当大的灵活性。标准为 multipart 定义了 4 种可能的子类型。

(1) mixed 子类型允许单个报文含有多个相互独立的子报文,每个子报文均可有自己的类型和编码。mixed 子类型报文使用户能够在单个报文中附上文本、图形和声音,或者用额外数据段发送一个备忘录,类似商业信笺含有的附件。

(2) alternative 子类型允许单个报文含有同一数据的多种表示。当给多个使用不同硬件和软件系统的收件人发送备忘录时,这种类型的 multipart 报文很有用。

(3) parallel 子类型允许单个报文含有可同时显示的各个子部分(如图像和声音子部分必须一起播放)。

(4) digest 子类型允许单个报文含有一组其他报文。

随着因特网的发展,邮件首部和内容类型的各种子类型也在不断地增加。例如,新增的邮件首部字段有 Content-Disposition、Content-Location、Content-Base 等。

Content-Disposition 首部用于指定邮件阅读程序处理邮件数据内容的方式,有 inline 和 attachment 两种标准方式。inline 表示直接处理,attachment 表示作为附件处理。如果将 Content-Disposition 设置为 attachment,其后会跟 filename 属性,例如:

Content-Disposition: attachment; filename="cat.jpg"

这一 MIME 首部表示 MIME 消息体的内容为邮件附件,附件名 cat.jpg。

Content-Location 首部用于为内嵌资源设置一个 URI 地址,这个 URI 地址可以是绝对或相对的。当使用 Content-Location 首部为一个内嵌资源指定一个 URI 地址后,在 HTML 格式的正文中也可以使用这个 URI 来引用该内嵌资源。

Content-Base 首部用于为内嵌资源设置一个基准路径,有了基准路径,Content-Location 首部中设置的 URI 才可以使用相对地址。

新增的内容类型的子类型有 text/html、text/css、image/tiff、image/ief、image/rgb、image/g3fax、video/mpeg-2、video/quicktime、application/pdf、application/msword、application/sgml、application/remote-printing、message/news、message/http、multipart/

report、multipart/related 等。带 x-前缀的子类型更是数不胜数。

multipart/related 表示消息体中的内容是关联(依赖)组合类型,声明所包含内容为内嵌资源。例如邮件正文要使用 HTML 代码引用内嵌的图片资源,它们组合成的 MIME 消息的 MIME 类型就应该定义为 multipart/related,表示其中某些资源(HTML 代码)要引用(依赖)另外的资源(图像数据),引用资源与被引用的资源必须组合成 multipart/related 类型的 MIME 组合消息。

本章要点

- 使用电子邮件协议(如 SMTP、POP3 或 IMAP)进行电子邮件传输需要经过用户代理、客户邮件服务器和服务器端邮件服务器 3 个程序的参与。
- 用户代理接受用户输入的各种指令,将用户的邮件传送至其邮件服务器或者通过 POP、IMAP 将邮件从其邮件服务器接收到本机上。
- 邮件服务器是电子邮件系统的核心组件。邮件服务器的功能是发送和接收邮件,同时还要向发件人报告邮件传送的情况(已交付、被拒绝、丢失等)。
- 一个电子邮件地址是一个字符串,用@分为两部分。第一部分是邮箱标识,第二部分给出了邮箱所在的计算机名称。
- 许多邮件系统包含一个邮件分发器或邮件转发器,这是一个能转发信息副本的程序软件。
- 人们往往采用称为电子邮件网关或电子邮件中继的计算机专门处理邮件发送列表。电子邮件网关在没有人工干预的情况下利用计算机程序自动处理邮件。这种程序称为列表管理程序。
- RFC 822 规定了邮件内容中的首部格式,而邮件的信体部分则让用户自由撰写。
- 简单邮件传输协议 SMTP 的目标是可靠高效地传送邮件,它独立于传送子系统而且仅要求一条可以保证传送数据单元的通道。
- SMTP 通信过程包括连接建立、邮件传送、连接释放 3 个阶段。
- SMTP 协议用于邮件服务器间发送和接收邮件,MIME 用于扩展(首部、内容类型、编码),POP3 用于用户从邮件服务器接收邮件,IMAP 提供了一个在远程服务器上管理邮件的手段。
- POP3 有两种工作模式:删除模式和保持模式。
- 因特网报文访问协议是一个开放的标准。IMAP4 有 3 种工作模式:离线、在线和断开连接方式。
- 多用途因特网邮件扩充 MIME 可以在一封电子邮件中附加各种其他格式的文件一起发送,用以克服电子邮件协议 SMTP 的一些缺点。

习题

13-1　如果将一个电子邮件信息发往一个邮件列表,该列表中的每个接收方是否都保证能收到一个副本?为什么?

13-2 一些站点运行一个称为 mailer 的程序,它允许用户为他们自己的电子邮件地址创建任意的别名。用户可以收到发向任一别名的邮件。允许存在别名的主要优点是什么?主要缺点又是什么?

13-3 试分析比较 SMTP、MIME、POP、IMAP 之间的主要区别。

13-4 分析电子邮件的格式。

13-5 简述电子邮件的工作过程。

13-6 试述用户代理至少应具备的 3 个功能。

第14章　远程登录协议

远程登录协议 Telnet 是 TCP/IP 协议族中应用层协议的一员，是因特网最为简单的协议之一。应用 Telnet 协议能够把本地用户所使用的计算机变成远程主机系统的一个终端。

远程登录的思想体现了层次结构概念。远程登录的实现，使本地用户并不直接面对远程系统的各种资源，相当于在客户与具体服务之间加入一个中间层次，即远程登录服务器。

本章讨论远程登录协议的基本概念、协议结构、工作原理，最后介绍 Rlogin 的基本知识。

14.1　基本概念

远程登录与本地登录一样，通过在远程服务器上建立用户账号，并通过 TCP/IP 连接使用该账号，即可访问远程服务器资源。

Telnet 远程登录的使用主要有以下两种情况：

(1) 用户在远程主机上有自己的账号，即用户拥有注册的用户名和密码；

(2) 许多因特网主机为用户提供了某种形式的公共 Telnet 信息资源，这种资源对于每一个 Telnet 用户都是开放的。

1. 远程登录工作原理

图 14-1 说明了远程登录(Telnet)的工作原理。

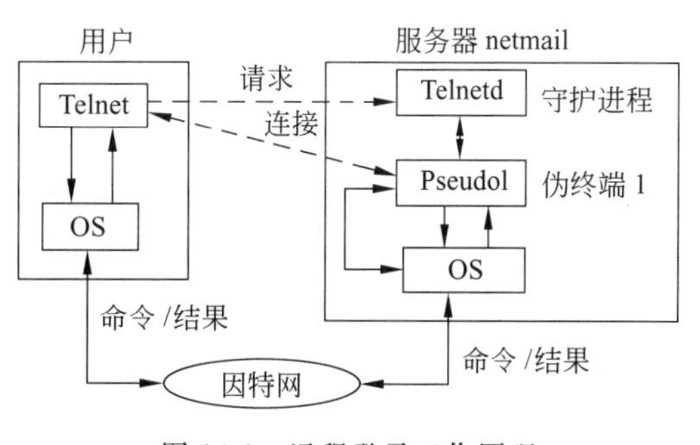

图 14-1　远程登录工作原理

(1) 服务器启动 Telnet 守护进程 Telnetd，等待客户端的请求。

(2) 用户远程登录，请求服务器的服务，客户程序不必详细了解远程系统，它们只需使用标准接口的程序，例如 Telnet netmail。

(3) Telnetd 接收到用户远程登录请求后，将其作为仿真终端(伪终端)派生出子进程 Pseudo1 与用户的 Telnet 进程交互。

(4) 客户机和服务器采用协商选项的机制，并且提供了一组标准选项。用户输入用户名和密码，进行远程登录。如果登录成功，用户在键盘上输入的每一个字符都将传输到远程主机服务器上。

(5) 用户输入主机终端命令,Pseudo1 进程接收命令,将用户输入的命令传给操作系统进行处理,并将处理结果传给用户进程 Telnet,然后用户进程将结果显示在屏幕上。

2. Telnet 的用途

远程登录的根本目的是使本地用户访问远程资源。如果不采用 Telnet 远程登录的方式,可以采用单纯的客户—服务器方式,但单纯的客户—服务器方式要求在远程系统上为每一种服务创建一个服务器。

Telnet 的主要用途表现在以下几个方面:

(1) 远程登录缩短了空间距离

因特网的远程登录服务允许一个用户登录到一个远程分时系统中,就好像用户的键盘和显示器与远程计算机直接相连一样。远程计算机通过在用户计算机上显示 login 提示符,使用户计算机达到与直接连到这个远程计算机上的普通终端完全一样的效果,缩短了空间距离。

(2) 远程登录计算机具有广泛的兼容性

因特网的远程登录服务是在虚拟终端之间进行通信,因此允许本地与远程计算机上的程序存在差别,应用程序交互时无需对程序本身进行任何修改。

(3) 通过 Telnet 访问其他因特网服务。利用 Telnet 程序可以访问远程计算机上的电子邮件、文件传输、电子公告牌、信息检索等各种服务。

3. 网络虚拟终端

不同的计算机系统有许多或大或小、或原理或细节、或无关紧要或至关重要的差异,这些差异统称异质性。异质性给计算机系统之间的互操作带来许多的麻烦。所谓互操作性是指异质系统间透明地访问对方资源的能力。

TCP/IP 屏蔽了物理网络的异质性,它能保证不同的计算机或计算机网络系统之间在通信传输层次的互操作。但不同操作系统通过网络进行互操作要由高层软件实现。

Telnet 具有包容异种计算机和异种操作系统的能力,它能提供许多异种计算机系统间的互操作性。对于 Telnet,系统间的异质性表现在不同的系统对键盘输入的解释各不相同。比如行结束标志,当键入回车键(return 或 enter 键)时,所有的系统都会换行,这是相同的;不同的是有些系统以 ASCII 字符 CR 作为行结束标志,有些系统则以 LF 作为行结束标志,而有些系统则又以 CR+LF 两个字符作为行结束标志。以不同字符作为行结束标志的系统显然不能直接进行远程登录。

为了统一异种系统对键盘输入的解释,Telnet 专门提供一种标准的键盘定义方式,它称为网络虚拟终端(network virtual terminal,NVT)。图 14-2 显示了网络虚拟终端 NVT 的工作示意图。

在图 14-2 中,客户与服务器系统的输入和输出采用各自的本地格式。使用远程登录连接时,客户软件将终端用户输入转换为标准的 NVT 数据和命令传到远程登录服务器,服务器将 NVT 序列转换为远程系统的内部格式。这样,客户与服务器系统既了解内部格式,又了解 NVT 格式,从而屏蔽了终端键盘输入的异质性,实现了异种系统的互操作性。

在网络虚拟终端 NVT 上传输的数据采用 8bit 字节数据,其中最高位为 0 的字节用于一般数据,最高位为 1 的字节用于 NVT 命令。表 14-1 列举了 NVT 的命令字符集。

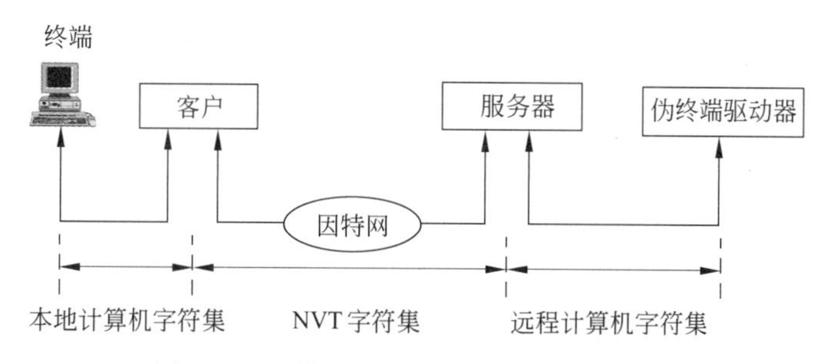

图 14-2　网络虚拟终端 NVT 的工作示意图

表 14-1　NVT 命令字符集

命　令	十进制编码	含　　义	命　令	十进制编码	含　　义
IAC	255	解释后面的字节为命令	AYT	246	对方是否仍在运行
DONT	254	发送方想让接收方拒绝执行指定选项	AO	245	丢弃输出信号
DO	253	发送方想让接收方容许开放指定选项	IP	244	终止进程信号
WONT	252	发送方拒绝执行指定选项	BRK	243	停止信号
WILL	251	发送方同意执行指定选项	DM	242	数据标记
SB	250	启动子选项协商	NOP	241	无操作
GA	249	继续执行	SE	240	终止子选项协商
EL	248	删除行	EOR	239	记录结束
EC	247	删除字符	EOF	236	文件结束

14.2　Telnet 命令

由于 Telnet 用户界面简单，因此任何用户都可以轻易掌握 Telnet 命令，表 14-2 列出了 Telnet 客户端控制台命令集合。

表 14-2　Telnet 命令集合

命　令	含　　义
CLOSE	关闭与远程主机的连接
DISPLAY	显示特定的操作
ENVIRON	修改(添加)环境变量
HELP(?)	显示帮助信息
LOGOUT	强行退出远程用户进程并关闭连接
MODE	询问服务器模式
OPEN	打开与特定主机的连接

续表

命　令	含　　义
QUIT	关闭会话并退出 Telnet
SEND	传输特定的协议字符
SET	设置操作参数
SLC	设置本地特殊字符的描述
STATUS	显示当前状态信息
TOGGLE	激活操作
UNSET	取消操作
Z	挂起 Telnet
![Command]	执行特定的 shell 命令,如果没有给出命令类型,则指打开 shell

Telnet 客户端程序命令语法如下:

```
telnet [-d] [-a] [-n tracefile] [-e escapechar] [-l user] host [port]
```

其中各选项的含义为:

-d:设置调试开关的初始值为 TRUE。

-a:尝试自动登录。就目前而言,这个选项用于通过 ENVIRON 选项的 USER 变量发送用户名(如果远程主机支持这种用法的话)。如果函数 getlogin(2)返回的当前用户所用的名称与当前用户 ID 一致,那么 USER 变量就为该命令返回的名字,否则为与当前用户 ID 对应的用户名。

-n tracefile:打开 tracefile 文件以记录跟踪信息。

-l user:当连接至远程系统时,如果远程主机支持 ENVIRON 选项,则当前用户名将作为变量 user 的值发送至远程主机。本选项自动包括-a 选项。

-e escapechar:把 Telnet 转义字符的初始值设置为 escapechar。如果忽略本选项,则无转义字符。

host:表示远程主机的正式名称、别名或 IP 地址。

port:端口号,即各种因特网应用程序地址。如未指明端口号,则使用 Telnet 的默认端口号。

登录成功后,用户就可以使用 Telnet 命令远程访问远程系统的资源和服务,表 14-2 描述了完整的 Telnet 客户端控制台命令集合。这些命令中的某些命令需要更详细的参数,如 TOGGLE 和 SEND。SEND 用于传输命令和属性到远程主机,关于 SEND 命令的详细信息可以在 Telnet 的命令状态下,通过键入 send ? 命令获得。

14.3 Telnet 选项及协商

选项协商是 Telnet 协议最复杂的部分,总共有 40 多个选项用于配置本地和远程主机间的工作模式。当一方要执行某个选项时需向另一方发出请求,若对方接受该选项,则选项在两端同时起作用,否则两端保持原来的模式。

图 14-3 表示 Telnet 选项协商命令格式。

IAC	命令码	选项码

图 14-3　Telnet 选项协商命令格式

命令码为 WILL、DO、WONT 和 DONT 中的一个。虽然我们可以认为 Telnet 连接的双方都是 NVT,但是实际上 Telnet 连接双方首先进行交互的信息是选项协商数据。选项协商是对称的,也就是说任何一方都可以主动发送选项协商请求给对方。

1. Telnet 选项

表 14-3 列出了 Telnet 选项的含义。

表 14-3　Telnet 选项

名　字	代　码	RFC	含　义
传输二进制	0	856	传输改为 8 比特二进制
响应	1	857	允许一端作出对其所接收数据的响应
抑制 GA	3	858	不在数据后发 Go Ahead 信号
状态	5	859	远程系统选项的状态请求
时间标志	6	860	时间标志插入请求
终端类型	24	1191	交换终端类型信息
记录结束	25	885	结束数据发送
行模式	34	1116	本地编辑并整行发送

传输二进制选项允许连接双方发送 8 位二进制数据。标准的 Telnet 数据均为 7 位 ASCII 码,假如一方想发送 8 位的二进制数据,必须征得对方同意。

抑制 GA 选项控制 Telnet 以全双工或半双工方式工作。最初的 Telnet 是半双工方式,一方在本次数据发送完以后,要发送一个“Go Ahead”(继续)信号,让对方继续发送。“抑制 GA”选项允许双方以全双工方式发送数据。

终端类型选项用于服务器确定客户终端类型。

2. Telent 选项协商

Telent 的选项是可协商的,就是说 Telnet 连接的一方可以提出某些选项,另一方可以表示同意或反对,双方在协商基础上对选项选择达成一致。

选项协商需要 3 个字节:一个 IAC 字节,接着一个字节是 WILL、DO、WONT 和 DONT 中的一个,最后一个字节指明希望激活或禁止的选项。现在,有 40 多个选项是可以协商的。

例如 WILLX 的意思是“你是否同意我使用 X 选项”,DOX 的意思是“我同意你使用 X 选项”,DONTX 的意思是“我不同意你使用 X 选项”。

表 14-4 列出选项协商的 6 种情况。

表 14-4　选项协商的 6 种情况

发　送　方	方向	接　收　方	描　　述
1. WILL	⇄	DO	发送方想激活选项 接收方说同意
2. WILL	⇄	DONT	发送方想激活选项 接收方说不同意
3. DO	⇄	WILL	发送方想让接收方激活选项 接收方说同意
4. DO	⇄	WONT	发送方想让接收方激活选项 接收方说不同意
5. WONT	⇄	DONT	发送方想禁止选项 接收方必须说同意
6. DONT	⇄	WONT	发送方想让接收方禁止选项 接收方必须说同意

Telnet 的选项协商机制和 Telnet 协议的大部分内容一样,是对称的。连接的双方都可以发起选项协商请求。

14.4　Telnet 子选项协商

在 Telnet 中,有些选项不是仅仅用“激活”或“禁止”就能够表达的。例如,有时客户进程必须发送一个 ASCII 字符串来指定终端类型,这时候,必须定义子选项协商机制。在 RFC 1091 中定义了如何表示终端类型的子选项协商机制。下面通过 Telnet 子选项协商的工作过程来说明该子选项协商命令的意义。图 14-4 显示了 Telnet 子选项协商命令格式。

图 14-4　Telnet 子选项协商命令格式

首先,和选项协商一样,客户进程发送 3 个字节的字符序列请求。例如,发送方发出<IAC,WILL,24>形式的数据,这里的 24(十进制)是终端类型选项的代码。

如果服务器进程同意客户使用该选项,那么响应数据是<IAC,DO,24>。

最后,为了询问客户进程的终端类型,服务器进程再发送如下的字符串:

<IAC,SB,24,1,IAC,SE>。

其中,SB 是子选项协商的起始命令标志;选项码 24 代表终端类型选项的子选项;参数 1 选项表示“发送你的终端类型”。

如果终端类型是 mypc,客户进程的响应命令将是:

<IAC,SB,24,0,M,Y,P,C,IAC,SE>。

其中,参数 0 代表客户响应的“我的终端类型”。

在 Telnet 子选项协商过程中,终端类型用大写表示,当服务器收到该字符串后会自动转换为小写字符。

14.5 Telnet 操作模式

对于大多数 Telnet 的服务器进程和客户进程，共有 4 种操作方式。

1. 半双工

网络虚拟终端 NVT 默认为一个半双工设备，在接收用户输入之前，它必须从服务器进程获得 GO AHEAD(GA)命令。用户的输入在本地回显，从 NVT 输入设备(键盘)到 NVT 输出设备(显示器或打印机)，当一行输入完毕，客户进程才将整行数据发送到服务器进程，然后客户端再次等待服务器进程的 GA 命令，因此客户进程到服务器进程只能发送整行的数据。虽然该方式适用于所有类型的终端设备，但是其效率较低，不能充分发挥目前大量使用的支持全双工通信的终端功能。

RFC 857 定义了 ECHO 选项，RFC 858 定义了抑制 GA 选项。如果结合使用这两个选项，就可以支持下面将讨论的方式：带远程回显的一次一个字符的方式。

2. 一次一个字符方式

所键入的每个字符都单独发送到服务器进程。服务器进程回显大多数字符，除非服务器的应用程序去掉了回显功能。该方式的缺点也是显而易见的。当网络速度很慢，并且网络流量比较大时，回显的速度也会很慢。

3. 一次一行方式

该方式通常叫做准行方式，该方式的实现遵照 RFC 858。该 RFC 规定：如果要实现带远程回显的一次一个字符方式，ECHO 选项和抑制 GA 选项必须同时有效。准行方式采用这种方式来表示当两个选项的其中之一无效时，Telnet 就工作在一次一行方式下。

4. 行方式

这是在 RFC 1184 中定义的。这个选项也是通过客户进程和服务器进程进行协商而确定的，它纠正了准行方式的所有缺陷，是一种全双工模式。目前比较新的 Telnet 实现支持这种方式。

14.6 Rlogin

RFC 1282 详细说明了 Rlogin 协议。该协议一般用于在两台 UNIX 主机之间实现类似 Telnet 的功能，由于客户进程和服务器进程的操作系统预先都知道对方的操作系统类型，所以就不需要选项协商机制。因此，Rlogin 协议比 Telnet 简单。

Rlogin 协议后来被扩展用于两台非 UNIX 主机之间的 Telnet 功能。

Rlogin 命令的语法是：

```
rlogin remotehost [ -e character ] [ -8 ] [ -l user ] [ -f | -F] [ -k realm]
```

其中，remotehost：建立远程登录会话的远程机器。

-e character：表示替代选定的 character 字符。

-8：表示总是支持 8 位数据路径，除非远程主机上的起始和终止字符不是 Control_S 和 Control_Q。否则 Rlogin 命令将使用 7 位数据路径并丢弃奇偶校验位。

-l user：将远程用户名更改为指定的名称。否则，在远程主机上使用本地用户名。

-f：导致凭证转发。如果当前的认证方法不是 Kerberos 5，此标志将被忽略。如果当前凭证没有标记为转发，认证将失败。

-F：导致凭证转发。另外，在远程主机系统上的凭证将被标记为转发(允许它们传递到另外的远程系统)。如果当前的认证方法不是 Kerberos 5，此标志将被忽略。如果当前凭证没有标记为转发，认证将失败。

-k realm：如果远程系统域与本地系统域不同，允许用户指定远程系统域。如果当前的认证方法不是 Kerberos 5，此标志将被忽略。

14.6.1 连接

1. 数据流模型

Rlogin 使用 TCP 连接实现客户进程和服务器进程间的通信，图 14-5 表示从服务器到客户的典型数据流形式。

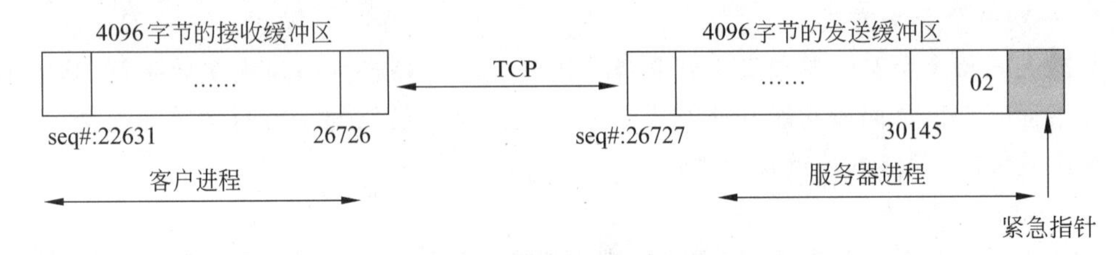

图 14-5 从服务器到客户的数据流

在图 14-5 中，左侧表示数据进入客户缓冲区，并得到确认，然后等待 Rlogin 客户进程来读取，右侧为服务器等待发送的数据。序号 seq# 表示时间序列，紧急指针置位用于服务器通知客户进程，表示服务器进程进入紧急方式，准备向客户进程发出“清仓输出”命令(0x02)。

2. 中断连接

客户和服务器都可以主动中断连接，也可以通过客户中断键方式中断连接。

如果输入一个命令，让服务器的外壳程序终止运行，那么服务器将中断该连接。如果 Rlogin 客户键入一个转义字符(通常是一个~)，紧跟着一个句点或者一个文件结束符，那么客户将主动关闭该连接。

当通过客户中断键方式中断连接时，客户、服务器和连接状态可以用以下几点来描述：

(1) 在用户终端键入 Control_S 以停止终端的输出。

(2) 这样一来，用户终端的输出缓冲区很快被填满，因此，Rlogin 的客户向终端的写操作将被阻塞而不能继续运行。

(3) 当这种情况发展到一定的阶段，客户也就不能从网络连接上读取数据，可以想象，客户的 TCP 接收缓冲区也将被填满。

(4) 当接收缓冲区已满时，客户进程的 TCP 会向服务器进程的 TCP 发出通知，告诉它现在的接收窗口是 0，表示已满。

(5) 当服务器进程收到从客户进程发出的窗口为 0 的通告时，便停止向客户发送数据，这样，服务器的发送缓冲区也和客户缓冲区一样，很快将被填满。

(6) 发送缓冲区已满后，Rlogin 服务器进程将停止运行。这样，Rlogin 服务器将不能从服务器运行的应用程序处读取数据。

14.6.2 流量控制

Rlogin 协议默认的流量控制是由 Rlogin 的客户进程完成的。这种情况下，客户进程应该能够识别用户键入的 STOP 和 START 的 ASCII 字符(Control_S 和 Control_Q)，并且可以终止或启动终端的输出，从而实现客户控制流量的过程。如果客户进程不能够识别用户键入的 STOP 和 START 的 ASCII 字符，每次为终止终端输出而键入的Control_S字符将沿着网络传输到服务器进程，这时服务器进程将停止往网络上写数据。

图 14-6 显示了 Control_S 字符沿网络传输的示意图。

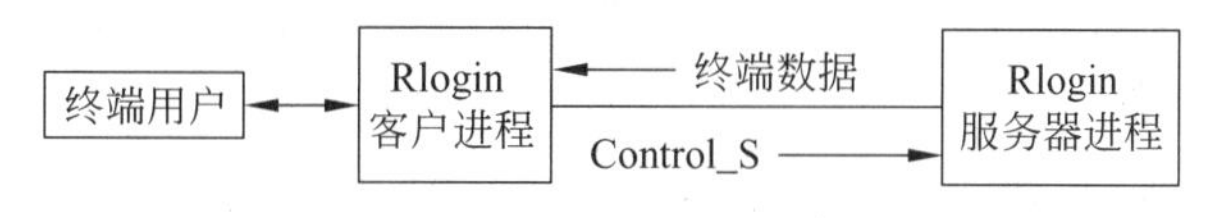

图 14-6 Control_S 字符沿网络传输的示意图

14.6.3 客户/服务器命令

1. 服务器到客户的命令

Rlogin 服务器进程发送给客户进程的命令共有 4 条，如表 14-5 所示，它们分别是清仓输出、客户停止执行流量控制、客户继续进行流量控制处理和客户立即响应。

表 14-5 Rlogin 服务器进程发送给客户进程的 4 条命令

字节	含　义
0x02	客户应当丢弃收到的来自服务器的所有数据。当客户已经向服务器发送中断键时，就发送此命令
0x10	客户停止流量控制操作
0x20	客户继续进行流量控制操作
0x80	服务器发出，客户立即响应，将当前窗口大小发送给服务器，并随时将窗口大小变化通知给服务器

第一个命令清仓输出需要立即发送给客户，所以当服务器要给客户发送命令时，服务器便立即进入紧急方式，并且把命令放在紧急数据的最后一个字节中。当客户进程收到服务器发出的紧急方式消息时，便从 TCP 连接上读取数据并且保存起来，直到收到紧急数据的最后一个字节。

其他 3 个命令虽然并不需要立即进行网络传输，但为了设计的一致性和简单性，也采用了和清仓输出命令相同的技术。

2. 客户到服务器的命令

客户到服务器的命令只有一条，即将窗口大小变化通知给服务器的命令。

当 TCP 连接建立后，客户按当前窗口大小发送给服务器，当窗口大小变化时，便要求通知服务器，此时，发出客户到服务器的命令。然后，服务器立即发送客户响应(0x80)命令。

从客户进程到服务器进程的命令和其他普通数据一起传输。

14.6.4 运行

Rlogin 使用 TCP 连接实现客户进程和服务器进程间的通信,一旦 TCP 连接建立之后,客户进程和服务器进程之间按照下面的方式运行。

1. 客户进程向服务器进程发送字符串

客户进程给服务器进程发送 4 个以 NULL 字符(ASCII 码值 0)结束的字符串,它们的顺序如下:

(1) 一个字节的 0;

(2) 发送客户进程主机的用户登录名,以一个字节的 0 结束;

(3) 登录服务器进程端主机的登录名,以一个字节的 0 结束;

(4) 用户终端类型名,紧跟一个正斜杠"/",然后是终端速率,并以一个字节的 0 结束。

2. 服务器进程应答

(1) 一般情况下,服务器进程向客户进程返回一个字节的 0 字符。

(2) 窗口大小的变化发生在客户端,而运行在服务器端的应用程序需要知道窗口大小的变化,所以,服务器进程通常要给客户进程发送请求,询问终端的窗口大小。

客户进程每次给服务器进程发送一个字节的内容,并且接收服务器进程的所有返回信息。

3. 登录密码

正如我们所熟悉的那样,用户通过网络或终端登录时,服务器进程可以选择是否要求输入密码。如果客户进程没有输入密码,服务器进程将关闭该连接。如果输入密码成功,则输入的密码将以明文的形式发送到服务器进程。

本章要点

- Telnet 使远程用户可以像本地用户一样,在远程计算机建立一个用户账号,并通过 TCP/IP 进入该远程账号,访问远程计算机资源。
- Telnet 具有包容异种计算机和异种操作系统的能力,它能提供许多异种计算机系统间的互操作性。
- 选项协商是 Telnet 协议最复杂的部分,总共有 40 多个选项用于配置本地和远程主机间的工作模式。
- Telent 的选项是可协商的,就是说 Telnet 连接的一方可以提出某些选项,另一方可以表示同意或反对,双方在协商基础上对选项选择达成一致。
- 在 RFC 1091 中定义了如何表示终端类型的子选项协商机制。
- 对于大多数 Telnet 的服务器进程和客户进程,共有 4 种操作方式:半双工、一次一个字符方式、一次一行方式和行方式。
- RFC 1282 详细说明了 Rlogin 协议,它类似于 Telnet 的功能,但不需要选项协商机制。Rlogin 协议比 Telnet 简单。
- Rlogin 协议默认的流量控制是由 Rlogin 的客户进程完成的。
- Rlogin 服务器进程发送给客户进程的命令共有 4 条:清仓输出、客户停止执行流量控制、客户继续进行流量控制处理和客户立即响应。客户到服务器的命令只有一条，即将窗口大小变化通知给服务器的命令。

习题

14-1　说明 Telnet 协议的作用。

14-2　在 Telnet 中引入网络虚拟终端 NVT 的作用是什么？

14-3　说明 Telnet 协议选项协商的含义。

14-4　简述 Rlogin 协议和 Telnet 的异同。

14-5　简述远程登录(Telnet)的工作原理。

14-6　Telnet 协议的选项协商和子选项协商有什么不同？

14-7　在 Telnet 协议进行选项协商时，一方发送 WILL 命令码后，对方可能的回答是发送什么命令码？

第15章　超文本传输协议

超文本传输协议 HTTP(hyper text transfer protocol)主要用于从 WWW 服务器传输超文本到本地浏览器上。

HTTP 协议改变了传统的线性方法，通过超文本环境实现文档间的快速跳转，使用户能够进行高效的浏览。超文本传输协议 HTTP 是应用层协议，其简捷、快速的方式非常适合于分布式和协作式超媒体信息系统。

HTTP 第一版本 HTTP/0.9 是一种简单的用于网络间原始数据传输的协议。而由 RFC 1945 定义的 HTTP/1.0 在原 HTTP/0.9 的基础上，有了进一步的改进，允许消息以 MIME 信息格式存在，也包含了请求/响应范式中的数据传输、修饰符等方面的信息。

HTTP/1.0 未充分考虑到分层代理服务器、高速缓冲存储器、持久连接或虚拟主机等方面的效能。相比之下，HTTP/1.1 要求更加严格以确保服务的可靠性。

自 1990 年起，HTTP 就已经被应用于 WWW 全球信息服务系统。下面是一些常用的 Web 服务器。

Apache 世界上最流行的 Web 服务器软件之一。Apache 属于重量级 Web 服务器，它是自由软件，所以不断有人来为它开发新的功能并修补原有的缺陷。Apache 的特点是简单、速度快、性能稳定，消耗的 CPU 等服务器资源比较大。

Lighttpd 是一个轻量级的 Web 服务器，具有安全、快速、兼容性好、内存开销低，CPU 占用率低和模块丰富等特点。

Tomcat 是由 Apache、Sun 和其他一些公司及个人共同开发而成。特点是技术先进，性能稳定，免费使用，但静态和高并发处理较弱。是目前比较流行的 Web 应用服务器之一。

Nginx 是一个高性能的 HTTP 和反向代理服务器，也是一个 IMAP/POP3/SMTP 服务器。是一个小巧且高效的 HTTP 服务器，其并发连接可以高达 2～4 万个，对内存、CPU 等系统资源消耗较低。Nginx 可以在大多数类 Unix 系统上运行，也有 Windows 移植版。

IIS 是英文 Internet Information Server 的缩写，它是微软公司主推的 Web 服务器，IIS 与 Window Server 完全集成在一起，用户能够利用 Windows Server 和 NTFS(NT File System)内置的安全特性，建立灵活而安全的 Web 服务器。

15.1　统一资源定位符

统一资源定位符 URL(uniform resource locator)也称为 Web 地址，俗称“网址”。URL 规定了某一特定信息资源在 WWW 中存放地点的统一格式，即地址指针。用户用浏览器访问网页(资源)时需要给出网页的位置信息，而统一资源定位符正是给出这种位置信息的标识。例如，http://www.microsoft.com 表示微软公司的 Web 服务器地址。

URL 的完整格式由以下基本部分组成：

```
协议+“：//”+主机域名(IP 地址)+：端口号+目录路径+文件名
```

其中：

（1）协议

协议是指定与服务连接而使用的所有访问协议，表 15-1 列出了常用的协议类型。

表 15-1　常用的协议类型

协议名称	功　　能	协议名称	功　　能
http	超文本文件服务	news	Usenet 新闻组服务
ftp	文件服务	telnet	远程主机连接服务
gopher	Gopher 服务	wais	WAIS 服务器连接服务

协议类型也表示因特网资源类型，如“http://”表示 WWW 服务器，“ftp://”表示 FTP 服务器。

（2）主机域名(IP 地址)

主机域名指出 WWW 数据所在的服务器域名，例如 www.njust.edu.cn。

（3）端口(port)

服务器提供的端口号表示客户可以访问服务器上不同的资源类型，例如 WWW 服务器提供的端口号为 80 或 8080 或者由用户自定义。其中 80 是默认 Web 服务器端口，使用时可以省略，省略时连同前面的“:”一起省略。FTP 服务器提供的端口为 21 或由用户自定义，21 是默认的 FTP 服务器控制端口。

（4）目录路径(path)

目录路径指明服务器上存放被请求信息的路径。

（5）文件名(file)

文件名是客户访问页面的名称，例如 index.htm，页面名称与设计时网页的源代码名称并不要求相同，由服务器完成两者之间的映射。

必须注意，WWW 上的服务器大多是区分大小写字母的，所以，要注意正确的 URL 大小写表达形式。

15.2　超文本传输协议

HTTP 协议是作为一种请求/应答协议来实现的。客户请求 Web 服务器上的一页，Web 服务器则以那一页来应答。HTTP 协议工作在应用层。

早期的 HTTP 版本实际通信是非持续连接的，并且是非静态的。当 HTTP 服务器应答了客户的请求之后连接便撤销，直至发布了下一个请求才重新建立连接。

1. HTTP 通信方式

HTTP 为客户/服务器通信提供了握手方式及消息传送格式，支持客户(浏览器)/服务器之间的通信。HTTP 采用请求/响应的握手方式，HTTP 定义的事务处理的基本运作过程如图 15-1 所示。

HTTP 服务器可以分布于不同的地理位置，服务器程序一般运行在某一个端口上进行侦听，等待连接请求。

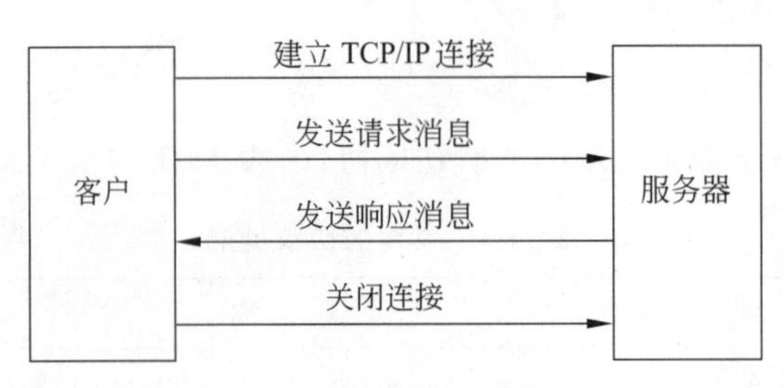

图 15-1 HTTP 事务处理过程

客户打开一个套接字(socket),向服务器发出连接请求。其中,打开一个套接字就是建立一个虚拟文件,这样的文件可以进行网络的输入和输出。客户完成建立虚拟文件任务后便等于打开一次连接。向文件上写完数据后,便通过网络向外传送数据。

HTTP 服务器还可以由其他类型的网关充当代理服务器,这样一来,HTTP 允许客户访问其他因特网协议,如 SMTP、FTP、Gopher 等。

当 HTTP 服务器应答了客户的请求之后连接便撤销,直到发布了下一个请求才重新建立连接。但是,如果客户安装的是由 HTTP/1.1 支持且能保持激活的 HTTP,则客户将维持这个连接,而不是创建另一个新的会话。

如果客户与服务器任何一方关闭连接,不管事务处理成功与否以及完成与否,都将关闭连接。

HTTP 通信方式主要有点对点方式、具有中间服务器方式、缓存方式 3 种。

(1) 点对点方式

点对点方式是最简单的传输方式,用户经过请求与服务器间通过 HTTP 建立起点对点的连接。一个客户将一个请求发送给 HTTP 服务器,HTTP 服务器接受这个请求,并给客户发送一个合适的应答。

(2) 具有中间服务器方式

中间服务器系统充当通信中继功能,客户发出的请求通过中继到达相关的服务器,同样,服务器的响应也要通过中继才能返回给客户。HTTP 有代理(proxy)型、网关(gateway)型和隧道(tunnel)型 3 种中间服务器系统。

(3) 缓存方式

缓存方式暂时保存一定时间内的客户请求及该客户请求所对应的服务器响应,这样的缓存便于处理新的客户请求,节省网络流量和本地计算资源。

2. HTTP 的安全性

有的 Web 服务器实现了基本的认证安全选项。当访问者浏览页面时,服务器提示客户输入有效的用户账号和密码,保证访问的允许权限。这种格式的认证的主要问题在于用户名和密码是以明文形式在网络上传输的,任何人只要运行一个网络窃听器便可以捕捉到这些账号和密码,从而通过使用这个账号来非法进入。一般严格的 HTTP 安全性可以通过发送加密信息来实现,最通常的方法是使用安全套接字层(SSL)。

安全套接字层 SSL 工作在 TCP/IP 的传输层和应用层之间。客户和服务器之间的所有传输都被 SSL 加密和解密。SSL 的实现是通过使用 SSL 数字认证来完成的。SSL 协议的版本 1 和版本 2 只提供服务器认证,版本 3 则添加了客户机认证,此认证同时需要客户机和服务器的数字证书。SSL 连接总是由客户机启动的，在 SSL 会话开始时执行 SSL 握手，此握手产生会话的密码参数。

SSL 工作过程如图 15-2 所示。

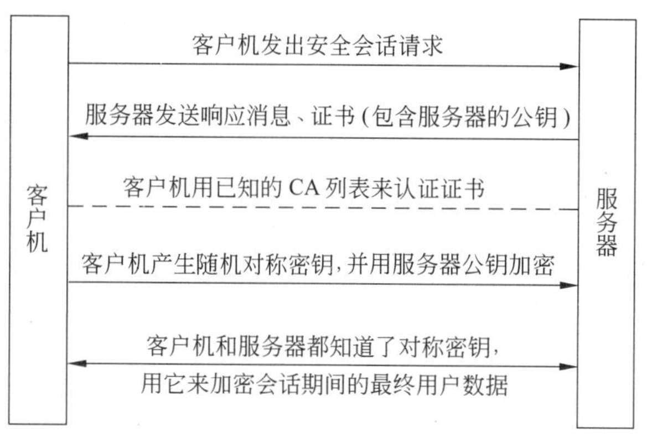

图 15-2　SSL 工作过程

(1) 客户机发送安全会话请求消息，此消息包括 SSL 版本、客户机支持的密码对和客户机支持的数据压缩方法等。

(2) 服务器发送响应消息和服务器数字证书(包含服务器的公钥)，响应消息包含密码方法(密码对)和由服务器选择的数据压缩方法，以及会话标识等。

如果服务器使用 SSL V3，而服务器应用程序(如 Web 服务器)需要数字证书进行客户机认证，则向客户机发出"数字证书请求"消息。在"数字证书请求"消息中，服务器发出它所支持的数字证书类型的列表和可接受的认证中心的专有名称。

(3) 客户机(Web 浏览器)将验证服务器的数字证书的有效性，并检查服务器的响应消息参数是否可以接受。

如果服务器请求客户机数字证书，客户机将发送数字证书；或者，如果没有合适的数字证书可用，客户机将发送"没有数字证书"警告。此警告仅仅是警告而已，但如果客户机认证是强制性的，服务器应用程序将会使会话失败。

(4) 客户机发送"客户机密钥交换"消息。此消息包含随机产生的会话密钥、报文鉴别码(MAC)密钥(用服务器的公钥加密的)以及用于加密和报文鉴别的密钥材料。

如果客户机发送数字证书给服务器，客户机将发出签有客户机的专用密钥的"数字证书验证"消息。通过验证此消息的签名，服务器可以显式验证客户机数字证书的所有权。

(5) 服务器发送"已完成"消息响应，SSL 握手结束。

随后的所有数据都将被加密和解密，使用的是客户与服务器之间的会话密钥。

通常我们看到在统一资源定位符(URL)中包含 HTTPS://，表明使用了安全套接字层。

Netscape 和 Internet Explorer 中也有附加的指示器表明已经使用安全套接字层建立了安全连接。在 Netscape 中，通过窗口底部的一个钥匙图形表示。类似地，在 Internet Explorer 中，用窗口底部的一个锁图形表示。

3. HTTP 主要特点

HTTP 的主要特点是简单灵活、以客户/服务器模式工作、支持元信息。在持续连接和状态保存方面有其自身的特点。

(1)简单灵活

HTTP 协议在客户与服务器连接后,要求客户必须传送的信息只是请求方法和路径。HTTP 协议规范定义了几种请求方法,实际上常用的只是其中的 GET、HEAD、POST3 种。由于 HTTP 较简单,使得 HTTP 服务器程序规模小且简单,与其他协议相比时间开销较少。HTTP 协议的通信速度很快,可以有效地处理大量请求,因此它得到了广泛的使用。HTTP 的灵活性体现在允许传输任意类型的数据对象。传输类型由 Content-Type 加以标记。

(2) 支持客户/服务器模式

HTTP 是基于 TCP 连接的应用层协议,像其他应用层协议一样,HTTP 也是以客户/服务器模式工作。

(3) 支持元信息

HTTP 协议对所有事务处理都加了首部,即在主要数据前面加上一块信息,称之为元信息,即关于信息的信息。人们还可以利用元信息进行有条件的请求,或者报告一次事务处理是否成功。

(4) 无连接性

虽然 HTTP 是基于 TCP 连接的,但 HTTP 的早期版本是一个无连接性协议,这里无连接性是指每次 TCP 连接只处理一个请求,并且客户接到服务器应答后立即断开连接。随着应用的发展,网页变得越来越复杂,里面可能嵌入了很多图片,这时候每次访问图片都需要建立一次 TCP 连接就显得效率很低。HTTP 1.1 版本支持非持续连接和持续连接,利用首部的 Connection: keep-alive 可以实现持续连接,用来解决效率低的问题。Connection: close 为非持续连接。

(5) 无状态性

无状态是指协议对于事务处理没有记忆能力,服务器不知道客户端是什么状态。HTTP 本质上是无状态的协议。客户端给服务器发送 HTTP 请求之后,服务器根据请求,发送数据,发送完数据,不记录任何信息。无状态性使客户与服务器连接通信运行速度快,服务器应答也快。但是,因为无状态性,协议对事务处理是没有记忆的和独立的。缺少状态意味着如果后续处理需要前面的信息,则它必须重传,这样可能导致每次连接传送的数据量增大。

客户端与服务器进行动态交互的 Web 应用程序出现之后,HTTP 无状态的特性严重阻碍了这些应用程序的实现,毕竟交互是前后关联的。为了保持 HTTP 的状态,Cookie 和 Session 技术应运而生。

Cookie 可以保持登录信息到用户下次与服务器的会话,即用户多次访问同一网站时,不必重复输入用户名和密码。Cookie 信息保存在客户端。

Session 技术使得当客户端访问服务器时,服务器根据需求设置 Session,将会话信息保存在服务器上,同时将标识 Session 的 SessionId 传递给客户端浏览器,浏览器将这个 SessionId 保存在内存中。

15.3　一般格式

HTTP 信息采用 RFC 822 的普通信息格式，如图 15-3 所示，包含请求行/状态行(start-line)、信息首部(message-header)、空行(null)和信息体(message-body)。

1. 请求行/状态行

请求行/状态行指示本报文的请求类型或响应的状态等信息。在客户端发出的请求报文中指明请求类型(方法)、URL、HTTP 版本号；在服务器发出的响应报文中指明 HTTP 版本号和服务器执行请求的状态信息。

请求行/状态行
信息首部
空行
信息行

图 15-3　HTTP 协议信息格式

2. 信息首部

信息首部用于在客户端和服务器之间交换附加信息。HTTP 信息首部有 4 类，分别是一般首部(general-header)、请求首部(request-header)、响应首部(response-header)和实体首部(entity-header)。

(1) 一般首部

一般首部普遍用于请求和响应信息的首部域部分，也就是说请求信息的首部域可以是请求首部，也可以是一般首部，如 Cache-control(控制高速缓存的行为)、Connection(允许客户端和服务器指定与请求响应连接有关的选项)、Date(构建报文的时间和日期)、MIME-version(发送端使用的 MIME 版本)、Upgrade(定义想用的通信协议)、Transfer-encoding(告知接收端对报文采用的编码方式)。

(2) 请求首部

请求首部仅出现在请求报文中，定义客户端的配置和客户端所期望的文档格式。表 15-2表示常用的请求首部。

表 15-2　常用的请求首部

请求首部名称	含　　义	请求首部名称	含　　义
Accept	客户端可以接受的格式	From	用户电子邮件地址
Accept-charset	客户端可以处理的字符集	Host	客户端主机和端口号
Accept-encoding	客户端可以处理的编码	If-modified-since	比所定日期新则发送文件
Accept-language	客户端可以接受的语言	If-match	与给定条件匹配则发送文件
Authorization	客户端权限	Range	实体的字节范围请求
Cookie	将 Cookie 发给服务器	Referer	请求中 URI 的原始获取处
Expect	期待服务器的特定行为	User-Agent	HTTP 客户端程序的信息

(3) 响应首部

响应首部仅出现在响应报文中，定义服务器的配置和关于请求的信息。表 15-3 表示常用的响应首部。

表 15-3　常用的响应首部

响应首部名称	含　义	响应首部名称	含　义
Accept-range	接受客户请求的范围	Retry-after	服务器可用的日期形式
Age	文档存在寿命	Server	服务器名和版本号
ETag	资源的匹配信息(实体标签)	Set-cookie	服务器要求客户保存 Cookie
Location	令客户端重定向至指定 URI	Vary	代理服务器缓存的管理信息

(4) 实体首部

实体首部给出文档信息体的信息。实体首部主要出现在响应中,POST 和 PUT 类型的请求也会使用实体首部。表 15-4 表示常用的实体首部。

表 15-4　常用的实体首部

实体首部名称	含　义	实体首部名称	含　义
Allow	列出 URL 可用的方法	Content-type	媒体类型
Content-encoding	编码机制	Content-Location	资源实际所处的位置
Content-language	语言	Content-MD5	实体主体的 MD5 报文摘要
Content-length	文档长度	Expires	实体过期的日期/时间
Content-range	文档范围	Last-modified	实体前一次变化的日期和时间

响应信息的首部域可以是响应首部也可以是一般首部。如一般首部中的传递编码(transfer-encoding)域表示信息体的传递编码,放在请求信息的首部域表示请求信息体(客户端向服务器端提交或上传的内容等)的传递编码,而放在响应信息的首部域则表示响应信息体(服务器端传向客户端的可访问网页内容)的传递编码。首部由一到多行构成。每行用一个首部名-值对表示,首部名和首部值用冒号分割。传递编码的具体内容请参考 RFC 2616 的 3.6、14.41 和 19.4.6 部分。

3. 信息体

信息体(message-body)是用来传递请求或响应相关的实体的。当使用了传递编码时,信息体是经过编码的实体。传递编码主要用来增强保密性或让支持这种编码的接收者能正确接收。

在客户的请求报文中,信息体存放 POST、PUT 等请求服务器接收的数据;在服务器发出的响应报文中,信息体存放服务器返回的客户所请求的页面。

15.4　HTTP 请求报文

在 HTTP 报文中,大多数请求报文没有信息体,请求报文的格式如图 15-4 所示。

方法	空格	URL	空格	HTTP版本
信息首部				
空行				
信息体				

图 15-4　请求报文格式

1. 方法

常用的 HTTP 请求的方法有 GET、HEAD、

PUT、POST、DELETE、TRACE、CONNECT 等，其中 GET、HEAD、POST 方法被大多数服务器支持。

(1) GET 方法

GET 方法的目的是取回由 URL 指定的资源，它主要用于把指定的对象取回。若对象是文件，则 GET 取的是文件内容；若对象是程序或描述，则 GET 取的是该程序执行的结果，或该描述的输出；若对象是数据库查询，则 GET 取的是此查询的结果。

(2) HEAD 方法

HEAD 方法要求服务器查找某对象的元信息而不是对象本身，例如用户想知道对象的大小，对象最后一次修改的时间等。这种方法经常被用来判断一条连接是否仍然有效，或最近是否已被更改了。更改的测试是通过比较 REQUEST 信息首部发送的信息与接收到的 RESPONSE 应答的信息首部实现的。

由于不必传输对象本身，所以这类请求执行很快。

(3) POST 方法

POST 方法从客户向服务器传送数据，要求服务器和 CGI 程序做进一步处理。POST 主要用于发送 HTML FORM 内容让 CGI 程序处理。这时 FORM 内容的 URL 编码随请求一起发送。

(4) PUT 方法

PUT 方法是用来请求将所要发送的数据存储在请求消息中表明的资源处的。如果数据已经存在，则此数据将被看成已存在数据的一个修改。

(5) DELETE 方法

DELETE 方法是用来请求 HTTP 服务器删除在请求消息中表明的资源的。这个方法可能被人工干预或被 HTTP 服务器上的安全设置所屏蔽。仅当服务器要删除这个资源时，才会发送一个成功应答。

(6) TRACE 方法

TRACE 方法用来确保 HTTP 服务器所接收到的数据是正确的。TRACE 的应答是实际的 HTTP 请求，允许对 HTTP 请求进行测试和调试。

(7) CONNECT 方法

CONNECT 方法保留给安全套接字层 SSL 隧道使用。

2. 信息首部

信息首部可以有一个或多个首部行。每一个首部行由首部名、冒号、空格和首部值组成，如图 15-5 所示。

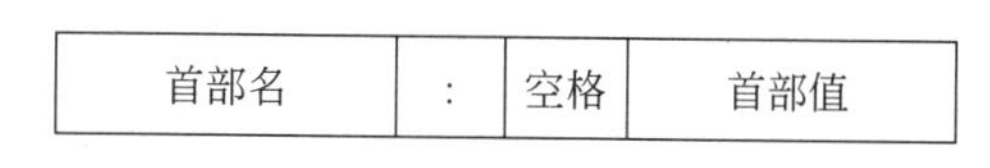

图 15-5 首部行格式

首部行属于以下 4 类首部中的一个：一般首部、请求首部、响应首部和实体首部。请求报文信息首部可以只包含一般首部、请求首部和实体首部。

15.5 HTTP 响应报文

大多数响应报文都带有实体数据,响应报文的格式如图 15-6 所示。

在 HTTP 报文中,HTTP 首部与实体数据之间有一个空行,实体数据的长度由首部决定。

响应信息中的状态行由协议版本号、数字式的状态码(status-code)以及这个状态码对应的状态描述短语(reason-phase)组成。在响应信息中,状态行以后的内容均使用 MIME 进行编码。

HTTP版本	空格	状态码	空格	状态短语
信息首部				
空行				
信息体				

图 15-6 响应报文格式

(1) 状态码

状态码是针对请求的由 3 位十进制数组成的结果码,其中,第一位数字定义了响应的类别,而其他两位数字则与分类无关,是自动形成的。下面是 3 位十进制数状态编码的描述。

100~199 表示信息,其中绝大多数未使用,留作将来使用。

200~299 表示成功,该代码表示服务器对客户发出请求的接收、理解和处理已成功完成。

300~399 表示重定向,为完成请求所要求采取的动作,客户需要重新提出请求。

400~499 表示客户端错,请求中有语法错或请求不能被执行。

500~599 表示服务器错,服务器错误地执行一个明显正确的请求。

(2) 状态描述短语

状态描述短语是对状态码的文本描述,而且描述码是可由用户定义的。例如 202 表示服务器已经接受请求,但处理尚未完成;205 表示服务器成功处理了请求,返回此状态码的响应要求请求者重置文档视图。该响应主要是被用于接受用户输入后,立即重置表单,以便用户能够轻松地开始另一次输入。该响应不包含任何消息体,且以消息头后的第一个空行结束。

(3) 信息首部

信息首部也可以有一个或多个首部行。响应报文信息首部只包含一般首部、响应首部和实体首部。

本章要点

- 超文本传输协议 HTTP 主要用于从 WWW 服务器传输超文本到本地浏览器上。
- URL 规定了某一特定信息资源在 WWW 中存放地点的统一格式,即地址指针。用户用浏览器访问网页(资源)时需要给出网页的位置信息,而统一资源定位符 URL 正是给出这种位置信息的标识。
- URL 的完整格式由以下基本部分组成:协议+://+主机域名(IP 地址)+:端口号+目录路径+文件名。
- HTTP 协议是作为一种请求/应答协议实现的。客户请求 Web 服务器上的某一页,Web 服务器则以那一页来应答。HTTP 是基于 TCP 连接的应用层协议。HTTP

服务器的默认 TCP 端口号是 80。

- HTTP 通信方式主要有点对点方式、具有中间服务器方式和缓存方式 3 种。
- HTTP 的主要特点是简单灵活、以客户/服务器模式工作、支持元信息、无连接性和无状态性。为了改善性能，HTTP 新版本支持非持续连接和持续连接两种连接方式；为了保存状态信息，HTTP 采用了 Cookie 和 Session 技术。
- HTTP 信息采用 RFC 822 的普通信息格式，包含请求行/状态行、信息首部、空行和信息体。
- 常用的 HTTP 请求的方法有 GET、HEAD、PUT、POST 等。
- 在 HTTP 响应报文中，HTTP 首部与信息体之间有一个空行，信息体的长度由首部决定。

习题

15-1　写出 HTTP 协议请求报文的完整格式。

15-2　描述 HTTP 协议的通信过程。

15-3　查阅有关资料，阐述 HTTP 1.1 协议新增的主要内容。

15-4　试述 HTTP 的 3 种通信方式。

15-5　简述 SSL 的通信工作过程。

15-6　HTTP 具有哪些特点？

15-7　HTTP 请求报文中的 HEAD 方法和 GET 方法有什么不同？

第 16 章　简单网络管理协议

由于计算机网络发展的趋势是规模不断扩大,复杂性不断增加,网络的异构程度越来越高,因此需要统一的网络管理体系结构和协议对网络进行管理。国际上许多机构和团体建立了一些网络管理标准框架,其中简单网络管理协议 SNMP(simple network management protocol)应用最为广泛。

目前,SNMP 有 3 种版本: SNMPv1、SNMPv2、SNMPv3,版本 1 和版本 2 没有太大差别,版本 2 是版本 1 的增强版,包含了一些对其他协议的操作;与前两种相比,版本 3 则包含更多安全和远程配置。为了解决不同 SNMP 版本间的不兼容问题,RFC 3584 提出了共存策略。

SNMPv1 的相关标准由 RFC 1155、RFC 1157、RFC 1212 和 RFC 1215 给出。SNMPv2 的相关标准由 RFC 2578、RFC 2579、RFC 2580、RFC 3416、RFC 3417 和 RFC 3418 给出。SNMPv3 的相关标准由 RFC 3411、RFC 3412、RFC 3413、RFC 3414 和 RFC 3415 给出。SNMPv3 也直接使用 SNMPv2 的相关标准。

16.1　简单网络管理模型

SNMP 是应用层协议,主要通过一组因特网协议及其所依附的资源提供网络管理服务。它提供了一个基本框架用来实现对鉴别、授权、访问控制以及网络管理政策实施等的高层管理。

基于 TCP/IP 的网络管理包含以下 3 个组成部分:

(1) 管理信息库

管理信息库(management information base,MIB)包含所有代理进程的所有可被查询和修改的参数,它是网络管理系统中的重要组件,由系统内的许多被管对象及其属性组成。

MIB 实际上就是一个虚拟数据库。这个数据库提供有关被管理网络的信息,而这些信息由管理进程和各个代理进程共享。

(2) 管理信息结构

管理信息结构(structure of management information,SMI)是关于 MIB 的一套公用的结构和表示符号,在 RFC 1155 和 RFC 2578(SMIv2)中有其定义。例如,SMI 定义计数器是一个非负整数,它的计数范围是 0～4 294 967 295,当达到最大值时,又从 0 开始计数。

(3) SNMP

SNMP 是管理进程和代理进程之间的通信协议,在 RFC 1157 中有其定义。SNMP 还包括数据报交换的格式等。

图 16-1 表示网络产品中 SNMPv1 的实现模型。该图中,1、2、3、4、5 分别表示获得请求 get-request、获得下一个请求 get-next-request、设置请求 set-request、获得响应 get-response、陷阱 trap 等操作。

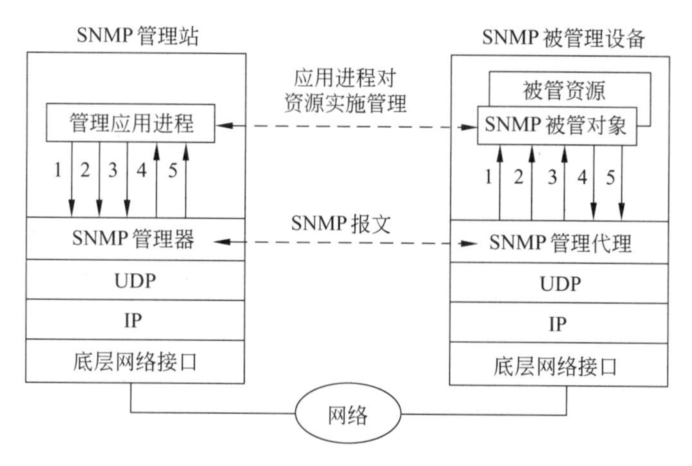

图 16-1　网络产品中 SNMP 的实现模型

管理站一般是一个单机设备或一个共享网络中的一员，它是网络管理员和网络管理系统之间的接口，能将网络管理员的命令转换成对远程网络元素的监视和控制，同时从网上所有被管实体的 MIB 中提取出信息数据库。作为管理站，它还必须拥有能进行数据分析、故障发现等的管理应用软件。

整个管理站的管理工作是通过轮询代理来完成的。管理者可以通过 SNMP 操作直接与管理代理通信，获得即时的设备信息，以对网络设备进行远程配置管理或者操作；也可以通过对数据库的访问获得网络设备的历史信息，以决定网络配置变化等操作。

SNMP 管理代理指的是用于跟踪监测被管理设备状态的特殊软件或硬件。实际上，SNMP 的管理任务是移交给管理代理来执行的。代理翻译来自管理站的请求，验证操作的可执行性，并通过直接与相应的功能实体通信来执行信息处理任务，同时向管理站返回响应信息。

SNMP 由 3 个要素组成：一个或多个被管理的管理设备，每个设备都含有一个代理 Agent，此代理随时记录网络设备的各种情况；一个或多个网络管理设备，每个都含有网络管理站 NMS，NMS 必须具备在因特网上通信的能力；代理进程和 NMS 之间的协议，用于交换管理信息。网络管理程序再通过 SNMP 通信协议查询或修改代理所记录的信息。

网络管理系统执行应用程序来监控被管理的设备，在任何被管理的网络中至少存在一个网络管理系统。

除了上面所提及的术语外，网络管理通常用到以下基本概念：

① 网络元素(network element)：网络中具体的通信设备或逻辑实体，简称网元；

② 对象(object)：拥有一定信息特性的资源，属于通信和信息处理范畴的“对象”；

③ 被管理对象(managed object)：管理协议所管理和控制的网络资源，例如一条网络连接；

16.2　简单网络管理协议概述

SNMP 是 TCP/IP 协议族中的一员。

拥有 SNMP 能力的管理代理软件包要么在系统启动时加载，要么嵌入到设备的硬件中。使用 SNMP 协议的设备由于不同的厂商而有各种不同的名称，但一般可分为 SNMP

管理设备和受 SNMP 管理的被管理设备两种。

受 SNMP 管理的被管理设备可与位于网络某处的 SNMP 管理设备通信,有两种通信方式即数据采集方法:一种是轮询(polling),另一种是基于中断(interrupt-based)的方法。

轮询通常在一定时间间隔内由网络管理设备与被管理的设备进行通信,代理软件不断地收集统计数据,并把这些数据记录到一个 MIB 中,接受轮询的设备由管理设备询问当前的状态或统计信息。

轮询通信方式的缺点在于信息的实时性差,尤其是出现错误时的实时性差。轮询间隔时间太长,关于一些大的灾难事件的通知就会太慢,如果轮询间隔时间太短,则容易造成网络拥塞。

在基于中断的 SNMP 系统中,当被管理的设备出现异常时,会主动向管理设备发送消息,在这种方式下,实时性很强。

基于中断的设备也存在一些问题,如产生错误或自陷需要系统资源,这将消耗掉系统时钟周期,从而降低系统的工作效率;如果消息数据量较大,包含很多统计数据,组织和传输消息也将导致网络性能下降。同时也可能导致性能"瓶颈",进而引发其他问题。

SNMP 和 TCP/IP 协议族的其他早期协议一样,没有考虑安全问题,因此许多用户和厂商提出了修改 SNMP,增强安全功能。IETF 于 1992 开始了 SNMPv2 的开发工作。SNMPv2 增加了管理器与管理器(Manager-to-Manager)之间的信息交换机制,从而支持分布式管理结构;可以在多种网络协议上运行(UDP、AppleTalk、IPX 等);简化了 trap 报文,使 trap 和其他的 get 和 set 报文格式相同;扩展了 SNMP 的 PDU,由原来的 5 个增加到 8 个,新定义的协议操作是 GetBulkRequest(获得块请求)、InformRequest(管理器发往管理器的通知请求)和 Report(Report 的使用和精确语义尚未给出,所以暂未使用);进行了安全性方面的增强,SNMPv2 在安全策略演变时存在多个变种。在实施过程中,研究人员发现 SNMPv2 比人们原先的预想复杂得多,失去了原有的简单性。

SNMPv3 工作组坚持 SNMPv1 的简单性特点,尽量利用现有的成果,SNMPv3 工作组的工作重点是可管理的体系结构、新的报文格式、信息安全、资源的访问控制和远程配置。SNMPv3 定义了一种全新的体系结构。在 SNMPv3 中管理网络由若干结点构成,每个结点配置一个 SNMP 实体,通过 SNMP 实体间的相互作用实现对网络结点的监测和控制。图 16-2 给出了 SNMPv3 的实体构成。

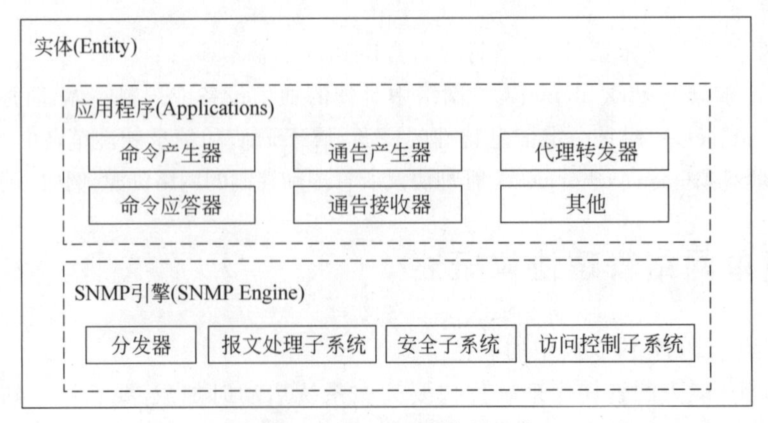

图 16-2 SNMPv3 实体的组成

SNMP实体由SNMP引擎和若干应用构成。

SNMP引擎通过引擎标识(snmpEngineID)进行识别,SNMP引擎由分发器(又称为调度器Dispatcher)、报文处理子系统、安全子系统和访问控制子系统构成。

分发器通过抽象接口为应用提供发送和接收PDU的服务,分发器能够根据报文的不同SNMP版本分派给不同的报文处理模型进行处理。

报文处理子系统负责SNMP报文的分析和处理,包括SNMPv1、SNMPv2c、SNMPv3等报文处理模型,可以针对不同的版本进行报文的构造和解析。SNMPv2c是SNMPv2的增补版,是基于共同体的SNMPv2。

安全子系统提供SNMP报文的鉴别(鉴别又称为认证)、加密和报文时限安全服务,其中鉴别包括报文的完整性鉴别和源鉴别,SNMPv3推荐使用基于用户的安全模型USM,也可以使用其他安全模型。SNMPv3所默认的鉴别协议是HMAC-MD5-96和HMAC-SHA-96,加密协议是CBC-DES。

访问控制子系统提供访问控制服务,SNMPv3推荐使用基于视图的访问控制模型,也可以使用其他访问控制模型。

SNMP应用由命令产生器、命令应答器、通告产生器、通告接收器和代理转发器组成。

命令产生器通过SNMP请求命令对管理数据进行监测和操作。

命令应答器根据SNMP请求命令执行操作并给出应答。

通告产生器产生和发送异步报文。

通告接收器处理异步报文。

代理转发器在SNMP实体之间转发报文。

由于SNMP管理器和代理在功能上的存在差异,其实体也不同。SNMP管理器的主要功能是获取被管对象的数据或设置被管对象的参数,SNMP代理的主要功能是向SNMP管理器提供被管对象的数据。

SNMP管理器和SNMP代理的实体如图16-3和图16-4所示。

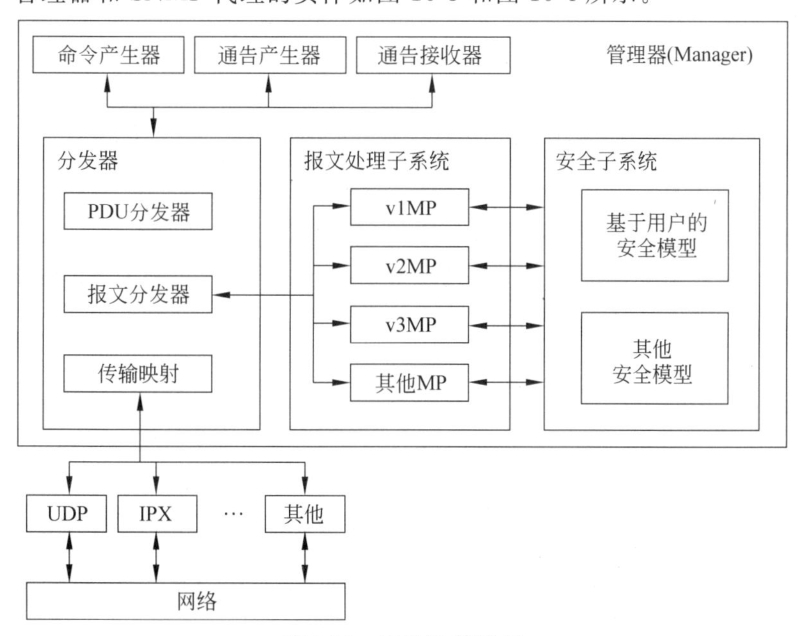

图16-3 SNMP管理器

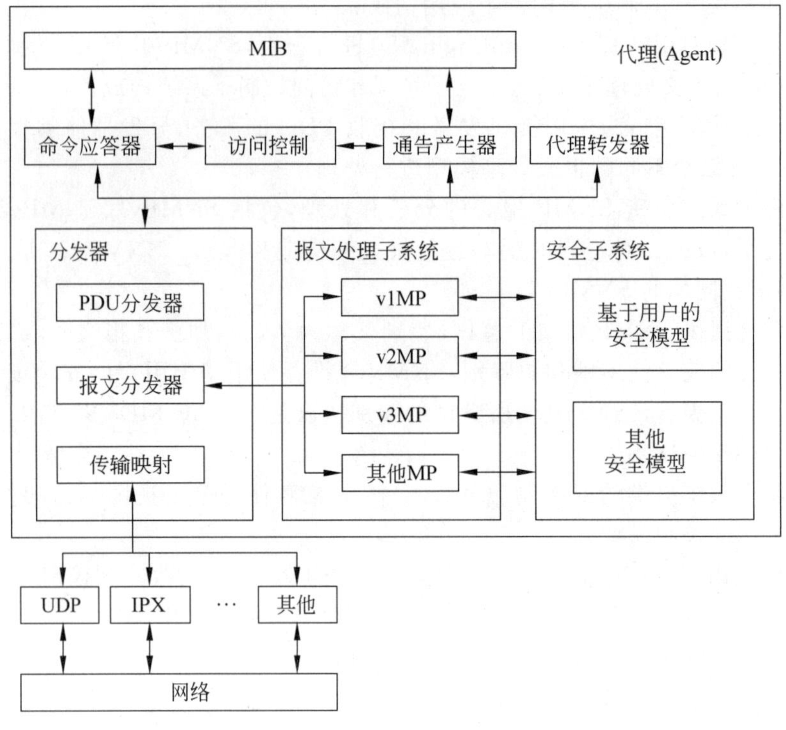

图 16-4 SNMP 代理

SNMP 管理器的通告产生器是用于产生 InformRequest 的。管理器发出的报文由产生器产生后交给分发器,分发器将报文交给报文处理子系统,根据版本的不同由不同的模型处理,然后交给安全子系统进行安全处理(加鉴别信息、加密等),处理后的报文传回分发器,由传输映射模块映射到不同的传输系统发出。从管理器发出的报文有两类:由命令产生器产生的发往代理的请求和由通告产生器产生的发往其他管理器的 InformRequest 请求。进入 SNMP 管理器的报文有三类:来自代理的应答报文和通告报文,还有来自其他管理器的 InformRequest 报文。

管理器的命令产生器和代理的命令应答器构成一对客户/服务器结构;代理的通告产生器和管理器的通告接收器构成一对客户/服务器结构;管理器的通告产生器和其他管理器的通告接收器构成一对客户/服务器结构。

SNMP 的访问控制功能主要体现在代理实体中。访问控制机制为管理信息库(MIB)提供访问控制。代理实体其他模块的功能与管理器类似。

16.3 报文格式

16.3.1 SNMPv1 报文格式

一个 SNMPv1 报文由 3 个部分组成,即公共 SNMP 首部、get/set 首部或 trap 首部,以及变量绑定(variable-bindings),如图 16-5 所示。

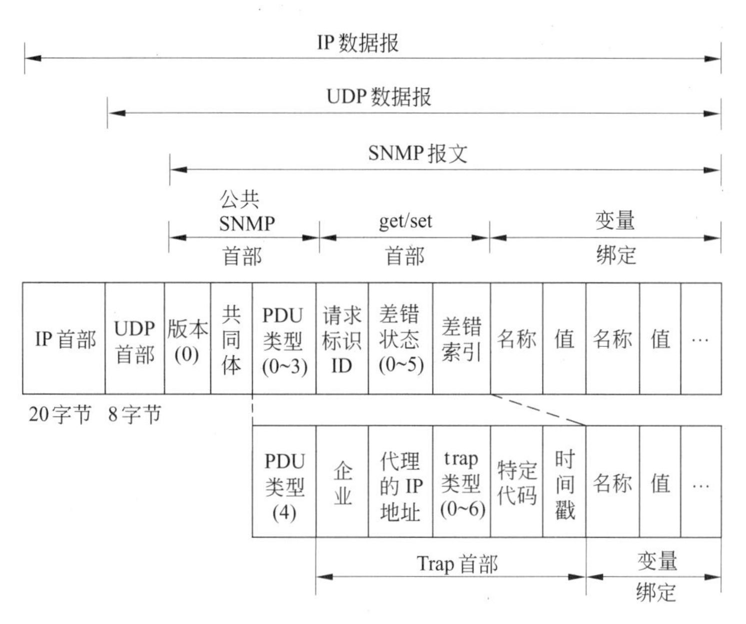

图 16-5　SNMP 报文封装格式

1. 公共 SNMP 首部

公共 SNMP 首部共有 3 个字段：

(1) 版本，写入版本字段的是版本号减去 1 的值。对于 SNMP(即 SNMPv1)则应写入 0。

(2) 共同体(community)，共同体就是一个字符串，它作为管理进程和代理进程之间的明文口令密码，常用的是 6 个字符的 public。

(3) PDU 类型，根据 PDU 的类型，填入 0～4 中的一个数字。其对应关系如表 16-1 所示。

表 16-1　PDU 类型

PDU 类型	名　　称	PDU 类型	名　　称
0	get-request	3	set-request
1	get-next-request	4	trap
2	get-response		

从表 16-1 可知，SNMP 定义了 5 种管理进程和代理进程之间的交互报文：

- get-request 操作：从代理进程处提取一个或多个参数值。
- get-next-request 操作：从代理进程处提取一个或多个参数的下一个参数值。
- set-request 操作：设置代理进程的一个或多个参数值。
- get-response 操作：返回的一个或多个参数值，这个操作是由代理进程发出的。它是前面 3 种操作的响应操作。
- trap 操作：代理进程主动发出的报文，通知管理进程有某些事情发生。

前面的 3 个操作是由管理进程向代理进程发出的，后面两个是代理进程发给管理进程的。代理进程端是用熟知端口 161 来接收 get 或 set 报文的，而管理进程端是用熟知端口 162 来接收 trap 报文的。由于收发采用了不同的端口号，所以一个系统可以同时为管理进程和代理进程。图 16-6 给出了 SNMP 的工作模型。

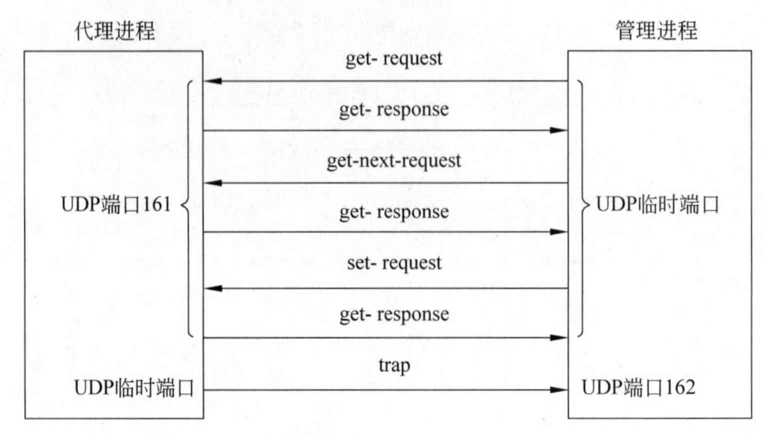

图 16-6　SNMP 工作模型

2. get/set 首部或 trap 首部

这两种首部都包括若干个字段：

(1) get/set 首部

- 请求标识 ID(request ID)，由管理进程设置的一个整数值。代理进程在发送 get-response 报文时也要返回此请求标识 ID。管理进程可同时向许多代理发出 get 报文，这些报文都使用 UDP 传送，先发送的有可能后到达。设置了请求标识 ID 可使管理进程能够识别返回的响应报文对应哪一个请求报文。
- 差错状态(error status)，由代理进程应答时填入 0～5 中的一个数字，表 16-2 描述了各种差错状态的含义。

表 16-2　差错状态描述

差错代码	名　字	含　　义
0	noError	正确
1	tooBig	应答超出 SNMP 报文容许的大小
2	noSuchName	操作不存在的变量
3	badValue	对无效值或无效语法执行 set 操作
4	readOnly	只读变量不能修改
5	genErr	其他的差错

- 差错索引(error index)，当出现 noSuchName、badValue 或 readOnly 差错时，由代理进程在应答时设置的一个整数，它指明有差错的变量在变量列表中的偏移量。

(2) trap 首部

- 企业(enterprise)，填入产生 trap 报文的网络设备的对象标识符。

- trap 类型,此字段正式的名称是 generic-trap,共分为表 16-3 所列的 7 种类型(0~6)。

表 16-3　trap 类型描述

trap 类型	名　字	说　明
0	coldStart	代理完成初始化
1	warmStart	代理完成重新初始化
2	linkDown	接口从工作状态转变为故障状态
3	linkUp	接口从故障状态转变为工作状态
4	authenticationFailure	代理从 SNMP 管理进程接收到无效共同体的报文
5	egpNeighborLoss	EGP 路由器进入故障状态
6	enterpriseSpecific	"特定代码"所指明的代理自定义事件

当使用上述类型 2、3 和 5 时,报文后面变量部分的第一个变量应标识相应的接口。

- 特定代码(specific-code),若 trap 类型为 6,则指明代理自定义的事件,否则为 0。
- 时间戳(timestamp),指明自代理进程初始化到 trap 报告的事件发生所经历的时间。

3. 变量绑定表(variable-bindings)

指明一个或多个变量的名及其对应的值。在 get 或 get-next 报文中,应忽略变量的值。

16.3.2　SNMPv3 报文格式

SNMPv3 报文如图 16-7 所示。报文由版本、全局数据(首部数据)、安全参数和 scopedPDU 四部分构成。版本值为 3。

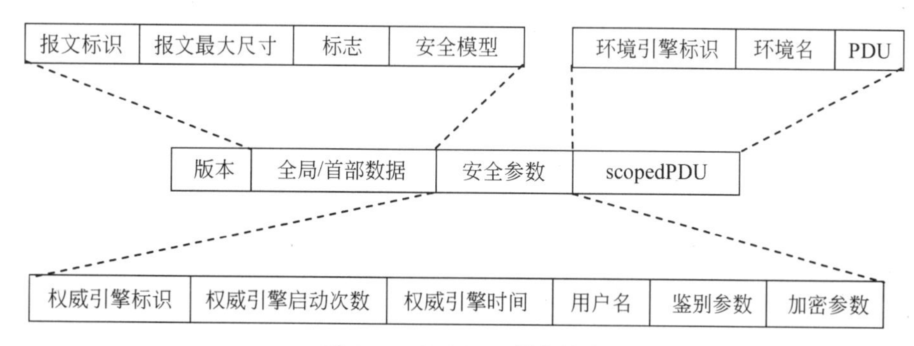

图 16-7　SNMPv3 报文格式

SNMPv3PDU 的格式如图 16-8 所示。

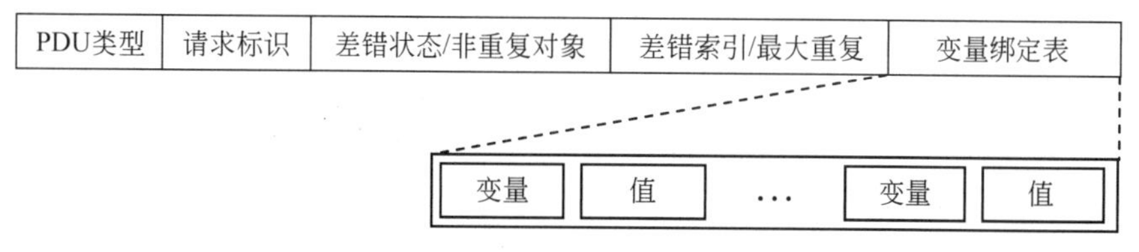

图 16-8　SNMPv3 PDU

PDU 类型标明报文中 PDU 的类型。SNMPv3 支持 8 种 PDU：GetRequest、GetNextRequest、Response、SetRequest、GetBulkRequest、InformRequest、Trapv2 和 Report。

请求标识用于匹配请求与应答。

差错状态用于在应答时指明出错的种类，请求 PDU 中该字段的值为 0，差错状态的前 6 种状态（0～5）和 SNMPv1 相同，SNMPv2 和 SNMPv3 增加了 13 种状态：noAccess(6)、wrongType(7)、wrongLength(8)、wrongEncoding(9)、wrongValue(10)、noCreation(11)、inconsistentValue(12)、resourceUnavailable(13)、commitFailed(14)、undoFailed(15)、authorizationError(16)、notWritable(17)和 inconsistentName(18)。

差错索引是个偏移值，也是用在应答中，用于指明引起差错的变量，请求 PDU 中该字段的值为 0。

GetBulkRequest 不使用差错状态和差错索引字段，它将这两个字段定义为非重复对象字段和最大重复字段。

非重复对象指出变量绑定表中前面部分的只返回一个值的对象的数量。

最大重复指出变量绑定表中除了前面只返回一个值的对象外的剩余对象（重复对象）读取时的最大重复次数。

也就是说，GetBulkRequest 的变量绑定表前面部分为非重复对象，变量绑定表中非重复对象的数量由非重复对象字段指明，变量绑定表后面部分为重复对象，读取重复对象时，到底重复多少次是由最大重复字段决定的。

若非重复对象数为 N，重复对象数为 M，最大重复次数为 R，则 GetBulkRequest 中的变量绑定表有 $N+M$ 个变量，应答的变量绑定表中将有 $N+R\times M$ 个值。所以 GetBulkRequest 对于读取表格式数据特别方便，否则要重复多次使用 GetNextRequest 命令。

变量绑定表是管理器获取或设置的一组变量的名值对。

16.4 管理信息结构

管理信息结构 SMI 定义了 SNMP 框架所用信息的组织、组成和标识，SMI 是对公共结构和一般类型的描述。SMI 经常被比作数据库的模式，就像描述数据库中对象的格式和布局一样描述 MIB 中的对象。

MIB 由一系列对象组成，对象类型是用抽象语法记法 1(abstract syntax notation one，ASN.1)表示的，其实，ASN.1 和 C 语言中的 struct 结构并无本质区别，只是可描述的数据类型更多而已。这里“抽象”的含义是指 ASN.1 不够具体，仅从 ASN.1 的描述还无法唯一地确定报文在发送时的比特流，因为可能使用的编码方案有多种。SNMP 为保持简单性，仅用到其中的一个子集。SNMP 中的数据类型包括通用类型和应用类型等。

1. 通用类型

ASN.1 通用类型有 20 多种，SNMP 中常用的有简单类型和构造类型。

(1) 简单类型

• INTEGER

整型，常用于表示枚举类型。有些整型变量定义了一个特定的范围，例如，UDP 和

TCP 的端口号为 0～65 535。一个变量虽然定义为整型，但也有多种形式。简单类型 Integer32 与 INTEGER 相同，取值范围在 $-2^{31}\sim2^{31}-1$。

- OCTET STRING

OCTET STRING 是位组串，表示 0 个或多个 8 位字节，每个字节值在 0～255 之间，用于约束变量的二进制位串的长度。

- OBJECT IDENTIFIER

OBJECT IDENTIFIER 是对象标识符，表示对象的名字，用点分十进制表示，反映了它在互联网全局命名树中的位置。

（2）构造类型

- SEQUENCE

SEQUENCE 表示序列，用于列表。一个 SEQUENCE 包括 0 个或多个元素，每一个元素又是另一个 ASN.1 数据类型。

- SEQUENCE OF

SEQUENCE OF 是一个向量的定义，用于表格，其所有元素都具有相同的类型。如果每一个元素都具有简单的数据类型，例如整型，那么我们就得到一个简单的向量（一个一维向量）。但是 SNMP 在使用这个数据类型时，其向量中的每一个元素其实是一个 SEQUENCE 结构。

2. 应用类型

ASN.1 应用类型用于特定应用，常见的有：

（1）IpAddress：IpAddress 是 4 字节长度的 OCTET STRING，以网络号表示的 IP 地址。每个字节代表 IP 地址的一个字段。

（2）PhysAddress：PhysAddress 是 OCTET STRING 类型，代表物理地址，例如以太网物理地址为 6 个字节长度。

（3）Counter32：Counter32 是非负的整数，可以从 0 递增到 $2^{32}-1$(4 294 967 295)，达到最大值后归 0。类型 Counter64 与 Counter32 类似，只是计数范围可以从 0 递增到 $2^{64}-1$。

（4）Gauge32：Gauge32 是非负的整数，取值范围为从 0 到 4 294 967 295。达到最大值后锁定，直到复位。例如，MIB 中的 tcpCurrEstab 就是这种类型的变量的一个例子，它代表目前处于 ESTABLISHED 或 CLOSE_WAIT 状态的 TCP 连接数。

（5）TimeTicks：TimeTicks 表示时间计数器，以 0.01 秒为单位递增，但是不同的变量可以有不同的递增幅度。所以在定义这种类型的变量时，必须指定递增幅度。

SMI 使用 ASN.1 标识 MIB 中的对象。其一，对象标识是一种数据类型，它指明一种“授权”命名的对象。其二，对象标识是一个整数序列，以点(.)分隔。这些整数构成一个树型结构，类似于 DNS。对象标识从树的顶部开始，顶部没有标识，以 root 表示。对象标识如图 16-9 所示，对于因特网 MIB，用 ASN.1 记法来表示为：iso(1)org(3)dod(6)internet(1)，也可以用另一种简单的格式（例如 1.3.6.1）来表示。

SMI 中最关键的原则是管理对象的形式化，定义要用 ASN.1 来描述。SMI 分成 3 部分：模块定义、对象定义和通告定义。

（1）当描述信息模块时要使用模块定义。使用一个 ASN.1 宏 MODULE-IDENTITY

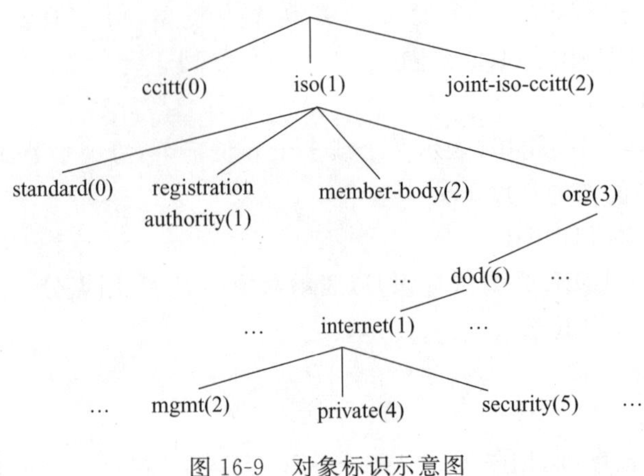

图 16-9 对象标识示意图

来简洁地表达一个信息模块的语义。

(2) 当描述被管理对象时要使用对象定义。使用 ASN.1 宏 OBJECT-IDENTITY 和 OBJECT-TYPE 来简洁地表达被管理对象的标识、语法和语义。

(3) 当描述没有经过请求而主动传送的管理信息时要使用通告定义。使用一个 ASN.1 宏 NOTIFICATION-TYPE 来简洁地表达一个通告的语法和语义。通告定义涉及 SNMPv2-Trap-PDU 和 InformRequest-PDU。

SMI 采用 BER(Basic Encoding Rule)对传输的数据进行编码。BER 编码采用三元组编码格式:标记、长度和值。例如类型 INTEGER 的标记为 0x02,OCTET STRING 的标记为 0x04,IPAddress 的标记为 0x40。IP 地址 20.130.10.1 的 BER 编码为(十六进制):40 04 14 82 0A 01。

16.5 管理信息库

MIB 定义网络管理系统控制的数据对象,是监控网络设备标准变量的集合。网络管理员可以直接或通过管理代理软件来控制这些数据对象,以实现对网络设备的配置和监控。每个被管理的 SNMP 设备均维护一个 MIB,MIB 的每一项都包含一些信息:对象名、语法、访问控制、状态以及描述等。MIB 的项通常由协议规定,并且严格遵守 ASN.1 的格式。

对象名为项的名称,通常为简单的名字。是对象命名树上的一个节点。可访问的 MIB 对象都只能是叶节点。

语法是一个值字段,是 ASN.1 描述的数据类型,通常为字符串或整型,并不是所有的 MIB 的项都包含值字段。

访问控制用于定义项的访问权限,早期为:只读、可读/写、只写和不可访问(read-only, read-write, write-only, not-accessible)4 类。现在是:不可访问、通告可访问、只读、读/写和读/创建(not-accessible, accessible-for-notify, read-only, read-write, read-create),这里的 5 类权限是按访问权限级别由低到高排序的。

状态用于标明 MIB 项实现的必要性早期选项为必需的、可选的和作废的(mandatory, optional, obsolete)。现在所用的状态是:当前的、不建议的和作废的(current, deprecated, obsolete)。必需的表示被管理的设备必须支持该项；可选的表示被管理的设备可以选择支持该项；当前的表示支持该项；不建议的表示当前还支持，但以后会取消；作废的表示现在已经不支持。

MIB-1 创建于 1988 年，被管对象分为 8 组，支持 MIB-1 的被管理设备必须支持所有的适用于该设备的组。MIB-2 是 MIB-1 的扩展，于 1990 年提出。它包含 10 个组。除了扩展了原有的组外，又新增加了组。与 MIB-1 类似，支持 MIB-2 的设备必须支持所有适用于该类型的组。

除了 MIB-1 和 MIB-2 外，还有许多正在测试的 MIB，它们包含许多不同的组和项。但它们并未被广泛使用。某些公司开发 MIB 以供自己使用，某些厂商也提供对这些 MIB 的支持，如 HP(惠普)公司自己开发的 MIB 得到了许多可管理设备及管理设备软件包的支持。

MIB 指明了网络元素所维持的变量(即能够被管理进程查询和设置信息)。图 16-10 给出了一个网络中所有可能的被管理对象集合的数据结构。它采用和域名系统 DNS 相似的树型结构，它的根在最上面，根没有名字。

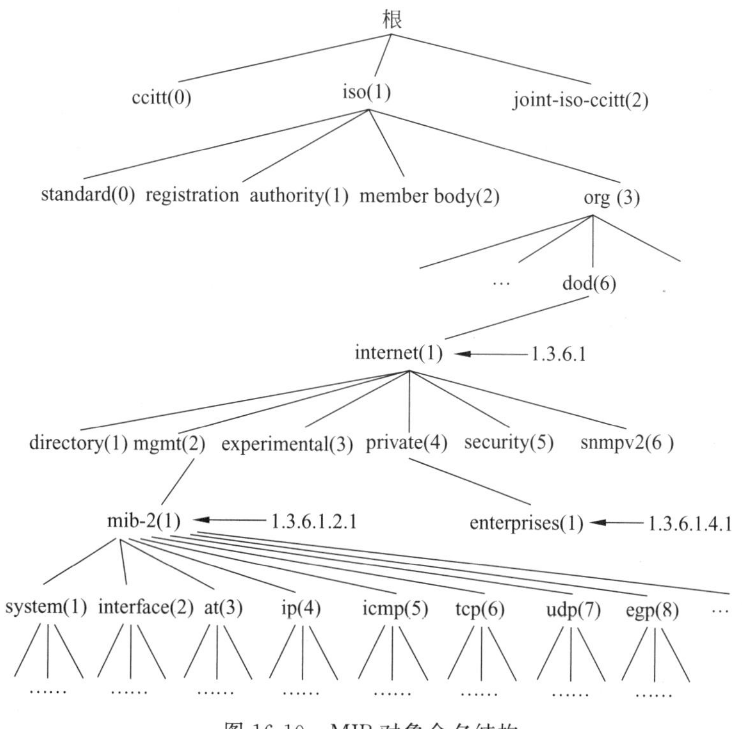

图 16-10　MIB 对象命名结构

由图 16-10 可知，对象命名树的顶级对象有 3 个，即 ISO、ITU-T(ccitt)和这两个组织的联合体。在 ISO 的下面有 4 个结点，其中的一个(标号 3)是被标识的组织。下面一层有一个美国国防部(Department of Defense)的子树(标号 6)，再下面就是 internet(标号 1)。

在只讨论因特网中的对象时，可只画出 internet 以下的子树，并在 internet 结点旁边标注上{1. 3. 6. 1}即可。

internet 结点下面的第二个结点是 mgmt(管理)，标号是 2。再下面是管理信息库，标号是 1,原先的结点名是 mib。

1991 年定义了新的版本 MIB-II,故 mib 结点名现改为 mib-2,其标识为{1. 3. 6. 1. 2. 1},或{internet(1). 2. 1},这种标识为对象标识符。

最初的 mib 将其所管理的信息分为 8 个类别,见表 16-4。现在的 mib-2 所包含的信息类别已超过 200 个。

表 16-4 结点 mib 所管理信息的类别

信息类型	标号	信息含义
system	(1)	主机或路由器的操作系统
interfaces	(2)	网络接口
address translation	(3)	地址转换(例如 ARP 映射)
ip	(4)	IP 软件信息
icmp	(5)	ICMP 软件信息
tcp	(6)	TCP 软件信息
udp	(7)	UDP 软件信息
egp	(8)	EGP 软件信息

应当指出的是,MIB 的定义与具体的网络管理协议无关,这对于厂商和用户都有利。厂商可以在产品(如路由器)中包含 SNMP 代理软件,并保证在定义新的 MIB 项目后该软件仍遵守其标准。

用户可以使用同一网络管理客户软件来管理具有不同版本的 MIB 的多个路由器,当然,一个没有新 MIB 项目的路由器不能提供相关项目的信息。

这里要提一下 MIB 中的对象{1. 3. 6. 1. 4. 1},即 enterprises(企业),其所属结点数已超过 3000。例如 IBM 为{1. 3. 6. 1. 4. 1. 2},Cisco 为{1. 3. 6. 1. 4. 1. 9},Novell 为{1. 3. 6. 1. 4. 1. 23}等。世界上任何一个公司、学校只要发送电子邮件到 iana-mib@isi. edu 进行申请,即可获得一个结点名。这样各厂家就可以定义自己产品的被管理对象名,使它能用 SNMP 进行管理。

16.6 MIB 组

1. system 组

system 组提供其管理系统的总体信息,支持网络层和传输层的应用,一共包含 7 个简单变量。表 16-5 列出了 system 组的变量名称、数据类型和含义。

表 16-5 system 组的变量一览表

变量名称	数据类型	含义
sysDescr	DisplayString	系统文字描述
sysObjectID	ObjectID	子树中厂商标识(1. 3. 6. 1. 4. 1)即 system 的对象标识符

续表

变量名称	数据类型	含　　义
sysUpTime	TimeTicks	在 internet. private. enterprises 组(1. 3. 6. 1. 4. 1)中启动运行的时间
sysContact	DisplayString	联系人的名字及联系方式
sysName	DisplayString	结点的完全合格域名(FQDN)
sysLocation	DisplayString	结点的物理位置
sysServices	[0... 127]	指示结点提供服务的值

表中的 sysDescr、sysContact、sysName 和 sysLocation 用于配置管理，而 sysObjectID 和 sysUpTime 用于故障管理。

2. interface 组

interface 组提供网络实体的物理层接口信息，由 ifNumber 和 ifTable 两个顶级对象组成，IfNumber 记录网络设备的所有接口数目，而 ifTable 则包含了关于每个接口所包含的物理接口和虚拟接口的信息，表 16-6 列出了 ifTable 下面的 ifEntry 所包含的对象。

表 16-6　ifEntry 包含的对象

对象名称	数据类型	R/W	含　　义
ifIndex	INTEGER		接口索引，介于 1～ifNumber 之间
ifDescr	DisplayString		接口文字描述
ifType	INTEGER		类型(以太网=6,802. 3 以太网=7)
ifMtu	INTEGER		接口的最大传输单元 MTU
ifSpeed	Gauge		信息速率
ifPhysAddress	PhysAdress		物理地址
ifAdminStatus	[1... 3]		期望接口状态(1=工作,2=不工作,3=测试)
ifOperStatus	[1... 3]	全	当前接口状态
ifLastChange	TimeTicks	部	接口进入目前运行状态时 sysUpTime 的值
ifInOctets	Counter	都	收到的字节总数
ifInUcastPkts	Counter	是	交付给高层的单播分组数
ifInNUcastPkts	Counter	RO	交付给高层的非单播分组数
ifInDiscards	Counter		丢弃的分组数
ifInErrors	Counter		由于差错而丢弃的分组数
ifInUnknownProtos	Counter		由于未知协议而丢弃的分组数
ifOutOctets	Counter		发送的字节总数
ifOutUcastPkts	Counter		从高层接收到的单播分组数
ifOutNUcastPkts	Counter		从高层接收到的非单播分组数
ifOutDiscards	Counter		发出的丢弃分组数
ifOutErrors	Counter		发出的由于差错而丢弃的分组数
ifOutQLen	Gauge		输出队列中的分组数
ifSpecific	ObjectID		对这种特定媒体类型的 MIB 定义的引用

3. ip 组

ip 组提供了与 IP 协议有关的信息,用于配置管理、故障管理和性能管理,表 16-7 显示了所有的简单变量。

表 16-7　ip 组的简单变量

变量名称	数据类型	含义
ipForwarding	[1...2]	是否正在转发 IP 分组(是=1,否=2)
ipDefaultTTL	INTEGER	默认 TTL 值
ipInReceives	Counter	从所有接口收到的 IP 数据报的总数
ipInHdrErrors	Counter	由于首部差错而丢弃的数据报数
ipInAddrErrors	Counter	由于不正确的目的地址而丢弃的 IP 数据报数
ipForwDatagrams	Counter	曾进行过一次转发的 IP 数据报数
ipInUnknownProtos	Counter	具有无效协议的发往本地的 IP 数据报数
ipInDiscards	Counter	由于缓存空间不足而丢弃的数据报数
ipInDelivers	Counter	转交到其他协议模块的 IP 数据报总数
ipOutRequests	Counter	传递给 IP 层的 IP 数据报总数
ipOutDiscards	Counter	由于缓存不足而丢弃的输出数据报数
ipOutNoRoutes	Counter	由于找不到路由而丢弃的数据报数
ipReasmTimeout	INTEGER	等待重组的数据报片被保留的最大秒数
ipReasmReqds	Counter	需要重组的 IP 数据报片的数目
ipReasmOKs	Counter	已成功重组的 IP 数据报数
ipReasmFails	Counter	重组算法失败次数
ipFragOKs	Counter	被成功分片的 IP 数据报数
ipFragFails	Counter	需要分片但数据包具有“不分片”标志的分组数
ipFragCreates	Counter	由分片而产生的 IP 数据报的数目
ipRoutingDiscards	Counter	所选择的路由表项即使是有效的但也要丢弃的数目

4. tcp 组

tcp 组包含了与 TCP 协议相关的实现与操作,由一些系统对象和记录当前 TCP 连接的表构成,每个 TCP 连接都对应连接表格中的一条记录。每条记录包含 5 个变量:连接状态、本地 IP 地址、本地端口号、远程 IP 地址以及远程端口号。

tcp 组主要用于配置管理、计费管理、安全管理和性能管理。表 16-8 列出了 tcp 组中的简单变量。

表 16-8　tcp 组中的简单变量

变量名称	数据类型	含　义
tcpRtoAlgorithm	INTEGER	计算重传超时值的算法
tcpRtoMin	INTEGER	最小重传超时值
tcpRtoMax	INTEGER	最大重传超时值
tcpMaxConn	INTEGER	最大的 TCP 连接数
tcpActiveOpens	Counter	CLOSED 到 SYN_SENT 的状态转换数
tcpPassiveOpens	Counter	LISTEN 到 SYN_RCVD 的状态转换数
tcpAttempFaile	Counter	SYN_SENT 或 SYN_RCVD 到 CLOSED 的状态转换数，加上从 SYN_RCVD 到 LISTEN 的状态转换数
tcpEstabResets	Counter	ESTABLISHED 或 CLOSE_WAIT 状态到 CLOSED 的状态转换数
tcpCurrEstab	Gauge	当前的 TCP 连接数
tcpInSegs	Counter	收到的 TCP 段总数
tcpOutSegs	Counter	发送的 TCP 段总数
tcpRetransSegs	Counter	重传的 TCP 段总数
tcpInErrs	Counter	收到出错的 TCP 段总数
tcpOutRsts	Counter	发出具有 RST 标志置位的段数

5. udp 组

图 16-11 显示了 udp 组的结构。

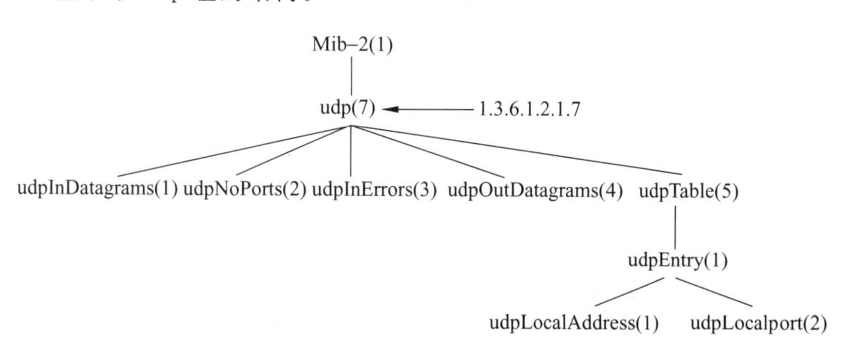

图 16-11　UDP 组的结构

在该组中，包含 udpInDatagrams、udpNoPorts、udpInErrors、udpOutDatagrams 等 4 个简单变量和一个 udpTable。表 16-9 描述了这 4 个简单变量。

表 16-9　udp 简单变量的含义

变量名称	数据类型	含　义
udpInDatagrams	Counter	输入 UDP 数据报数目
udpNoPorts	Counter	没有发送到有效端口的 UDP 数据报数目

续表

变量名称	数据类型	含义
udpInErrors	Counter	接收到的有错误的 UDP 数据报数目
udpOutDatagrams	Counter	输出 UDP 数据报数目

表 16-10 描述了 udpTable 中的两个简单变量。

表 16-10 udpTable 中的简单变量

变量名称	数据类型	描述
udpLocalAddress	IpAddress	侦听进程的本地 IP 地址(0.0.0.0 代表接受任何数据报)
udpLocalPort	[0...65535]	侦听进程的本地端口号

6. sctp 组

sctp 组是 MIB-2 逐渐扩展后加入的组,sctp 组的大致结构如图 16-12 所示。图中 sctpObjects 下有两个简单变量(sctpStats 和 sctpParameters)和 8 个表对象(sctpAssocTable、sctpAssocLocalAddrTable、sctpAssocRemAddrTable、sctpLookupLocalPortTable、sctpLookupRemPortTable、sctpLookupRemHostNameTable、sctpLookupRemPrimIPAddrTable、sctpLookupRemIPAddrTable)。sctpMibGroups 下有 4 个组: sctpLayerParamsGroup、sctpStatsGroup、sctpPerAssocParamsGroup 和 sctpInverseGroup。关于 sctp 组的详细信息可查阅文档 RFC 3873。

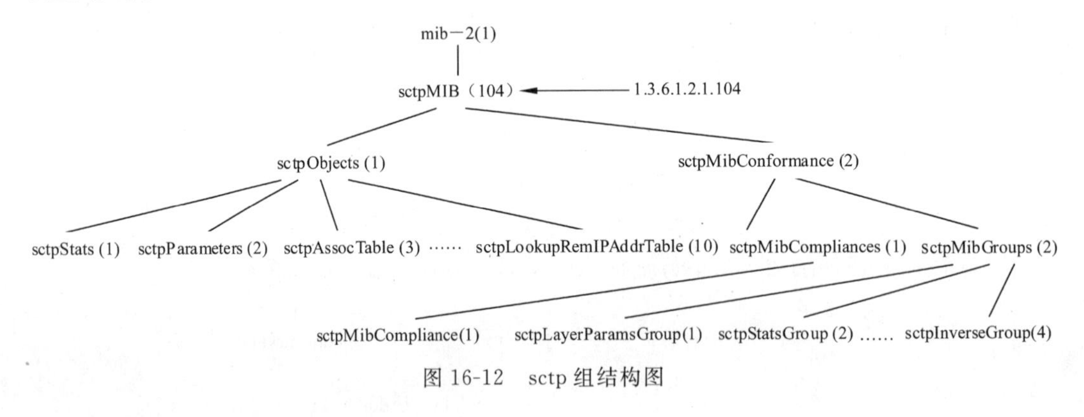

图 16-12 sctp 组结构图

本章要点

- 简单网络管理协议 SNMP 是应用层协议,主要通过一组因特网协议及其所依附的资源来提供网络管理服务。它提供了一个基本框架,用来实现对鉴别、授权、访问控制以及网络管理政策实施等的高层管理。
- 基于 TCP/IP 的网络管理由管理信息库(MIB)、管理信息结构(SMI)、简单网络管理协议(SNMP)3 个部分组成。
- SNMP 由 3 个要素组成,包括一个或多个被管理的设备、一个或多个网络管理设备、代理进程和 NMS 之间的协议。
- 受 SNMP 管理的设备可与位于网络某处的 SNMP 管理设备通信，两种通信方式是轮询和中断。
- SNMPv3 报文由版本、全局数据（首部数据）、安全参数和 scopedPDU 4 部分构成。
- 管理信息结构 SMI 定义了 SNMP 框架所用信息的组织、组成和标识，SMI 是对公共结构和一般类型的描述。
- SMI 分为 3 部分：模块定义、对象定义和通告定义。
- MIB 定义网络管理系统控制的数据对象，是监控网络设备标准变量的集合。网络管理员可以直接或通过管理代理软件来控制这些数据对象，以实现对网络设备的配置和监控。

习题

16-1　什么是 MIB，如何访问它？

16-2　描述 MIB 中的主要组的作用。

16-3　简述网络管理模型的组成。

16-4　简述简单网络管理协议的功能。

16-5　数据采集的两种方法是什么？比较它们的优缺点。

16-6　SNMP 的命令产生器、命令应答器、通告产生器、通告接收器和代理转发器的功能分别是什么？

第17章　移　动　IP

所谓移动 IP 技术，是指移动用户可跨网络随意移动和漫游，使用基于 TCP/IP 协议的网络时，不用修改计算机原来的 IP 地址，同时，继续享有原网络中的一切权限。简单地说，移动 IP 就是实现网络全方位的移动或者漫游。

IETF 为了迎合这种需求，制定了移动 IP 协议，从而使因特网上的移动接入成为可能。目前 IETF 已开发了一套用于移动 IP 的技术规范，这主要是 RFC 2002、RFC 2003、RFC 2004、RFC 2290。其中 RFC 2002 用于规范 IP 移动性支持；RFC 2003 用于规范 IP 内的 IP 封装；RFC 2004 用于规范 IP 内的最小封装；RFC 2290 用于 PPP IPCP(point-to-point protocol Internet protocol control protocol)的移动 IPv4 配置选项。

17.1　移动 IP 的出现

因特网的飞速发展和移动计算通信设备(便携计算机、PDA 等)日益广泛的应用，推动了无线接入的研究，即移动因特网的研究。移动计算机用户希望接入同样的网络，共享资源和服务，而不局限于某一固定区域；并希望当它移动时，也能方便地断开原来的连接，并建立新的连接。但如果结点从一条链路切换到另一条链路而没有改变它的 IP 地址，那么它就不可能在新链路上接收到数据包。

解决上述问题有几种方案：

(1) 根据主机地址进行路由选择。但这种方法将大量浪费路由器的有限资源，当路由每个数据包时，路由器都要搜索几百万个主机地址入口，这显然不能满足网络互联的要求。

(2) 在移动结点每次变换位置时，改变其 IP 地址。这种方法需频繁地更新域名系统(DNS)服务器，特别是当移动结点在两个局域网之间漫游时，由于其 IP 地址不断变化，将导致移动结点无法与其他用户通信，所以也不可取。

(3) 在链路层使用蜂窝数字分组数据(CDPD)标准。CDPD 标准提供高达 11 kbps 的传输速率且支持多重协议，但它需要新的网络基础设施和大量的管理维护费用，且无法与现有的国际互联网兼容，因此也不是合适的解决方案。

移动 IP 技术引用了处理蜂窝移动电话呼叫的原理，使移动结点采用固定不变的 IP 地址，一次登录即可实现在任意位置上保持与 IP 主机的单一数据链路层连接，使通信持续进行。

17.2　移动 IP 的基本术语

本节介绍与移动 IP 技术相关的重要术语。

1. 移动代理

移动代理(Mobility Agent)分为归属代理(home agent)和外区代理(foreign agent)两类，

它们是服务器或路由器，能知道移动结点实际连接在何处。

归属代理又称为家乡代理，是一个在移动结点归属网(home network)上的路由器，它至少有一个接口在归属网上，当移动结点离开归属网后，它通过"IP 隧道(IP tunnel)"把数据包转发给移动结点，并且负责维护移动结点的当前位置信息。

外区代理又称为外地代理，外区代理位于移动结点当前连接的外区网络上，它向已注册的移动结点提供路由服务。当使用外区代理转交地址时，外区代理负责解除原始数据包的隧道封装，取出原始数据包，并将其转发到该移动结点上。对于那些由移动结点发出的数据包而言，外区代理可作为已注册的移动结点的默认路由器使用。

2. 移动 IP 地址

移动 IP 结点拥有两个 IP 地址，分别是归属地址和转交地址。

归属地址(home address)又称为本地地址，这是用来识别端到端连接的静态地址，也是移动结点与归属网连接时使用的地址。不管移动结点连至网络何处，其归属地址均保持不变。

转交地址就是隧道终点地址，转交地址可能是外区代理转交地址，也可能是协同定位转交地址(co-located care-of address，又称为配置转交地址)。通常用的是外区代理转交地址。在这种地址模式中，外区代理就是隧道的终点，它接收隧道数据包，解除数据包的隧道封装，然后将原始数据包转发到移动结点。

由于这种地址模式可使很多移动结点共享同一个转交地址，而且不对有限的 IPv4 地址空间提出不必要的要求，所以优先使用这种地址模式。

转交地址是一个临时分配给移动结点的地址。它由外部获得(如通过 DHCP)，移动结点将其与自身的一个网络接口相关联。当使用协同定位转交地址时，移动结点自身就是隧道的终点，执行解除隧道功能，并取出原始数据包。

一个协同定位转交地址仅能被一个移动结点使用。转交地址是仅供数据包路由使用的动态地址，也是移动结点与外区网连接时使用的临时地址。每当移动结点接入到一个新的网络时，转交地址就会发生变化。

3. 位置注册

移动结点必须将其位置信息向其归属代理进行注册(Registration)，以便归属代理找到该移动结点。在移动 IP 技术中，按照网络连接方式的不同，有两种不同的注册规则。

一种是通过外区代理进行注册，即移动结点向外区代理发送注册请求报文，外区代理接收并处理注册请求报文，然后将报文中继到移动结点的归属代理。

另一种是直接向归属代理进行注册，即移动结点向其归属代理发送注册请求报文，归属代理处理后向移动结点发送注册应答报文。采用协同定位转交地址时一般直接向归属代理进行注册。

4. 代理发现

为了随时随地与其他结点进行通信，移动结点必须实现代理发现(Agent Discovery)。移动 IP 定义了两种发现移动代理的方法：一个是被动发现，即移动结点等待归属代理周期性地广播代理通告报文；另一个是主动发现，即移动结点广播一条请求代理的报文。

所有移动代理(不管其能否被数据链路层协议所发现)都应具备代理通告功能，并能对代理请求作出响应。所有移动结点都必须具备代理请求功能。但是，移动结点只有在没有收到移动代理的代理通告,并且无法通过数据链路层协议或其他方法获得转交地址的情况下,方可发送代理请求报文。

图 17-1 显示了移动 IP 的一些实体以及它们之间的关系。

5. 隧道技术

当移动结点在外区网上时,归属代理需要将原始数据报转发给已注册的外区代理。此时,归属代理使用 IP 隧道技术(Tunneling),将原始 IP 数据包封装在转发的 IP 数据包中,从而使原始 IP 数据包原封不动地转发到处于隧道终点的转交地址处。

在转交地址处解除隧道,取出原始数据包,并将原始数据包发送到移动结点。当转交地址为驻留归属的转交地址时,移动结点本身就是隧道的终点,它自身进行解除隧道,并取出原始数据包的工作。

RFC 2003 和 RFC 2004 中分别定义了两种隧道封装技术,如图 17-2 所示。

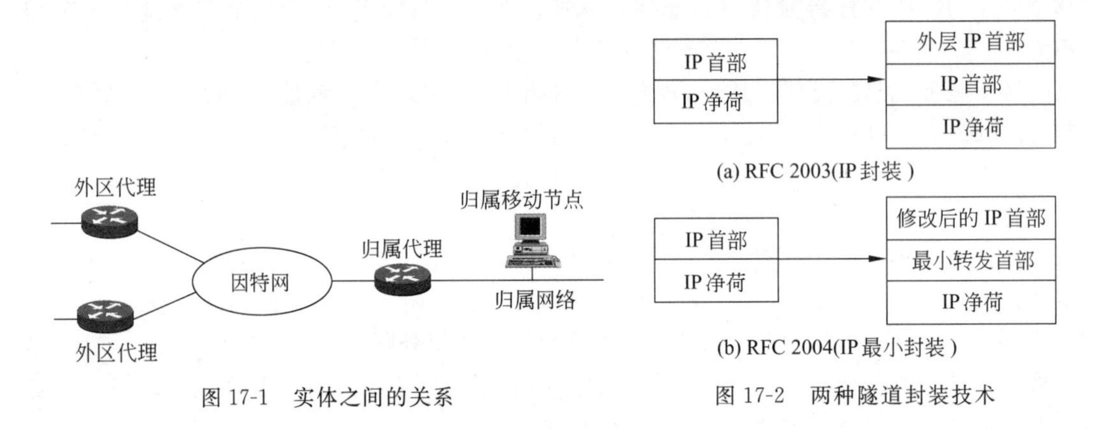

图 17-1 实体之间的关系

图 17-2 两种隧道封装技术

在 RFC 2003 中,需要在原始数据包的现有首部前插入一个外层 IP 首部。外层首部中的源地址和目的地址分别标识隧道的两个边界结点。

使用 RFC 2004 定义的数据包在封装之前不能被分片。当原始数据报已经被分片时最小封装不能使用是因为最小转发首部没有足够的空间存放分片信息。因此,对移动 IP 技术来讲,最小封装技术是可选的。为了使用最小封装技术来封装数据包,移动 IP 技术需要在原始数据包中经过修改的 IP 首部和未修改的净荷之间插入最小转发首部。

RFC 2004 定义的最小封装技术比 RFC 2003 定义的封装技术更节省开销。

17.3 移动 IP 的工作原理

移动 IP 协议的工作原理由以下步骤实现:

(1) 移动 IP 系统中的归属代理和外区代理不停地向网上发送代理通告(Agent Advertisement)消息。

(2) 接收到这些消息的移动结点知道环境中有归属代理和外区代理的存在,并确定自己是在归属网还是在外区网上。

(3) 如果移动结点收到的是归属代理发来的消息,则说明自己仍在归属网上,此时,不启动移动功能。

(4) 当移动结点检测到它已移到外区网时，则获得一个关联地址，即从外区网处获取一个临时 IP 地址，即转交地址(此处描述的是使用外区代理转交地址的情况)。

(5) 然后移动结点向归属代理注册，表明自己已离开归属网，把所获的关联地址通知归属代理。归属代理可以随时获取移动结点的当前位置信息。

(6) 注册完毕，当通信端要向移动结点发送报文时，将使用移动结点的固定 IP 地址。报文将被路由到移动结点的归属网，并被归属代理截获。归属代理将该报文封装，并通过隧道将报文发送到移动结点所在的外区网。

由此可见，移动 IP 对通信对端是透明的。通信端根本不用关心当前主机是否移动。只需用移动主机的固定 IP 地址发送报文就可以了。

其次，移动 IP 对上层应用也是透明的。移动主机不管移动到哪里，其 IP 地址都固定不变，上层应用根本感觉不到主机位置的变化。所有变动工作都在 IP 层完成，因此，移动 IP 是网络层的移动解决方案。

17.3.1　位置注册

移动结点必须将其位置信息向其归属代理进行注册，以便归属代理找到该移动结点。位置注册包括注册请求和注册应答两种信息。

在移动 IP 技术中，通常有 3 种位置注册规则。

1. 移动结点在外区网上的注册规则

移动结点向外区代理发送注册请求报文，外区代理接收并处理注册请求报文，然后将报文中继到移动结点的归属代理。归属代理处理完注册请求报文后，向外区代理发送注册应答报文(接受或拒绝注册请求)，外区代理处理注册应答报文，并将其转发到移动结点。如图 17-3 所示。

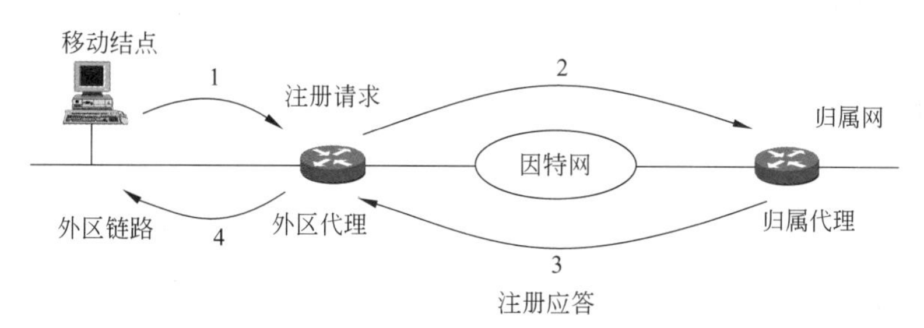

图 17-3　移动结点在外区网上的注册规则

2. 直接的归属代理注册规则

移动结点向其归属代理发送注册请求报文，归属代理处理后向移动结点发送注册应答报文(接受或拒绝注册请求)。如图 17-4 所示。

3. 移动结点返回归属网注册规则

当移动结点返回到归属网络时，结点应向归属代理撤销注册。在撤销注册之前，移动结点应配置适用于其归属网络的路由表。如图 17-5 所示。

17.3.2　代理发现

为了随时随地与其他结点进行通信，移动结点必须首先找到一个移动代理。移动结点

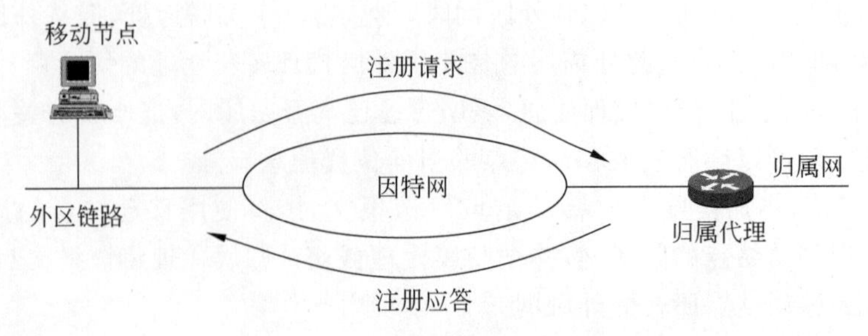

图 17-4 直接向归属代理进行注册

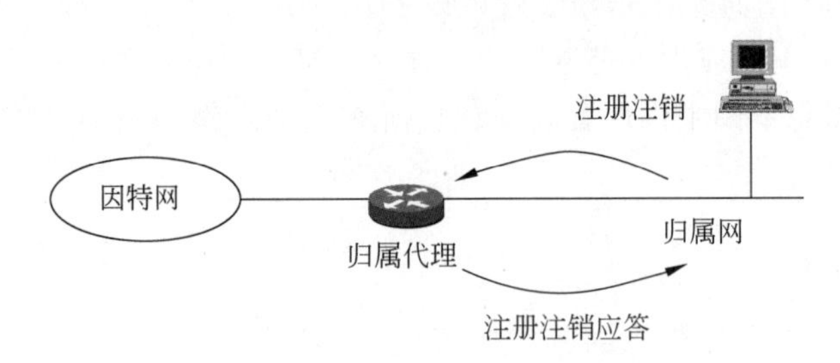

图 17-5 移动结点返回归属网注册规则

利用代理发现过程完成以下功能:

(1) 判定移动结点当前是连在归属链路上,还是连在外区链路上。

(2) 检测移动结点是否切换了链路。

(3) 当移动结点连在外区链路上时,得到一个转交地址。

移动 IP 定义了两种发现移动代理的方法:

(1) 被动发现,即移动结点等待归属移动代理周期性地广播代理通告(agent advertisement)报文。

(2) 主动发现,即移动结点广播一条代理请求(agent solicitation)的报文。

使用以上任何一种方法都可使移动结点识别出移动代理并获得转交地址,从而获悉移动代理可提供的服务,并确定其是连在归属网还是某一外区网上。

使用代理发现可使移动结点检测到它何时从一个 IP 网络(或子网)漫游(或切换)到另一个 IP 网络(或子网)。

1. 被动发现

被动发现通过代理通告消息实现,归属或外区代理广播消息向移动结点宣布它们的功能。当一个结点在一条链路上被配置成归属或外区代理,或同时被配置成这两者时,它就在这条链路上广播或组播代理通告消息,移动结点等待移动代理周期性地广播代理通告报文。

代理通告消息使用扩展的"ICMP 路由器发现"机制作为代理发现的主要机制。如图 17-6所示。这条消息必须包含移动代理通告扩展(mobility agent advertisement extension),前缀长度扩展则是可选的。

IP 首部与前面论述的一样,现在来看 ICMP 路由器通告报文和移动代理通告扩展报文。

在 ICMP 路由器通告报文中:

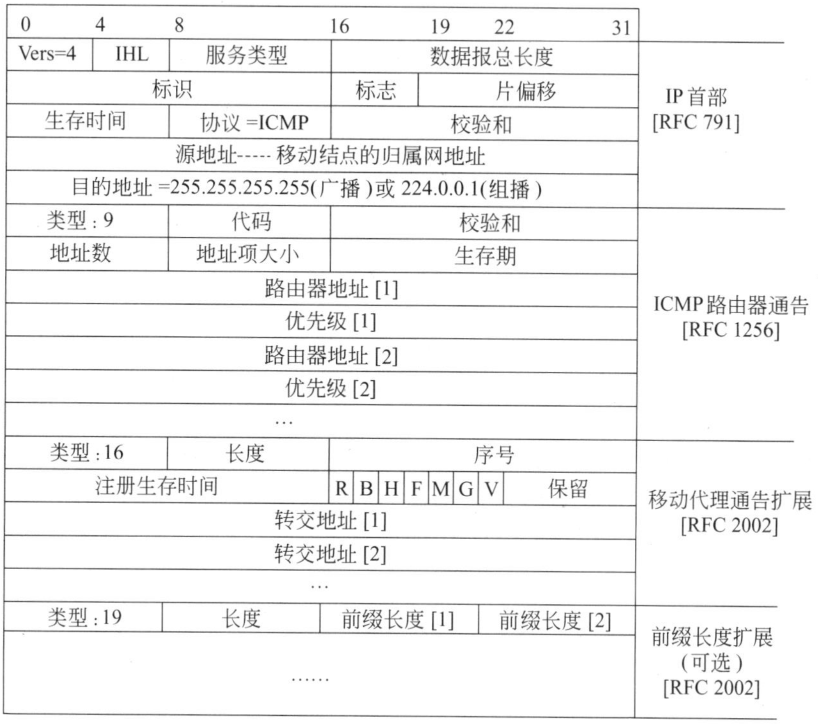

<table>
<tr><td>0</td><td>4</td><td>8</td><td>16</td><td>19</td><td>22　　31</td><td></td></tr>
<tr><td>Vers=4</td><td>IHL</td><td>服务类型</td><td colspan="3">数据报总长度</td><td rowspan="5">IP 首部
[RFC 791]</td></tr>
<tr><td colspan="3">标识</td><td>标志</td><td colspan="2">片偏移</td></tr>
<tr><td colspan="2">生存时间</td><td>协议 =ICMP</td><td colspan="3">校验和</td></tr>
<tr><td colspan="6">源地址----- 移动结点的归属网地址</td></tr>
<tr><td colspan="6">目的地址 =255.255.255.255(广播)或 224.0.0.1(组播)</td></tr>
<tr><td colspan="2">类型：9</td><td>代码</td><td colspan="3">校验和</td><td rowspan="7">ICMP 路由器通告
[RFC 1256]</td></tr>
<tr><td colspan="2">地址数</td><td>地址项大小</td><td colspan="3">生存期</td></tr>
<tr><td colspan="6">路由器地址 [1]</td></tr>
<tr><td colspan="6">优先级 [1]</td></tr>
<tr><td colspan="6">路由器地址 [2]</td></tr>
<tr><td colspan="6">优先级 [2]</td></tr>
<tr><td colspan="6">…</td></tr>
<tr><td colspan="2">类型：16</td><td>长度</td><td colspan="3">序号</td><td rowspan="5">移动代理通告扩展
[RFC 2002]</td></tr>
<tr><td colspan="3">注册生存时间</td><td colspan="2">R B H F M G V</td><td>保留</td></tr>
<tr><td colspan="6">转交地址 [1]</td></tr>
<tr><td colspan="6">转交地址 [2]</td></tr>
<tr><td colspan="6">…</td></tr>
<tr><td colspan="2">类型：19</td><td>长度</td><td colspan="2">前缀长度 [1]</td><td>前缀长度 [2]</td><td rowspan="2">前缀长度扩展
(可选)
[RFC 2002]</td></tr>
<tr><td colspan="6">……</td></tr>
</table>

图 17-6　代理通告消息报文

(1) 类型字段为 9 的 ICMP 消息为通告消息。

(2) 代码值一般设置为 16，如果代码的值设置为 0，链路上的其他结点便将移动 IP 代理作为路由器使用。

(3) 校验和与 TCP 等报文一样，用来检测接收的通告消息有没有错误。

(4) 生存期字段表明代理发送通告消息的频率，这个值主要用于“移动检测”。

(5) 地址数字段和地址项大小字段分别表明列出的路由器地址/优先级对的数目，以及每个对所占空间的大小，地址项大小以 32 比特为单位，这里 IP 地址和优先级各占 4 个字节，因此地址项大小等于 2。

在移动代理通告扩展报文中：

(1) 类型字段为 16 的 ICMP 消息为移动代理通告扩展报文。

(2) 长度字段值为(6＋4×N)，其中 N 为转交地址数。

(3) 序号为代理初始化后已发送的代理消息数。

(4) 注册生存时间，表示代理接受任何注册请求的最长时间(以秒为单位)，如果值为 0xffff，则表示生存时间为无限大。

(5) R 为请求注册；B 为忙，此时外区代理不能接受其他的移动结点的注册；H 为归属代理；F 为外区代理；M 为最小封装；G 为 GRE 封装；V 为 Van Jacobson 首部压缩。RFC 3220 将 V 位改为 r 位(置 0)，表示保留不用，接收方忽略，并在 r 位后新定义了一位 T，置 1 时表示外区代理支持逆向隧道(逆向隧道详见 RFC 3024)。

(6) 保留，设置为 0，在接收端忽略。

(7) 转交地址,外区代理转交地址由外区代理确定,如果设置了 F 字段,则外区代理至少将包括一个转交地址,转交地址数量由长度字段决定。

前缀长度扩展可以跟在移动代理通告扩展后面,用来表明 ICMP 路由器通告中所列出的路由器地址的网络前缀的比特数。

(1) 类型字段 19 为前缀长度扩展报文。

(2) 长度字段的值为 ICMP 路由器通告中地址数字段的值。

(3) 前缀长度定义了该消息中 ICMP 路由器通告中列出的相应路由器地址的网络号。每一个路由器地址的前缀长度编码为一个字节,按 ICMP 路由器通告中路由器地址的顺序排列。前缀长度的数量与路由器地址字段的数量一致。

2. 主动发现

主动发现通过移动结点广播一条代理请求的报文来实现。这种代理请求报文的唯一目的就是让链路上的所有代理立即发送一个代理通告消息,以克服代理发送通告消息的频率太低的缺点。移动 IP 中定义的代理请求消息也使用扩展的"ICMP 路由器发现"机制作为代理发现的主要机制,与 ICMP 中路由器请求消息的唯一区别在于 IP 包的生存时间字段必须设置成 1。

图 17-7 给出了代理请求消息的格式,当归属或外区代理接收到这条消息时,它必须马上响应一条代理通告消息。

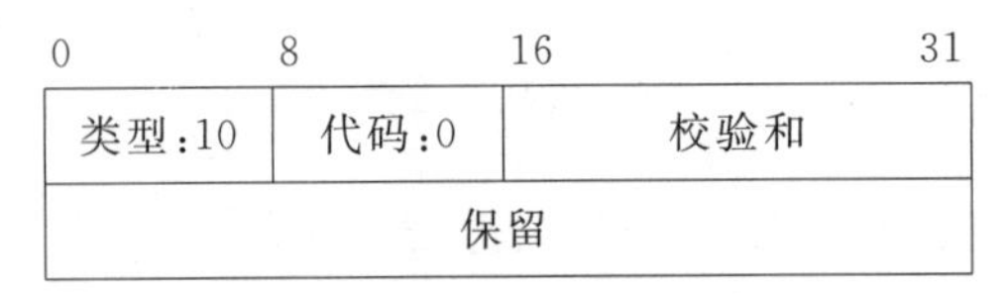

图 17-7 代理请求消息的格式

17.3.3 隧道技术

当移动结点在外区网上时,归属代理需要使用 IP 隧道技术将原始数据报转发给已注册的外区代理。如图 17-8 所示。

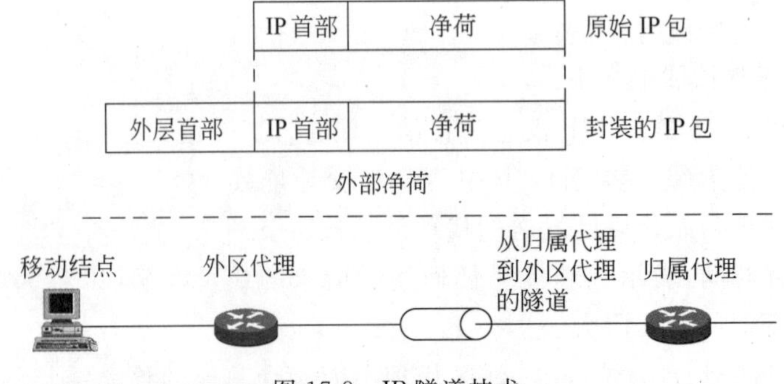

图 17-8 IP 隧道技术

IP 隧道技术有 3 种方案,分别是 IP 封装(IP encapsulation)、最小封装(minimal encapsulation)和通用路由封装 GRE(generic routing encapsulation)。

1. IP 封装

IP 封装定义在 RFC 2003 中，需要在原始数据包的现有首部前插入一个外层 IP 首部。外层首部中的源地址和目的地址分别标识隧道的两个边界结点。内层 IP 首部（即原始 IP 首部）中的源地址和目的地址则分别标识原始数据包的发送结点和接收结点。

外层首部大部分的设置可以从原始数据包复制而得。源地址和目的地址分别设置为隧道的入口和出口，即入口设为移动结点的归属代理地址，出口设为移动结点的转交地址。首部长度、总长度和校验和都要根据 IP 封装定义来进行重新计算。外层首部的协议字段设置为 4，表示封装的是 IP 协议。

通过处理和消息传输，在隧道的出口接收到封装的数据包后，将外层 IP 首部去除，便恢复出原始数据包。

2. 最小封装

IP 最小封装在 RFC 2004 中定义，使用 RFC 2004 定义的数据包在封装之前不能被分片。因此，对移动 IP 技术来讲，最小封装技术是可选的。为了使用最小封装技术来封装数据包，移动 IP 技术需要在原始数据包经过修改的 IP 首部和未修改的净荷之间插入最小转发首部（minimal forwarding header）。

IP 最小封装的实现技术如图 17-9 所示，在原来的 IP 净荷和 IP 首部之间加入最小转发首部，原来的 IP 首部也有相应的改动，例如协议类型字段为 55，表示新的净荷是经过最小封装的数据包。因此，最小转发首部的大小也就是采用最小封装的隧道的开销，可能是 8 字节或 12 字节，这取决于数据包中是否包含源 IP 地址。

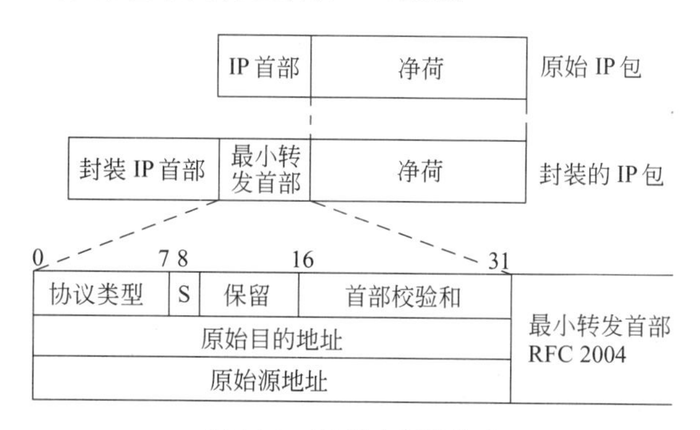

图 17-9 IP 最小封装格式

图 17-9 中的 S 是源 IP 地址是否包含在数据包中的标志。协议类型字段的值直接取自原 IP 首部的协议字段。

隧道出口结点拆包时，将最小转发首部的字段保存到 IP 首部中，然后移走此转发首部。

3. 通用路由封装

通用路由封装 GRE 由 RFC 1701 定义。

图 17-10 显示了 GRE 的封装过程。GRE 首部放在净荷包和分发包之间。

通用路由封装的 GRE 首部中的大部分内容是可选的，其中包含了校验和、偏移、密钥、序号和路由等可选项。这些可选项通过 GRE 首部的前 2 个字节的标记和版本字段来定义。C 是校验和存在指示位，R 是路由存在指示位，K 是密钥存在指示位，S 是序列号存在指示位，s 是严格源路由指示位。如果这些位设置为 1，则表示相应的可选项存在。版本号必须

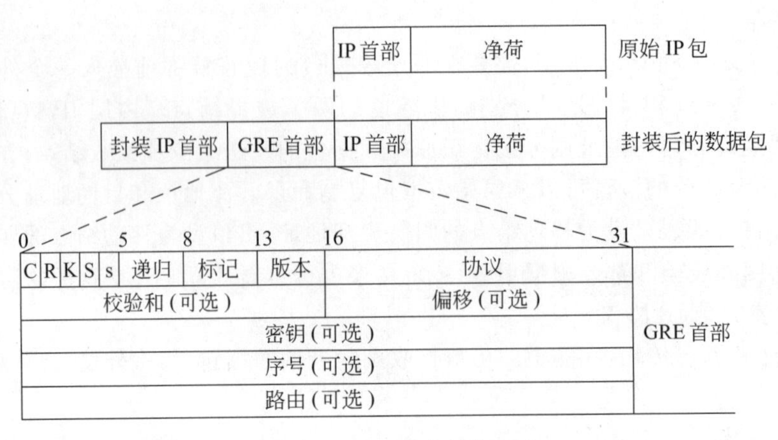

图 17-10 通用路由封装格式

置为 0。

(1) 递归 3 比特,是递归封装控制字段,这是通用路由封装的特别之处;

(2) 协议字段 16 比特,指示净荷包的协议类型,例如 0x800 表示 IP 数据包;

(3) 校验和 16 比特,与其他协议格式一样,对通用路由封装首部和净荷包进行校验和计算;

(4) 密钥字段是由隧道入口加入的一个 4 个字节的数字,接收方可以根据此项内容匹配发送报文;

(5) 序号字段 32 比特,可以便于接收方来判断发送方发送数据包的顺序;

(6) 路由字段长度可变,包含了源路由项的汇总,表示路由的过程。

(7) 偏移字段相当于指针,用于指示当前源路由表项相对于第一个源路由条目的 8 比特位组偏移量。当路由存在指示位或校验和存在指示位被置位时偏移字段存在,而只有当路由存在指示位置位时,偏移字段值才有效。也就是说校验和存在指示位置位而无源路由时偏移字段的存在仅起填充对齐的作用。

封装 GRE 的封装 IP 首部中的协议字段值为 47。

4. 3 种隧道技术的性能比较

IP 封装最简单,是要求移动 IP 必须实现的隧道技术,最小封装只能应用于没有进行 IP 分片的数据包,IP 封装比最小封装所花费的开销大。

通用路由封装效率最低,除了要在原始数据包前加一个 GRE 首部以外,还要再加一个新的 IP 首部,但是 GRE 可以支持多种协议的封装。

17.4 移动 IP 的效率

1. 移动 IP 的不足

移动 IP 虽然解决了 IP 层的移动,实现了对通信对端和上层应用的透明性,但仍存在一些问题。

(1) 三角路由带来的时延问题

移动 IP 存在著名的三角路由问题。即通信对端(远程主机)将报文发送给归属代理,然后归属代理通过隧道发给外区代理，再转交给移动主机。而移动主机发送的报文则直接由外区代理转发给通信对端，此时，并不通过归属代理，两个方向的报文传送的路径形成了一个三角形。如图 17-11 所示。

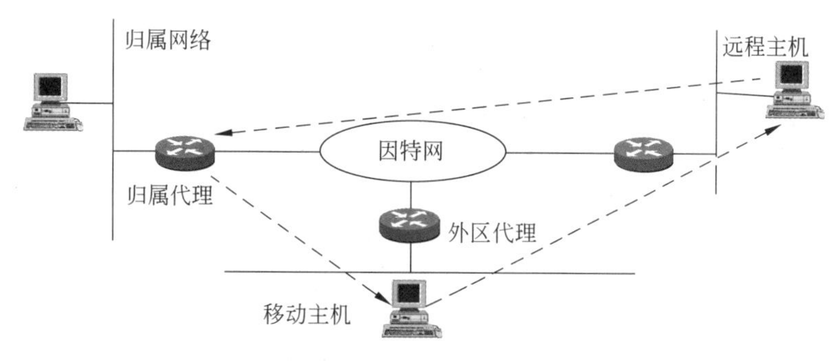

图 17-11　三角路由问题示意图

三角形路径问题会引起一些潜在的危害，例如引入流量的时延容易引起归属代理处的路由瓶颈。例如，即使在校园网这样的网络规模中，移动 IP 的三角路由也会使报文的平均时延增加 45%。解决这一问题的办法是将移动主机的转交地址与其归属地址进行绑定，当归属代理收到发给移动主机的第一个包时，将包转发给外区代理，同时发送一个更新绑定包给远程主机，以便远程主机以后向这台移动主机发送信息时直接使用转交地址。远程主机将绑定信息存放在高速缓存中。但出现的新问题是，移动主机的再次移动会造成远程主机高速缓存中内容的过时。所以当移动主机再次移动时，归属代理必须向远程主机发送报警包，通告其随之变化。

(2) 隧道封装带来的开销问题

在向移动主机发送 IP 报文时，归属代理通过封装使用隧道将 IP 报文发送给移动主机，将增加大约 20 字节的开销。

(3) QoS 和集中处理问题

移动 IP 只是解决了网络层的移动性问题，对于带宽预留等 QoS 保障并没有进行说明，在支持实时业务方面还有很多问题要解决。

(4) 两次跨越因特网带来低效率

当远程主机位于移动主机所在的外区网络时，远程主机向移动主机发送的信息会先跨越因特网送往移动主机的归属代理，然后再通过隧道跨越因特网发送到移动主机，这样的两次跨越因特网使传输效率明显降低。

另外移动结点连至因特网的链路通常是无线链路，这种链路与传统的有线网络相比，其带宽明显偏低，误码率明显偏高。

某些防火墙也可能会阻断 IP 隧道，因为它们检验每个数据包的源地址，而移动结点的数据包归属地址与外区网的网络地址不一样，从而导致防火墙阻截 IP 隧道数据包。

2. IPv6 对移动 IP 的优化与改善

在移动 IPv4 的基本协议中存在“三角路由”问题，对此“路由优化”问题的解决是由另外的协议完成的，它是基本协议的可选扩展，并且不被移动 IPv4 中的所有结点所支持；在移动 IPv6 中，对这个问题的解决已经成为协议的一个主要部分，并被所有的 IPv6 结点所支持。

对这种路由优化问题的整合允许任何通信结点和移动结点之间直接路由数据包,而不再经过移动结点的归属网络,也不再需要归属代理的转发功能,因此解除了在基本的移动 IPv4 协议中存在的"三角路由" 问题。这种整合也允许移动 IPv4 中的"注册"功能和路由优化功能在单独一个协议中完成,而不是在两个不同的协议中完成。

移动结点的归属地址和转交地址之间的联系称为绑定,绑定具有一定的生存时间。当一个移动结点移动到外地链路并配置了一个新的转交地址时,将向归属代理和通信结点发送"绑定更新"消息。每个 IPv6 结点都有一个绑定缓存,用来保存其他结点的绑定。如果一个结点收到了绑定更新,它就会用这个绑定更新它的绑定缓存。每当结点发送一个分组时,都要在绑定缓存中搜索相关的表项。如果在绑定缓存中存在待发送分组的归属地址所对应的表项,那么就将分组发送到移动结点的转交地址上。

在移动 IPv6 中不再有"外区代理"的概念。移动结点在离开归属网络时可以利用 IPv6 的增强功能(如"邻居发现"和"地址自动配置"机制)进行独立操作,而不需要任何来自于当地路由器的特殊支持。实质上,移动 IPv6 中"外区代理"与"归属代理"具有相同的功能,所以为了实现上的方便在外地链路上也使用"归属代理"的概念。在移动 IPv4 中,一般情况下"外区代理"具有为移动结点转发数据包的功能。其实在移动 IPv6 中也需要此功能,如当移动结点从外地链路 A 移动到外地链路 B 时,如果在外地链路 A 上没有一个路由器具有"归属代理"的功能,那么发往外地链路 A 的数据包将丢失。在这种情况下,已经移动到外地链路 B 的移动结点应该向外地链路 A 上的某个路由器发送"绑定更新"消息,来要求这个路由器作为自己临时的"归属代理",从这种意义上来说,外地链路上也应该具有"外区代理",只是在移动 IPv6 中这个"外区代理"具有与"归属代理" 相同的功能。

使用 IPv6 邻居发现而不是移动 IPv4 使用的 ARP,增强了协议的健壮性并简化了移动 IP 的应用,因为邻居发现的使用无需考虑 ARP 中的数据链路层。所以,移动 IPv6 机制更加高效、更加可靠。

本章要点

- 移动 IP 技术是指移动用户可跨网络随意移动和漫游,使用基于 TCP/IP 协议的网络时,不用修改计算机原来的 IP 地址,同时,继续享有原网络中的一切权限。简单地说,移动 IP 就是实现网络全方位的移动或者漫游。
- 因特网的飞速发展和移动计算通信设备(便携计算机、PDA 等)日益广泛的应用,推动了移动 IP 的研究。
- 移动 IP 技术引用了处理蜂窝移动电话呼叫的原理,使移动结点采用固定不变的 IP 地址,一次登录即可实现在任意位置上保持与 IP 主机的单一数据链路层连接,使通信持续进行。
- 与移动 IP 技术相关的重要概念有:移动代理、移动 IP 地址、位置注册、代理发现和隧道技术。
- 移动 IP 对通信对端是透明的。其次,移动 IP 对上层应用也是透明的。所有变动工作都在 IP 层完成,因此,移动 IP 是网络层的移动解决方案。
- 移动 IP 协议的工作过程由位置注册、代理发现和隧道技术组成。

- 在移动 IP 技术中，通常有 3 种位置注册规则：移动结点在外区网上的注册规则、直接的归属代理注册规则和移动结点返回归属网注册规则。
- 移动 IP 定义了两种发现移动代理的方法：被动发现和主动发现。
- IP 隧道技术有 3 种方案，它们分别是 IP 封装、最小封装和通用路由封装 GRE。
- 移动 IP 虽然在 IP 层解决了移动问题，实现了对通信对端和上层应用的透明性，但仍存在一些问题，如三角路由带来的时延问题、隧道封装带来的开销问题、QoS 和集中处理问题、两次跨越因特网的低效率问题等。
- 移动 IPv6 机制比 IPv4 下的移动 IP 解决方案更加高效、更加可靠。

习题

17-1 简述移动 IP 具有的优点。

17-2 简述改善移动 IP 性能的途径。

17-3 解释通用路由封装 GRE 技术原理。

17-4 解释主动发现的代理请求消息的格式内容。

17-5 简述归属代理和外区代理以及它们的功能。

17-6 给出 3 种隧道技术的性能比较。

第18章　因特网服务质量

由于IP协议的无连接性和IP网络松散的控制管理方式，IP服务质量QoS(quality of service)研究面临很大的挑战。IP QoS是目前较为活跃的一个研究领域，不仅包含路由和业务流量控制，而且还涉及到网络管理、计费和网络测量。

18.1　服务质量

QoS是指网络在传输数据流时要求满足的一系列服务请求及实现这些请求的机制。这些服务请求可以用以下几个指标来衡量：带宽要求、传输延迟、延迟抖动、可靠性、丢失率、吞吐量等。其研究的目标是有效地提供端到端的服务质量控制或保证。

主要的IP QoS技术有集成业务(IntServ)、区分业务(DiffServ)、QoS路由和多协议标签交换MPLS等。

1. 集成业务(IntServ)

IntServ的基本思想是在传送数据之前，根据业务的QoS需求进行网络资源预留，从而为该数据流提供端到端的QoS保证。

IntServ尽管能提供QoS保证，但扩展性较差。原因在于：

(1) IntServ工作方式是基于每个流的，需要保存大量与分组队列数成正比的状态信息。

(2) 资源预留协议(RSVP)的有效实施必须依赖于分组所经过的路径上的每个路由器。在主干网上，业务流的数量可能会很大，同时要求路由器有很高的转发速率，这些问题使得IntServ难以在主干网上运行。

2. 区分业务(DiffServ)

DiffServ的基本思想是将用户的数据流按照服务质量要求来划分等级，任何用户的数据流都可以自由进入网络。区分业务只承诺相对的服务质量，而不对任何用户承诺具体的服务质量指标。

DiffServ简化了信令，对业务流的分类粒度更粗。它通过汇聚(aggregate)和逐跳行为PHB(per hop behavior)的方式来提供一定程度上的QoS保证。汇聚的含义在于路由器可以把QoS需求相近的各业务流看成一个大类，以减少调度算法所处理的队列数；PHB的含义在于逐跳的转发方式，每个PHB对应一种转发方式或QoS要求。

区分业务只包含有限数量的业务级别，状态信息的数量较少，因此实现简单，扩展性较好。它的不足之处是很难提供基于流的端到端的质量保证。目前，区分业务是业界认同的IP主干网的QoS解决方案。

3. QoS路由

一般的路由器对所有的IP包都采用先来先服务(first come first service，FCFS)的工作方式，它尽最大努力将IP包送达目的地。但对IP包传递的可靠性、延迟等不能提供任何保证。

QoS 路由根据多种不同的度量参数(如带宽、成本、每一跳开销、时延、可靠性等)来选择路由,以实现链路状态信息发布、路由计算和路由表存储等。虽然 QoS 路由能够满足业务的 QoS 要求,并提高了网络的资源利用率,但是 QoS 路由的计算十分复杂,增加了网络的开销,因此很难实现真正实用的 QoS 路由算法。

4. MPLS

多协议标签交换 MPLS 根据分组首部的标记,通过网络路径控制来提供流汇聚的带宽管理,对于主干网,这是目前使用最普遍、可实现性最强的一种 QoS 机制。

以上 4 种 QoS 技术可以结合使用。例如在核心网中采用 DiffServ,在接入网中采用 IntServ,目前 MPLS 与 DiffServ 技术的结合最有可能成为 IP 网络运营商首选的 QoS 方案。

IP QoS 是目前较为活跃的一个研究领域,这其中还存在着诸多有待解决的问题,比如如何保证 DiffServ 业务 QoS、TCP 和 UDP 的相互作用和影响、业务量工程、基于受限的路由等。

实施 IP QoS 不能为了追求 QoS 而使得 IP 变得过度复杂,从而使 IP 网络丧失了简单、灵活和开放的优点。QoS 研究必须考虑多种技术的结合,即多层次(应用层、传输层、网络层、数据链路层、物理层),多平面(数据平面、控制平面和管理平面)的 QoS 研究相结合,研究各层、各平面之间的交互作用,实现综合的 QoS 机制,改善 IP 网的服务质量。

18.2 实时传输协议

实时传输协议 RTP(real-time transport protocol)由 IETF 作为 RFC 1889 发布,是针对多媒体服务数据流的一种传输协议,其目的是提供时间信息和实现流同步。

RTP 通常使用 UDP 来传送数据,但 RTP 也可以在 TCP 或 ATM 等其他协议之上工作。当应用程序开始一个 RTP 会话时将使用两个端口:一个给 RTP,一个给实时传输控制协议(RTCP)。RTP 本身并不能为按顺序传送数据包提供可靠的传送机制,也不能提供流量控制或拥塞控制,它依靠 RTCP 提供这些服务。

RTP 提供端对端的网络传输功能,适合通过组播和单播传送实时数据,如视频、音频和仿真数据。RTP 没有涉及资源预定和质量保证等实时服务,RTCP 扩充数据传输以允许监控数据传送,并提供最小的控制和识别功能。

1. RTP 首部格式

RTP 数据包由 RTP 首部和变长的连续媒体数据组成,其中固定的 RTP 首部为 12 字节,多媒体数据可以是编码数据。RTP 首部结构如图 18-1 所示。

其中:

- V:2 比特长的版本号。定义 RTP 的版本(当前版本是 2,版本 1 用于 RTP 草案)。
- P:1 比特长的附加标记,用以说明报尾是否附有非负载的附加信息(填充),这些附加信息可用于加密或通知低层协议。如果设置成 1,那么一个或多个附加的字节会加在包首部的最后,附加的最后一个字节放置附加的字节数。
- X:1 比特长的扩展位。若 X 置 1,则表示 RTP 首部后附有一个变长的扩展首部。
- CC:4 比特长的 CSRC(贡献源)计数,表示固定首部后有多少个 CSRC 标识符。

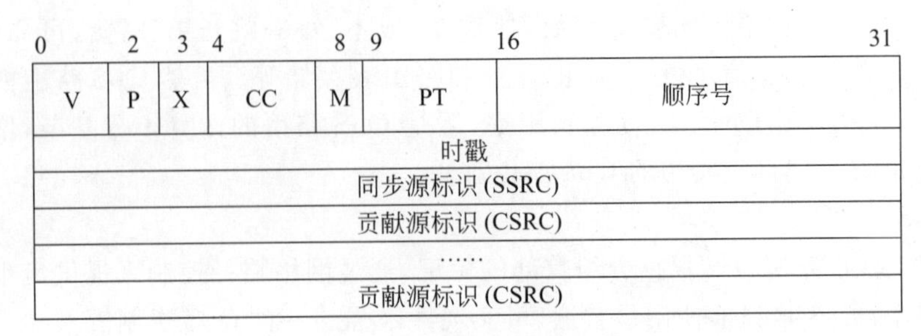

图 18-1　RTP 首部格式

- M：1 比特长的标记位，用以标记数据流中的重要事件，如帧边界等。其解释由具体应用定义。
- PT：7 比特长的负载类型。接收方据此来识别媒体类型。如果是编码数据，则 PT 决定了接收方选用的解码器。
- 顺序号：2 字节长的包序号。每个 RTP 数据包按发送先后次序依次增 1，用于接收方的丢包检测和包序号恢复。第一个包的包序号是随机的。
- 时戳：4 字节的时戳。记录 RTP 包中数据开始产生的时钟时间，用于同步和包到达间隔抖动计算。时钟频率和数据格式有关，不能使用系统时钟。对固定速率的音频来说，每次取样时戳时钟都会增 1。和包序号一样，时戳的开始值也是随机的。如果多个连续的 RTP 包在逻辑上是同时产生的，那么它具有相同的时戳。
- SSRC 标识符：4 字节长的同步源标识符，用以识别同步源。该识别符是随机产生的 32 比特长的标量，以避免两个同步源具有相同的时戳。
- CSRC 标识符：贡献源表，0～15 项，每项 4 字节长。用以识别与 RTP 包中负载相关的源。由于 CC 项只有 4 比特长，当贡献源超过 15 个时，则只能识别 15 个。CSRC 由混合器通过贡献源的 SSRC 识别符插入到 RTP 包中。

2. RTP 报文封装

RTP 协议一般运行在面向数据报的 UDP 之上，它只能提供无连接的不可靠服务，帧丢失或出错都会降低多媒体信息质量。图 18-2 显示了 RTP 报文的封装格式。

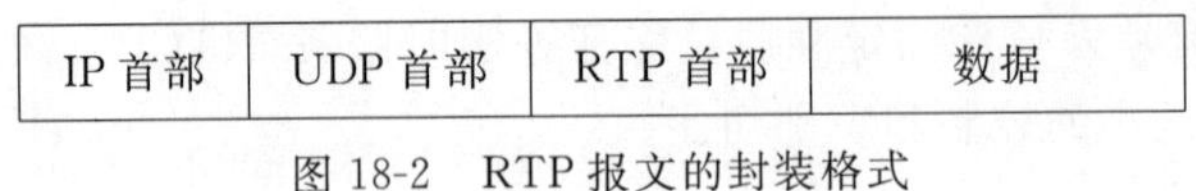

图 18-2　RTP 报文的封装格式

工作时，RTP 协议从上层接收流媒体信息码流，并将其装配成 RTP 数据包发送给下层，下层协议提供 RTP 和 RTCP 的分流。如果 RTP 使用一个偶数号端口，则相应的 RTCP 使用其后的奇数号端口。从而实现了数据流和控制流的分离，使协议的实现更加灵活和简单。

3. RTP 数据传输

RTP 利用混合器和翻译器完成实时数据的传输。一个典型的 RTP 包的传输流程如图 18-3 所示。

其中，S1，S2，S3，S4 为数据源的发送方，R1 为最终 RTP 包流的接收方。

由于 RTP 协议没有规定 RTP 分组的长度和发送数据的速度，因而需要根据具体情况

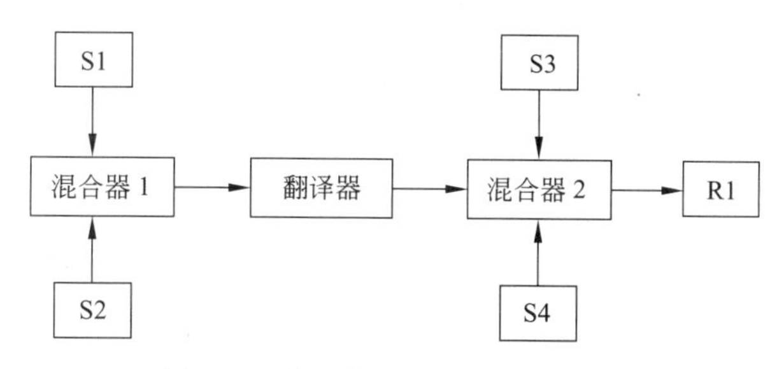

图 18-3　典型的 RTP 包的传输流程

调整服务器端发送媒体数据的速度。混合器接收一个或多个发送方的 RTP 数据块，并把它们组合成一个新的 RTP 分组继续转发。这种组合数据块将有一个新的 SSRC 标识。因为来自不同发送方的数据块可以非同步到达，所以混合器改变了该媒体流的临时结构。而翻译器只改变数据块内容，并不把媒体流组合在一起。翻译器只是对单个媒体流进行操作，可能进行编码转换或者协议翻译。

4. RTP 协议特点

RTP 协议具有以下特点：

(1) 轻型的传输协议

由于 RTP 没有像 TCP/IP 那样完整的体系框架，RTP 只提供端到端的实时媒体传输功能，并不提供机制来确保实时传输和服务质量保证，是一个轻型的传输协议。

(2) 灵活性

传输协议与具体的控制策略分开，传输协议本身只提供完成实时传输的机制，开发者可以根据不同的应用环境，自主实现效率较高的算法与合适的控制策略。

(3) 协议独立性

RTP 协议与下层协议无关，可以在 UDP/IP、IPX、ATM 中实现。

(4) 安全性

RTP 协议在设计上考虑到安全功能，支持加密数据和身份验证功能。

18.3　实时传输控制协议

实时传输控制协议 RTCP(real-time transport control protocol)和 RTP 一起提供流量控制和拥塞控制服务。

在 RTP 会话期间，各参与者周期性地传送 RTCP 包。RTCP 包中含有已发送数据包的数量、丢失数据包的数量等统计资料，因此，服务器可以利用这些信息动态地改变传输速率，甚至改变有效负载类型。

RTP 和 RTCP 配合使用，它们能以有效的反馈和最小的开销使传输效率最佳化，因而特别适合传送网上的实时数据。

1. RTCP 功能

RTCP 主要具有以下 4 个方面的功能：

(1) 提供数据发布的质量反馈

RTCP 作为 RTP 传输协议的一部分，与其他传输协议的流量控制和拥塞控制有关，反馈功能由 RTCP 发送方和接收方报告执行。

(2) 提供 RTP 源持久传输层标识

RTCP 带有称作正规名(CNAME)的 RTP 源持久传输层标识。如发现冲突,程序重新启动。

(3) 控制传输速率

所有参与者都发送 RTCP 包,当 RTP 扩展到一定规模时,RTCP 必须控制 RTCP 包的传输速率。

(4) 传送最小连接控制信息

RTCP 协议能够实现传送最小连接控制信息,如参与者标识。RTCP 充当通往所有参与者的方便通道,但不必支持应用的所有控制通信要求。

2. 实时传输控制协议 RTCP 包格式

实时传输控制协议 RTCP 首部格式如图 18-4 所示。

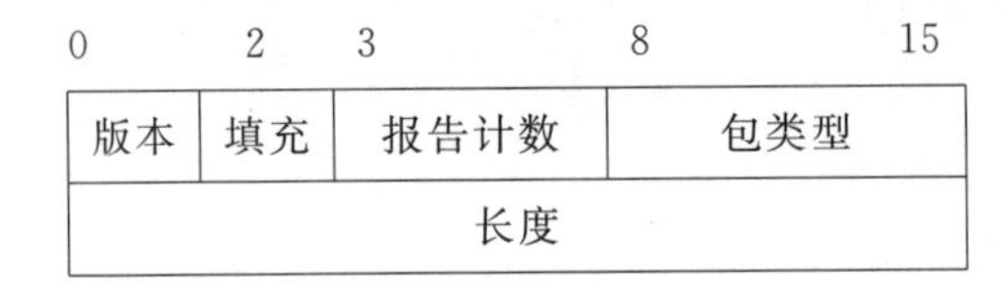

图 18-4 实时传输控制协议 RTCP 首部格式

版本:长度为 2 比特,用以识别 RTP 的版本。RTP 数据包中的该值与 RTCP 数据包中的一样。

填充:长度为 1 比特,置位时,RTCP 数据包包含一些填充 8 比特位组,它们不属于控制信息。填充的最后 8 比特是用于计算应该忽略多少填充 8 比特位组的。一些分组加密算法需要使用填充字段。在复合 RTCP 数据包中,只有最后的一个数据包才需要使用填充,这是因为复合数据包采用的是整体加密方法。

报告计数:长度为 5 比特,接收方的报告计数,接收方报告块的编号包含在该数据包中。

包类型:识别一个 RTCP 数据包。RTCP 数据包类型为发送方报告(SR)、接收方报告(RR)、源描述(SDES)、结束参与(BYE)、特殊应用功能(APP)5 种数据包。

长度:该字段长 16 比特,表示 RTCP 数据包(含首部、数据和填充)的大小。RTCP 数据包长度采用 32 比特字计数方法,其值为数据包的 32 比特字数减去 1。

18.4 集成业务

IntServ 译为集成业务或综合服务,IntServ/RSVP 服务模型定义在 RFC 1633 中,并且 RFC 1633 将 RSVP 作为 IntServ 结构中的主要信令协议,其主要目标是以资源预留的方式来实现 QoS 保障。

18.4.1 IntServ 模型

IntServ 的基本思想是在传送数据之前,根据业务的 QoS 需求进行网络资源预留,从而为该数据流提供端到端的 QoS 保证。

理论上，IntServ/RSVP 模型要实现 QoS 保证、基于流的复杂的资源预留、准入控制、QoS 路由和调度机制。图 18-5 列出了 IntServ 的基本元素及其相互关系。

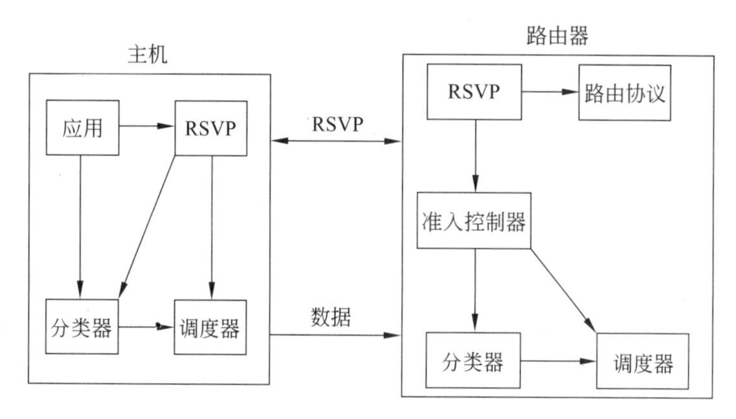

图 18-5　IntServ 的基本元素及其相互关系

结构上，IntServ/RSVP 服务模型主要由 4 个部分构成：信令协议 RSVP、准入控制器(admission control routines)、分类器(classifier)以及包调度器(packet scheduler)。

在实现过程中，IntServ 需要所有路由器在控制路径上处理每个流的信令消息并维护每个流的路径状态和资源预留状态，在数据路径上执行流的分类、调度和缓冲区管理。RSVP 负责以逐跳(hop-by-hop)方式建立或者拆除每个流的资源预留软状态(soft state)，即建立或拆除数据传输路径。准入控制器将决定是否接受一个资源预留请求，其根据是链路和网络结点的资源使用情况以及 QoS 请求的具体要求。分类器则将传输的数据包分类成传输流，IntServ 常用的分类器是多字段(multi-field，MF)分类器，当路由器接收到数据包时，它根据数据包首部的多个字段(如 5 元组：源 IP 地址、目的 IP 地址、源端口号、目的端口号，传输协议)，将数据包放入相应的队列中，调度器则根据不同的策略对各个队列中的数据包进行调度转发。

IntServ 所采用的主要技术包括：先进的冲撞管理、限制延迟、抖动以及网络内带宽消耗的排队算法，还有能够为特定应用预留带宽的资源预留协议。

IntServ 的优点有：

(1) 能够提供端到端的 QoS 保证；

(2) 可以保证组播业务中网络资源的有效分配和网络状态的动态改变，以及组播成员的灵活管理；

(3) 适用于多媒体实时业务。

IntServ 的缺点有：

(1) 扩展性不好；

(2) 要求从发送方到接收方的所有路由器都支持 RSVP；

(3) 信令系统及 RSVP 都较复杂，造成实现困难。

因此，IntServ 只适合于网络规模较小、业务质量要求较高的网络。

18.4.2 资源预留协议

RSVP 是集成业务的核心。这是一种信令协议,用来通知网络结点预留资源。如果资源预留失败,RSVP 协议会向主机发回拒绝消息。

1. RSVP 的工作原理

IntServ/RSVP 服务模型对传统因特网体系结构的扩展主要包括:在路由器中保存业务流状态信息以及明确的状态建立机制。这种模型有效地集成了各种实时应用和非实时应用,在保持网络效率的同时兼容了传统网络体系结构和协议栈,能对网络进行有效的管理。

RSVP 是一种提供预留设置和控制以实现集成业务的协议,是所有 QoS 协议中最复杂的。RSVP 可以看作是配置业务处理的机制,集成业务则是在 RSVP 信令基础上用以提供端到端 QoS 保证的体系结构。RSVP 协议允许应用程序为它们的数据流保留带宽。主机根据数据流的特性使用这个协议向网络请求保留一个特定量的带宽,路由器也使用 RSVP 协议转发带宽请求。为了执行 RSVP 协议,在接收方、发送方和路由器中都必须有执行 RSVP 协议的软件。

RSVP 的两个主要特性是:

(1) 保留组播树上的带宽,单播是一个特殊情况;

(2) 接收方导向,也就是接收方启动和维护资源的预留。

图 18-6 对上述两个特性进行了说明。图中给出了组播树,它的数据流向是从树的顶部到 6 个主机。虽然数据源来自发送方,但保留消息则发自接收方。

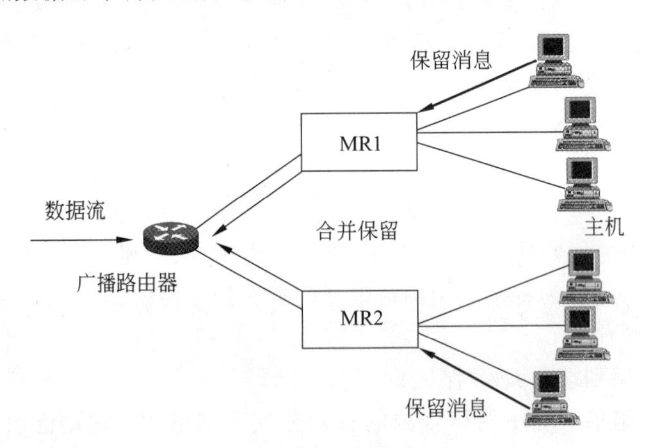

图 18-6 RSVP 特性

当主路由器(MR)向上给发送方转发保留消息时,主路由器可以合并来自下面的保留消息。

2. RSVP 的优缺点

RSVP 的优点:

(1) 良好的兼容性。RSVP 设计时考虑到了与非 RSVP 网络兼容的问题。

(2) 软状态机制。RSVP 软状态机制提供了一种结点从故障中恢复的自我稳定机制,同时防止了由于各种网络原因导致的重复预约资源的问题。

(3) 接收方预约方式。RSVP 的接收方发起预约的方式使其能够适用于组播中存在大量接收方的情况,同时这种预约方法也可以提高网络的资源利用率。

RSVP 的缺点主要体现在 RSVP 的操作依靠周期性的不可靠的消息交换,如果在预约的建立阶段丢掉预约消息,则将导致很长的连接建立时延。RSVP 的预约方法本身就对 RSVP 的可扩展性构成损害,因为 RSVP 需要在路由器的数据路径(调度、缓存管理等)和控制路径(RSVP 状态)上同时保持流的状态。

18.5 区分业务

DiffServ 是一个起源于 IntServ,但相对简单、划分粒度较粗的控制系统,DiffServ 使大型网络具有了可伸缩性。

18.5.1 区分业务模型

1. DiffServ 体系结构

DiffServ 体系结构主要由 QoS 资源策略管理器、边缘器件模块和核心器件模块 3 个部件构成,具体来说,有以下几个重要组成部分:

(1) 区和域

DiffServ 中的域 A、B 分别为普通客户网络和 DiffServ 域(DiffServ domain)。几个 DiffServ 域可组成 DiffServ 区(DiffServ region)。DiffServ 域的入口对进入该域的业务量进行调节,使其符合通信量调节协议 TCA(traffic conditioning agreement),同时 DiffServ 域之间存在服务级别协议(service level agreement,SLA)。

(2) QoS 资源管理器

DiffServ 允许 ISP 规定 QoS 策略,这些策略从 QoS 策略管理器下载到边缘模块和核心模块中,以实现其相应功能。

(3) 边缘模块

普通路由器或网关上增加粗略划分业务流便成为边缘模块,执行所有流的分类、计量和标记等功能。

(4) 核心模块

DiffServ 的核心路由器属于内部子网,采用统一的 PHB 进行简单的数据包转发,不必考虑流的状态信息。

2. DiffServ 工作过程

区分业务 DiffServ 工作流程如图 18-7 所示。

(1) 用户首先与 ISP 签订一个服务等级协议 SLA,明确所支持的业务级别等。

(2) 标记自己的区分业务编码标记 DSCP(differentiated services code point)以指定 QoS 的服务,也可以让边缘路由器根据多字段 MF 分类来标记。

(3) 在 ISP 的入口,数据包被分类、计量、标记。在边缘路由器上,所有的分类规则均依据 SLA。

3. DiffServ 研究热点

目前 DiffServ 领域的研究热点包括 DiffServ 与 IntServ 的结合、DiffServ 组播支持、对

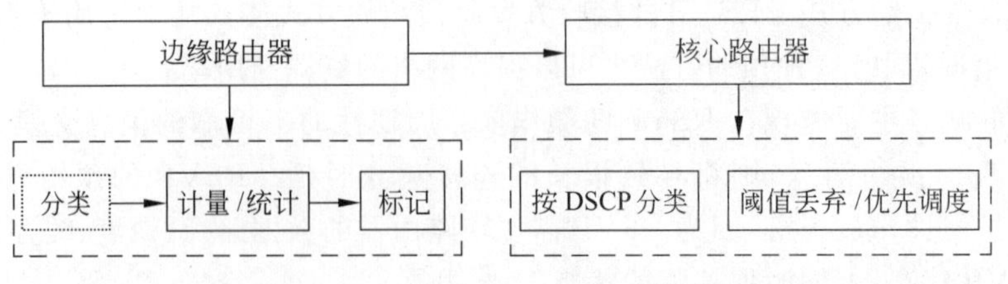

图 18-7 区分业务 DiffServ 工作流程

DiffServ 的性能模型分析和数值分析,以及带宽分配的公平性保证等问题。

DiffServ 可以与 IntServ 结合起来以提供端到端的 QoS 机制,目前已经提出的典型的研究方案和实现机制有:面向 SCore(scalable core)的"动态分组状态"(DPS)方案;基于3种优先级别的带宽保证型服务(BGS)机制;在 DiffServ 的网络中结合 RSVP 协议提供资源预留和 QoS 保证机制。

DiffServ 域中支持组播问题也日益突出。由于 DiffServ 的体系结构是基于单播的,如果使 DiffServ 支持组播必然会出现一些问题,目前一种较为简单的办法是在组播路由表的每个输出链路表项中加入一项 DSCP,再加上一定的管理机制。DiffServ 中还有一个很大的问题就是公平性问题,由于 DiffServ 网络内部处理的对象是流聚集而非微流,统一聚集中各微流共享带宽资源,流特性的不同必然造成对资源抢占所带来的不公平。

DiffServ 研究的一个很重要的环节是内部路由的 PHB 实现,包括实时性和丢失控制以及对带宽的利用率,重点是研究和实现理想的队列调度和队列管理机制。

18.5.2 DS 字段

区分业务 DiffServ 主要通过两个机制来完成不同 QoS 业务要求的分类:DS 标记和一个包转发处理库的集合 PHB。

通过对一个包 DS 字段的不同标记,以及基于 DS 字段的处理,就能够产生一些不同的服务级别。

图 18-8 显示了 DiffServ 的 DS 字段。DS 被分割为一个6比特的 DSCP 字段和一个2比特的显式拥塞通告(ECN),显式拥塞通告的用法详见5.1节和8.2节。DSCP 是分组承受服务质量的唯一标志,每个 DSCP 值对应一种特定的服务等级。在网络的核心处,路由器根据该 DSCP 值来决定分组的 PHB。具有相同 DSCP 值的数据包将接收相同的处理,这些处理构成行为聚合 BA(behavior aggregate)。IP 数据报首部中的区分业务标记字段是 DS 区域的边缘结点和核心结点之间传递流汇聚信息的媒介,是连接边界的传输分类和调节机制与内部 PHB 的桥梁。

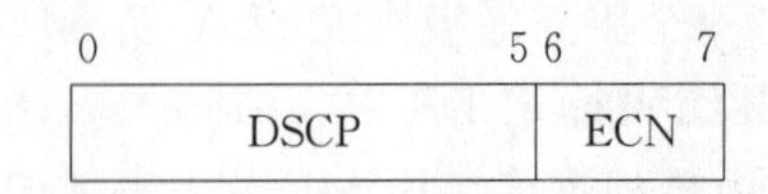

图 18-8 区分业务 DiffServ 的 DS 字段

本章要点

- QoS 是指网络在传输数据流时要求满足的一系列服务请求及实现这些请求的机制。这些服务请求可以用以下几个指标来衡量：带宽要求、传输延迟、延迟抖动、可靠性、丢失率、吞吐量等。
- 主要的 IP QoS 技术有集成业务、区分业务、QoS 路由和 MPLS 等。
- 实时传输协议 RTP 由 IETF 作为 RFC 1889 发布，是针对多媒体服务数据流的一种传输协议，其目的是提供时间信息和实现流同步。
- 实时传输控制协议 RTCP 和 RTP 一起提供流量控制和拥塞控制服务。
- IntServ/RSVP 服务模型定义在 RFC 1633 中，并且 RFC 1633 将资源预留协议 RSVP 作为 IntServ 结构中的主要信令协议，其主要目标是以资源预留的方式来实现 QoS 保障。
- IntServ 的基本思想是在传送数据之前，根据业务的 QoS 需求进行网络资源预留，从而为该数据流提供端到端的 QoS 保证。
- 资源预留协议 RSVP 是集成业务的核心。这是一种信令协议，用来通知网络结点预留资源。如果资源预留失败，RSVP 协议会向主机发回拒绝消息。
- DiffServ 是一个起源于 IntServ，但相对简单、划分粒度较粗的控制系统，DiffServ 使大型网络具有了可伸缩性。
- DiffServ 体系结构主要由 QoS 资源策略管理器、边缘器件模块和核心器件模块 3 个部件构成，具体包括以下几个重要组成部分：区和域、QoS 资源管理器、边缘模块、核心模块。
- DiffServ 主要通过两个机制来完成不同 QoS 业务要求的分类：DS 标记和一个包转发处理库的集合 PHB。

习题

18-1　阐述实时传输控制协议 RTCP 的工作原理。

18-2　阐述资源预留协议(RSVP)的工作原理。

18-3　给出 DiffServ 与 IntServ 模型的比较。

18-4　什么是 QoS？IP QoS 研究的目标及主要的 IP QoS 技术是什么？

18-5　RTP 协议的特点有哪些？

18-6　阐述实时传输控制协议 RTCP 的主要功能。

18-7　试分析资源预留协议(RSVP)的优缺点。

第19章　多协议标签交换

IETF在综合各厂家IP交换技术的基础上提出了标准的IP交换技术——多协议标签交换(MPLS),从而解决了IP交换技术的标准化和各厂家IP交换设备的互操作性问题。

多协议标签交换MPLS最重要的优势在于它能提供传统IP路由技术所不能支持的新业务,提供更高等级的基础服务和新的增值服务,为处理不同类型的业务提供了极大的灵活性,可为不同的客户提供不同的业务。

19.1　多协议标签交换概述

IP交换(IP switching)是由Ipsilon公司提出的一种革命性思想,它将一个IP路由处理器捆绑在一台ATM交换机上,去除了交换机中所有的ATM论坛信令和路由协议,这样的一个结构便成为IP交换机。ATM交换机由与其相连的IP路由处理器控制,它作为一个整体运转,执行通常的IP路由协议功能,并进行传统的逐跳方式的IP分组转发。

当检测到一个大数据量、长持续时间的业务流时,IP路由处理器将会与其邻近的上行结点协商,为该业务流分配一个新的虚通路和虚信道标识(VPI/VCI)来标记属于该业务流的信元,同时更新ATM交换机中连接表对应的内容。一旦这个独立的处理过程在路由通路上的每一对IP交换机之间都得到执行,那么每一个IP交换机就可以很简单地把交换连接表中的上行和下行结点的表项入口正确地连接起来。这样,最初的逐跳路由方式的业务流最终被转变成了一个ATM交换的业务流。

随后,工业界(如Cisco、IBM等)对IP交换解决方案给予了很大的关注,出现了很多不同的IP交换方案,其中一些是流驱动方案,它们采用基于硬件的ATM交换技术为端到端的主机和应用业务流提供改善的性能和更多的带宽。其他的则是拓扑驱动方案,它们基于路由协议来提高业务流的吞吐量。总的来说,这些不同的方案都采用一个简单的标签交换方式。所有这些方案都意识到将路由和交换综合起来具有极大的优点。路由当然是因特网的要求所在,而交换则提供便宜的、高容量的分组/信元转发硬件。

这些方案虽然引起了极大的轰动,但它们面临很多实际的问题,这些问题使得应用进展缓慢。为使IP交换技术成为标准,并使各厂家设备之间实现互操作,IETF在综合各厂家IP交换技术的基础上提出了标准的IP交换技术——多协议标签交换MPLS,从而解决了IP交换技术的标准化和各厂家IP交换设备的互操作性问题。名称中的多协议意味着除了IP协议之外,还支持多种网络层协议。在体系结构上这是正确的,但实际上网络层协议会将其限于IPv4和IPv6。MPLS工作组的主要目标是开发一个综合路由和交换的标准。

MPLS合并网络层路由和标签交换而形成一个单一的解决方案,它具有如下优点:

(1) 改善路由的性能和成本;

(2) 提高传统叠加模型路由的扩展性;

(3) 引进和实施新业务时更具灵活性。

MPLS 的根本特征在于没有采用 ATM 寻址、ATM 路由和 ATM 协议。MPLS 采用 IP 寻址、动态 IP 路由和标签分发协议(LDP),LDP 把等价转发类(FEC)映射成标签,而后形成标签交换协议(LSP)。一般情况下,MPLS 只涉及创建和分发 FEC 标签映射,这样就可以通过一个网络的默认或非默认路径更好和更有效地转发 IP 业务量。当运行在 ATM 硬件上时,MPLS 只是另一种 ATM 控制平面,虽然它主要是通过 IP 路由协议驱动并唯一地为路由的 IP 业务量而设计。当然实际情况是 MPLS 大多数情况下会与 ATM 共存,它们以双方各自的方式运行,或许 MPLS 还通过 ATM 交换机进行通信。

应该指出的是,MPLS 体系结构具备运行在任何数据链路上而不仅仅是 ATM 上的能力。因此,网络供应商可能在一个包含点对点协议(PPP)、帧中继、ATM 和广播 LAN 数据链路的域上配置并运行 MPLS。

应用系统中核心路由器采用 MPLS 技术所提供的不仅仅是高速报文转发速率,由于 MPLS 将第二层交换和第三层路由有机地集成在一起,因此为传统交换技术(如 ATM 和帧中继)发展开辟了崭新的方向。

另外,由于可以通过显式路由的方式建立 LSP,而且 FEC 可以基于源和目的 IP 地址、源和目的 TCP/UDP 端口号、IP 首部协议字段值和 IP 首部服务类型字段值等进行分类,使得 MPLS 技术非常容易实现流量工程和服务分类(CoS)。

MPLS 技术另一个非常有用的功能就是虚拟专用网(VPN)服务功能,它支持基于 MPLS 的第二层和第三层 VPN,另外 MPLS 网络能够作为服务提供商的网络为因特网的服务提供商提供 BGP/MPLSVPN 服务。

19.2　MPLS 体系结构

1. 概述

MPLS 网络的基本构成单元是标签交换路由器 LSR(label switching router),主要运行 MPLS 控制协议和第三层路由协议,并负责根据其他 LSR 交换的路由信息来建立路由表,实现 FEC 和 IP 分组首部的映射,建立 FEC 和标签之间的绑定,分发标签绑定信息,建立和维护标签转发表。MPLS 原理如图 19-1 所示。

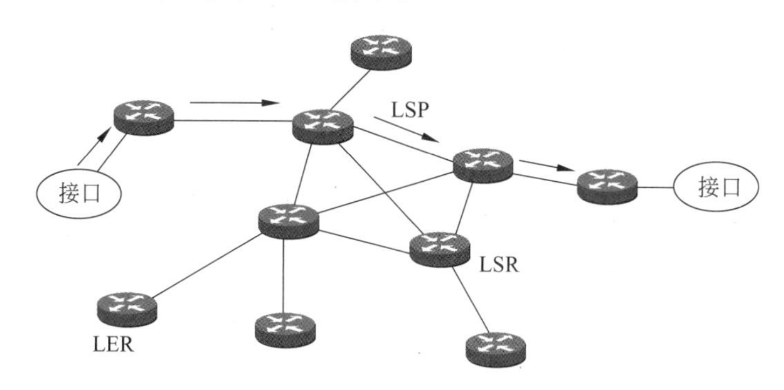

图 19-1　MPLS 原理图

由 LSR 构成的网络叫做 MPLS 域,位于域边缘的 LSR 称为边缘 LSR(即 LER,labeled

edge router),主要完成连接 MPLS 域和非 MPLS 域以及不同 MPLS 域的功能,并实现对业务的分类、分发标签(作为出口 LER)、剥去标签等。

位于区域内部的 LSR 则称为核心 LSR,核心 LSR 可以是支持 MPLS 的安全网关,也可以是由 ATM 交换机等升级而成的 ATM-LSR,它提供标签交换(label swapping)和标签分发功能。

带标签的分组沿着由一系列 LSR 构成的标签交换路径 LSP(label switched path)进行传送。

MPLS 网络由核心部分的标签交换路由器(LSR)、边缘部分的标签边缘路由器(LER)组成。LSR 可以看作是 ATM 交换机与传统路由器的结合,由控制单元和交换单元组成;LER 的作用是分析 IP 数据报首部,决定相应的传送级别和 LSP。

由于 MPLS 技术隔绝了标签分发机制与数据流的关系,也不依赖于特定的数据链路层协议,因而可支持多种物理层和数据链路层技术,例如 ATM、以太网、PPP、帧中继、光传输等。

标签交换的工作流程如下:

(1) 由标签分发协议(LDP)和传统路由协议(OSPF 等)在 LSR 中建立标签映射表和路由表;

(2) MPLS 入口处的 LER 接收 IP 包,完成第三层功能,并给 IP 包加上标签;

(3) MPLS 出口处的 LER 将分组中的标签去掉后继续进行转发;

(4) LSR 不再对分组进行第三层处理,只是根据分组上的标签通过交换单元进行转发。

2. MPLS 的协议栈

MPLS 协议采用 LDP、基于约束的 LDP 即 CR-LDP,以及采用已有的协议如 RSVP,或对已有协议扩展形成的协议,如资源预留协议扩展(RSVP-TE)。RSVP/RSVP-TE、CR-LDP 结合 QoS 路由能够很好地支持集成业务(IntServ)、区分业务(DiffServ)和流量工程。MPLS 的协议栈分为两个层面:控制层面和数据层面。包括:

(1) 标签信息库 LIB。

(2) 标签分发协议 LDP。

(3) 基于路由受限标签分发协议 CR-LDP 和基于流量工程扩展的资源预留协议 RSVP-TE。CR-LDP 是 LDP 协议的扩展,它仍然采用标准的 LDP 消息,与 LDP 共享 TCP 连接,CR-LDP 的特征在于通过网络管理员制定或是在路由计算中引入约束参数的方法建立显式路由,从而实现流量工程等功能。RSVP-TE 也是由 RSVP 扩展得到的,在协议实现中将 RSVP 作用对象从流转变为 FEC,降低了颗粒度,也就提高了网络的可扩展性。CR-LDP 和 RSVP-TE 在功能上比较相似,但在协议实现上有着本质的区别,难以实现互通,必须有选择地应用它们。

(4) 用户数据报协议 UDP。

(5) 传输控制协议 TCP。

(6) 基于 IP 寻址的下一跳分组转发 IP-FWD。

(7) 基于 MPLS 的标签和标签信息库查找的标签交换 MPLSFWD。

一个典型的 MPLS 网络结构如图 19-2 所示。

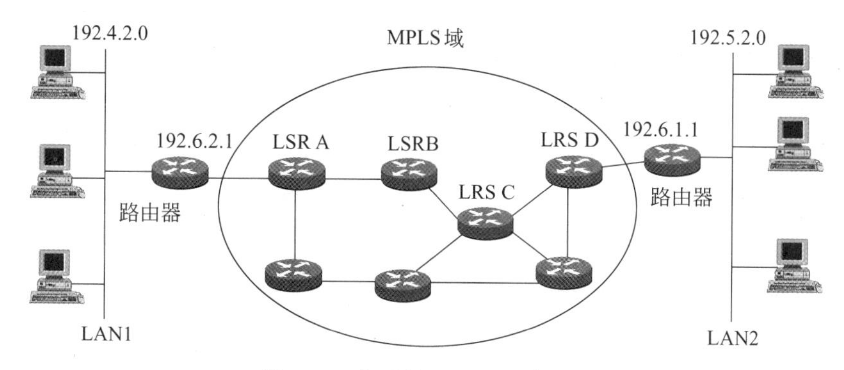

图 19-2　典型的 MPLS 网络结构

3. MPLS 的核心技术

(1) 标签交换路由器

标签交换路由器类似于一个通用的 IP 交换机，它具有第三层转发分组和第二层交换分组的功能。它也能运行传统 IP 路由协议，并可能执行一个特殊控制协议以与邻近的 LSR 协调 FEC/标签的绑定信息。一个 LSR 可以是一个扩充了 IP 路由的传统交换机(如 ATM)，或者是升级为支持 MPLS 的一个传统路由器。

LSR 是 MPLS 系统中的核心部件，MPLS 中的 LSR 执行如下路由过程：执行标准路由传播协议，以获得网络拓扑；为每个 FEC 分配一个标签；执行 LDP，并根据从其他结点获得的标签信息建立标签信息库(LIB)；后续分组获得 LIB 中相应的标签，并按照指定动作处理，沿相应的 LSP 传输。

(2) 标签

在传统的路由器中，必定分析每个分组首部，以确定下一站的转发地点。但是在 MPLS 中，只需要在 MPLS 网络的入口端处理一个流束的所有分组，把属于同一个流束的分组用一个固定长度的字段加以编号。这一字段在 MPLS 里被称为标签(label)。在 LSR 中，一个流束的 FEC 就映射到标签上。

(3) 标签交换

标签交换利用分组中所携带的标签信息和标签路由器维护存储的标签信息库(LIB)来转发分组。由于标签交换不必像传统 IP 路由那样分析分组首部中的变长部分，因而标签交换是一个快速和简单的转发过程。标签由交换机组件处理，用以确定对应的输出标签、必要的封装和端口号及其他数据信息处理操作。若一个分组包含一个标签栈，则 MPLS 设备只处理栈中的顶部标签。

(4) 标签分发

标签分发是分发 FEC/标签绑定信息的过程，目的是通过在各个 LSR 建立和运行转发表机制，形成用于报文标签交换转发所经过的路径即 LSP。标签分发是通过 LDP 来完成的，或通过现有的控制协议(如 RSVP 和 BGP)来传输 FEC/标签绑定信息。

MPLS 建议了两种标签分发方式：上游请求方式，即上游标签交换路由器 LSR 为某个 FEC 向下一跳 LSR 请求分配标签；下游分配方式，即不需要上游请求标签直接将标签绑定信息发送到上游。

图 19-3 给出了一个下游分配的例子，LSR2 从下游结点收到一个绑定某个网络地址前

缀的标签 Z,它将标签放入转发表的数据项输出标签字段中,生成新标签 K,并把 K 放入该数据项的输入标签字段中。然后,LSR2 将向 LSR1 发送标签映射消息,LSR1 将标签 K 放入转发表中,同时生成标签 A,并将其放入输入标签字段中,然后向其相邻结点发送映射消息。

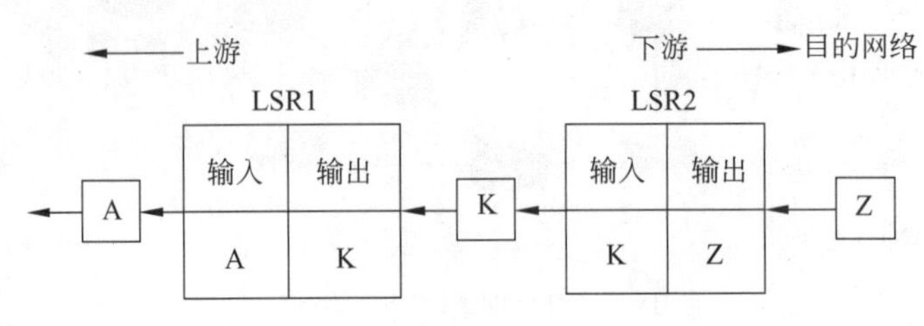

图 19-3　下游分配示意图

19.3　MPLS 组件

1. 组件

MPLS 平台中具有标签交换路由器、标签边缘路由器、标签分发协议等组件,下面是一些主要组件的详细信息。

(1) 标签交换路由器(LSR)

LSR 类似一个通用 IP 交换机,它是 MPLS 中负责第三层转发分组和第二层标签交换分组的设备。

(2) 标签边缘路由器(LER)

LER 是从一个 MPLS 域转发分组的传统路由器,也可以与内部 LSR 通信以交换 FEC/标签关联信息。它的作用是分析 IP 分组首部,用于决定相应的传送级别和 LSP。

(3) 标签

标签(label)是一个包含在每个分组中的短且固定的数值,用于通过网络转发分组。一对 LSR 在标签的数值和意义上保持一致。标签格式依赖于分组封装所在的介质。例如,ATM 封装的分组(信元)采用 VPI 或 VCI 数值作为标签,而帧中继 PDU 采用 DLCI 作为标签。对于那些没有内在标签结构的介质封装,则采用一个特殊的数值来填充。

标签的结构如图 19-4 所示。

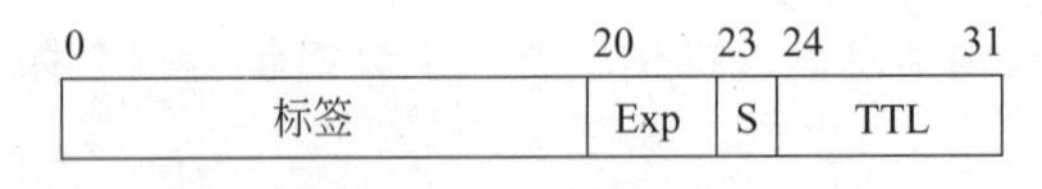

图 19-4　标签的结构

标签位于数据链路层包首部和网络层分组之间,长度为 4 个字节。标签共有 4 个字段:

标签:标签值字段,长度为 20 比特,是用于转发的指针。

Exp:3 比特,保留用于试验。

S:1 比特,MPLS 支持标签的分层结构,即多重标签。值为 1 时,表明为最底层标签。

TTL:8 比特,生存时间字段,和 IP 分组中的 TTL 意义相同。

标签封装如图 19-5 所示。

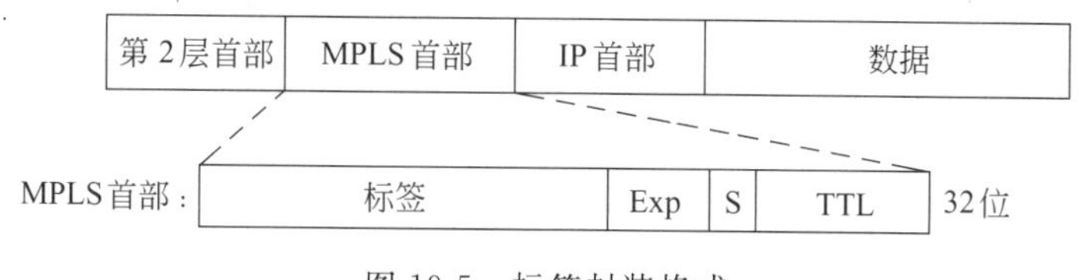

图 19-5 标签封装格式

(4) 标签栈

标签栈是一个排序的标签集。它添加在一个分组中，可以隐含地承载多个 FEC 的信息，即分组的归属以及分组可能经过的 LSP。一个标签栈使得 MPLS 支持分级路由（一个标签用于 EGP，而另一个标签用于 IGP），并且把多个 LSP 汇聚到一个单一的主干（trunk）LSP 上。

(5) 标签分发协议（LDP）

LDP 是 MPLS 的控制协议，用于在 LSR 之间交换 FEC/标签绑定信息。

(6) 标签交换路径（LSP）

LSP 是一个从入口到出口的交换式路径，是一个特定的 FEC 分组在传输过程中经过的标签交换路由器的集合所构成的传输通路。它由 MPLS 结点建立，目的是采用一个标签交换转发机制来转发一个特定的 FEC 分组。

(7) 标签信息库（LIB）

标签信息库 LIB 是保存在一个 LSR（LER）中的连接表，在 LSR 中包含有 FEC/标签绑定信息和关联端口以及媒体的封装信息。LIB 通常包括下面内容：入、出口端口；入、出口标签；FEC 标识符；下一跳 LSR；出口数据链路层封装等。

(8) 转发等价类（FEC）

MPLS 采用 FEC 作为标签来处理 IP 分组。转发等价类代表着在相同路径上转发，以相同方式处理，并因此被一个 LSR 映射到一个单一标签的一组 IP 分组上。一个 FEC 也可以被定义为将分组映射到一个特定流束的一个操作符。

(9) 流束（stream）

流束属于同一个 FEC 的一组分组流，它们流经同一个结点，从相同的通道传输，并以相同方式转发到目的地，它们在 MPLS 里被称为“流束”。一个流束包含一个或多个流（flow），在 MPLS 体系结构中流束由流束成员描述符（SMD）标识。

(10) 流束合并

流束合并是将一些小流束合并进一个单一的大流束中，例如 ATM 的 VP 合并和 VC 合并。

2. MPLS 的基本配置

要使一台安全网关具有基本的 MPLS 功能，一般的配置过程如下：

(1) 配置 LSR 的标识 ID。

(2) 启用 MPLS。

(3) 启用对 LDP 协议的支持。

(4) 使接口具有 LDP 功能。

经过上述的基本配置，安全网关即可提供 MPLS 转发和 LDP 信令功能，如果要修改一些默认参数或者实现一些特殊的 MPLS 功能,如手工建立 LSP、建立显示路由等,则可以根据配置列表提供的方法来配置,有些复杂的功能可能需要多个配置的组合才能实现。

19.4 标签分发协议

LSP 实质上是一条 MPLS 隧道,而隧道建立过程则是通过 LDP 来实现的。LDP 是 LSR 将它所做的 FEC/标签绑定通知给另一个 LSR 的协议族,使用 LDP 交换 FEC/标签绑定信息的两个 LSR 称为对应于相应绑定信息的标签分发对等实体。LDP 还包括标签分发对等实体为了获知彼此的 MPLS 能力而进行的任何协商。

目前主要研究 3 种标签分发协议:基本的标签分发协议(LDP)、基于约束的 LDP(CR-LDP)和扩展 RSVP(RSVP-TE)。

LDP 是基本的 MPLS 信令与控制协议,它规定了各种消息格式以及操作规程,LDP 与传统路由算法相结合,通过在 TCP 连接上传送各种消息,分配标签、发布<标签,FEC>映射,建立维护标签转发表和标签交换路径。但如果需要支持显式路由、流量工程和 QoS 等业务,就必须使用后两种标签分发协议。

CR-LDP 是 LDP 协议的扩展,它仍然采用标准的 LDP 消息,与 LDP 共享 TCP 连接,CR-LDP 的特征在于通过网络管理员制定或是在路由计算中引入约束参数的方法建立显式路由,从而实现流量工程等功能。

RSVP 本来就是为了解决 TCP/IP 网络服务质量问题而设计的协议,将该协议进行扩展得到的 RSVP-TE 也能够实现各种所需功能,在协议实现中将 RSVP 的作用对象从流转变为 FEC,从而提高了网络的扩展性。

利用 LDP 交换标签映射信息的两个 LSR 因其作为 LDP 对等实体而为人们所了解,并且它们之间有一个 LDP 会话。在单个会话中,每一个对等实体都能获得其他的标签映射,换句话说,这个协议是双向的。

1. MPLS 标签分发

MPLS 标签分发方式中涉及的概念主要有本地绑定(映射)和远程绑定、上游绑定和下游绑定、按需提供方式和主动提供方式、有序方式和独立方式等。另外,标签交换进程的发起方式有数据驱动方式和拓扑驱动的方式。下面分别介绍这些概念。

(1) 本地绑定和远程绑定

本地绑定是由 LSR 自己决定的 FEC 与标签之间的绑定关系,而远程绑定是 LSR 根据其相邻结点(上游或下游)发来的标签绑定消息来决定的 FEC 与标签之间的绑定关系,本地绑定标签选择的决定权在本地 LSR,而远程绑定标签选择的决定权在相邻的 LSR,远程绑定的 LSR 只是遵从相邻 LSR 的绑定选择。

(2)上游绑定和下游绑定

上游绑定是指 LSR 的输入端口采用远程绑定,而输出端口采用本地绑定,而下游绑定是指 LSR 的输入端口采用本地绑定,输出端口采用远程绑定,即用其他 LSR 传来的标签来填写自己标签转发表的输出端口部分,下游标签绑定的示意图见图 19-6。上游绑定中标签绑定的消息与带有标签的分组传送方向相同,绑定产生的起始点在上游的首端,而下游绑定则完全相反,标签绑定的消息与带有标签的分组传送方向相反,绑定产生于下游的末端。

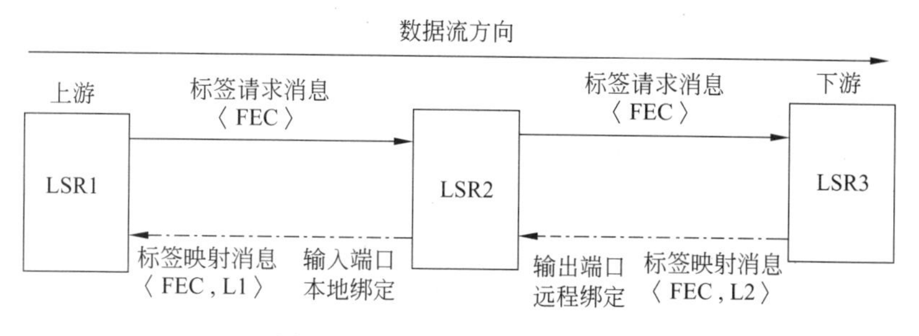

图 19-6　下游标签绑定的示意图

下游绑定数据流的方向与标签映射消息的方向相反，如果标签绑定的建立需要标签请求消息，则该方式为按需提供方式，否则为主动提供方式；如果标签绑定的建立需要标签映射消息，则为有序方式，否则为独立方式，如果标签请求消息和标签映射消息需要同时满足才能建立标签绑定，则为下游按需有序的标签分发方式。

(3) 按需提供方式和主动提供方式

按需提供方式是指 LSR 在收到标签请求消息后才开始决定本地的标签绑定，而主动提供方式则不受此限制，例如在路由协议收敛后，只要有了稳定的路由表，LSR 就可以直接根据路由表对 FEC 分发标签，而无须等到相邻 LSR 向自己发标签请求消息后才建立绑定关系。

(4) 有序方式和独立方式

有序方式是指相邻的 LSR 向本地 LSR 发出标签映射消息后，本地 LSR 才建立 FEC 和标签的绑定，独立方式则是 LSR 无须收到标签映射消息，各个 LSR 独立建立标签绑定并向相邻的 LSR 发送标签映射消息。

(5) 数据驱动与拓扑驱动

数据驱动是指 LSR 在有数据发送时，才建立 LSP，而拓扑驱动是指 LSR 根据路由表中的内容建立 LSP，而不管是否有实际的数据传送。

2. LSP 通道的建立过程

下面以下游按需有序方式为例来说明 LSP 通道的建立过程，如图 19-7 所示。

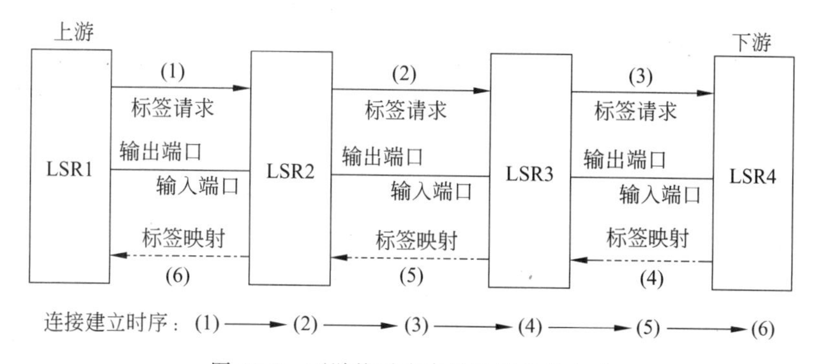

图 19-7　下游按需有序的标签分发方式

首先，LSR1 建立一个显式路由对象 ERO，该路由对象包含一条显式路由（LSR2、LSR3、LSR4），LSR1 将沿此路由建立一条 LSP；每个 LSR 都由一个 32 位长的 IP 地址来表示;LSR1 构造一个标签请求消息并发送给 LSR2(时序 1),该标签请求消息包含显式路由对象 ERO(LSR2、LSR3、LSR4),LSR2 在收到 LSR1 发来的标签请求消息时,发现自己就是这个 ERO 中的第一个结点,接着 LSR2 检查下一个结点,即 LSR3,LSR2 将自己从 ERO 中删除,并向 LSR3 发送包含这个修改后的 ERO 的标签请求消息(时序 2),LSR3 对标签请求消息的处理与 LSR2 相同(时序 3),LSR3 向 LSR4 发送的标签请求消息中的 ERO 中只包含 LSR4,LSR4 发现自己是 ERO 中的最后一个结点,于是 LSR4 在其输入端口建立一个本地绑定＜FEC,L1＞,LSR4 向 LSR3 发送标签映射消息(时序 4),该标签映射消息中含有＜FEC,L1＞的绑定消息,LSR3 收到该消息后,在输出端口产生一个远程绑定,即用 LSR4 传来的标签来填写自己标签转发表的输出端口部分,同时,LSR3 对输入端口建立本地标签绑定＜FEC,L2＞,并将标签映射消息发送给 LSR2(时序 5),LSR2 对标签映射消息的处理过程与 LSR3 相同,即在建立了输出端口的远程绑定＜FEC,L2＞和输入端口的本地绑定＜FEC,L3＞后,将本地绑定通过标签映射消息发给 LSR1(时序 6), LSR1 收到来自 LSR2 的标签映射消息后在输出端口上建立远程绑定＜FEC,L3＞,此时 LSP 通道即宣告建立完成。

3. LDP 协议报文格式

LDP 协议报文格式如图 19-8 所示。

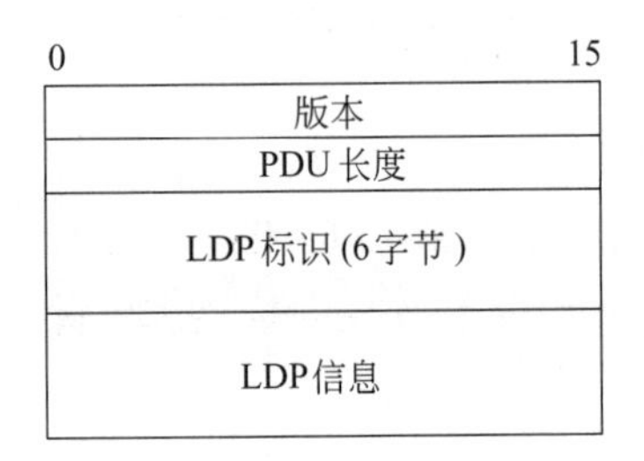

图 19-8　LDP 协议报文格式

版本:协议版本号。

PDU 长度:PDU 总长度(不包括版本和 PDU 长度字段)。

LDP 标识:该字段唯一识别由 PDU 请求的发送 LSR 的标签空间。起始的 4 字节分配给 LSR 的 IP 地址进行编码,最后 2 字节表示 LSR 中的标签空间。

LDP 信息:所有 LDP 信息都具有如图 19-9 所示的格式。

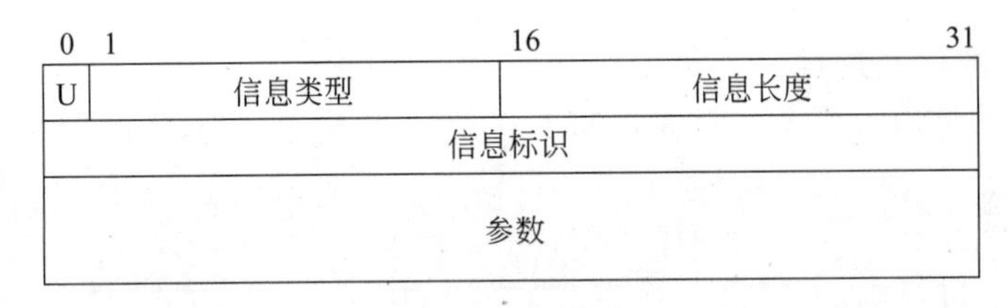

图 19-9　LDP 信息格式

U:是一个未知信息位。在收到一条未知信息时,如果 U 为 0,将返回一条信息给信息的发出端;如果 U 为 1,这条未知信息将被忽略。

信息类型:信息类型包括 Notification、Hello、Initialization、KeepAlive、Address、Address Withdraw、Label Mapping、Label Request、Label Abort Request、Label Withdraw 和 Label Release。

信息长度:16 比特,表示信息标识和参数的长度。

信息标识:32 比特,用于信息识别。

参数:此字段为变长字段,参数包括必需的参数和可选的参数。有些信息没有必需的参数，而有些信息没有可选参数。

19.5　MPLS服务

MPLS因其具有面向连接和开放结构的特点而得到广泛应用，它主要应用在流量工程、服务质量(QoS)、虚拟专用网(VPN)、与ATM集成、IP组播、通用MPLS、无线移动通信网应用WMPLS、移动IP等方面。

1. 流量工程

路由技术通常选取最短路径路由信息，这样容易造成某条路径上的拥塞。通过设置路由度量标准，可以在一定程度上避免发生这种现象，但维护统一的、针对所有目的地的度量标准非常困难。

MPLS除了利用IP路由信息进行LSP配置外，还允许强制配置LSP以使数据包通过某一个特定的路由器，这种方法称为显式路由。显式路由通过避开某条路径来避免在其上发生拥塞，这样的流量分配方式称为流量工程。

随着网络资源需求的快速增长、IP应用需求的扩大以及市场竞争日趋激烈，流量工程已成为MPLS的一个主要应用。因为IP选择路由时遵循最短路径原则，所以在传统的IP网上实现流量工程十分困难。传统IP网络一旦为一个IP包选择了一条路径，则不管这条链路是否拥塞，IP包都会沿着这条路径传送，这样就会造成整个网络对某处资源利用过度，而另外一些地方的网络资源则闲置不用。

在MPLS中，流量工程能够将业务流从IGP计算得到的最短路径转移到网络中可能的、无阻塞的物理路径上去，通过控制IP包在网络中所走过的路径，可以避免业务流流向已经拥塞的结点，从而实现网络资源的合理利用。

MPLS的流量管理机制主要包括路径选择、负载均衡、路径备份、故障恢复、路径优先级和冲突解决等。

MPLS非常适合于为大型ISP网络中的流量工程提供基础，其原因如下：

(1) 支持确定路径，可为每条LSP定义一条确定的物理路径；

(2) LSP统计参数可用于网络规划和分析，以确定瓶颈，掌握中继线的使用情况；

(3) 基于约束的路由使LSP能满足特定的需求；

(4) 不依赖于特定的数据链路层协议，可支持多种物理层和数据链路层技术(IP/ATM、以太网、PPP、帧中继、光传输等)，能够运行在基于分组的网络之上。

2. 服务质量QoS

MPLS最重要的优势在于它能够提供传统IP路由技术所不能支持的新业务，提供更高等级的基础服务和新的增值服务。因特网上传输的业务流包括传统的文件传输、对延迟敏感的语音及视频业务等不同应用。为满足客户需求，ISP不仅需要流量工程技术，也需要业务分级技术。MPLS为处理不同类型业务提供了极大的灵活性，可为不同的客户提供不同业务。

MPLS的QoS是由LER和LSR共同实现的：在LER上对IP包进行分类，将IP包的业务类型映射到LSP的服务等级上；在LER和LSR上同时进行带宽管理和业务量控制，从而保证每种业务的服务质量都得到满足，改变了传统IP网“尽力而为”的状况。

一般采用两种方法实现基于 MPLS 的服务等级转发。

(1) 业务在流经特定的 LSP 时,根据 MPLS 首部中服务等级(COS)字段即图 19-4 中的 3 位 Exp 试验字段所承载的优先级在每个 LSR 的输出接口处排队。

(2) 在一对边缘 LSR 间提供多条 LSP,每条 LSP 都可通过流量工程提供不同的性能和带宽保证。例如,入口 LSR 可将一条 LSP 设置为高优先级,将另一条 LSP 设置为中等优先级。

3. 虚拟专用网

MPLS 的一个重要应用是 VPN,MPLS VPN 根据扩展方式的不同可以划分为边界网关 BGP MPLS VPN 和 LDP 扩展 BGP MPLS VPN,根据 PE(provider edge)设备是否参与 VPN 路由可以将 MPLS VPN 划分为二层 VPN 和三层 VPN。

BGP MPLS VPN 主要包含主干网边缘路由器(PE),用户网边缘路由器(CE)和主干网核心路由器(P)。PE 上存储有 VPN 的虚拟路由转发表(VRF),用来处理 VPN-IPv4 路由,是三层 MPLS VPN 的主要实现者;CE 上分布用户网络路由,通过单独一个物理/逻辑端口连接到 PE;PE 路由器是主干网设备,负责 MPLS 转发。

PE-CE 之间交换路由信息可以通过静态路由、RIP、OSPF、BGP 等路由协议来完成。通常采用静态路由,因为它可以减少 CE 设备因管理不善等原因而造成对主干网 BGP 路由产生震荡的影响,保障了主干网的稳定性。

在三层 BGP MPLS VPN 中引入了自治系统边界路由器(ASBR),在实现跨自治系统的 VPN 互通时,ASBR 同其他自治系统交换 VPN 路由。现有的跨域解决方案有 VRF-to-VRF、MP-EBGP 和 Multi-Hop MP-EBGP 3 种方式。

对于二层 MPLS VPN,运营商只负责给 VPN 用户提供二层的连通性,不需要参与 VPN 用户的路由计算。在提供全连接的二层 VPN 时,与传统的二层 VPN 一样,每个 VPN 的 CE 到其他 PE 之间各分配一条物理/逻辑连接,这种 VPN 的可扩展性存在严重问题。

用 LDP 扩展实现的二层 VPN 也可以承载 ATM、帧中继、以太网/VLAN 以及 PPP 等二层业务,但它的主要应用是以太网/VLAN,实现上只需增加一个新的能够标识 ATM、帧中继、以太网/VLAN 或 PPP 的 FEC 类型即可。

相对于 BGP MPLS VPN,LDP 扩展在于只能建立点到点的 VPN,二层连接没有 VPN 的自动发现机制;其优点是可以在城域网的范围内建立透明 LAN 服务(TLS),通过 LDP 建立的 LSP 进行 MAC 地址学习。

4. 与 ATM 集成

MPLS 能够让 ATM 交换机执行 IP 路由器的几乎所有的功能,因为 MPLS 的转发模式即标签交换与 ATM 交换机硬件提供的转发模式完全相同。传统的 ATM 交换机与 ATM 标签交换机之间的主要差别在于用来建立交换机上的 VCI 表项的控制软件不同。ATM 标签交换机使用 IP 路由选择协议和 LDP 来建立这样的标签项。

一个 ATM 标签交换机可以同时作为一个传统的 ATM 交换机。在这种环境中,交换资源(如 VCI 空间或带宽)在传统的 ATM 控制平面和 MPLS 控制平面之间被划分。MPLS 控制平面可以用来提供基于 IP 的服务,而 ATM 控制平面则提供诸如电路仿真之类的面向 ATM 的服务或者永久虚电路 PVC 服务。

5. IP 组播

IP 组播业务量通常持续一段时间并要求合适的带宽和低时延。典型的应用有多方会议电视和共享白板工具。MPLS 通过把一棵三层传递树映射成一棵 LSP 树，使得组播分组的有效传输变得更容易。此外，组播分组在各自的 LSP 中流动并与其他 LSP 上的其他业务量类型分开，这样做的好处是提高了性能并降低了时延。这一点对于组播业务量很重要，因为它完全不关心可用的网络容量，它可以不像 TCP 那样会对网络拥塞有所反应，这意味着一个组播应用可能会向网络中发送大量的分组并引起拥塞，从而导致 TCP 作出反应并减少其信息传输速率而影响性能。

MPLS 为一个组播传递树的分支分配一个标签，这个组播传递树由一个源端寻根树的(源，组地址)或仅仅由一个共享传递树的(＊，组地址)来标识。标签的分配可以基于一个组播转发高速缓存中的新登录表项(由组播数据分组的到达来驱动)，或者基于显式组播路由协议的控制消息(如 PIM-join)。支持 MPLS 网络上的组播业务还需要考虑以下两点：

(1) 因为 ATM 没有环路检测，必须要避免在 ATM 网络上层形成一个环路 LSP。

(2) 如果一个特殊组播 LSP 的物理链路具有广播能力(如以太网)，则有必要分割整个可用标签空间并为 LSR 分配不重叠区间。因此传送到不同组播组的 LSR 不会采用相同的标签。

6. GMPLS

Generalized MPLS 对 MPLS 中的路由和信令协议做了适当增补后，具备了为网络各层提供一个基于 IP 的公共控制平面的能力。

在 GMPLS 的路由协议中，新增了以下关于链路的属性：用于区分链路是支持光交换、波长交换、TDM 交换还是支持包交换的新类型，链路终结数据的能力，链路上带宽分配的粒度，链路的保护能力等。

在 GMPLS 的信令协议中，新增了建立双向 LSP、发布失败通知。通用标签请求则新增了链路类新要求、链路保护能力和可选建议标签组。

为满足传输网的需求，GMPLS 增加了控制通道，以用于结点间交换控制平面信息，链路管理协议用于校验承载通道的有效性、自动提供业务和故障隔离，多链路绑定和嵌套 LSP 等新特性。GMPLS 的优势在于能提供跨网络层次的流量工程、业务恢复和保护的集成以及快速业务部署。

7. MPLS 在无线移动通信网中的应用——WMPLS

无线 MPLS(WMPLS)协议是 MPLS 协议在无线网络中的扩展，其原理和 MPLS 相同。在无线移动通信网络中，WMPLS 采用流量控制和差错控制机制，新增了可靠性和传输效率保证功能。该功能基于空中信道的实际情况，来控制数据包的传输，并保持约定的流量参数，以及降低比特误码率和包丢失率。

在无线移动通信网络和主干网络的边界处，WMPLS 引入一种翻译功能，去除 WMPLS 添加的额外包首部和控制信息，并把标准格式的 MPLS 包发送至主干网。

目前，WMPLS 协议的标准化过程仍在进行中，且支持 WMPLS 的设备很少。WMPLS 能提供可靠的高速数据传输，以保证业务的 QoS 并支持流量工程等，WMPLS 必将成为无线通信网络支持实时流媒体业务的最优解决方案。

8. MPLS 支持移动 IP

移动 IP 协议的 IP-in-IP 隧道技术用于转发的报文首部开销比较大,对网络的负荷比较重,且要查找两次路由表,无法实现快速转发;其他结点发往移动结点的数据包是经由归属代理、外区代理,然后才转发到移动结点的,这样会严重浪费带宽网络资源,并容易形成三角路径问题。

经过优化的移动 IPv4 标准可使由关联结点发往移动结点的数据包直接发往移动结点的转交地址,这种经过优化的路由在时延和资源消耗方面都优于三角路径,并且减少了归属代理与外区代理之间隧道的负荷。

最好的解决方案是通过向移动 IP 网络增加 MPLS 功能,在任一关联结点和任一移动结点之间建立有相应 QoS 保障的 MPLS LSP,实现数据包快速交换,这就避免了 IP-in-IP 开销和三角路径问题,并能够很好地满足未来的实时和多媒体移动业务对不同服务等级要求的需要。所以在移动 IP 网络中引入 MPLS 功能将成为构造移动 IP 网络的重要解决方案之一。

本章要点

- 为使 IP 交换技术成为标难,并使各厂家设备之间实现互操作,IETF 在综合各厂家 IP 交换技术的基础上提出了标准的 IP 交换技术——多协议标签交换(MPLS),从而解决了 IP 交换技术的标准化和各厂家 IP 交换设备的互操作性问题。
- MPLS 网络的基本构成单元是标签交换路由器 LSR,主要运行 MPLS 控制协议和第三层路由协议,并负责与其他 LSR 交换路由信息来建立路由表,实现 FEC 和 IP 分组首部之间的映射,建立 FEC 和标签之间的绑定,分发标签绑定信息,建立和维护标签转发表。
- MPLS 协议目前主要采用 3 种标签分发协议:基本的标签分发协议(LDP)、基于约束的 LDP(CR-LDP)和扩展 RSVP(RSVP-TE)。RSVP/RSVP-TE、CR-LDP 结合 QoS 路由能够很好地支持集成业务、区分业务和流量工程。
- MPLS 的协议栈分为两个层面:控制层面和数据层面。
- MPLS 平台中具有标签交换路由器、标签边缘路由器、标签分发协议等组件。
- MPLS 标签分发方式中涉及的概念主要有本地绑定(映射)和远程绑定、上游绑定和下游绑定、按需提供方式和主动提供方式、有序方式和独立方式等。另外,标签交换进程的发起方式有数据驱动方式和拓扑驱动方式。
- MPLS 主要有流量工程、服务质量(QoS)、虚拟专用网(VPN)、与 ATM 集成、IP 组播、通用 MPLS、无线移动通信网应用 WMPLS、支持移动 IP 等应用。

习题

19-1　多协议标签交换(MPLS)产生的动力是什么?

19-2　描述 MPLS 网络的体系结构。

19-3　给出 MPLS 的虚拟专用网(VPN)的具体应用方案。

19-4　MPLS 的优点和根本特征是什么?

19-5　MPLS 平台具有哪些组件?

19-6　简述目前主要研究的 3 种标签分发协议。

19-7　为什么说 MPLS 非常适合于为大型 ISP 网络中的流量工程提供基础?

第20章　因特网安全

人们在感受因特网为科学研究、经济建设、商业活动和日常生活带来的便利的同时，也开始注意到日益突出的网络安全问题。计算机网络安全问题主要表现在黑客的攻击、计算机病毒的破坏以及公司产品和政府部门行为所带来的不安全因素等方面。

各种安全问题之所以出现，关键的原因是系统本身存在着这样或那样的弱点，而且这些弱点往往隐藏在系统所具有的优越特征之中。例如，操作系统支持系统集成和扩展的能力、支持在网络上传输文件的能力、支持创建与激活进程的能力等都给系统留下了漏洞。计算机网络的资源共享特点、广播信道、协议的不完善也为攻击者提供了方便。

为了保证系统能够安全地运行，人们将各种安全技术引入到系统中，以改善系统的安全性能。本章在介绍基本的安全服务和安全技术的基础上，给出了与因特网有关的安全协议。

20.1　安全威胁

网络安全威胁是指某个人、物或事件对网络资源的机密性、完整性、可用性和非否认性所造成的危害。对网络的攻击可分为被动攻击和主动攻击。

被动攻击的目的是从传输中获得信息，其手段主要是对信息进行截获和分析。被动攻击分为提取消息内容和通信量分析。通常攻击者对消息的内容更感兴趣。

提取消息内容是从截获的信息中得到有用的数据。如果信息是加密的，被动攻击者将尝试用各种分析手段来提取消息的内容。防止这种被动攻击常用的手段是对信息进行安全可靠的加密。

第二种被动攻击是通信量分析，对于大多数加密信息，攻击者都无法提取消息的内容，或者提取消息内容的时间或成本难以承受，那么攻击者往往会退而求其次。通信量分析是通过对消息模式的观察，测定通信主机的标识、通信的源和目的、交换信息的频率和长度，然后根据这些信息猜测正在发生的通信的性质。

被动攻击涉及消息的秘密性。通常被动攻击不改变系统中的数据，只是读取系统中的数据，以从中获利。由于没有篡改信息，所以留下的可供审计的痕迹很少或根本没有，因而很难被发现。被动攻击虽然难以检测，但可以预防。所以，对付被动攻击的重点是防止而不是检测。

主动攻击通常会比被动攻击造成更严重的危害，因为主动攻击通常要改动数据甚至控制信号，或者有意生成伪造数据。主动攻击可以分为：篡改消息、伪装和拒绝服务。

篡改消息是对信息完整性的攻击。篡改消息包括改变消息的内容、删除消息包、插入消息包、改变消息包的顺序。消息重放也可以视为一种篡改，重放是对消息发送时间的篡改。重放涉及消息的被动获取以及后继的重传，通过重放以求获得访问权。

伪装是对信息真实性的攻击。伪装是一个实体假装成另一个实体以获得访问权。伪装攻击通常要和其他主动攻击手段合用。

拒绝服务攻击是对系统可用性的攻击。拒绝服务攻击通常会中断或干扰通信设施或服务的正常使用。典型的拒绝服务攻击是通过大量的信息耗尽网络带宽，使用户无法使用特定的网络服务。另外，拒绝服务攻击还可能抑制消息通往安全审计这样的特殊服务，从而达到使服务失效的目的。

主动攻击可能发生在端到端通信线路上的几乎任何地方，如电缆、微波链路、卫星信道、路由结点、服务器主机及客户机。

主动攻击与被动攻击的特点正好相反。由于主动攻击可能发生在任何时间和任何地点，要想在所有时间都对所有通信设施和路径进行物理保护是不现实的。因此，主动攻击很难预防。但由于主动攻击通常要造成篡改或中断，这势必会留下明显痕迹或症状，所以很容易检测出来。因为检测本身对于攻击具有一定的威慑作用，所以在一定程度上也能起到防止攻击的作用。对付主动攻击的方法是检测攻击，并从攻击引起的破坏中恢复。

20.2　安全服务

安全服务是由网络安全系统提供的用于保护网络安全的服务。安全服务主要包括以下内容。

1. 机密性

机密性服务用于保护信息免受被动攻击，是系统为防止数据被截获或被非法访问而泄密所提供的保护。机密性能够应用于一个消息流、单个消息或一个消息中的所选字段。最方便的方法是对整个流的保护。

机密性通过加密机制对付消息提取攻击，加密可以改变信息的模式，使攻击者无法读懂信息的内容。

机密性通过流量填充来对付通信量分析，流量填充在通信空闲时发送无用的随机信息，使攻击者难以确定信息的正确长度和通信频率。

2. 完整性

完整性用于保护信息免受非法篡改。完整性保护分为面向连接的和无连接的数据完整性。

面向连接的数据完整性又分为带恢复功能的连接方式数据完整性、不带恢复功能的连接方式数据完整性和选择字段连接方式数据完整性3种形式。

无连接的数据完整性服务用于处理短的单个消息，通常只保护消息免受篡改。无连接的数据完整性分为对单个消息或对一个消息中所选字段的保护。

因为完整性服务涉及主动攻击，因此，重点是关注检测攻击而不是关注防止攻击。一旦检测到完整性被破坏，则报告这种破坏，然后根据用户的需要决定是否进行恢复。

3. 身份认证(真实性)

认证是通信的一方对通信的另一方的身份进行确认的过程。认证服务通过在通信双方的对等实体间交换认证信息来检验对等实体的真实性与合法性，以确保通信是可信的。

认证服务涉及两个方面的内容：在建立连接时确保这两个实体是可信的；在连接的使用过程中确保第三方不能假冒这两个合法实体中的任何一方，来达到防止未授权传输或接收的目的。

4. 访问控制

访问控制是限制和控制经过通信链路对系统资源进行访问的能力。访问控制的前提条件是身份认证,一旦确定实体的身份,也就可以根据身份来决定对资源进行访问的方式和范围。访问控制为系统安全提供了多层次的精确控制。

访问控制通过访问控制策略来实现。访问控制策略可以分为自主式访问控制(discretionary access control)策略和强制式访问控制(mandatory access control)策略。

自主式访问控制策略为特定的用户提供访问资源的权限。自主式访问控制策略对用户和资源目标的分组有很大的灵活性,其范围可从单个用户和目标的清晰识别到广阔的组的使用。自主式访问控制策略又称为基于身份的策略。

强制式访问控制策略基于一组能自动实施的规则。规则在广阔的用户和资源目标组上强行付诸实施。强制式访问控制策略又称为基于规则的策略。

5. 非否认性

非否认用于防止发送方或接收方抵赖所传输的信息。非否认确保发送方在发送信息后无法否认曾发送过信息这一事实以及所发送信息的内容;接收方在收到信息后也无法否认曾收到过信息这一事实以及所收到信息的内容。

非否认主要通过数字签名和通信双方共同信赖的第三方的仲裁来实现。

6. 可用性

一些主动攻击往往会导致系统可用性的丧失或降低,如拒绝服务攻击、黑客篡改主页等。计算机病毒也是导致系统可用性丧失或降低的主要因素。另外,各种物理损坏、自然灾害、设备故障以及操作失误都可能影响系统的可用性。为了保证系统的可用性,系统设计和管理人员应该实施严格完善的访问控制策略;采取防病毒措施;实现资源分布和冗余;进行数据备份;并加强安全管理。

7. 安全审计

安全审计跟踪是自动记录用于安全审计的相关事件的过程。审计跟踪将系统中所发生的管理者关注的事件记录到一个日志中,供管理者进行安全审计。通常安全审计跟踪的事件有用户登录系统的时间、对敏感目录和文件的访问、异常行为等。

安全审计是对安全审计跟踪记录和过程的检查。通过安全审计可以测试系统安全策略是否完善和一致,协助入侵检测系统发现入侵行为,收集入侵证据以用于针对攻击者的法律诉讼。

8. 入侵检测

入侵检测是用于检测任何损害或企图损害系统的机密性、完整性和可用性行为的一种安全技术。

按获得原始数据的方法可以将入侵检测系统分为基于主机的入侵检测系统和基于网络的入侵检测系统。

基于主机的入侵检测系统主要使用系统的安全检测记录,检测系统将新的记录表项与攻击标记相比较,判断它们是否匹配。如果匹配,系统就会向管理员报警,以便采取措施。基于主机的入侵检测系统的特点是:性能价格比高、检测内容详细、对网络流量不敏感、易于用户根据需要进行剪裁。

基于网络的入侵检测系统使用原始网络数据包作为数据源。基于网络的入侵检测系统通常利用一个运行在随机模式下的网络适配器来实时监视并分析通过网络的所有通信业务。一旦检测到了入侵行为,入侵检测系统的响应模块就以通知、报警和阻止等多种方式对入侵行为作出相应的反应。基于网络的入侵检测的特点是:侦测速度快、隐蔽性好、检测范围宽、占用被保护系统的资源少、与操作系统无关等。

由于入侵检测和响应密切相关,因此绝大多数的入侵检测系统都具有响应功能。

9. 事故响应

对安防事件做出切实可行的响应是企业安防体系的一个组成部分。有了事故响应体系,在预防、检测和应付攻击网络资源的行为时就有章可循,并能够迅速作出反应。

1988 年蠕虫病毒使因特网上的数千台计算机遭到感染。这次事件使人们认识到事故响应体系的重要性。1988 年的 11 月,在美国的卡内基梅隆大学成立了第一个计算机紧急事件响应团队协调中心 CERT/CC(Computer Emergency Response Team Coordination Center)。

随着因特网规模的爆炸性增长,到了 1998 年,类似于 CERT 的组织在世界各地涌现出来,企业也开始建立自己的计算机安防事故响应团队(computer security incident response team,CSIR)。CSIR 团队的主要职责是提供事故响应服务。除此之外,还可以为企业提供一些其他的信息安全服务。CSIR 团队通常由企业安全部门和 IT 部门的员工组成。

20.3　基本安全技术

在计算机网络安全服务中采用的主要技术包括密码技术、报文鉴别技术、身份认证技术、数字签名技术、虚拟专用网技术、防火墙技术和防病毒技术。

20.3.1　密码技术

密码学是研究如何通过编码来保证信息的机密性和如何对密码进行破译的科学。密码学由编码学和密码分析学两部分构成。

一个密码系统通常可以完成信息的加密变换和解密变换。加密变换是采用一种算法将原信息变为一种不可理解的形式,从而起到保密的作用。而解密变换则是采用与加密变换相反的过程,利用与加密变换算法相关的算法将不可理解的信息还原为原来的信息。

在密码学中,加密变换前的信息称为明文(plaintext),加密变换后的信息称为密文(ciphertext),加密变换时使用的算法称为加密算法,解密变换时使用的算法称为解密算法。加密算法和解密算法是相关的,而且解密算法是加密算法的逆过程。

设计一个好的加密解密算法并非易事,所以,算法是相对稳定的,而且通常算法是公开的。为了保证在公开算法的前提下仍然能够维持信息的机密性,就必须在加密和解密时引入一个相同或两个不同但相关的参数。该参数称为密钥(key)。加密时使用的密钥为加密密钥;解密时使用的密钥为解密密钥。为了使密码系统具有足够的安全性,应该经常改变密钥。

信息的安全性与算法和密钥相关。由于算法通常是公开的,因此密钥就直接关系到被加密信息的安全性。

威胁密码系统安全的是攻击者。攻击者首先通过侦听等手段截获密文。然后试图通过对密文的分析来得到明文。由于通常加密解密算法是对外公开的,因此攻击者往往对密钥更感兴趣。一旦攻击者获得密钥,他就可以在系统更新密钥之前,利用该密钥解密一系列的密文。

加密模型如图 20-1 所示。

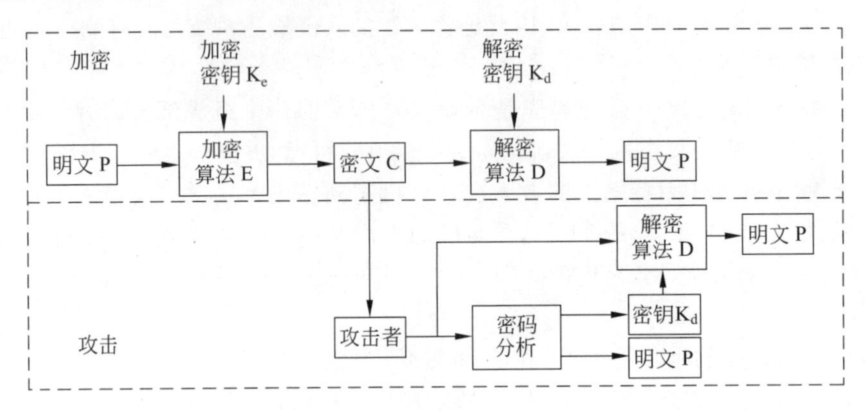

图 20-1　加密模型示意图

通常人们按照在加密解密过程中使用的加密密钥和解密密钥是否相同将密码体制分为对称密码体制和非对称密码体制。

对称密码体制又称为常规密码体制。对称密码体制的加密算法和解密算法使用相同的密钥,该密钥必须对外保密。对称密码体制的特点是:加密效率较高,保密强度较高,但密钥的分配难以满足开放式系统的需求。常见的对称密码算法有 DES、IDEA、RC5、AES 等。

非对称密码体制又称为公钥密码体制。非对称密码体制的加密算法和解密算法使用不同但相关的一对密钥,加密密钥对外公开,解密密钥对外保密,而且由加密密钥推导出解密密钥在计算上是不可行的。非对称密码体制的特点是:密钥分配较方便,能够用于鉴别和数字签名,能较好地满足开放式系统的需求,但由于非对称密码体制一般采用较复杂的数学方法进行加密解密,因此,算法的开销比较大,不适合进行大量数据的加密处理。常见的非对称密码算法有 RSA、椭圆曲线密码算法和 Diffie-Hellman 密钥交换算法。

20.3.2　报文鉴别技术

报文鉴别(message authentication)是防御网络主动攻击的重要技术,是证实收到的报文来自可信的源点且未被篡改的过程。

发送方使用一个密钥和特定算法对报文产生一个短小的定长数据分组(即报文鉴别码 MAC),并将它附加在报文中。在接收方,使用相同的密钥和算法对明文重新计算报文鉴别码,如果新得到的鉴别码与报文中的鉴别码相匹配,那么,接收者确信报文未被篡改过,而且确信报文来自所期望的发送方。采用报文鉴别码进行报文完整性鉴别的过程如图 20-2 所示。

生成 MAC 的过程类似于加密过程,但其中的一个主要区别是 MAC 函数无需可逆。由于鉴别函数的这个特性,使得它比加密函数更不易破解。另外,MAC 函数产生的鉴别码是一个短小的数据分组,而加密算法一般产生和原数据等长的分组。

散列函数(hash function)是可以用于报文完整性鉴别的一种单向函数,散列函数以一

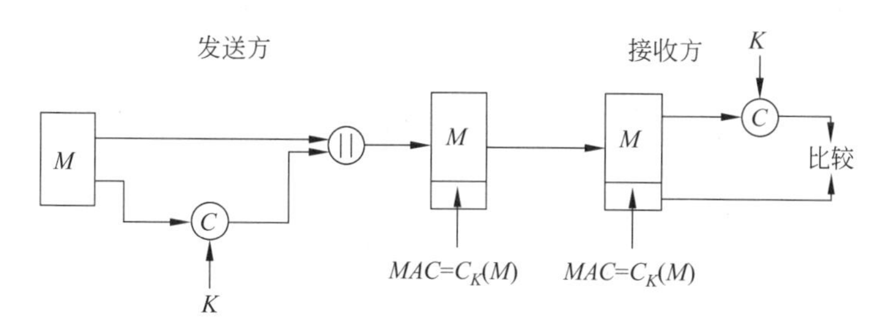

图 20-2 报文鉴别的过程

个变长的报文作为输入，产生一个定长的散列码 $H(M)$ 作为输出，$H(M)$ 通常又称为报文摘要(message digest，MD)。

散列码(或 MD)是报文所有位的函数值，并具有差错检测能力，即报文中任一比特或若干比特发生改变都将导致新计算的散列码的改变。如图 20-3 所示，散列函数在用于报文的完整性鉴别时必须与加密技术配合使用。

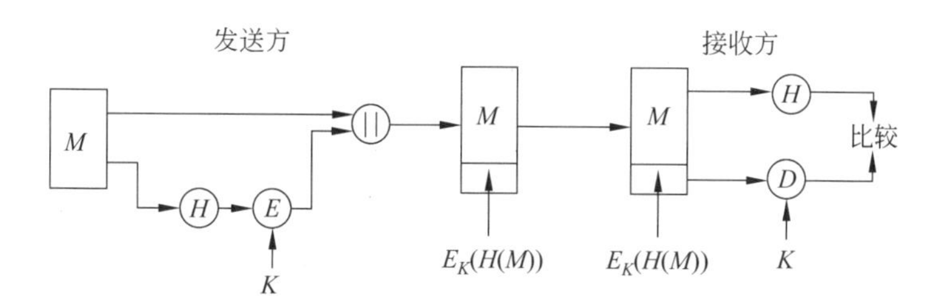

图 20-3 散列函数用于报文鉴别的过程

在报文鉴别中经常用到的散列函数有：报文摘要算法 MD5 和安全散列算法 SHA。

MD5 算法是由 Rivest 提出的第 5 个版本的 MD 算法，此算法以任意长度的报文作为输入，产生一个 128 比特的报文摘要作为输出，输入按 512 比特分组进行处理。

安全散列算法(SHA)由美国国家标准和技术协会(NIST)提出，并作为联邦信息处理标准在 1993 年公布；1995 年又发布了一个修订版称为 SHA-1。SHA-1 算法输入报文的最大长度不超过 2^{64} 比特，产生的输出是一个 160 比特的报文摘要，输入按 512 比特分组进行处理。报文的总体处理过程与 MD5 相似。

基于散列函数的报文鉴别码 HMAC 是常用的报文鉴别码生成算法。HMAC 可以无需修改地使用现有散列函数(MD5 或 SHA-1)，当出现更快或更安全的散列函数时，可以对算法中嵌入的散列函数进行替换。

MD5 和 SHA-1 算法都曾经是使用最普遍的安全散列算法，但 2005 年这两种算法已经被攻破。

20.3.3 身份认证技术

认证技术是网络安全技术的重要组成部分之一。认证是证实被认证对象是否属实和是否有效的一个过程。其基本思想是通过对被认证对象的属性的验证，来达到确认被认证对象是否真实有效的目的。用于认证的属性应该是被认证对象唯一的、区别于其他实体的属性。被认证对象的属性可以是密码、数字签名或者诸如指纹、声音、视网膜之类的生理特征。

认证常常用于通信双方相互确认身份,以保证通信的安全。

传统的认证技术主要采用基于密码的认证方法。当被认证对象要求访问提供服务的系统时,提供服务方提示被认证对象提交该对象的密码,认证方收到密码后将其与系统中存储的用户密码进行比较,以确认被认证对象是否为合法访问者。一般的系统都提供了对密码认证的支持,但这种认证方法的安全性不够高,而且也不适合开放的大型系统。

双因素认证是比基于密码的认证方法更安全的一种认证方法,在双因素认证系统中,用户除了拥有密码外,还拥有系统颁发的令牌访问设备。当用户登录系统时,除了输入密码外,还要输入令牌访问设备所显示的数字。该数字是不断变化的,而且与认证服务器是同步的。

另一种解决问题的方法是采用质询-响应(challenge-response)方法。质询-握手鉴别协议(challenge handshake authentication protocol,CHAP)采用的是质询-响应方法,它通过三次握手方式对被认证方的身份进行周期性的认证。用于远程拨号接入的点对点协议PPP 给出了在点到点链路上传输多协议数据报的一种标准方法。PPP 采用 CHAP 和密码鉴别协议 PAP 作为其可选的两个鉴别协议。

Kerberos 是美国麻省理工学院 20 世纪 80 年代的雅典娜项目开发的基于可信赖的第三方的认证系统。Kerberos 提供了一种在开放式网络环境下进行身份认证的方法。它使网络上的用户或应用服务可以相互进行身份认证。Kerberos 是基于常规密码体制的认证。

当前最为流行的认证方法是国际电信联盟的 X.509。X.509 定义了一种提供认证服务的框架。

基于 X.509 证书的认证技术像 Kerberos 技术一样,也依赖于共同信赖的第三方来实现认证。所不同的是 X.509 采用非对称密码体制,实现上更加简单明了。这里可信赖的第三方是称为 CA(certificate authority)的证书权威机构。该机构负责认证用户的身份并向用户签发数字证书。数字证书遵循 X.509 建议中规定的格式,因此称为 X.509 证书。该证书具有权威性。X.509 证书的核心是公钥、公钥持有者(主体)和 CA 的签名,证书完成了公钥与公钥持有者的权威性绑定之后,持有此证书的用户就可以凭此证书访问那些信任 CA 的服务器。

20.3.4 数字签名技术

数字签名是网络中进行安全交易的基础,目前正逐渐得到世界各国和地区在法律上的认可。我国的电子签名法已于 2005 年 4 月 1 日开始实施。数字签名不仅可以保证信息的完整性和信息源的可靠性,而且可以防止通信双方的欺骗和抵赖行为。

美国国家标准技术研究所 NIST 于 1994 年 5 月 19 日公布了联邦信息处理标准 FIPS PUB 186,该标准描述了一个用于数字签名的产生和验证的数字签名算法(digital signature algorithm,DSA)。2000 年 1 月 27 日又公布了联邦信息处理标准 FIPS PUB 186-2,该标准在 FIPS PUB 186 的基础上补充了两个数字签名算法:RSA 数字签名算法和椭圆曲线数字签名算法 ECDSA。

数字签名标准 FIPS PUB 186-2 定义了一组(3 个)用于数字签名的算法,这些算法提供了生成和验证签名的能力。

数字签名标准基于非对称密码体制,生成数字签名时使用私钥,验证签名时使用对应的公钥。只有私钥的所有者可以生成签名。

数字签名的生成和验证过程如图 20-4 所示。生成签名时首先用散列函数求得输入信息的报文摘要，然后再用数字签名算法对报文摘要进行处理，并生成数字签名。验证签名时使用相同的散列函数。该散列函数是由标准 FIPS 180-1 定义的 SHA-1。

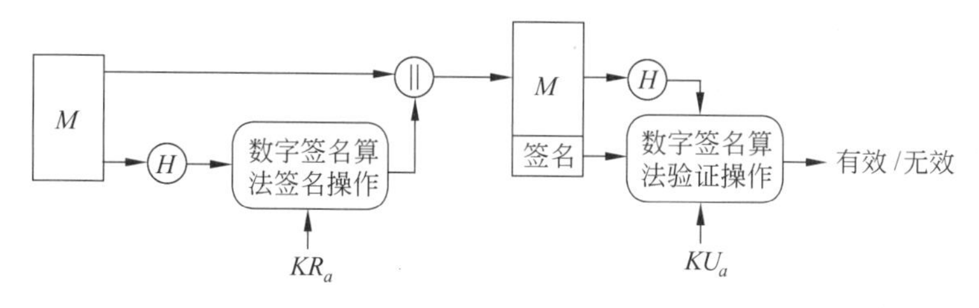

图 20-4　数字签名的生成和验证过程

20.3.5　虚拟专用网技术

虚拟专用网(virtual private network，VPN)是为企业网络提供高安全性和低成本数据通信的一种有效手段。一个大型企业往往在全国甚至全世界都存在分支机构，其业务范围覆盖广阔的地理区域，销售人员在各地流动。VPN 依托全球范围的因特网，为企业提供了一种构筑安全可靠、灵活方便、廉价快捷和覆盖面广的企业专用网络的途径。

VPN 是以公用开放网络(如 IP 网络)作为传输媒体，通过在上层协议中附加多种技术(封装、加密、鉴别、访问控制等)，为用户提供类似于专用网络性能的一种网络技术。VPN 是一种网络新技术，为我们提供了一种通过公用网络安全地对企业内部专用网络进行远程访问的连接方式。该技术使得大型集团公司只需构建内部局域网，就能很快把全球范围的分支机构的局域网连接起来，从而真正发挥整个网络的作用。

根据 VPN 的连接对象和方式，VPN 可以分为远程访问 VPN(access VPN)、内部网 VPN(intranet VPN)和外部网 VPN(extranet VPN)。这 3 类 VPN 分别与传统的远程访问网络、企业内部的内部网以及企业网与相关合作伙伴的企业网所构成的外部网相对应。

VPN 通常提供数据封装、数据加密、访问控制、报文鉴别和身份认证等功能。这些功能中，数据封装是基础，加密、鉴别和认证是保障，而访问控制的配置方案与实施策略则与用户性质密切相关。VPN 的几种功能必须相互配合，才能为网络提供完善的安全保障。

20.3.6　防火墙技术

防火墙是一个或一组实施访问控制策略的系统。防火墙的目的是控制网络传输。防火墙本质上是一种保护装置，其基本手段是隔离。从逻辑上看防火墙是隔离器、限制器、分析器；从物理上看防火墙是路由器、专用设备、配有适当软件的计算机或网络。

防火墙的设计目标是通过物理上阻塞所有不经过防火墙的网络访问通道来保证所有从内到外和从外到内的通信量都必须经过防火墙，而且只有经本地安全策略认可的通信量才允许通过防火墙。另外，防火墙对渗透应该是免疫的，其运行平台也应该是安全的。

防火墙的主要功能包括定义单个阻塞点，将未授权的用户隔离在被保护的网络之外，禁止潜在的攻击性行为进入或离开网络；提供监视与安全有关事件的场所；提供网络地址转换

NAT 和记录因特网使用日志等功能。

防火墙体系结构有以下几种：静态包过滤、动态包过滤、电路级网关和应用级网关。

静态包过滤防火墙是最早的防火墙体系结构之一，静态包过滤器工作在网络层，通过检查 IP 首部和传输层首部中的特殊字段(信源和信宿 IP 地址、IP 协议字段和端口号)来决定数据包的转发。防火墙在转发数据包之前，将 IP 首部、传输层首部与用户预先定义的规则表进行比较，规则表中的规则告诉防火墙是否应该允许或拒绝包的通过，如果在表中没有发现与该包相匹配的规则，则使用默认规则。在规则表中明确定义的默认规则典型情况是指示防火墙丢弃不满足任何规则的包。静态包过滤器不了解协议的运行状态。

动态包过滤防火墙是由静态包过滤防火墙演化而来的，它继承了静态包过滤的许多局限性，但有状态感知能力。典型的动态包过滤防火墙工作在网络层，为了收集必要的状态信息，有些先进的动态包过滤防火墙可以在传输层运行。动态包过滤防火墙知道新连接和已建立连接之间的区别。一旦建立一个连接，就将其记入表中，随后到来的包都与内存中的这张表进行比较，如果包属于一个现有的连接，就放行而不必进行其他检查。

电路级网关工作在 OSI 模型的会话层。除了进行基本的包过滤操作外，电路级网关在连接建立过程中还要验证握手标志和包序号的合法性。与包过滤防火墙类似，在转发某个包之前，电路级网关先将该包的 IP 首部和传输层首部与用户预先定义的规则表进行比较，表中的规则指示防火墙是否应该让包通过。然后，电路级网关将确定请求会话的合法性，仅当 TCP 握手过程所包括的 SYN 标志、ACK 标志和包序号都合法时，这个会话才是合法的。电路级网关不允许端到端的 TCP 连接，因此，网关建立了两条 TCP 连接，一条是防火墙本身到内部可信任主机上某个 TCP 用户的连接，另一条是网关到外部不可信主机上某个 TCP 用户的连接。

应用级网关又称为代理服务器(proxy server)，它担任应用级通信量的中继。在应用级网关中运行的代理会检查和过滤每个通过网关的数据包，而不是简单地复制和转发它们。由于代理对数据包的检查和过滤在应用层进行，因此可以过滤数据包中特殊的信息或应用层协议中的操作命令。

20.3.7 防病毒技术

计算机病毒是某些人根据计算机软、硬件所固有的弱点而编制出的具有特殊功能的程序。由于这种程序具有传染和破坏的特征，与生物医学上的病毒在很多方面都很相似，因此习惯上将这些具有特殊功能的程序称为计算机病毒。

《中华人民共和国计算机信息系统安全保护条例》的第二十八条中明确指出："计算机病毒，是指编制或者在计算机程序中插入的破坏计算机功能或者毁坏数据，影响计算机使用，并能自我复制的一组计算机指令或者程序代码。"此定义具有法律性和权威性。

计算机病毒具有传染性、隐蔽性、潜伏性、破坏性、不可预见性、触发性、针对性和依附性。

计算机病毒代码一般由三大功能模块构成，即引导模块，传染模块和破坏模块。引导模块将病毒由外存引入内存，使后两个模块处于活动状态。传染模块用来将病毒传染到其他对象上去。破坏模块实施病毒的破坏作用，如删除文件、格式化磁盘等。

防病毒软件的发展经历了简单扫描程序、启发式扫描程序、行为陷阱和全方位保护这样几个发展阶段。

第一代扫描程序需要利用病毒的特征代码来识别病毒。这种与特征代码有关的扫描程序只能检测已知的病毒。有的扫描程序维护有程序长度的记录，并根据程序长度的改变来查找病毒。

第二代扫描程序不依赖专门的特征代码，而是使用启发式的规则来搜索可能的病毒感染。这种扫描程序查找经常和病毒联系在一起的代码段。

第三代程序是一些存储器驻留程序，它们通过病毒的动作而不是通过其在被感染程序中的结构来识别病毒。因此，这种防病毒技术称为行为陷阱。

第四代产品是一些由联合使用不同的防病毒技术组成的软件包。这些技术中包括了扫描和行为陷阱的构件。另外，这样的软件包还包括访问控制能力，通过限制病毒对系统进行渗透的能力，进而限制病毒在感染时对文件进行修改的能力。第四代软件包使用了更加综合性的防卫策略。

20.4　IP 层安全

随着因特网技术的迅速发展，基于因特网的应用也越来越多，随之而来的是人们对安全问题的日益关注。1995 年 8 月，IETF 发布了一组关于 IP 安全的 RFC 文档，IPSec 是 IP 安全(Internet protocol security)的缩写形式。IPSec 包含 IP 安全体系结构、IP 鉴别首部、IP 封装安全有效负载等一组涉及 IP 安全的标准。1998 年 11 月，IETF 又发布了一组新的关于 IP 安全的 RFC 文档，部分新文档取代了旧文档，另外增加了几个关于密钥管理、密钥交换和散列函数方面的新文档。

IPSec 主要包含 3 个功能域：鉴别、机密性和密钥管理。鉴别机制确保收到的报文分组来自该分组首部所声称的源实体，并且保证该报文分组在传输过程中未被非法篡改。机密性机制使得通信内容不会被第三方窃听。密钥管理机制则用于配合鉴别机制和机密性机制，处理密钥的安全交换。

企业的远程访问用户、分支机构和合作伙伴可以通过 IPSec 在公用网上建立安全的虚拟专用网。

20.4.1　IP 安全体系结构

IP 安全体系结构关注 IPv4 和 IPv6 环境下 IP 层的安全问题，它描述了 IPSec 协议的安全机制和服务。IP 安全体系结构主要由安全协议、安全关联、密钥管理以及鉴别和加密算法几个部分构成。

IPSec 能够用于保护主机与主机之间、安全网关之间以及主机与安全网关之间的一到多条通路。安全网关是指实施 IPSec 的路由器、防火墙等中间系统。IPSec 在 IP 层提供的安全服务允许系统选择用于该服务的安全协议和算法。IPSec 提供的一组安全服务包括：访问控制、无连接完整性、数据源鉴别、反重放攻击、机密性和有限流量机密性。

IPSec 使用两个协议来提供流量安全：鉴别首部(AH)和 IP 封装安全有效负载(ESP)。

IP 鉴别首部用于对 IPv4 和 IPv6 的 IP 数据报提供鉴别服务。IP 封装安全有效负载用于对 IPv4 和 IPv6 的 IP 数据报提供鉴别和机密性服务。AH 和 ESP 既可以单独使用，也可以结合使用。

IPSec 在主机或者安全网关环境中运行。IPSec 根据用户或系统管理员建立和维护的安全策略数据库的要求,对通信流量进行保护。根据可用的数据库策略,一个报文分组面临三种可能:接受 IPSec 安全服务、被丢弃或者被旁路。

安全关联 SA (security association)是 IP 的鉴别和机密性机制中的一个重要概念。SA 是与一个或者一组给定的网络连接相关的一组安全信息。安全关联是一个为其承载的流量提供安全服务的单一连接关系。安全服务由 AH 或 ESP 提供,一个 SA 只能单独用于 AH 或 ESP,当两者同时使用时,需要产生两个(或多个)安全关联为流量提供保护。

安全关联可以表示为一个三元组:SA=(SPI,IPDA,SPR)

其中,SPI 为安全参数索引(security parameter index),IPDA 为 IP 目的地址,SPR 为安全协议标识。

IP 目的地址可以是单播地址、组播地址或广播地址。但目前 IPSec 的 SA 管理机制只定义了单播地址。

安全协议标识用于指明安全关联所使用的协议,如 AH 或 ESP。

安全参数索引 SPI 是一个 32 比特的值,用于区别相同目的地和相同 IP 协议的不同安全关联。SPI 只具有本地意义。SPI 出现在 AH 和 ESP 的首部,接收方根据首部中的 SPI 确定对应的 SA。

对于每个从提供 IPSec 服务的设备发出的报文分组,设备将检查分组的相应字段,并根据选择器进行安全策略数据库的查找,由此确定安全关联,然后根据安全关联完成对应的 IPSec 处理。

20.4.2 鉴别首部

IP 鉴别首部 AH 支持的安全服务包括:访问控制、无连接完整性、数据源鉴别和可选的反重放攻击服务。AH 协议能保护通信免受篡改,但不能防止被窃听,只适用于传输非机密数据。AH 的工作原理是在每一个数据包上添加一个鉴别首部。此首部包含一个带密钥的散列值,此散列值由整个数据包计算得到,因此对数据的任何更改都将致使散列无效,从而对数据提供了完整性保护。

AH 首部位于 IP 数据报首部和传输层协议首部之间。AH 首部前的 IP 首部中的协议标识(IPv4)或下一首部(IPv6)用 51 标识。AH 可以单独使用,也可以与 ESP 协议结合使用。AH 首部格式如图 20-5 所示。

0	8	16	31
下一首部	有效负载长度	保留	
安全参数索引 SPI			
序列号			
鉴别数据(变长)			

图 20-5 AH 首部格式

下一首部字段长度为 8 比特,标识 AH 首部后面的下一个有效负载,其值为 IP 协议号。

例如，若紧接其后的是 TCP 首部，则下一首部值为 6。

有效负载长度字段长度为 8 比特，以 32 比特字为单位，将 AH 首部长度减 2。

保留字段长度为 16 比特，留作将来使用。必须置为 0。

安全参数索引字段长度为 32 比特，用于标识一个安全关联。

序列号字段长度为 32 比特，用来唯一地标识每个报文分组，为安全关联提供反重放保护。

鉴别数据长度可变，但应为 32 比特字长的整数倍，不足时可通过填充达到。鉴别数据包含完整性校验值 ICV。

鉴别数据中的 ICV 由发送方根据报文鉴别码 MAC 算法生成。兼容实现必须支持的两个算法是 HMAC-MD5-96 和 HMAC-SHA-1-96。两者都使用了 HMAC 算法，一个是基于 MD5 的，另一个是基于 SHA-1 的，计算出 HMAC 值后，截取前 96 比特作为 ICV。计算 ICV 用的数据包括：传输过程中不发生变化的和在到达时可以预测的 IP 首部字段（不参与计算的字段置 0）、AH 首部（鉴别数据置 0）和高层协议数据。

接收端收到报文分组后，首先执行散列计算，再与发送端所计算的该字段值进行比较，若两者相等，表示数据完整，若在传输过程中数据遭篡改，两个计算结果不一致，则丢弃此分组。

AH 支持两种通信模式：传输模式（transport mode）和隧道模式（tunneling mode）。

传输模式主要用于为上层协议提供保护，典型的被保护协议为 TCP、UDP 或 ICMP。传输模式主要用于两台主机之间的端到端通信。AH 首部提供了对传输协议数据单元 TPDU 的保护。

隧道模式对整个 IP 数据报提供保护。原 IP 数据报加上 AH 首部，再加上新的 IP 首部后构成新的 IP 数据报。新的 IP 数据报可以有与原 IP 数据报完全不同的源地址和目的地址，实现了对原始 IP 数据报的封装，增加了安全性。

20.4.3 封装安全有效负载

IP 封装安全有效负载是一个加密/鉴别混合协议，ESP 既可以仅提供加密服务，又可以同时提供加密和鉴别服务。ESP 支持的加密服务包括：访问控制、反重放攻击、内容机密性和有限流量机密性等服务。ESP 支持的鉴别服务包括：无连接完整性、数据源鉴别服务。

ESP 提供的服务集取决于建立安全关联时的选择，可以单独选择机密性服务，但没有完整性和鉴别的机密性可能遭到某种破坏安全服务的主动攻击。数据源鉴别和完整性是相连的服务，可以合称为鉴别。鉴别服务可以和机密性服务同时提供。反重放攻击服务只有当选择了源鉴别时才可以选取，而且由接收方决定。流量机密性要求使用隧道模式。尽管机密性和鉴别是可选的，但至少必须选取其中一个。ESP 的格式如图 20-6 所示。

安全参数索引和序列号字段的含义与 AH 中的相同。

有效负载数据字段为变长字段，包含下一首部所描述的数据。是通过加密保护的传输协议数据单元或 IP 分组。

填充字段的作用包括：①加密算法要求明文是某个字节数的倍数，填充将明文扩充到需要的长度。②填充字段用来保证填充长度和下一首部字段排列在 4 字节字的边缘，并保证密文是 4 字节字的整数倍。③隐藏有效负载的真正长度，提供有限通信流量机密性。

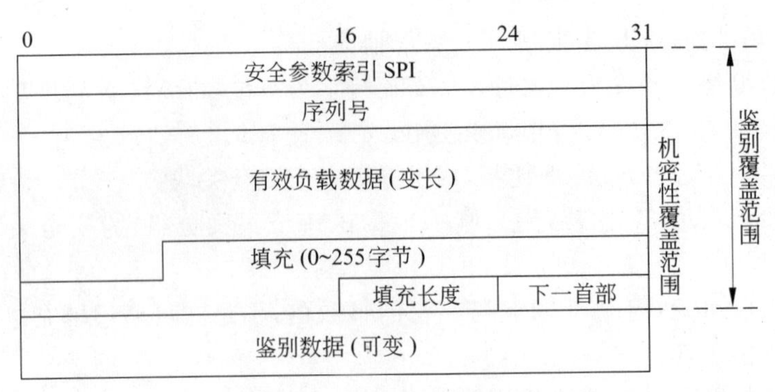

图 20-6 IPSec ESP 格式

填充字段长度为 8 比特,指出填充的字节数。

下一首部字段长度为 8 比特,标识有效负载数据字段包含的数据类型。

鉴别数据字段长度可变,但为字长的整数倍。该字段的长度由所选的鉴别函数确定。ESP 的鉴别数据字段只有在选择了鉴别服务时才存在。鉴别数据包含完整性校验值 ICV。

ESP 涉及加密算法和鉴别算法。兼容的 ESP 实现必须支持的算法有:CBC 模式 DES 算法、采用 MD5 的 HMAC、采用 SHA-1 的 HMAC、空鉴别算法和空加密算法。

ESP 服务的加密算法由安全关联定义,ESP 采用对称加密算法。因为加密是可选的,故算法可以为空。

鉴别算法采用安全关联所定义的算法计算完整性校验值 ICV。其算法与 AH 中的相同。鉴别算法也可以为空。

ESP 和 AH 一样,也分为传输模式和隧道模式。

ESP 的传输模式对 IP 数据报中的数据部分(TPDU)进行加密和进行可选的鉴别。

ESP 的隧道模式保护含 IP 首部在内的整个 IP 数据报。隧道模式中内部 IP 首部带有最终的目的地址和源地址,而外层 IP 首部可以包含与最终目的地址和源地址不同的 IP 地址(例如安全网关地址)。采用 ESP 的 IPv4 的传输模式和隧道模式如图 20-7 所示。

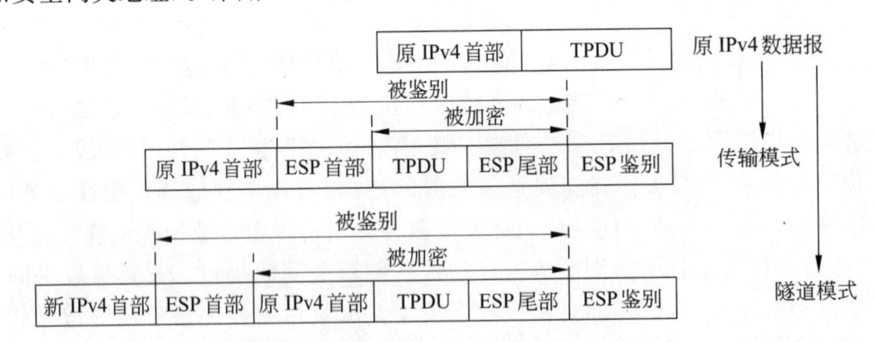

图 20-7 IPSec ESP 的模式

20.5 传输层安全

安全套接字层 SSL(secure socket layer)是一个用来保证安全传输文件的因特网协议。该协议通过在客户和服务器这两个实体之间提供一条安全通道,来实现数据传输的保密性。

1994 年，Netscape 公司最先提出了 SSL，1995 年发布的 SSLv3 是现今使用的主要版本。1996 年 Netscape 公司将 SSL 规范提交给 IETF。IETF 成立了专门的 TLS 工作组对 SSLv3 进行标准化。TLS 的第一个正式版本已于 1999 年发布。

SSL 位于 TCP 层之上，应用层之下。SSL 使用 TCP 来提供一种可靠的端到端的安全服务。SSL 由一组协议构成，如图 20-8 所示。

应用层协议			
SSL 握手协议	SSL 修改密文协议	SSL 告警协议	
SSL 记录协议			
TCP			
IP			

图 20-8　SSL 协议栈

SSL 记录协议可以为不同的高层协议提供基本的安全服务，另外 3 个组成协议是：握手协议、修改密文协议和告警协议。

SSL 记录协议和 SSL 握手协议最为重要。SSL 记录协议建立在可靠的传输协议 TCP 之上，用来封装高层的协议。SSL 握手协议准许服务器端与客户端在开始传输数据前，相互鉴别并交换必要的信息。

图 20-9 给出了 SSL 记录协议完成的全部操作。记录协议接收要传输的应用报文，将数据分片，可选地压缩数据，生成 MAC，加密，添加首部，然后在 TCP 报文段中传输。被接收的数据被解密、验证、解压缩和重新组装，然后交付给高层的用户。

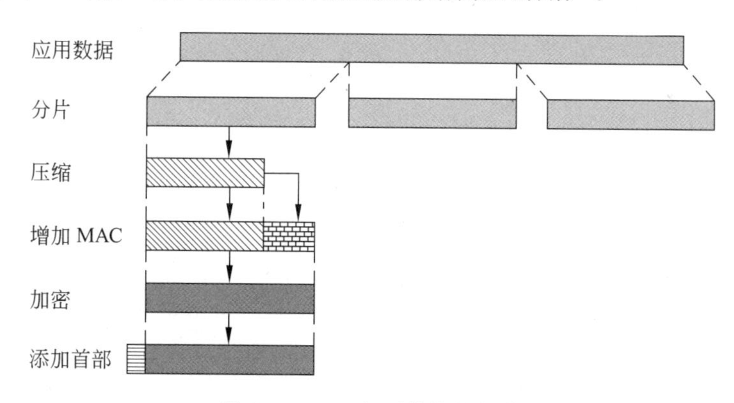

图 20-9　SSL 记录协议的操作

修改密文协议(change cipher spec protocol)是使用 SSL 记录协议的 3 个 SSL 有关协议之一，它非常简单。这个协议由单个报文组成，而报文又由值为 1 的单个字节组成。该报文的唯一目的就是将挂起状态复制到当前状态，以改变这个连接将要使用的密文族(密文族是密钥交换算法、加密算法及说明等)。

告警协议用来将 SSL 有关的告警传送给对方实体。和其他使用 SSL 的应用一样，告警报文按照当前状态说明被压缩和加密。该协议的每个报文由两个字节组成。第一个字节为告警级别，可取的值有警告和致命，用来说明事件的严重级别。第二个字节包含了指出特定告警的代码。

SSL 中最复杂的部分是握手协议。这个协议使得服务器和客户能够相互认证对方的身份,协商加密算法、MAC 算法和加密密钥,建立交互实体之间的会话或改变会话的状态。握手协议由一系列在客户和服务器之间交换的报文组成。

TLS 是 IETF 的初步标准,其目的是为了产生 SSL 的因特网标准版本。TLS 当前的草案版本非常类似于 SSLv3。它们之间的主要区别在于版本号、报文鉴别码的计算方法、扩展密钥的函数、告警代码、支持的证书类型、主密钥的计算形式等方面。

20.6 应用层安全

20.6.1 安全超文本传输协议

S-HTTP 是 WWW 上使用的超文本传输协议(HTTP)的安全增强版本。S-HTTP 提供了对多种单向散列函数、常规加密技术和数字签名技术的支持。用作加密及签名的算法可以由参与通信的收发双方进行协商。

S-HTTP 是一种面向消息的安全通信协议,可以与 HTTP 协同使用。S-HTTP 具有和 HTTP 相同的消息模型,并容易与 HTTP 的应用进行集成。

S-HTTP 为 HTTP 客户和服务器之间的通信提供了各种安全机制,并保留了 HTTP 的事务处理模型和实现特点。

S-HTTP 消息包括加密消息主体和消息首部,消息首部中可能包含指示接收方应如何解释消息主体以及此后接收方应该怎样处理消息主体的信息。消息发送方可以是客户端,也可以是服务器。

为了创建一个 S-HTTP 消息,发送方将自己支持的加密方法和接收方支持的加密方法综合在一起,形成双方都支持的加密方法和相关密钥素材表,通过使用这些数据,发送方可以将明文消息转换成 S-HTTP 消息,并在其首部中对所应用的加密方法和密钥素材进行说明。

为了恢复一个 S-HTTP 消息,接收方需要阅读该消息的首部,以确定发送方对消息主体进行的加密操作,然后对消息进行解密,以恢复出明文。

S-HTTP 协议提供了十分灵活的安全机制,对消息的保护主要分为三方面:消息签名、消息鉴别和消息加密,可以对一个 S-HTTP 消息执行签名、鉴别、加密或三者的任意组合,当然也支持与 HTTP 兼容的明文传输方式。

S-HTTP 提供了多种密钥管理机制,包括类似密码的人工共享密钥和基于公钥体制的密钥交换。对于不具有公钥/私钥对的用户,S-HTTP 提供了对称密钥预分配功能。另外,为了防止重放攻击,S-HTTP 还提供了质询-响应机制。

S-HTTP 标准允许通信双方表达他们的请求或偏好,S-HTTP 用协商首部来传送权限和请求。下面给出了几个常用的协商首部字段:

- SHTTP-Certificate-Types 字段指定所接收的证书类型,如 X.509。
- SHTTP-Key-Exchange-Algorithms 字段指定密钥交换算法,如 DH、RSA、Outband 和 Inband。

- SHTTP-Signature-Algorithms 字段指定数字签名算法，如 RSA、NIST-DSS。
- SHTTP-Message-Digest-Algorithms 字段指定报文摘要算法，如 RSA-MD2、RSA-MD5、NIST-SHS。
- SHTTP-Symmetric-Content-Algorithms 字段指定对称加密算法，DES-CBC、DES-EDE-CBC、DES-EDE3-CBC、IDEA-CBC、RC2-CBC。

S-HTTP 消息报文的格式由一个请求行或状态行、后面跟着首部行和一个实体部分构成，首部的内容范围及实体部分在典型情况下是加密的。

为了区分 S-HTTP 报文、HTTP 报文和所允许的特殊处理，请求行使用了特殊的安全方法 Secure 和协议标识符 Secure-HTTP/1.4。S-HTTP 和 HTTP 进程都使用相同的 TCP 端口号 80。为了防止敏感信息被泄露，请求 URL 将由“*”替代，请求行的例子如下：

Secure * Secure-HTTP/1.4

S-HTTP 响应使用协议标识符“Secure-HTTP/1.4”。状态行的例子如下：

Secure-HTTP/1.4 200 OK

S-HTTP 定义了一系列新首部行。除了 Content-type、Content-Privacy-Domain 之外，所有的首部行都是可选的。用两个连续的回车换行符把首部与消息实体分开。

Content-type：message/http 表明 S-HTTP 报文封装的是 HTTP 消息。

Content-type：application/s-http 表明 S-HTTP 报文封装的是 S-HTTP 数据。

Prearranged-Key-Info 首部行指明预先安排的密钥信息，其中包括密钥交换的方法，如 Inband 和 Outband。

MAC-Info 首部行说明用于报文鉴别码计算的散列函数和共享密钥。

20.6.2 电子邮件安全

安全/多用途因特网邮件扩充(secure/multipurpose internet mail extension，S/MIME)对 MIME 在安全性能方面进行了扩展和增强。所支持的安全服务有：报文完整性、报文机密性和不可抵赖。S/MIME 除了用于保护电子邮件外，还可以用于其他利用 MIME 进行传输的协议(如 HTTP)。

S/MIME 报文是 MIME 体和 CMS(cryptographic message syntax)对象的结合体。CMS 对象源于 RSA 实验室发布的 PKCS #7 数据结构，是一种安全化数据封装的标准结构，CMS 对象封装了安全化的数据以及相关的加密算法标识、密钥、证书标识等参数。CMS 对象有多种不同的类型，与之对应，S/MIME 也增加了一些新的 MIME 内容类型，如表 20-1 所示。所有新的应用类型都使用了指定的 PKCS 对象。

表 20-1　S/MIME 内容类型

内容类型	子类型	S/MIME 类型	描述
multipart	Signed		纯签名的报文由报文部分和签名部分构成
application	pkcs7-mime	signed-data	签名的 S/MIME 实体
	pkcs7-mime	enveloped-data	加密的 S/MIME 实体
	pkcs7-mime	degenerate signed-data	只包含公钥证书的实体

续表

内容类型	子类型	S/MIME 类型	描述
	pkcs7-signature		多部分/签名报文的签名子部分的内容类型
	pkcs10-mime		证书注册请求报文

S/MIME 在安全化一个 MIME 实体之前,首先要将其转换为规范的形式,然后,生成 CMS 对象,最后将 CMS 对象作为报文内容按 MIME 格式封装并加上相应的 MIME 首部。由于 CMS 对象含有任意的二进制数据,因此要对生成的 MIME 报文进行编码处理,以保证传输的可靠性,通常使用 base64 编码。

创建一个 signed-data 报文的过程为:准备并规范化 MIME 实体;选择散列算法(SHA-1 或 MD5);计算需要签名数据的散列值;用发送方的私钥对散列值进行签名;准备签名者信息数据块,该数据块包含签名者证书、散列算法标识、签名算法标识等;生成被签数据、签名和信息数据块的 base64 编码;加上 S/MIME 首部。

下面的报文是去掉了 RFC 822 首部的部分报文的例子:

```
Content-Type: application/pkcs7-mime; smime-type=signed-data;
              name=smime.p7m
Content-Transfer-Encoding: base64
Content-Disposition: attachment; filename=smime.p7m

567GhIGfHfYT6ghyHhHUujpfyF4f8HHGTrfvhJhjH776tbB9HG4VQbnj7
77n8HHGT9HG4VQpfyF467GhIGfHfYT6rfvbnj756tbBghyHhHUujhJhjH
HUujhJh4VQpfyF467GhIGfHfYGTrfvbnjT6jH7756tbB9H7n8HHGghyHh
6YT64V0GhIGfHfQbnj75
```

接收方收到签名报文后,首先进行 base64 解码,然后用签名者的公钥来解密散列码,最后接收方将自己计算的报文散列码与解密后的散列码进行比较来验证签名。

本章要点

- 网络的攻击可以分为被动攻击和主动攻击。被动攻击的手段主要是对信息进行截获和分析。被动攻击分为提取消息内容和通信量分析。主动攻击通常要改动数据甚至控制信号,主动攻击可分为篡改消息、伪装和拒绝服务攻击。
- 篡改消息是对信息完整性的攻击;伪装是对信息真实性的攻击;拒绝服务攻击是对系统可用性的攻击。
- 被动攻击难以检测,可以预防。主动攻击很难预防,但容易检测。
- 安全服务的内容主要包括:机密性、完整性、真实性、访问控制、非否认性、可用性、安全审计、入侵检测、事故响应。
- 加密信息的安全性与加密算法和密钥相关。
- 对称密码体制的特点是:加密效率较高,保密程度较高,但密钥的分配难以满足开放式系统的需求。非对称密码体制的特点是:密钥分配较方便,能够用于鉴别和数字签名,能较好地满足开放式系统的需求,但算法的开销比较大。

- 报文鉴别是防御网络主动攻击的重要技术，是证实收到的报文来自可信的源点且未被篡改的过程。
- 认证是证实被认证对象是否属实和是否有效的过程。
- 数字签名不仅可以保证信息的完整性和信息源的可靠性，而且可以防止通信双方的欺骗和抵赖行为。
- VPN 是以公用开放网络作为传输媒体，通过在上层协议中附加封装、加密、鉴别、访问控制等技术，为用户提供类似于专用网络性能的一种网络技术。
- 计算机病毒，是指编制或者在计算机程序中插入的破坏计算机功能或者毁坏数据，影响计算机使用，并能自我复制的一组计算机指令或者程序代码。计算机病毒具有传染性、隐蔽性、潜伏性、破坏性、不可预见性、触发性、针对性和依附性。
- IPSec 使用两个协议来提供流量安全：鉴别首部（AH）和 IP 封装安全有效负载（ESP）。IP 鉴别首部用于对 IP 数据报提供鉴别服务；IP 封装安全有效负载用于对 IP 数据报提供鉴别和机密性服务。
- S-HTTP 协议提供了消息签名、消息鉴别和消息加密等安全保护机制。
- S/MIME 对 MIME 在安全性能方面进行了扩展和增强。支持报文完整性、报文机密性和不可抵赖。

习题

20-1　为什么说质询-握手认证协议 CHAP 比基于密码的认证更安全？

20-2　IPSec 提供的一组安全服务主要包括哪些内容？

20-3　动态包过滤防火墙与静态包过滤防火墙有什么区别？

20-4　计算机病毒通常由哪几个功能模块组成？简述各模块的作用。

20-5　ESP 的传输模式与隧道模式有什么不同？

20-6　SSL 记录协议完成什么功能？

第 21 章　新一代因特网协议

IPv6 是因特网协议第 6 版(Internet protocol version six)的缩写。IETF 在 1998 年底制定了 IPv6 的草案,旨在取代使用了 20 多年的因特网协议第 4 版(IPv4)。

21.1　转向新一代因特网协议

21.1.1　IPv4 协议存在的问题

在过去的 20 多年里,以 IPv4 为核心的互联网技术得到迅速的发展,但随着网络规模的扩大和上网人数的增多,随之而来的问题也越来越引起了世界范围内广泛的关注。IPv4 的不足主要体现在以下 5 个方面。

1. 有限的地址空间

IPv4 协议中每一个网络接口由长度为 32 位的 IP 地址标识,这决定了 IPv4 的地址空间理论上大约可以容纳 43 亿台主机,这一地址空间难以满足未来移动设备和物联网对 IP 地址的巨大需求。

研究人员已经开发了一些新技术来改善地址分配和减缓 IP 地址的需求量,比如 CIDR、DHCP 和 NAT。这些技术虽然在一定程度上缓解了地址空间被耗尽的危机,但也为基于 IP 的网络增加了复杂性,并且破坏了一些 IP 协议的核心特性,比如端到端原则,因此不能从根本上解决 IP 地址空间不足的问题。

2. 路由选择效率不高

由于历史的原因,IPv4 地址的层次结构缺乏统一的分配和管理,并且多数 IP 地址空间的结构只有两层或者三层,这导致主干路由器中存在大量的路由表项。庞大的路由表增加了路由查找和存储的开销,成为目前影响提高因特网效率的一个瓶颈。

3. 复杂的地址配置

IPv4 的地址配置以及其他相关网络参数的配置需要人为地设定或者使用有状态的主机配置协议,这使得接入因特网的数字设备在实现上更为复杂,无法真正做到即插即用。

4. 缺乏服务质量保证

IPv4 遵循尽力而为的传输原则,这使得 IPv4 简单高效;但另一方面它对互联网上涌现的新业务类型缺乏有效的支持,比如实时和多媒体应用,这些应用要求提供一定的服务质量保证,比如带宽、延迟和抖动。研究人员提出了一些新的协议,以便在 IPv4 网络中支持以上应用,如执行资源预留的 RSVP 协议和支持实时传输的 RTP/RTCP 协议。这些协议同样提高了规划、构造 IP 网络的成本和复杂性。

5. 安全性问题

IPv4 没有太多安全性方面的考虑,所有的数据都以明文形式传输,没有加密,也没有验证。这使得许多需要有安全保障的应用不得不在传输层,甚至在应用层上来确保传输数据的安全性，增加了上层应用的复杂性。

21.1.2　IPv6 协议

IPv6 是因特网协议的一个新版本，其设计思想是对 IPv4 加以改进，IPv6 的主要特点如下：

1. 经过扩展的地址和路由选择功能

IP 地址长度由 32 位增加到 128 位，可以支持数量多得多的可寻址结点、更多级的地址层次和较为简单的地址自动配置。

2. 简化的首部格式

IPv4 首部的某些字段被取消或改为选项，以减少报文分组处理过程中常见情况的处理开销，并使得 IPv6 首部的带宽开销尽可能低。虽然 IPv6 地址长度是 IPv4 地址的 4 倍，但 IPv6 首部的长度只有 IPv4 首部长度的两倍。

3. 支持扩展首部和选项

IPv6 的选项放在单独的首部中，位于报文分组中 IPv6 首部（又称为 IPv6 基本首部）和传输层首部之间，这部分首部被称为扩展首部。因为大多数 IPv6 选项首部不会被报文分组传递路径上的任何路由器检查和处理，直至其到达最终目的地，这种组织方式有利于改进路由器在处理包含选项的报文分组时的性能。IPv6 的另一改进是其选项与 IPv4 不同，可具有任意长度，不限于 40 字节。

4. 支持验证和隐私权

IPv6 定义了一种扩展，可支持权限验证和数据完整性。这一扩展是 IPv6 的基本内容，要求所有的实现必须支持这一扩展。IPv6 还定义了一种扩展，即借助于加密满足保密性要求。

5. 支持自动配置

IPv6 支持多种形式的自动配置，从孤立网络结点地址的“即插即用”自动配置，到 DHCP 提供的全功能配置。

6. 服务质量能力

IPv6 增加了一种新的能力，如果某些报文分组属于特定的工作流，发送方要求对其给予特殊处理，则可对这些报文分组加标号，例如非默认服务质量通信业务或“实时”服务。

总之，IPv6 高效的互联网引擎引人注目的是 IPv6 增加了许多新的特性，其中包括服务质量保证、自动配置、支持移动性、多点寻址、安全性等。

基于以上改进和新的特性，IPv6 为互联网换上一个简捷、高效的引擎，不仅可以解决 IPv4 目前的地址短缺难题，而且可以使国际互联网摆脱日益复杂、难以管理和控制的局面，变得更加稳定、可靠、高效和安全。

21.2　IPv6 数据报格式

IPv6 数据报的首部虽然比 IPv4 首部长，但却作了很大的简化。IPv4 首部中的一些功能被放在扩展首部中或取消了。IPv6 首部结构最早在 RFC 1883 (IPv6 技术规范）中给出了全面的介绍，该规范目前已经被 RFC 2460 取代。在新的 RFC 文档中对 IPv6 技术规范做了改动。应当注意 IPv6 协议首部与 IPv4 协议首部有很大的差别。IPv6 首部如图 21-1

所示,分为以下几个部分。

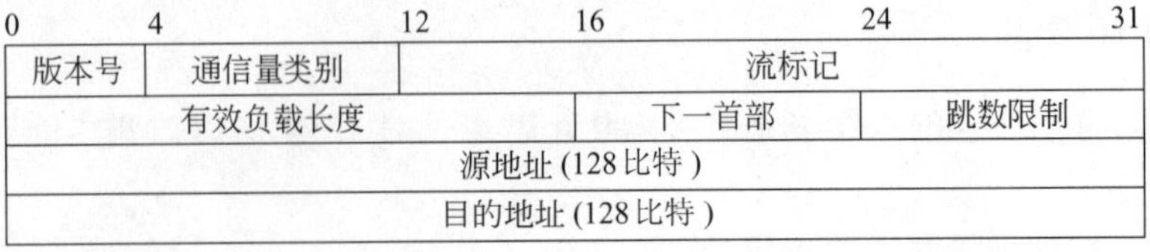

0 4	12 16	24	31
版本号	通信量类别	流标记	
有效负载长度		下一首部	跳数限制
源地址(128 比特)			
目的地址(128 比特)			

图 21-1 IPv6 首部

1. 版本号

IPv6 协议版本号(version)有 4 比特,其值为 6。这个字段的大小与 IPv4 中的版本号字段的长度是相同的。但是,这个字段的使用是有限的。IPv6 与 IPv4 的信息包不是通过版本字段的版本值来区分的,而是通过 OSI 参考模型的第 2 层即数据链路层封装(例如 Ethernet 或者 PPP)中的协议类型来区分的。IPv4 和 IPv6 在以太网帧中的类型值分别是 0x0800 和 0x86DD。IPv4 和 IPv6 在 PPP 帧中的协议类型值分别是 0x0021 和 0x0057。

2. 通信量类别

IPv6 首部中的通信量类别(traffic classes)字段有 8 比特,这使得源结点或进行包转发的路由器能够识别和区分 IPv6 信息包的不同等级或优先级。对于 IPv6 常用的通信量类别及等级的定义,还没有达成一致。在 RFC 1883 中,该字段只有 4 比特,而且称为优先级(priority)字段,并定义了 8 种信息包优先级。在 RFC 2460 中,通信量类别字段被扩大到了 8 比特,这也是通信量种类增加的一种表现。

使用通信量类别字段必须具备下面几个条件:

(1) 在一个 IPv6 结点中,IPv6 服务接口必须为上层协议产生的信息包中的通信量类别位提供一种支持手段。IPv6 通信量类别的默认值是 8 位全为 0。

(2) 为支持部分或全部通信量类别的特殊使用,IPv6 结点应该允许修改它们产生、转发或接收到的信息包中的通信量类别的值。当这些结点不支持特殊用途时,信息包中的通信量类别位将被忽略或不做修改。

(3) 上层的协议不必假定接收到的信息包中通信量类别的值与源结点发出该包时的值相同。

目前通信量类别的 8 比特采用和 IPv4 的区分业务(即服务类型 TOS)字段相同的定义,即前面 6 比特为码点,后面 2 比特为 ECN,详见 5.1 节区分业务字段部分的介绍。

3. 流标记

在 RFC 1883 中,流标记(flow label)字段长 24 比特,在 RFC 2460 中修改为 20 比特,用来标记那些需要 IPv6 路由器特殊处理的信息包的顺序,这些特殊处理包括非默认质量的服务或"实时"服务。IPv6 的这个流标记字段在 RFC 2460 中是实验性的,而且随着因特网对流支持需求的改变而改变。不支持流标记字段功能的主机或路由器在产生一个信息包的时候将该字段设置为 0,在转发一个信息包的时候不改变该字段的值,在接收一个信息包的时候则忽略该字段。

从网络层看,流是由一系列从特定源到特定目的地(单播、任播或组播)的报文分组所构成的,一个流的所有分组共享某些特性,具有相同的源地址、目的地址、流标记、通信量类别和选项。流标记值为 0 时表明该分组没有被指定流标记,不需要提供特定的服务。支持流标记的路由器中维持一张流标记表，当路由器收到一个流标记非 0 的报文分组后，根据分组的流标记查询流标记表，查到相应的表项，就可以从表项中得到该分组所属的流对应的服务。流标记可以被用来加快路由器对报文分组的处理速度，路由器转发报文分组时可以不用查找路由表，直接在流标记表中找到下一跳路由器。报文分组分类器可以通过流标记、源地址和目的地址三元组来确定分组所属的流。

4. 有效负载长度

有效负载长度(payload length)字段为 16 比特，用于表示 IPv6 首部之后的报文分组其余部分的长度，以字节为单位。当有效负载大于 65 535 字节时，将本字段的值设为 0，而实际的报文分组长度将存放在逐跳(hop-by-hop)选项扩展首部中，逐跳选项扩展首部有一个巨型有效负载选项就是专门用于此目的的。任何扩展首部都将作为有效负载的一部分被计算在内。

5. 下一首部

下一首部(next header)是 8 比特选择器，用来标识紧跟在 IPv6 首部后面的首部的类型。

6. 跳数限制

该字段用 8 比特无符号整数表示，当被转发的信息包经过一个结点时，该字段的值将减 1，当减至 0 时，则丢弃该信息包。该字段的作用类似于 IPv4 首部中的 TTL 字段。

7. 源地址

源地址(source address)字段长 128 比特，表示信息包发送方的地址。

8. 目的地址

128 比特目的地址(destination address)表示信息包接收方的地址。如果有路由选择首部，则该地址可能不是该信息包最终接收方的地址。

在 IPv6 中，互联网层选项信息存放在单独的首部中，位于报文分组的 IPv6 基本首部和传输层首部之间。这些携带选项信息的首部称为扩展首部，现已定义了几种扩展首部，各由一个下一首部值来标识，这些扩展首部是路由选择、分片、封装安全有效负载、鉴别、逐跳选项和目的站点选项。本章下一节将介绍这方面的内容。表 21-1 给出了 IPv6 首部和 IPv4 首部的区别。

表 21-1　IPv6 首部和 IPv4 首部的主要区别

IPv4 首部	IPv6 首部
版本 4	版本 6
服务类型字段(TOS)	通信量类别，流标记字段
首部长度和总长度字段	有效负载长度字段
分片重组标识符、标志以及片偏移字段	分片扩展首部中包含标识符、标志以及片偏移量字段
生存时间(TTL)	跳数限制
首部校验和	无校验和，由上层协议负责校验
32 比特源地址和目的地址	128 比特源地址和目的地址
选项	基本首部不包括选项，选项由逐跳选项扩展首部、路由选择扩展首部和目的站点选项扩展首部等决定

IPv6 信息包中,可选的扩展首部放在 IPv6 基本首部和上层首部之间。这些扩展首部是通过下一首部值来区分的。从图 21-2 中可以看出,一个 IPv6 信息包可以有 0 到多个扩展首部,每一个扩展首部都是通过前一个首部中的下一首部字段来确定的。

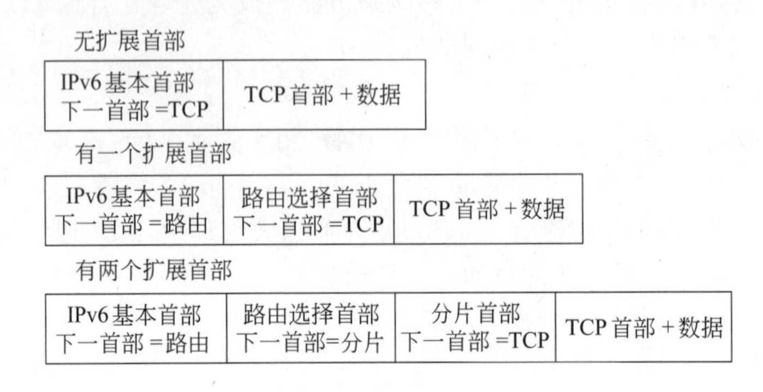

图 21-2　IPv6 扩展首部

大多数情况下,信息包将到达 IPv6 基本首部的目的地址字段所确定的结点,或者是在组播情况下的所有结点中的一个结点之前,IPv6 信息包沿着传送路径经过的任何结点都不检查或处理其扩展首部。

通常情况下,多路分用技术会根据 IPv6 基本首部中的下一个首部字段的值来调用相应模块去处理第一个扩展首部,如果没有扩展首部,则处理高层协议的首部。

然而,扩展首部必须严格按照它们在信息包中出现的顺序进行处理,在处理一个首部的时候,要求结点必须处理下一首部,但如果当前首部的下一首部字段的值不能被结点识别,则该结点应该丢弃该信息包,并发送一个 ICMPv6 差错报文给该信息包的信源,同时在 ICMPv6 报文的指针字段中包含原始信息包中不可识别值的偏移量。

我们知道,将 IPv4 选项合并到标准 IPv4 首部比较复杂。IPv4 首部最短为 20 字节,最长为 60 字节,附加数据包含 IPv4 选项,必须由路由器翻译以对 IP 包进行处理。这种方法有两个影响:其一,路由器实现时往往对附加选项的包进行分流处理,因此导致处理效率降低;其二,由于选项导致性能下降,所以一般不使用选项。

使用 IPv6 扩展首部时,可以在不影响性能的前提下应用选项。开发者可以在必要时使用选项,而无须担心路由器会对带扩展选项的包区别对待,除非是设置了路由选择扩展首部或逐跳选项首部。即使设置了这两个选项,路由器仍可以进行必要的处理,这比使用 IPv4 选项更容易。

所有的 IPv6 首部长度都一样,并且看起来几乎相同,唯一的区别在于下一首部字段。在没有扩展首部的 IPv6 包中,下一首部字段的值表示上一层协议。即:若 IP 包中含有 TCP 段,则下一首部字段的值是 6;若 IP 包中含有 UDP 数据报,这个值就是 17。表 21-2 中列举了下一首部字段的某些值。

表 21-2　IPv6 下一首部字段的一些可能的值

下一首部字段	描　述	下一首部字段	描　述
0	逐跳选项首部	50	封装安全有效负载(ESP)
6	TCP	51	鉴别首部(AH)
17	UDP	58	ICMP v6
43	路由选择首部(RH)	59	没有下一首部
44	分片首部(FH)	60	目的站点选项首部

21.2.1　路由选择首部

IPv6 路由选择首部代替了 IPv4 中所实现的源路由。源路由允许用户指定包的路径，即到达目的地沿途必须经过的路由器。在 IPv4 源路由中，使用 IPv4 选项，对用户可以指定的中间路由器的个数有一定限制，带选项的 IPv4 首部有 40 个附加字节，除选项码等信息外，最多只能填入 9 个 32 比特地址。此外，由于路径上的每个路由器都必须处理整个地址列表，而不管该路由器是否在列表中，因而对源路由包的处理很慢。

IPv6 定义了一个通用的路由选择扩展首部。路由选择首部格式如图 21-3 所示。

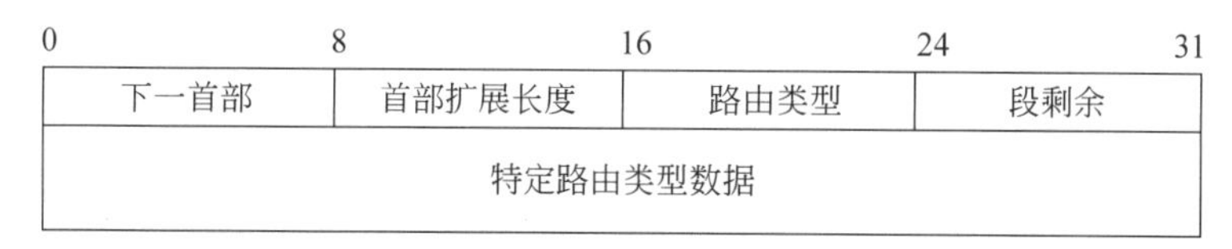

图 21-3　路由选择首部

首部扩展长度字段 8 比特，是以 8 字节为一个长度单位的路由选择首部长度值，并且不包含路由选择首部的第一个 8 字节。

路由类型字段 8 比特，目前定义了类型 0 和类型 2。类型 0 用于源路由，类型 2 用于移动 IPv6。

段剩余字段 8 比特，在路由类型 2 时，段剩余值等于 1，因为这时特定路由类型数据部分只有一个地址，在路由类型 0 时，段剩余值指明源路由过程中尚未经过的剩下地址数。

特定路由类型数据的前 4 个字节保留，和前面的 4 个字节构成一个单位长度。这部分不计在首部扩展长度中。后面是一个地址表，路由类型为 0 时这个地址表是源路由的地址序列。类型为 2 时只有一个地址，即移动结点的归属地址。

RFC 2460 中定义的类型 0 路由选择首部解决了 IPv4 源路由的主要问题。只有列表中的路由器才处理路由选择首部，其他路由器则不必处理。而且列表中最多可以指定 256 个路由器。对路由选择首部的操作过程如下：

由源结点构造包必须经过的路由器列表，并构造类型 0 路由选择首部，首部中包括路由器的列表、最终目的结点地址和剩余段数，剩余段数(8 比特整数)指明在向目的结点交付包之前，它必须经过的特定路由器数目。

源结点发送包时，将 IPv6 首部目的地址设置为路由选择首部列表中的第一个路由器地址。该包一直转发，直至到达路径中的第一站，即 IPv6 首部的目的地址，亦即路由选择首部列表中的第一个路由器，只有该路由器才检查路由选择首部，沿途的中间路由器都忽略其路由选择首部。

在第一站和所有后续的其他站上，路由器将检查路由选择首部以确保剩余段数与地址列表一致。若剩余段数的值等于 0，则表示此路由器结点实际上是该包的最终目的地，结点将继续对包的其他部分进行处理。

假定此结点不是该包的最终目的地，则以路由选择首部列表中的下一个结点地址来替代 IPv6 基本首部的目的地址。同时，结点将剩余段数字段的值减 1。然后将包发往下一站。列表中的其他结点重复此过程，直到包到达最终目的地。

21.2.2 分片首部

IPv6 只允许源结点对包进行分片，简化了中间结点对包的处理。而在 IPv4 中，对于超出本地链路允许长度的包，中间结点可以进行分片。这种处理方式要求路由器必须完成额外的工作，并且在传输过程中包可能被多次分片。

IPv4 中的分片使得中间结点和目的结点都必须增加处理分片的必要开销。通过使用路径最大传输单元 MTU 发现机制，源结点可以确定源结点到目的结点之间的整个链路中能够传送的最大包长度，从而可以避免中间路由器的分片处理。

RFC 1883 规定最小的 MTU 为 576 字节，但在 RFC 2460 中，最小的 MTU 要求已增加到 1280 字节，并建议将链路配置为应该至少可以传送长度为 1500 字节的包。源结点可以发送长达 1280 字节的包，而长达 1500 字节的包也可以不被分片。

但是，IPv6 规范建议所有结点都执行路径 MTU 发现机制，并只允许由源结点进行分片。在发送任意长度的包之前，必须检查由源结点到目的结点的路径，计算出可以无须分片而发送的最大长度的包。如果要发送超出此长度的包，就必须由源结点进行分片。

在 IPv6 中，分片只发生在源结点上，并使用分片首部来表示。

RFC 2460 中规定的分片首部格式如图 21-4 所示。

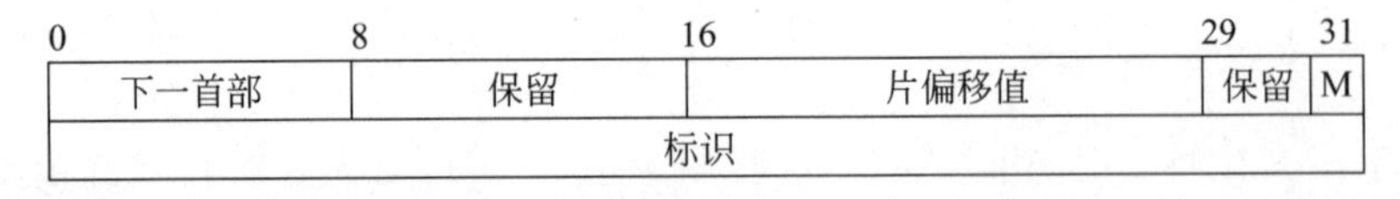

图 21-4 分片首部格式

分片首部包括：

下一首部字段：对于所有的 IPv6 首部此 8 比特字段是通用的。

保留字段：此 8 比特字段目前未用，设置为 0。

片偏移值字段：与 IPv4 的片偏移值字段很相似。此字段共 13 比特，以 8 字节为单位，表示此包(分片)中数据的第一个字节与原来整个包中可分片部分的数据的第一个字节之间的位置关系。换言之，若该值为 175，表示分片中的数据从原包的第 1400 字节开始。

保留字段：此两比特字段目前未用，设置为 0。

M 标志：此位表示是否还有后续字段。若值为 1，表示后面还有后续分片；若值为 0，则表示这是最后一个分片。这与 IPv4 数据报首部中的片未完标志相同。

标识字段：该字段与 IPv4 的标识字段类似，但是为 32 比特，而在 IPv4 中为 16 比特。

源结点为每个被分片的IPv6包都分配一个32比特的标识符，用来唯一标识最近（在包的生存期内）从源地址发送到目的地址的包。在IPv4中每个报文分组都有一个标识符，而在IPv6中只有分片的分组才带有标识符。

对于IPv6首部和在发往目的结点的途中必须由路由器处理的扩展首部，如路由选择首部或逐跳选项首部，则不允许进行分片。

21.2.3　目的站点选项首部

目的站点选项首部提供了一种随着IPv6包来交付可选信息的机制。其余的扩展首部选项，如分片首部、鉴别首部和ESP首部，都是每次出于某个特定的理由而定义的，而目的站点选项首部则是允许为目的结点而定义的新选项。

目的站点选项首部格式如图21-5所示。

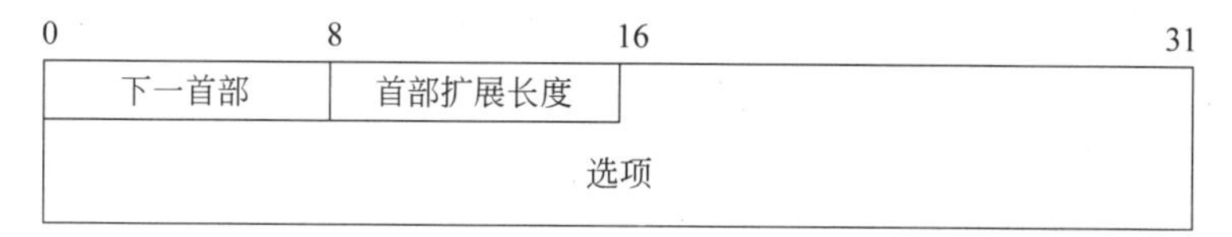

图21-5　目的站点选项首部

选项采用类型-长度-值（TLV）结构。

选项类型字段8比特，其中，最高2比特表示若此选项未能被识别应该采取什么样的处理动作。00表示跳过此选项；01表示丢弃此数据报，不做其他动作；10表示丢弃此数据报，并发送ICMPv6参数错报文到源结点；11表示丢弃此数据报，若此数据报不是组播报文才发送ICMPv6参数错报文到源结点。紧跟着的第3比特是改变位，0表示在途中选项不允许改变；1表示在途中选项允许改变。余下的5比特才用于编码不同的选项类型。

选项长度字段8比特，用于定义字节为单位的选项数据长度。

选项值字段n字节，是选项数据。

目前已定义的目的站点选项有Pad1选项、PadN选项和归属地址选项。Pad1选项和PadN选项用于8字节对齐时的填充，Pad1为单字节填充选项，代码为0x00。PadN为多字节填充选项，第一字节代码为0x01，第二字节是长度，后面是0-n个字节的填充数据0x00。归属地址选项是由RFC 3775定义的，选项类型码为201（十进制），选项长度为16，后跟16字节的移动结点IPv6归属地址。

21.2.4　逐跳选项首部

从源结点到目的结点的路由上的每个结点，即每个转发报文分组的路由器，都会检查逐跳选项首部中的信息。逐跳选项首部的格式和目的站点选项首部格式相同，目前逐跳选项首部使用的选项有Pad1选项、PadN选项、巨型有效负载选项和路由器告警选项。Pad1选项和PadN选项的作用和格式如前所述。

巨型有效负载选项从扩展首部的第三个字节开始。第三个字节为选项类型码，其值为194；第四个字节的值始终为4，表明接下来的4个字节用于表示巨型有效负载选项数据的长度，即巨型有效负载数据的最大长度为$2^{32}-1$。

只有沿途每个路由器都能够处理时,结点才能使用巨型有效负载选项来发送大型 IP 包。因此,在逐跳扩展首部中使用该选项时,要求沿途的每个路由器都必须检查此信息。

巨型有效负载选项允许 IPv6 包有效负载长度超过 65 535 字节。如果使用该选项,要求 IPv6 基本首部的 16 位有效负载长度字段值必须为 0,扩展首部中的巨型有效负载长度字段值不小于 65 535 字节。如果不满足这两个条件,接收包的结点应该向源结点发送 ICMPv6 出错报文,通知有问题发生。此外还有一个限制:如果包中有分片扩展首部,就不能同时使用巨型有效负载选项,因为使用巨型有效负载选项时不能对包进行分片。

21.2.5 鉴别首部与封装安全有效负载首部

鉴别首部(AH)与封装安全有效负载(ESP)首部的作用在第 20 章中进行了详细讲述。鉴别首部既可以保证数据源的真实性,又可以对 IPv6 基本首部、扩展首部和有效负载的某些部分进行完整性鉴别。封装安全有效负载(ESP)首部的作用是为负载数据提供机密性。

21.2.6 扩展首部的顺序

在 IPv6 应用中,具体包括以下几种扩展首部

逐跳选项(hop-by-hop options)首部、路由选择(routing,类型为 0)首部、分片(fragment)首部、目的站点选项(destination options)首部、鉴别(authentication)首部、封装安全有效负载(encapsulating security payload,ESP)首部等。

一个 IPv6 包可以有多个扩展首部,各扩展首部在链接时有一个首选顺序。RFC 2460 规定,扩展首部应该依照如下顺序排列:

(1) IPv6 基本首部;

(2) 逐跳选项首部;

(3) 目的站点选项首部(应用于 IPv6 目的地址字段的第一个目的地和路由选择首部中所列的附加目的地);

(4) 路由选择首部;

(5) 分片首部;

(6) 鉴别首部;

(7) ESP 首部;

(8) 目的站点选项首部(当使用路由选择首部时,仅应用于包的最终目的地);

(9) 上层协议首部。

从以上顺序可知,在同一个 IP 包中只有目的站点选项扩展首部可以多次出现,并且仅限于包中包含路由选择首部的情况。

上述顺序并不是绝对的。例如,在包的其余部分要加密时,ESP 首部必须是最后一个扩展首部。同样,逐跳选项优先于所有其他扩展首部,因为每个接收 IPv6 包的结点都必须对该选项进行处理。

扩展首部必须通过 IPv6 基本首部的下一首部字段来确认。由于这个字段为 8 比特,这意味着最多只能有 256 种不同的值。即使将来该字段的可能取值的个数有所减少,也必须支持上一层首部的所有可能值。即该值不仅对扩展首部进行标识,还标识封装在 IP 包内的所有其他协议。因此,目前已经分配了很多值,未分配的值相当有限。

IPv6用于扩展首部的某些协议标识符源自IPv4，例如鉴别首部和ESP首部。到目前为止，已分配了很多扩展首部，但也允许通过逐跳选项扩展首部和目的站点选项扩展首部来建立新的选项。

除了为下一首部字段保存协议值以外，通过使用这些扩展首部，很容易健壮地实现新选项。如果使用一个全新的首部类型来发送IP包，且目的结点支持新的首部类型，则一切顺利；反之，如果新的首部类型对目的结点是未知的，则目的结点只能丢弃该包。

另一方面，所有的IPv6结点都必须支持逐跳选项扩展首部、目的站点选项扩展首部以及一些基本选项。此时，如果目的结点收到带有目的站点选项扩展首部的包，即使不支持该扩展首部中的选项，它也能够响应。即这些选项可以向接收结点请求适当的响应，即使接收结点对选项并不理解也是如此。

选项也可以请求目的站点发回一个ICMPv6出错报文，以指明目的结点不理解此选项。

21.2.7　上层协议校验和

IPv6的上层协议（如TCP和UDP）使用校验和时，会引入伪首部参与校验和的计算。此时伪首部的结构如图21-6所示。

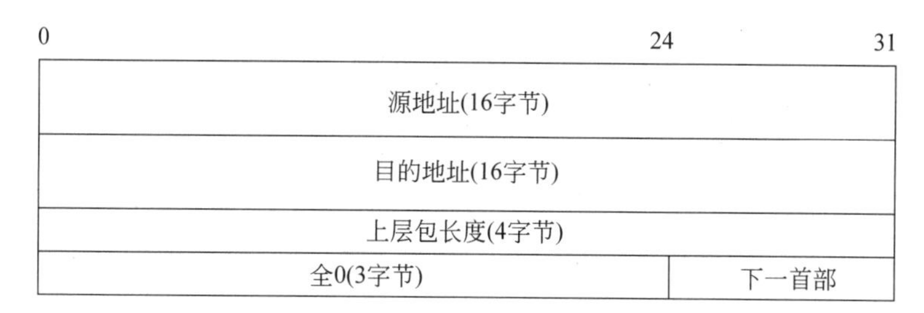

图21-6　IPv6伪首部结构

21.3　IPv6地址

虽然IPv6的地址空间扩大了，但很多在IPv4中使用的IP地址在IPv6中都有相应的对应地址，其寻址模型也没有太大的变化。

表21-3总结了两类地址的相似点和不同点。

表21-3　IPv4和IPv6的地址比较

IPv4	IPv6
组播地址(224.0.0.0/4)	(FF00::/8)
有广播地址	没有广播地址
未确定地址(0.0.0.0)	未确定地址(::)
环回地址(127.0.0.1)	环回地址(::1)
公网IP地址	全球单播地址
专用IP地址(10.0.0.0/8,172.16.0.0/12,192.168.0.0/16)	唯一本地单播地址；站点本地地址(不推荐)

续表

IPv4	IPv6
自动专用 IP 寻址地址(169.254.0.0/16)	链路本地地址
采用点分十进制的地址表示方法	采用冒号分隔的十六进制的地址表示方法
网络号表示采用子网掩码或者网络前缀长度的表示方法	网络号表示只采用网络前缀长度的方法

21.3.1 IPv6 地址模式

IPv4 与 IPv6 地址最大的差别在于长度：IPv4 地址长度是 32 比特，而 IPv6 的地址长度是 128 比特。这样 IPv6 就可以有 2^{128} 个地址。IPv6 地址是单个接口或一组接口的标识。

IPv6 地址分为三类：单播、任播和组播。

单播地址是单个接口的标识；任播是一组接口的标识(但报文只送往这组接口中按路由协议量度最近的一个接口)；组播也是一组接口的标识(分组被送往这一地址指定的所有接口)。IPv6 地址没有广播地址，IPv4 广播地址在 IPv6 中被组播所取代。

一个典型的 IPv6 地址中若干起始位组成的可变长度域被称为前缀(格式前缀)。和 IPv4 的无类别域间路由(CIDR)表示法相同，IPv6 采用"地址/前缀长度"这种表示法。当前缀长度为 64 时，表示的是子网前缀。当前缀长度小于 64 时，表示的是路由标识或一段 IPv6 地址范围。

虽然 IPv6 单播地址表示中可以包含前缀长度，但由于接口标识(相当于 IPv4 的主机号)是固定的 64 位，那么前缀也是 64 位，所以 IPv6 单播地址通常不必用"地址/前缀长度"表示。

21.3.2 IPv6 的地址表示方法

用文本方式表示的 IPv6 地址有 3 种规范的形式：

(1) 优先选用的形式是 X:X:X:X:X:X:X:X，其中 X 是 16 比特地址段的十六进制值。例如，FEDC:BA98:7654:3210:FEDC:BA98:7654:3210 和 1080:0:0:0:8:800:200C:417A。

在这种表示方式中，每一组数值前面的 0 都可以省略，但是在每一个地址段中应至少有一个数值。

(2) 在分配某种形式的 IPv6 地址时，会用到包含长串 0 位的地址。为了简化包含 0 位地址的书写。可以使用"::"符号简化多个 0 位的 16 比特组。"::"符号在一个地址中只能出现一次。该符号也可以用来压缩地址中前部和尾部的 0。例如，1080:0:0:0:8:800:200C:417A 和 FFO1:0:0:0:0:0:0:101 可以压缩为 1080::8:800:200C:417A 和FFO1::101。

(3) 在涉及 IPv4 和 IPv6 结点混合的环境时，有时需要采用另一种表达方式，即 X:X:X:X:X:X:D.D.D.D，其中 X 是地址中 6 个高阶 16 比特地址段的十六进制值，D 是地址中 4 个低阶 8 比特地址段的十进制值。例如，0:0:0:0:0:0:13.1.68.3 和 0:0:0:0:0:FFFF:129.144.52.38 也可以分别压缩为 ::13.1.68.3 和 ::FFFF:129.144.52.38。

21.3.3　全球单播地址

IPv6 的全球单播地址相当于 IPv4 的公网 IP 地址，是全球可寻址、全球可达的单播地址。IPv6 全球单播地址的一般格式如图 21-7 所示。

n比特	m比特	128-n-m比特
全球路由前缀	子网ID	接口ID

图 21-7　IPv6 全球单播地址一般格式

全球路由前缀是指定给站点的值，通常具有层次结构，站点由一组子网或一组链路组成。

子网 ID 是站点内的子网的标识符。子网由站点管理者按层次化结构进行规划。

接口 ID 类似于 IPv4 的结点标识，IPv6 地址识别的是接口，IPv6 允许多个接口使用相同的地址，从而实现负载均衡。

当前使用的全球单播地址主要是前缀最高 3 比特为 001 的地址块。其地址格式如图 21-8 所示。

	45比特	16比特	64比特
001	全球路由前缀	子网ID	接口ID

图 21-8　全球单播地址格式

前缀最高 3 比特为 000 的地址块大多为保留或未分配。这类地址没有 64 比特接口 ID 的规定。用于 IPv4 向 IPv6 过渡的 IPv4 兼容地址和 IPv4 映射地址就是如此。

21.3.4　IPv6 组播地址

IPv6 的组播与 IPv4 运作相同。组播可以将数据传输给组内所有成员。组的成员是动态的，成员可以在任何时间加入一个组或退出一个组。

IPv6 组播地址格式前缀为 11111111，此外还包括标志(Flags)、范围和组 ID 等字段，RFC 4291 定义的组播地址如图 21-9 所示。

8比特	4比特	4比特	112 比特
1111 1111	标志	范围	组ID

图 21-9　IPv6 组播地址格式

4 比特的标志可表示为：0RPT。第一比特未定义，填 0。T=0 表示一个由 IANA 永久分配的组播地址(众所周知的组播地址)，T=1 表示一个临时的组播地址。P 表示是否是一个基于单播网络前缀的组播地址，P=1 为基于单播网络前缀的组播地址，P=1 时，T 必须为 1。R 位表示组播地址中是否嵌入了组播聚合点 RP 地址(RP 为聚合点的英文缩写，与上面标志中的 R、P 位无关)，R=1 表示组播地址中嵌入了组播聚合点地址，此时，P 和 T 都必须置 1。

4 比特的范围用来限制组播的范围。表 21-4 列出了在 RFC 7346 中定义的范围字段值。

表 21-4　范围字段值

值	范　围	值	范　围
0	保留	6,7	未指定
1	接口本地范围	8	机构本地范围
2	链路本地范围	9,A,B,C,D	未指定
3	领域本地范围	E	全球范围
4	管理本地范围	F	保留
5	站点本地范围		

接口本地范围只覆盖一个结点的单个接口,链路本地范围覆盖同一拓扑域,领域本地范围覆盖相同的网络技术连接,管理本地范围是必须进行管理配置的最小范围(接口本地范围、链路本地范围和领域本地范围可以从物理连接或非组播相关配置自动获得),站点本地范围覆盖一个站点,机构本地范围覆盖一个机构的多个站点,全球范围为因特网。

永久分配的组 ID 不受当前范围的限制,临时组 ID 仅与某个特定范围相关。112 比特的组播 ID 标识一个组播组。

RFC3306 和 RFC 7371 进一步定义了基于单播网络地址前缀的组播地址格式,如图 21-10 所示。

8比特	4比特	4比特	4比特	4比特	8比特	64比特	32比特
1111 1111	标志1	范围	标志2	RIID	前缀长度	网络前缀	组ID

图 21-10　基于单播地址前缀的组播地址格式

标志 1 为 4 比特,分别用 XRPT 表示。T、P、R 位含义同前。X 留待将来指定。

标志 2 为 4 比特,尚未定义,留待将来指定。

RIID 为 4 比特,是聚合点接口标识。

前缀长度为 8 比特,给出嵌入组播聚合点地址的有效网络前缀的长度,最大值不超过 64,因为后面存放网络前缀的字段只有 64 比特。

聚合点地址可以嵌入到此组播地址格式中,当嵌入组播聚合点地址时,组 ID 的最后 4 比特为 RIID。

21.3.5　特殊地址格式

1. 本地单播地址

本地单播地址的传送范围限于本地,本地地址分为链路本地地址、站点本地地址和唯一本地地址。

(1) 链路本地地址的格式前缀为 1111111010,用于同一链路的相邻结点间的通信,如单条链路上没有路由器时主机间的通信。

链路本地地址可用于邻居发现,且总是自动配置的,包含链路本地地址的包永远也不会被 IPv6 路由器转发。

IPv6 链路本地地址的作用和 RFC 3927 定义的 IPv4 链路本地地址(169.254.0.0/16)相同。IPv6 链路本地地址的格式如图 21-11 所示。

10比特	54比特	64比特
1111 1110 10	全0	接口ID

图 21-11　链路本地地址格式

(2) 站点本地地址的格式前缀为 1111111011，相当于 10.0.0.0/8、172.16.0.0/12 和 192.168.0.0/16 等 IPv4 私有地址空间。例如企业的专用内部网，如果没有连接到 IPv6 因特网上，那么在企业站点内部可以使用站点本地地址，其有效域限于一个站点内部，站点本地地址不可被其他站点访问，同时包含此类地址的包也不会被路由器转发到站点外部。一个站点通常是位于同一地理位置的机构网络或子网。站点本地地址允许和因特网不相连的企业构造企业专用网络，而不需要申请一个全球地址空间的地址前缀。

站点本地地址的格式如图 21-12 所示。

10比特	54比特	64比特
1111 1110 11	子网ID	接口ID

图 21-12　站点本地地址格式

虽然站点本地地址已经在使用，但 RFC 3879 已经明确不赞成在以后的实现中使用站点本地单播地址。

(3) 唯一本地单播地址

一个机构在使用站点本地地址时，同一站点地址前缀是可以给本机构的不同站点使用的，这种重用带来了处理上的复杂性，因此，RFC 4193 定义了唯一本地单播地址，唯一本地单播地址对机构是私有的，同时该地址在机构的所有站点又是具有唯一性的。唯一本地地址的格式如图 21-13 所示。

8比特	40比特	16比特	64比特
1111 110L	全球ID	子网ID	接口ID

图 21-13　唯一本地地址格式

第 8 位 L=1 时表示前缀是在本地分配的。L=0 的作用和含义留待将来定义，所以现在 L 位是置 1 的。全球 ID 用于标识机构的特定站点，这 40 位的值通过伪随机数算法产生。子网 ID 标识站点中的不同子网。

2. 兼容性地址

在 IPv4 向 IPv6 的迁移过渡期，除这两类地址并存外，我们还将看到一些特殊的地址类型：

(1) IPv4 兼容地址，表示为 0:0:0:0:0:0:w.x.y.z 或 ::w.x.y.z(w.x.y.z 是以点分十进制表示的 IPv4 地址)，用于同时具有 IPv4 和 IPv6 两种协议的结点使用 IPv6 进行通信。RFC 4291 已经明确不再推荐使用 IPv4 兼容地址。

(2) IPv4 映射地址,是一种内嵌 IPv4 地址的 IPv6 地址,可表示为 0:0:0:0:0:FFFF:w.x.y.z 或 ::FFFF:w.x.y.z。这种地址用于当某结点已过渡到 IPv6 而要向另一仍使用 IPv4 地址的结点发送数据时。该数据包将穿过部分 IPv6 网络。

(3) 6to4 地址用于同时具有 IPv4 和 IPv6 两种协议的结点在 IPv4 路由架构中进行通信。6to4 是通过 IPv4 路由方式在主机和路由器之间传递 IPv6 分组的动态隧道技术。6to4 隧道可以使连接到纯 IPv4 网络上的孤立的 IPv6 子网或 IPv6 站点与其他同类站点在尚未获得纯 IPv6 连接时彼此间进行通信。6to4 地址格式为 2002:WWXX:YYZZ:子网 ID:接口 ID,WWXX:YYZZ 是 w.x.y.z 的冒号十六进制表示。

3. 未确定地址

IPv6 的未确定地址为 0:0:0:0:0:0:0:0,或表示为::。用于表示不存在的地址。只能用作源地址,等价于 IPv4 的 0.0.0.0。

4. 环回地址

IPv6 的环回地址为 0:0:0:0:0:0:0:1,或表示为::1。用于结点给自己发送数据,等价于 IPv4 的 127.0.0.1。使用环回地址的数据是不会通过链路发送出去的。

21.3.6 联播地址

IPv6 联播(anycast)地址又称为任播或泛播地址,一个联播地址被分配给一组接口(通常属于不同的结点)。发往联播地址的包传送到该地址标识的一组接口中的一个接口,该接口是根据路由算法度量距离为最近的一个接口。目前,联播地址仅用作目的地址,且仅分配给路由器。联播地址是从单播地址空间中分配的,使用了单播地址格式中的一种。

子网-路由器联播地址必须经过预定义,该地址从子网前缀中产生。为构造一个子网-路由器联播地址,子网前缀必须固定,余下的位数全置为 0,见图 21-14。

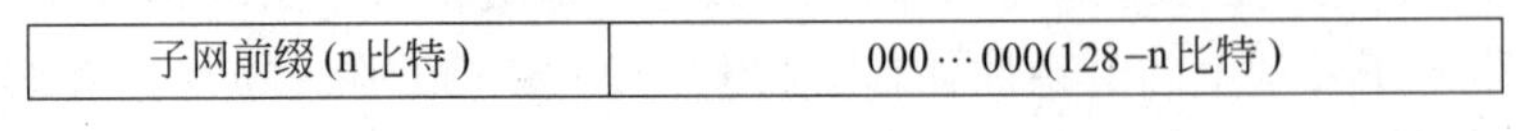

图 21-14 子网-路由器联播地址

一个子网内的所有路由器接口均会赋予该子网的子网-路由器联播地址。子网-路由器联播地址用于一组路由器中的其中一个与远程子网的通信。

21.4 向 IPv6 过渡

互联网的普及使 IPv4 向 IPv6 的过渡需要很长一段时间才能完成。IPv6 也不仅仅是对 IPv4 的简单升级,因为首部特征和地址分配机制的不同,这两种协议是互不兼容的。因此,IPv4 如何平滑地过渡到 IPv6 是必须解决的一个问题。

由于 IPv6 是逐步发展的,因此网络过渡方案的采用也呈现出一定的阶段性。在发展初期,业务量较小,此时主要偏重于 IPv6 实验,因此主要采用隧道技术,当然也不排除其他方案。当 IPv6 发展到一定阶段,其业务量有了很大的增长时,必须建立双栈网络甚至专用 IPv6 网络,在这个过程中,也可能在双栈网络的基础上实现 MPLS IPv6,从而进一步改善其性能。由于双栈网络存在一些缺点,因此建立专用 IPv6 网络可能是较好的选择,目前国外多倾向于这种方案。将来,IPv6 会占据主导地位,这就需要建立纯 IPv6 网络,但能否最终到达这个阶段还取决于 IPv6 的发展情况。

IPv6 提供许多过渡技术来实现上述演进过程，这些过渡技术面向两类问题：

(1) IPv6 间的互通技术：实现 IPv6 网络与 IPv6 网络的互通问题。

(2) IPv6 与 IPv4 互通技术：实现两个不同网络之间互相访问资源。

对此，目前已推出了 10 多种过渡技术，其中最基本的过渡技术包括双栈和隧道技术。

1. 双栈

如果一台主机同时支持 IPv6 和 IPv4 两种协议，那么该主机既能与支持 IPv4 协议的主机通信，又能与支持 IPv6 协议的主机通信，这就是如图 21-15 所示的双栈的协议结构。

应用程序	
TCP/UDP 协议	
IPv6 协议	IPv4 协议
物理网络	

图 21-15　双栈的协议结构

双栈是 IPv6 过渡技术的基础，不仅用于建设双栈网络，也是各种过渡隧道机制的基础。双栈网络的建设有两种模式：

(1) 完全双栈网络，即所有网络设备、用户终端都支持 IPv4 和 IPv6 双协议栈，用户通信既可使用 IPv4 协议栈，也可使用 IPv6 协议栈。

(2) 有限双栈网络，网络中部分网络设备、用户终端采用双栈，这些用户可使用 IPv4 或 IPv6 与其他用户互联互通，但新增的网络设备和用户终端则仅使用 IPv6 协议栈，其应用基于 IPv6 协议栈。

双栈的具体工作方式如下：

(1) 若应用程序使用的目的地址为 IPv4 地址，则使用 IPv4 协议。

(2) 若应用程序使用的目的地址为 IPv4 兼容的 IPv6 地址，则同样使用 IPv4 协议，区别仅在于此时的 IPv6 封装在 IPv4 中。

(3) 若应用程序使用的目的地址是一个非 IPv4 兼容的 IPv6 地址，则使用 IPv6 协议，而且很可能要采用隧道等机制来进行路由转发。

(4) 若应用程序使用域名作为目的地址，则先从 DNS 服务器得到相应的 IPv4/IPv6 地址，然后根据地址情况进行相应的处理。

对于目前的网络环境来说，实现完全的双栈网络不需要特殊配置，业务开展非常方便，对于 IPv6 的试验应用也很有利，是目前开展 IPv6 网络试验的重点之一。

但是，完全双栈网络的投入很大。特别是目前的接入网设备大部分仅仅支持 IPv4 协议栈，而这些设备的升级很可能需要完全替换，从而使投资压力增大。

为了顺利进行试验，可考虑有限的双栈网络，部分新增用户仅支持 IPv6，但并不能完全解决双栈网络的投入问题。因此，在大规模部署 IPv6 网络时，还需要考虑其他方式。

隧道、转换等过渡技术均基于双栈技术。这是因为，只有具有双栈的设备才能既与 IPv4 网络互通，也可与 IPv6 网络互通，差别在于隧道、转换等技术提供一种协议栈对另一种协议栈的替换，也就是将一种协议的流量转换或封装为另一种流量，而双栈网络只能提供基本的 IPv4 流量到 IPv4 流量的转发，或者 IPv6 流量到 IPv6 流量的转发。

2. 隧道技术

所谓隧道，就是在一方将 IPv6 的包封装在 IPv4 包里，然后在目的地对其解析，以得到 IPv6 包。图 21-16 显示了用隧道技术连接 IPv6 的示意图，可以通过 IPv4 技术实现分离的两个 IPv6 网络互联。

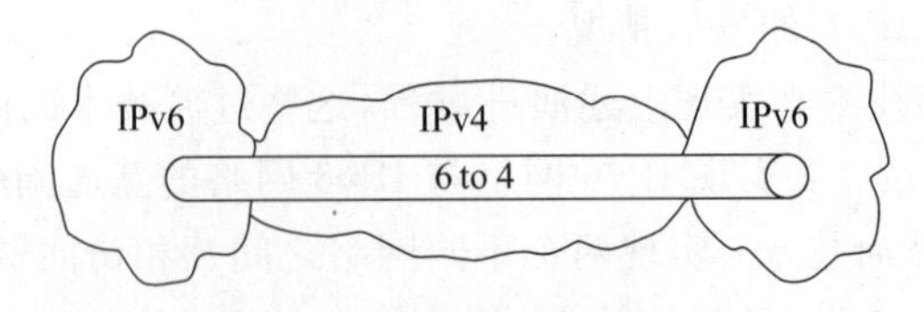

图 21-16 隧道技术连接 IPv6

通过隧道,IPv6 分组被作为无结构无意义的数据封装在 IPv4 数据报中,通过 IPv4 网络进行传输。由于 IPv4 网络把 IPv6 数据当作无结构、无意义的数据进行传输,因此不提供 IPv6 分组标示能力,所以只有在 IPv4 连接双方都同意时才能交换 IPv6 分组,否则接收方会将 IPv6 分组当成 IPv4 分组而造成混乱。

一些过渡技术可以实现隧道的自动配置,如自动隧道、隧道代理(Tunnel Broker)和 6to4 隧道。

6to4 隧道即 6to4(RFC 3056)机制,是一种自动构造隧道的机制,要求站点采用特殊的 IPv6 地址,这种地址是自动从站点的 IPv4 地址中派生出来的。所以每个采用 6to4 机制的结点至少必须具有一个全球唯一的 IPv4 地址。

在简单的应用中,6to4 隧道技术可以实现两个 6to4 网络的互通,具体实现方法是在边缘设备上取出目的 IPv6 地址中包含的 IPv4 地址作为隧道末端,自动建立隧道;在复杂的应用中,可在纯 IPv6 网络的边缘提供 6to4 中继设备,实现大型非 6to4 的 IPv6 网络对其他 6to4 网络的接入。

上述技术很大程度上依赖于从支持 IPv4 的互联网到支持 IPv6 的互联网的转换,我们期待 IPv4 和 IPv6 可在这一转换过程中互相兼容。目前,6to4 机制是较为流行的实现手段之一。转换策略计划者考虑的关键问题是当使用者的 ISP 对所提供的基本 IPv6 传输协议还没有合理的选择时,如何激活 IPv6 路由域间的连通性。当缺少本地 IPv6 服务时,提供连通性的解决办法之一是将 IPv6 的分组封装到 IPv4 的分组中。6to4 是一种自动构造隧道的方式,它的好处在于只需要一个全球唯一的 IPv4 地址便可使得整个网点获得 IPv6 的连接。在 IPv4 NAT 协议中加入对 IPv6 和 6to4 的支持,是一个很吸引人的过渡方案。

21.5 ICMPv6

IPv4 所在的网络层除了进行 IP 数据报转发的 IPv4 协议外还拥有 ICMP、ARP、RARP、IGMP 等协议。同样在 IPv6 的网络层也具有类似功能的协议,只不过在 IPv6 网络中将 ICMP、ARP、RARP 和 IGMP 进行了合并,合并后的协议为 ICMPv6,也就是说,从功能上看,ICMPv6 具有了原来 ICMP、ARP、RARP 和 IGMP 的主要功能。从封装上看,ICMPv6 是被封装在 IPv6 中加以发送的,封装 ICMPv6 时 IPv6 首部的下一首部字段为 58。在 IPv4 网络中,ARP 和 RARP 是不被 IPv4 所封装的。

ICMPv6 是面向报文的协议,ICMPv6 报文可分为 5 类,如图 21-17 所示。

ICMPv6 报文的一般格式如图 21-18 所示。

类型字段 8 比特,标识 ICMPv6 报文类型。

代码字段 8 比特,同一大类报文有多种时,用代码进行区别。

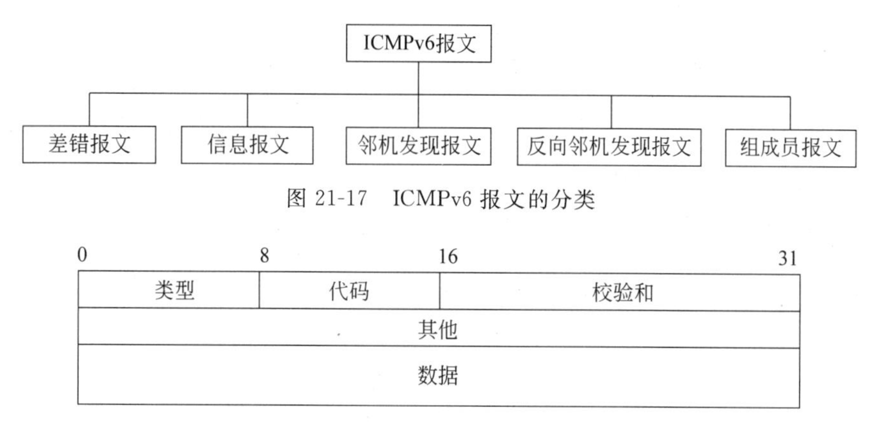

图 21-17　ICMPv6 报文的分类

图 21-18　ICMPv6 一般格式

校验和 16 比特，算法与 TCP 相同。IPv6 伪首部加入计算。

其他字段 32 比特，根据报文类型的不同含义不同，当未使用时填 0。

数据字段的长度和内容根据类型不同而不同。

21.5.1　差错报文

差错报文分为目标不可达、分组太大、超时和参数问题四类报文。

当路由器无法转发数据报或主机无法将数据报提交给上层协议时，丢弃当前 IPv6 数据报，形成目标不可达报文，向源主机发送。目标不可达报文类型为 1。目前有 7 个不同的代码。代码＝0：没有到达目标的路由；代码＝1：与目标的通信被管理策略禁止；代码＝2：超出源地址的范围；代码＝3：目的地址不可达；代码＝4：端口不可达；代码＝5：源地址未通过出入策略检查；代码＝6：拒绝转发到目的地。“其他”字段填 0，数据字段存放丢弃的 IPv6 数据报的前面部分，这部分的长度只要保证封装到 IPv6 数据报后不超过 MTU 即可。

IPv6 分组在转发过程中不允许分片，如果因报文分组大于网络 MTU 而无法转发时，将丢弃当前的 IPv6 数据报，并向源主机发送分组太大报文。分组太大报文类型为 2，代码＝0，“其他”字段填该结点的链路 MTU，数据字段存放丢弃的 IPv6 数据报的前面部分，这部分的长度只要保证封装到 IPv6 数据报后不超过 MTU 即可。

和 IPv4 的 ICMP 一样，IPv6 的超时报文也分为转发超出跳数限制超时和分片重组超时。超时报文类型为 3。代码＝0：转发超出跳数限制（跳数限制减为 0）；代码＝1：分片重组超时。“其他”字段填 0，数据字段存放丢弃的 IPv6 数据报的前面部分，这部分的长度只要保证封装到 IPv6 数据报后不超过 MTU 即可。

当路由器或目的主机发现首部中含有含糊不清的数据或缺少必要的值时，将丢弃当前的 IPv6 数据报，并向源主机发送参数问题报文。参数问题报文类型为 4。代码＝0：有出错的首部字段；代码＝1：无法识别下一首部类型；代码＝2：无法识别 IPv6 选项。“其他”字段填偏移量指针，指向发生错误处的字节偏移量（相对于 0）。数据字段存放丢弃的 IPv6 数据报的前面部分，这部分的长度只要保证封装到 IPv6 数据报后不超过 MTU 即可。

21.5.2　信息报文

信息报文包括回应请求报文和回应应答报文，用于测试两个设备之间是否能够进行正常的通信。回应请求报文和回应应答报文格式完全一样，唯一不同的是类型值，回应请求报文的类型值是 128，回应应答报文的类型值是 129。代码为 0，"其他"字段由 16 比特的标识符和 16 比特的序列号构成，用于匹配请求和应答。数据部分为可选任意数据，由请求报文形成发送，并由应答报文返回。

21.5.3 邻机发现报文

RFC 4861 定义了邻机发现(Neighbor Discovery)协议 ND，结点可以利用 ND 解析相邻结点的链路层地址；主机可以利用 ND 发现邻接的路由器，自动配置地址、地址前缀、路由及其他参数。路由器可以利用 ND 通告自己的存在，为主机重定向，向主机提供更好的下一跳地址。

邻机发现报文包括 5 个报文。路由器请求报文、路由器通告报文、邻机请求报文、邻机通告报文和重定向报文。

路由器请求报文用于主机发现所在链路上的 IPv6 路由器。请求以链路范围的组播方式发送，即目的地址使用 FF02::2。最后的 2 表明是发送给路由器(这是保留的组播地址)。促使链路上的所有 IPv6 路由器立即给出路由器通告报文进行响应。路由器请求报文的类型为 133，代码＝0，"其他"字段填 0，数据字段填选项。ND 的选项仍使用类型-长度-值(TLV)结构。选项包括源链路层地址、目标链路层地址、前缀信息、重定向首部、MTU、通告间隔、本地代理信息和路由信息等类型。

路由器通告报文可以是针对请求的回应，也可以是以伪周期发送的非请求路由器通告报文。路由器通告报文中包含的信息可供主机获得链路前缀、链路 MTU、特定路由以及地址自动配置。路由器通告报文的类型为 134，代码＝0，"其他"字段包含跳数限制和路由器生存时间等信息，数据字段包括可达时间、重传间隔和选项。

邻机请求报文和邻机通告报文相配合完成原 IPv4 网络中的 ARP 功能，通过这个报文对可以获得某 IPv6 地址所对应的链路层地址。邻机请求报文的类型为 135，代码＝0，"其他"字段填 0，数据字段由目标地址和选项构成。目标地址是要解析的目标 IPv6 地址，选项可以包含源链路层地址选项。邻机请求报文一般用组播方式发送，但也允许用单播方式发送(前提条件是已知对方的链路层地址)。

邻机通告报文通常是针对邻机请求报文发回的含解析结果的响应。邻机通告报文的类型为 136，代码＝0，"其他"字段包含路由器标志、请求标志和覆盖标志各一比特，剩余部分填 0(保留)，路由器标志表明发通告报文的是否是路由器，请求标志表明邻机通告报文是否是对邻机请求报文的应答，覆盖标志表明是否覆盖邻机高速缓存(邻机高速缓存相当于 IPv4 的 ARP 高速缓存)。数据字段由目标地址和选项构成。目标地址是要解析的目标 IPv6 地址，数据的选项部分为目标链路层地址选项。

ICMPv6 的重定向报文和 IPv4 网络的重定向报文功能相同，也是由路由器将去往目的地的更好的下一跳 IP 地址发送给主机。该报文以单播方式发送。重定向报文的类型为 137，代码＝0，"其他"字段填 0，数据字段由目的地址、目标地址和选项构成。目的地址是路由器给出的去往目标地址的更好的下一跳 IP 地址，选项包括发送方链路层地址和引发重定向报文的 IP 数据报的前面部分，这部分的长度只要保证封装到 IPv6 数据报后不超过 MTU 即可。

21.5.4　反向邻机发现报文

RFC 3122 定义了反向邻机发现(Inverse Neighbor Discovery)协议 IND,结点可以利用 IND 根据邻机的链路层地址求取其 IP 地址。这与 RARP 不同的是,IND 不用于求自己的 IP 地址。反向邻机发现包括两个报文,反向邻机发现请求报文和反向邻机发现通告报文。反向邻机发现请求报文的类型为 141,代码=0,"其他"字段填 0,数据字段为选项,必带的选项是源链路层地址选项和目标链路层地址选项,其他可带的选项是所在链路的 MTU 和源链路层地址所标识的接口的 IPv6 地址列表(一个或多个地址)。反向邻机发现通告报文的类型为 142,代码=0,"其他"字段填 0,数据字段为选项,必带的选项是目标链路层地址选项和目标 IP 地址选项,其他可带的选项是所在链路的 MTU。

21.5.5　组成员报文

作为 ICMPv6 的组成员管理实现,RFC 3810 定义了 MLDv2 协议,即组播侦听发现版本 2。MLDv2 的作用等同于 IGMPv3。MLDv2 报文包括组播侦听查询报文和组播侦听报告报文版本 2。

组播侦听查询报文类型为 130,代码=0,其格式与 IGMPv3 的成员关系查询报文类似,只是最大响应代码由 8 比特扩大到 16 比特,所有的地址字段从 32 比特增加到 128 比特。

版本 2 的组播侦听报告报文类型为 143,其格式与 IGMPv3 的成员关系报告报文相同,只是所有的地址字段从 32 比特增加到 128 比特。

为了确保与 MLDv1 实施的兼容性,MLDv2 的实施还必须支持版本 1 的组播侦听报告报文和组播侦听完成报文。组播侦听完成报文用于组成员离开组时通知路由器。版本 1 的组播侦听报告报文和组播侦听完成报文的类型分别为 131 和 132。

本章要点

- IPv6 是因特网协议的一个新版本,其设计思想是对 IPv4 加以改进。
- IPv6 首部结构最早在 RFC 1883(IPv6 技术规范)中给出了全面的介绍,该规范目前已经被 RFC 2460 取代。在新的 RFC 文档中对 IPv6 技术规范做了改动。应当注意 IPv6 协议首部与 IPv4 协议首部有很大的差别。
- 在 IPv6 信息包中,可选的扩展首部放在 IPv6 基本首部和上层首部之间。这些扩展首部是通过下一首部值来区分的。
- IPv6 定义了一个通用的路由选择扩展首部,该扩展首部有两个重要的字段:路由选择类型字段和剩余段数字段,各占 1 个字节。
- IPv6 只允许源结点对包进行分片,简化了中间结点对包的处理。
- 从源结点到目的结点的路径上的每个结点,即每个转发包的路由器,都会检查逐跳选项首部中的信息。
- 在 IPv6 应用中,具体包括以下几种扩展首部:逐跳选项首部、路由选择首部、分片首部、目的站点选项首部、鉴别首部、封装安全有效负载首部等。
- IPv4 与 IPv6 地址最大的差别在于长度:IPv4 地址长度是 32 比特,而 IPv6 的地址长度是 128 比特。这样 IPv6 就可以有 2^{128} 个地址。

- IPv6 单播地址包括:全球单播地址、唯一本地单播地址、链路本地地址、站点本地地址(不推荐)和其他一些特殊的单播地址。
- 本地单播地址的传送范围限于本地,它又分为链路本地地址、唯一本地单播地址和站点本地地址(不推荐),唯一本地单播地址是新定义用来取代站点本地地址的。
- IPv6 提供许多过渡技术来实现 IPv4 到 IPv6 的过渡,其中最基本的过渡技术包括双栈和隧道技术。
- ICMPv6 从功能上看,具有了原来 ICMP、ARP、RARP 和 IGMP 的主要功能。从封装上看,ICMPv6 是被封装在 IPv6 报文分组中发送的,封装时 IPv6 首部的下一首部字段为 58。

习题

21-1　简述 IPv6 相对 IPv4 的改进体现在哪些方面。

21-2　简述 IPv4 和 IPv6 的地址结构的不同之处。

21-3　下面是一些由 IPv6 基本首部,扩展首部和高层首部组成的 IPv6 信息包,它们出现的顺序哪些是正确的?

A. IPv6 基本首部,路由选择首部,逐跳选项首部,TCP 报文段

B. IPv6 基本首部,鉴别首部,路由选择首部,TCP 报文段

C. IPv6 基本首部,路由选择首部,分片首部,TCP 报文段

D. IPv6 基本首部,路由选择首部,TCP 报文段

21-4　描述向 IPv6 过渡的隧道技术方案。

21-5　试比较 IPv4 和 IPv6 两类地址的相似点和不同点。

21-6　简述双栈网络建设的两种模式和双协议栈的具体工作方式。

21-7　为什么“::”符号在一个 IPv6 地址中只能出现一次?

21-8　IPv6 地址分为哪 3 类?分别是什么含义?

21-9　ICMPv6 报文有哪 5 类?各类报文的主要作用是什么?

参考文献

[1] Behrouz A. Forouzan. TCP/IP Protocol Suite (Second Edition). 北京：清华大学出版社，2004.

[2] W. Richard Stevens 著. TCP/IP 详解. 卷 1：协议. 范建华，胥光辉，张涛等译. 北京：机械工业出版社，2000.

[3] 周明天，汪文勇. TCP/IP 网络原理与技术. 北京：清华大学出版社，1993.

[4] Douglas E. Comer. TCP/IP 网络互联 第 1 卷：原理 协议和体系结构(第四版). 北京：人民邮电出版社，2002.

[5] Brian Komer. 轻松掌握 TCP/IP 网络管理. 北京：电子工业出版社，1999.

[6] Laura A. Chappell, Ed Tittel 著. TCP/IP 协议原理与应用. 马海军，吴华等译. 北京：清华大学出版社，2005.

[7] Ramadas Shanmugam 著. TCP/IP 详解(第二版). 尹浩琼，李剑等译. 北京：电子工业出版社，2003.

[8] Adolfo Rodriguez. TCP/IP 权威教程(第七版). 北京：清华大学出版社，2002.

[9] Douglas E. comer 著. 计算机网络与因特网. 徐良贤等译. 北京：机械工业出版社. 2000.

[10] Behrouz A. Forouzan 著. 数据通信与网络(原书第 3 版). 王嘉祯等译. 北京：机械工业出版社，2005.

[11] Andrew S. Tanenbaum 著. 计算机网络(第 4 版). 潘爱民译. 北京：清华大学出版社，2004.

[12] 高传善等. 数据通信与计算机网络. 北京：高等教育出版社，2002.

[13] 岩延，郭江涛. 组播路由协议设计与应用. 北京：人民邮电出版社，2002.

[14] Mani Subramanian. 网络管理——原理与实践(影印版). 北京：高等教育出版社，2001.

[15] 张国鸣等. 网络管理实用技术. 北京：清华大学出版社，2002.

[16] 杨丰瑞等. 移动 IP. 北京：人民邮电出版社，2003.

[17] Srinivas Vegesn. IP 服务质量. 北京：人民邮电出版社，2001.

[18] Bruce Davie Yakov Rekhter. 多协议标签交换技术与应用. 北京：机械工业出版社，2001.

[19] Christopher Y. Metz 著. IP 交换技术协议与体系结构. 吴靖等译. 北京：机械工业出版社，1999.

[20] 沈鑫剡等. IP 交换网原理技术及实现. 北京：人民邮电出版社，2002.

[21] William Stallings 著. 密码编码学与网络安全(第二版). 杨明等译. 北京：电子工业出版社，2001.

[22] 冯元等编著. 计算机网络安全基础. 北京：科学出版社，2003.

[23] 李津生，洪佩琳. 下一代 Internet 的网络技术. 北京：人民邮电出版社，2001.

[24] Silvia Hagen 著. IPv6 精髓. 汪青青译. 北京：清华大学出版社，2004.

[25] Joseph Davies 著. 深入解析 IPv6. 杨轶等译. 北京：人民邮电出版社，2009.

[26] Behrouz A. Forouzan, Sophia Chung Fegan 著. 数据通信与网络. 吴时霖等译. 北京：机械工业出版社，2007.

[27] 王秉钧，王少毅著. 接入网技术. 北京：机械工业出版社，2005.

[28] Behrouz A. Forouzan 著. TCP/IP 协议族(第 4 版). 王海等译. 北京：清华大学出版社，2011.

[29] https://www.rfc-editor.org/rfc-index.html.